GIOVANI GLAUCIO DE OLIVEIRA COSTA

Curso de *Probabilidades e Estatística Inferencial: Teoria e Prática*

2ª Edição Revisada e Ampliada

GIOVANI GLAUCIO DE OLIVEIRA COSTA

Curso de

Probabilidades e Estatística Inferencial: Teoria e Prática

2ª Edição Revisada e Ampliada

EDITORA CIÊNCIA MODERNA

Editor: Paulo André P. Marques
Produção Editorial: Dilene Sandes Pessanha
Capa: Daniel Jara
Diagramação: Daniel Jara
Copidesque: Ana Cristina Andrade dos Santos

FICHA CATALOGRAFICA

COSTA, Giovani Glaucio de Oliveira.

Curso de Probabilidades e Estatística Inferencial: Teoria e Prática - 2ª Edição Revisada e Ampliada

Rio de Janeiro: Editora Ciência Moderna Ltda., 2018.

1. Probabilidade 2. Estatística
I — Título

ISBN: 978-85-399-0912-4 CDD 519
519.5

Editora Ciência Moderna Ltda.
R. Alice Figueiredo, 46 – Riachuelo
Rio de Janeiro, RJ – Brasil CEP: 20.950-150
Tel: (21) 2201-6662/ Fax: (21) 2201-6896
E-MAIL: LCM@LCM.COM.BR
WWW.LCM.COM.BR **04/18**

Agradecimentos

À minha mãezinha querida, Oneida Barreto de Campos Costa; *aos meus irmãos amigos e companheiros André Luiz de Oliveira Costa e Andréa Viviane de Oliveira Costa; à minha afilhadinha e sobrinha amada Juliana Paula Costa Lima; e à Editora Atlas pela confiança que depositou em meu trabalho.*

Prefácio

Para fazer alguma inferência sobre a vida profissional de uma pessoa, sempre é bom conhecermos sua origem. Dr. Giovani Gláucio de Oliveira Costa é um exemplo de profissional em sua área de atuação em que sua trajetória de vida profissional vai muito além do que podemos constatar em seu currículo, pois a formação do material humano vai além, muito além, da vivência nos bancos escolares. Oriundo do ensino médio da rede pública estadual do Rio de Janeiro, buscou sempre a sua formação em centros de excelência e, desde ainda muito jovem, sempre soube não apenas identificar seu objetivo profissional, mas traçar os caminhos pelos quais deveria trilhar para dar a partida em busca deste, através da iniciativa de ingressar no Curso Técnico/Profissionalizante em Estatística da Escola Nacional de Ciências Estatísticas do IBGE. A partir daí, o autor deu prosseguimento, sempre com grande sucesso, à sua formação acadêmica, durante a Graduação em Estatística na Universidade do Estado do Rio de Janeiro (UERJ), o mestrado em Engenharia de Produção (Qualidade Total) na Universidade Federal Fluminense (UFF), o doutorado em Engenharia Elétrica (Análise Multivariada) na Pontifícia Universidade Católica do Rio de Janeiro (PUC-RJ) e o seu pós-doutoramento em Sociologia (Análise Multivariada) pelo Instituto Universitário de Pesquisas do Rio de Janeiro (IUPERJ). Ao lançarmos este breve olhar sobre a sua formação acadêmica, é impossível não destacar a diversidade nela presente, o que se reflete em sua atuação profissional como pesquisador e, sobretudo, como educador na sua área de conhecimento. A plêiade de atuações que o Dr. Giovani tem em sua carteira de atividades, nas áreas da educação, economia, social, estratégica etc., confere a este pesquisador um caráter peculiar e amplamente desejável para o pesquisador brasileiro, com elevada capacidade de utilizar sua formação para atuar em prol do desenvolvimento científico, mas sem esquecer de seu papel como cidadão e do retorno que, como aluno do ensino público brasileiro, há que se oferecer a nossa população.

A apresentação desta obra, além de nos brindar com um precioso trabalho de elevada qualidade técnica dentro da área da Estatística Não-Paramétrica, traz a experiência acumulada pelo Dr. Giovani e reflete a diversidade sempre presente ao longo de sua, ainda tão jovem, trajetória de vida acadêmica, evidenciando sua preocupação e busca pela qualidade da educação e o desenvolvimento científico, tecnológico e social de nosso país. Que o leitor possa apreciar o conteúdo desta obra, sorvendo dela os testes não-paramétricos e a brilhante experiência de vida que um exemplo de profissional de elevado nível nos oferece.

A cada página, permitam-se obter mais do que a técnica, muito além da teoria. Aproveitem a disponibilidade do Dr. Giovani em dividir conosco sua trajetória e todas as conquistas alcançadas com excelência e generosidade.

Jairo Pinheiro da Silva
Licenciado em Ciências - Biologia, UFRRJ, 1990
Mestre e Medicina Veterinária - Parasitologia Veterinária, UFRRJ, 1993
Doutor em Ciências - Biofísica, UFRJ, 2003
Pós-Doutorado Sênior, Biologia Celular e Tecidual, UENF, 2011
Cientista do Nosso Estado, FAPERJ
Pró-Reitor Adjunto de Pesquisa e Pós-Graduação, UFRRJ

Apresentação

Este livro é o resultado de experiências vividas a partir de 1991, quando iniciei a minha vida acadêmica como docente de graduação das Faculdades Cândido Mendes, em Campos dos Goytacazes, no Estado do Rio de Janeiro. A partir daí o material didático que utilizava para lecionar Estatística foi se aperfeiçoando com a prática adquirida em outras instituições de ensino superior, tais como a Universidade Salgado de Oliveira, a Universidade Federal do Rio de Janeiro, a Universidade da Cidade, a Universidade Federal Fluminense, dentre muitas outras, até terminar nos últimos quatro anos com a Universidade Federal Rural do Rio de Janeiro. Foi também testado em cursos de especialização e mestrado em economia e administração, sendo apresentado como texto para contemplar diversos programas.

Essa soma de cursos e experiências mostrou que a melhor maneira de apresentar a matéria é a de expor os assuntos de maneira objetiva, prática e instrumental, onde os conceitos são contextualizados dentro da área de formação de cada curso ou estudante. Este recurso didático é importante porque motiva e impulsiona o gosto pela disciplina pelos estudantes.

Procuro, na maioria dos casos, apresentar os conceitos sucintamente de maneira a ser usado imediatamente na empresa ou em situações de pesquisas, sem grandes demonstrações matemáticas ou formalismos. Logo em seguida, exemplifico-os através de "*cases*" práticos, reais em diversas áreas de negócios, saúde e engenharias. São disponibilizados exercícios propostos no final de cada capítulo.

O livro se destina a cursos de estatística em nível intermediário ou avançado, como parte do programa de áreas de ciências humanas e sociais, mas também de exatas. O seu conteúdo objetiva dar uma visão geral e instrumental de probabilidades e inferência estatística e suas aplicações. Para tanto, versa sobre introdução ao cálculo de probabilidades, variáveis aleatórias, modelos probabilísticos, distribuições por amostragem, estimação, testes de significância, análise da variância, correlação de variáveis e regressão linear simples.

No final do livro, em anexos, são apresentadas as tabelas da Normal, T-Student, Qui-quadrado, F-Snedecor, Tukei, Durbin-Watson e a de Kolmogorov-Smirnov.

As áreas e os cursos de aplicação deste livro são amplos e muito diversificados em cursos de estatística de nível intermediário e avançado, mas podemos destacar a adoção deste compêndio em disciplinas de estatística aplicada dos cursos de Administração, Economia, Saúde, Engenharias, e também em programas de mestrado e doutorado de áreas análogas.

Estamos chegando a 2ª edição desta obra. A primeira edição foi realizada pela Editora Atlas. Nesta nova edição, a Editora Ciência Moderna publica o livro. Gostaríamos de agradecer a ótima edição produzida pela editora anterior. Procuramos corrigir os erros e imperfeições da edição anterior, além de termos redefinidos certos conceitos e introduzidas novas definições e teorias. A obra está mais "antenada" com as expectativas dos nossos leitores.

Gostaria muito de contar com a ajuda de todos os leitores, alunos e colegas para avaliação crítica positiva deste exemplar, de modo que possamos evoluir em qualidade, superando os erros e aperfeiçoando os acertos. Será muito gratificante para mim se meu livro tiver sido, de alguma forma, útil para o leitor, nem que tenha sido em somente um parágrafo e/ou em somente uma página, mas espero de verdade que ele seja relevante em todo o seu conteúdo. Obrigado a todos e boa leitura.

O autor.

giovaniglaucio@ufrrj.br - giovaniglaucio@hotmail.com

Sumário

Capítulo 1

Capítulo 2

Capítulo 3

Capítulo 4

Capítulo 5

Capítulo 6

Capítulo 7

Capítulo 8

Capítulo 9

Capítulo 1

Introdução ao Cálculo das Probabilidades

Conceito de Probabilidades

É o campo do conhecimento que estuda os fenômenos ou experimentos aleatórios.

Fenômenos Aleatórios

Um fenômeno diz-se que é um fenômeno aleatório quando o resultado de cada realização é incerto, mas admite-se ser possível encontrar um padrão de comportamento, depois de muitas repetições.

São aqueles cujos resultados não são sempre os mesmos, apresentam variações, mesmo quando repetidos indefinidamente em condições uniformes.

Um fenômeno aleatório é um fenômeno para o qual não sabemos de antemão qual o resultado que vai verificar, na próxima repetição (admite-se que o fenômeno se pode repetir). A probabilidade desenvolveu-se admitindo que é possível verificar uma certa regularidade a longo termo, ou seja, para um grande número de repetições do fenômeno. É esta última característica do fenômeno aleatório que o distingue de um processo caótico, já que ambos têm a característica comum de não conseguir antecipar, com exatidão, qual o resultado que vai obter quando se realizam.

Por oposição ao fenômeno aleatório, temos o fenômeno determinístico. Por exemplo, o fenômeno que consiste em largar uma pedra que temos na mão e ver se "a pedra cai" não é um fenômeno aleatório, já que o resultado da realização do fenômeno não é incerto – a pedra cai (as leis da Física até permitem saber quanto tempo leva a chegar ao chão).

Exemplos:

- A experiência que consiste no lançamento de uma moeda é um fenômeno aleatório.
- A experiência que consiste no lançamento de um dado é um fenômeno aleatório.
- Uma promoção de preços que é feita para toda a linha de produtos de uma empresa traz um aumento variado e imprevisível no volume de vendas.
- Consideremos o fenômeno que consiste em verificar quantas ervilhas cabem numa taça. O simples fato das ervilhas não terem todas o mesmo tamanho, faz com que seja imprevisível saber, exatamente, quantas ervilhas cabem na taça, cada vez que a enchermos.
- Quando selecionamos um cliente para fazer uma pesquisa sobre satisfação, a sua avaliação sobre um determinado quesito considerado é um fenômeno aleatório.

- Quando uma pessoa adquire uma apólice de seguro de vida, a companhia de seguros tem de ser capaz de estimar quantos anos essa pessoa provavelmente vai viver. Para cada idade específica existe uma probabilidade diferente, chamada expectativa de vida. Já os cientistas aplicam as leis da probabilidade na interpretação estatística e estimativa de valores para dados experimentais

Experiência Aleatória

À realização de um fenômeno aleatório, ou seja, ao processo de observar um dos seus resultados, chamamos experiência aleatória.

Exemplos:

- A experiência que consiste no lançamento de uma moeda é uma experiência aleatória;
- A experiência que consiste no lançamento de um dado é experiência aleatória.
- O processo de observar se uma pessoa entra na loja com preço na vitrine ou entra na loja sem preço na vitrine é uma experiência aleatória;

Espaço Amostral (S)

É o conjunto de todos os resultados possíveis de uma experiência aleatória.

Exemplos:

- Seja a experiência que consiste no lançamento de uma moeda, o espaço amostral associado é:

{Cara, Coroa}

- Seja a experiência que consiste no lançamento de um dado, o espaço amostral associado é:

{1, 2, 3, 4 ,5, 6}

- Quando uma pessoa é sorteada para avaliar como ótimo, bom, regular, ruim ou péssimo um determinado governo federal, o espaço amostral associado é:

{ótimo, bom, regular, ruim, péssimo}

- Quando uma pessoa é sorteada para escolher, quando de olhos vendados e pelo sabor, entre duas marcas, A ou B, concorrentes de um refrigerante, o espaço amostral é:

{Marca A, Marca B}

Eventos (E)

É todo subconjunto finito de um espaço amostral. É um conjunto de resultados de interesse em uma experiência aleatória.

Exemplos:

Seja a experiência que consiste no lançamento de uma moeda, podemos ter os seguintes eventos de interesse:

{Cara}, {Coroa}, {Cara, Coroa}

Seja a experiência que consiste no lançamento de um dado, podemos ter os seguintes eventos de interesse:

{1}, {2}, {3}, {4}, {5}, {6}, {1, 2, 3}

Quando uma pessoa é sorteada para avaliar como ótimo, bom, regular, ruim, péssimo um determinado governo federal, podemos ter os seguintes eventos de interesse, se formos o político analisado em questão:

{ótimo}, {bom}, {ótimo, bom}

Conceito de Probabilidades em Função da Noção de Eventos

É uma medida numérica, em termos relativos/percentuais, que expressa a chance que um evento de interesse ocorra. É a quantificação de incertezas.

Exemplo:

Seja a experiência que consiste no lançamento de uma moeda. A medida numérica que expressa a chance de ocorrer o evento cara, em um dado lançamento, é 50%.

Definição Frequencial (Intuitiva) de Probabilidades - "*A Posteriori*"

Trata-se da probabilidade avaliada, empírica.

Ela tem por objetivo estabelecer um modelo adequado à interpretação de certa classe de fenômenos observados (não todos).

A experiência é a base para se montar o modelo ou para ajustá-lo ao modelo ideal (teórico).

Exemplo:
Onde: %D = (D/n) . 100.

Nº de Peças Tomadas para Amostra (n)					
n = 25		N = 250		n = 2500	
D	%D	D	%D	D	%D
4	16	12	4,8	157	6,28
1	4	14	5,6	151	6,08
0	0	22	8,8	136	5,44
2	8	15	6,0	160	6,40
1	4	8	3,3	153	6,12
0	0	15	6,0	157	6,28

Suponhamos que tenhamos encontrado os valores anotados na tabela acima, que se referem a um grupo de máquinas de uma fábrica, operadas de certa forma, tendo uma determinada capacidade de produção. Vamos caracterizar a qualidade do produto manufaturado por essas máquinas, com um critério preestabelecido para se decidir se a peça produzida é perfeita (P) ou defeituosa (D). Tomemos 6 amostras de peças produzidas pelas máquinas, sendo cada amostra constituída de 25 peças. Após a análise de qualidade, contemos as peças defeituosas e calculemos a porcentagem de peças defeituosas, para cada amostra. Repitamos a experiência, mas aumentando o tamanho da amostra para 250 peças inicialmente e depois para 2500 peças. Suponhamos que tenhamos encontrado os valores anotados na tabela a seguir:

Conclusão

Notemos que, em cada caso, as quantidades de peças defeituosas encontradas constituem as frequências absolutas, enquanto as porcentagens de peças defeituosas constituem as frequências relativas. Verificamos que, quando o tamanho da amostra é pequeno, as frequências relativas apresentam oscilações irregulares grandes, porém, à medida que o tamanho da amostra cresce, as oscilações tendem a ser menores, e elas oscilam em torno de um valor constante hipotético.

Assim, para amostras suficientemente grandes, as frequências relativas pouco diferem entre si. É o que chamamos de ***"Regularidade Estatística dos Resultados"***.

O valor hipotético fixo no qual tende a haver uma estabilização da frequência relativa denomina-se probabilidade. No exemplo, seria a probabilidade de ocorrência de peças defeituosas daquele grupo de máquinas. A frequência relativa é, portanto, considerada uma medição experimental do valor da probabilidade.

Diríamos:

$$\mathbf{P\,(E) = \lim_{n \to \infty} \{F(E)/n\}}$$

Onde:

P (E) = probabilidade de ocorrer o evento E.
F (E) = frequência absoluta do evento ocorrer E.
n = tamanho da amostra.

Do ponto de vista matemático, essa definição de probabilidade apresenta dificuldades, porque um número limite real pode não existir. Assim, a formalização da definição não obedece rigorosamente à teoria matemática de limite. Isso traz como consequência que existem dificuldades em demonstrar os teoremas de probabilidades, muito embora essa definição seja bastante intuitiva.

A denominação "*A Posteriori*" resulta do fato de termos que repetir a experiência várias vezes para podermos calcular a probabilidade.

Tipos e Associações de Eventos

Evento Simples

É o evento formado por um único elemento do espaço amostral associado.

Exemplos:

- Seja a experiência que consiste no lançamento de uma moeda, podemos ter os seguintes eventos simples de interesse:

{ Cara }, { Coroa }

- Seja a experiência que consiste no lançamento de um dado, podemos ter os seguintes eventos simples de interesse:

{ 1}, { 2}, { 3}, { 4}, { 5}, { 6}

- Quando uma pessoa é sorteada para avaliar como ótimo, bom, regular ou péssimo um determinado governo federal, podemos ter os seguintes eventos simples de interesse, se formos o político analisado em questão:

{ ótimo}, {bom}

Evento Composto

É o evento formado por dois ou mais elementos do espaço amostral S associado.

Exemplos:

- Seja a experiência que consiste no lançamento de uma moeda, podemos ter o seguinte evento composto de interesse:

{ Cara, Coroa}

- Seja a experiência que consiste no lançamento de um dado, podemos ter os seguintes eventos compostos de interesse:

{ 1, 2 }, {3, 4, 5} , { 1, 2, 3, 4, 5, 6}

- Quando uma pessoa é sorteada para avaliar como ótimo, bom, regular, ruim ou péssimo um determinado governo federal, podemos ter o seguinte evento composto de interesse, se formos o político analisado em questão:

{ ótimo, bom}

Evento Certo (C)

É aquele que sempre ocorre, em qualquer realização da experiência aleatória. É aquele que coincide com o próprio espaço amostral. Consequentemente, a probabilidade de ocorrer o evento certo é sempre **P (C) = 1 ou P (C) = 100%**, isto é, a certeza.

Exemplos:

- Seja a experiência que consiste no lançamento de uma moeda, o evento certo associado é:

$$C = \{ \text{Cara, Coroa} \} \rightarrow P(C) = 1$$

- Seja a experiência que consiste no lançamento de um dado, o evento certo associado é:

$$C = \{ 1, 2, 3, 4, 5, 6\} \rightarrow P(C) = 1$$

- Quando uma pessoa é sorteada para avaliar como ótimo, bom, regular, ruim ou péssimo um determinado governo federal, o evento certo associado é:

$$C = \{ \text{ótimo, bom, regular, ruim, péssimo}\} \rightarrow P(C) = 1$$

Evento Impossível (I)

É aquele que nunca ocorre, em nenhuma realização do experimento aleatório. A probabilidade de um evento impossível é sempre igual a zero, isto é, **P (I) = 0.**

Exemplos:

- Seja a experiência que consiste no lançamento de um dado, o evento impossível associado é:

$$I = \{ \text{face} > 6\} \rightarrow P(I) = 0$$

- Quando uma pessoa é sorteada para avaliar como ótimo, bom, regular, ruim ou péssimo um determinado governo federal, o evento impossível associado é:

$$I = \{\text{outra}\} \rightarrow P(I) = 0'$$

Definição Matemática de Probabilidades- "*A Priori*"

Seja uma experiência aleatória onde todos os elementos de um espaço amostral S associado a uma experiência aleatória tenham a mesma chance de ocorrer e seja E um evento de interesse do espaço amostral S, então a probabilidade de ocorrer o evento E pode ser assim definida:

$$P(E) = \frac{n(E)}{n(S)}, onde$$

n (E) é o número de elementos do evento de interesse E,
n (S) é o número de elementos do espaço amostral S.

Exemplos:

1. Uma pessoa tem 3 notas de R$ 2,00 e 1 nota de R$ 5,00 no bolso. Esta pessoa entra apressadamente no ônibus e retira uma nota do seu bolso. Qual a probabilidade de ter retirado uma nota de R$ 2,00?

E = retirar uma nota de R$ 2,00 do bolso

n (E) = 3

n(S) = 4, então:

$$P(E)=\frac{3}{4}=0,75 \ ou \ 75\%$$

2. Um banco de dados de clientes cadastrados de uma loja possui 40 pessoas do sexo masculino e 60 pessoas do sexo feminino. Seja a experiência de selecionar uma pessoa do cadastro aleatoriamente. Qual a probabilidade de essa pessoa ser homem?

E = pessoa selecionada do cadastro de clientes ser homem.

n (E) = 40
n (s) = 100

$$P(E)=\frac{40}{100}=0,40 \ ou \ 40\%$$

3. Em uma loja de departamento existem 70 calças de couro vermelho e 90 calças de couro preto. Selecionanda uma calça aleatoriamente dentre as 160 existentes, qual a probabilidade de a calça selecionada ser de couro preta?

E = calça selecionada ser de couro preto

n (E) = 90
n (S) = 160

$$P(E)=\frac{90}{160}=0,5625 \ ou \ 56,25\%$$

4. Quando uma pessoa é sorteada para avaliar como ótimo, bom, regular, ruim ou péssimo um determinado governo federal, qual a probabilidade de a pessoa avaliar positivamente o referido governo?

E = a pessoa avaliar positivamente o referido governo.
E = {ótimo, bom}
n (E) = 2
n (S) = 5

Portanto:

$$P(E)=\frac{2}{5}=0,40 \ ou \ 40\%$$

5. O bingo é considerado um jogo de azar muito comum em cassinos, casa de apostas, festas de confraternização entre outros eventos, consistindo numa cartela com 24 números a serem assinalados, considerando que o espaço amostral totaliza até 99 números. Em alguns países, o Bingo é realizado com 75, 80 ou 90 números. O sorteio é realizado utilizando um globo onde são colocadas as bolas enumeradas de 01 a 99. Uma pessoa é responsável por girar o globo, retirando por vez uma única bola que será anunciada, caso alguém possua o número correspondente deve assinalar a cartela. Os sorteios costumam privilegiar o ganhador que primeiro preencher totalmente a cartela, o qual deve gritar "Bingo", finalizando o sorteio. Como qualquer jogo de azar,

o bingo fornece aos jogadores certa probabilidade de ganho ou perda. Vamos determinar a probabilidade de uma pessoa acertar as 24 dezenas sorteadas. A tabela a seguir mostrará as chances de acerto por rodada, assim calcularemos a porcentagem que cada apostador possui de ganhar. Consideraremos um bingo com, no máximo, 75 possíveis números a serem sorteados. A pessoa tem que marcar em 24 opções os números estipulados pelo jogo. A tabela sugere as possibilidades por rodada.

Rodadas	Possibilidade de acerto	Número de bolas a serem sorteadas	Porcentagem por rodada
1°	24	75	24/75 = 0,32 = 32%
2°	23	74	23/74 = 0,31 = 31%
3°	22	73	22/73 = 0,30 = 30%
4°	21	72	21/72 = 0,29 = 29%
5°	20	71	20/71 = 0,28 = 28%
6°	19	70	19/70 = 0,27 = 27%
7°	18	69	18/69 = 0,26 = 26%
8°	17	68	17/68 = 0,25 = 25%
9°	16	67	16/67 = 0,24 = 24%
10°	15	66	15/66 = 0,23 = 23%
11°	14	65	14/65 = 0,22 = 22%
12°	13	64	13/64 = 0,20 = 20%
13°	12	63	12/63 = 0,19 = 19%
14°	11	62	11/62 = 0,18 = 18%
15°	10	61	10/61 = 0,16 = 16%
16°	9	60	9/60 = 0,15 = 15%
17°	8	59	8/59 = 0,14 = 14%
18°	7	58	7/58 = 0,12 = 12%
19°	6	57	6/57 = 0,11 = 11%
20°	5	56	5/56 = 0,09 = 9%
21°	4	55	4/55 = 0,07 = 7%
22°	3	54	3/54 = 0,06 = 6%
23°	2	53	2/53 = 0,04 = 4%
24°	1	52	1/52 = 0,02 = 2%

No geral, podemos dizer que as chances de ganhar no bingo são iguais para todos os participantes, pois as chances de cada cartela é a mesma. O que aumenta a possibilidade da pessoa é o número de cartelas adquiridas. Por exemplo, no caso de uma rodada com 100 cartelas, uma pessoa que comprar 5, terá sua chance aumentada para 5%. Portanto, basta dividirmos o número de cartelas adquiridas pelo número de cartelas da rodada e multiplicar o resultado por 100, constituindo na forma de porcentagem a probabilidade de ganho.

A lógica é que em rodadas onde o número de cartelas vendidas for grande, as chances de ganho são menores. E nas rodadas menores, a probabilidade de ganhar aumenta. As situações são inversamente proporcionais.

Eventos Mutuamente Exclusivos

Dizemos que dois ou mais eventos são mutuamente exclusivos quando a realização de um exclui a realização do(s) outro(s). São aqueles que nunca podem ocorrer simultaneamente em uma mesma realização de uma experiência aleatória.

Na lógica, duas proposições mutualmente exclusivas são proposições que não podem ser verdadeiras ao mesmo tempo. Outro termo para "mutualmente exclusivo" é "disjunto". Para dizer que duas proposições são mutualmente exclusivas, dependendo do contexto, significa que uma não pode ser verdadeira se a outra for, ou que ao menos uma delas não pode ser verdadeira. O termo "isoladamente exclusivas" sempre significa que ambas não podem ser verdade simultaneamente.

Exemplos:

- *No lançamento de uma moeda, os eventos cara e coroa são mutuamente exclusivos.*
- *No lançamento de um dado, os eventos 1 e 4 são mutuamente exclusivos.*
- *Um mesmo voo não pode ter dois destinos simultâneos.*

Na teoria da probabilidade, eventos E_1, E_2, ..., E_n são ditos mutualmente exclusivos se a ocorrência de um deles implicar a não ocorrência dos restantes $n - 1$ eventos. Dessa forma, dois eventos mutualmente exclusivos não podem acontecer ao mesmo tempo. Formalmente, a intersecção dos dois é vazia: $A \cap B = \emptyset$. Em consequência disso, eventos mutualmente exclusivos têm a propriedade: $P(A \cap B) = 0$.

Por exemplo, alguém não pode pegar uma carta que é tanto vermelha e espada, pois espadas são sempre pretas. Se alguém pegar uma carta de um baralho, será uma vermelha (coração ou ouros) ou uma carta preta (paus ou espadas) a ser pega.

Quando dois eventos são mutualmente exclusivos, $P(A \cup B) = P(A) + P(B)$. Alguém pode perguntar, "Qual é a probabilidade de pegar uma carta vermelha ou uma espada?" Este problema poderia ser resolvido adicionando a probabilidade pegar uma carta vermelha e a chance de pegar uma espada. em um baralho de 52 duas cartas, 26 cartas são vermelhas e 13 são espadas: 26/52 + 13/52 = 39/52 ou 3/4.

Na teoria da probabilidade, a palavra "ou" denota a possibilidade de pelo menos um dos eventos ocorrerem. A probabilidade um ou ambos os eventos ocorrerem é denotada por $P(A \cup B)$ e de maneira geral é igual a $P(A) + P(B) - P(A \cap B)$. Dessa forma, se alguém perguntar "Qual é a probabilidade de se pegar uma carta vermelha ou um rei?". Pegar um rei vermelho, uma carta vermelha que não seja um rei ou um rei preto são todos considerados sucessos. Num baralho de 53 cartas, há 26 cartas vermelhas e 4 reis, dois desses são vermelhos, então a probabilidade de pegar uma carta vermelha ou um rei será 26/52 + 4/52 – 2/52 = 28/52. No entanto, com eventos mutualmente exclusivos, o último termo da fórmula, $P(A \cap B)$, é zero, então ele é simplificado para a fórmula $P(A \cup B) = P(A) + P(B)$

Portanto, da **Teoria dos Conjuntos**, podemos dizer que eventos mutuamente exclusivos constituem conjuntos disjuntos, isto é, a interseção é o conjunto vazio.

$$E = E_1 \ Ç \ E_2 = \emptyset \rightarrow P\ (E_1 Ç E_2) = 0$$

Axiomas do Cálculo das Probabilidades

Pelos conceitos que acabamos de ver até agora, podemos concluir que:

1. $0 \leq P(E) \leq 1$
2. $P(S) = 1$
3. *Se E_1 e E_2 forem eventos mutuamente exclusivos, então:*

$$P\ (E_1 + E_2) = P\ (E_1) + P\ (E_2)$$

OBS: Se $E_1 \cap E_2 \neq \emptyset$, então $P(E) = P(E_1 + E_2) = P(E_1) + P(E_2) - P(E_1 \cap E_2)$.

Exemplos:

1. No lançamento de um dado, qual a probabilidade de sair face 1 ou face 4?

E_1 = sair face 1 $\rightarrow P(E_1) = 1/6$
E_2 = sair face 4 $\rightarrow P(E_2) = 1/6$
E = sair face 1 ou face 4.

Em probabilidade, a chance de sair um evento ou outro é igual à soma das probabilidades dos eventos envolvidos, então a probabilidade pedida é:

$$P(E) = P(E_1 + E_2)$$

Como E_1 e E_2 são mutuamente exclusivos, então:

$$P(E) = P(E_1 + E_2) = P(E_1) + P(E_2) = 1/6 + 1/6 = 2/6 = \mathbf{1/3}$$

2. Uma população é formada por 20 pessoas que consomem o produto A, 30 pessoas que consomem o produto B e 50 pessoas que consomem o produto C. Um pesquisador de mercado seleciona uma pessoa desta população. Sabendo que uma pessoa não consome mais de um produto ao mesmo tempo, qual a probabilidade de ter sido selecionada uma pessoa que consome o produto A ou C?

E_1 = consumir o produto A $\rightarrow P(E_1) = 20/100 = 0,2$
E_2 = consumir o produto C $\rightarrow P(E_2) = 50/100 = 0,5$
E = consumir o produto A ou C

Como E_1 e E_2 são mutuamente exclusivos, então:

$$P(E) = P(E_1 + E_2) = P(E_1) + P(E_2) = 0,2 + 0,5 = \mathbf{0,70 \text{ ou } 70\%.}$$

3. Em uma empresa, o departamento de recursos humanos ofereceu a oportunidade de seus analistas de sistemas aceitarem realizar pelo menos 2 cursos de língua estrangeira para aperfeiçoamento: inglês ou espanhol. A probabilidade de aceitarem fazer um curso de inglês é de 30%; de aceitarem fazer um curso de espanhol é de 40%; e ambos de 10%. Qual a probabilidade de um analista de sistemas selecionado aleatoriamente do banco de dados da empresa aceitar fazer um curso de línguas?

E = analista de sistemas selecionado aleatoriamente do banco de dados da empresa aceitar fazer um curso de línguas.

$$P(E) = 0,30 + 0,40 - 0,10 = \mathbf{0,60 \text{ ou } 60\%.}$$

4. Uma pesquisa foi realizada por um instituto para traçar o perfil dos que compram DVDs e vídeos no Brasil. Numa amostra aleatória de 2000 pessoas, foi constatado que, entre pessoas das classes sociais A e B, 100 compram só filmes piratas, 80 só filmes originais e 120 compras piratas e originais. Seleciona-se aleatoriamente da planilha *Excel,* onde a base de dados está salva, uma pessoa. Responda:

a) Qual a probabilidade da pessoa comprar um filme pirata ou original?

b) Qual a probabilidade de a pessoa ter o hábito de comprar filmes originais e também piratas?

Solução:

O diagrama a seguir nos revela a configuração da amostra segundo os resultados da pesquisa:

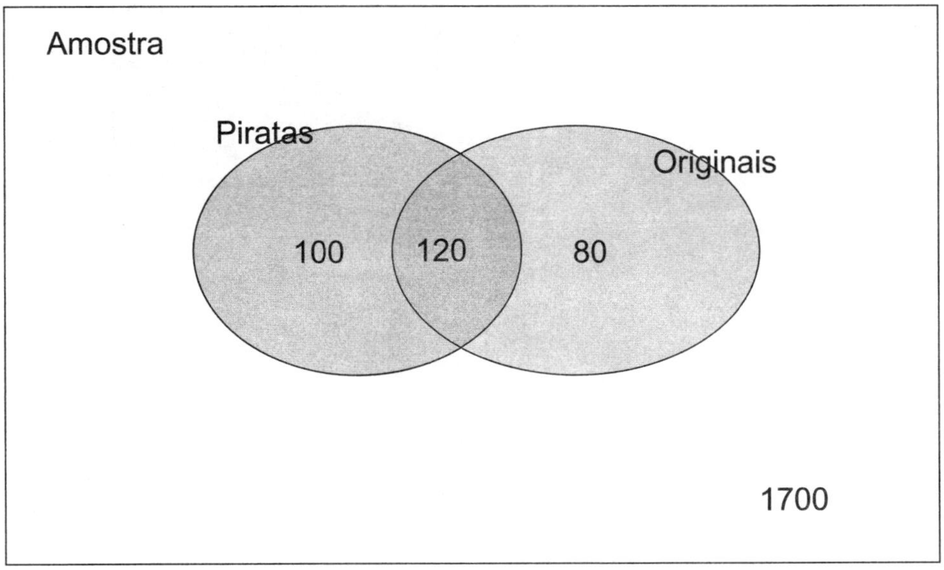

Então:

a) Qual a probabilidade de a pessoa ser das classes sociais A ou B?

E = a pessoa ser da classe social A ou B.

$$P(E)=\frac{300}{2000}=0{,}15 \ ou \ 15\%$$

b) Qual a probabilidade de a pessoa ter o hábito de comprar filmes originais e também piratas?

O ∩ P = pessoa ter o hábito de comprar filmes originais e também piratas.

$$P(O\cap P)=\frac{120}{2000}=0{,}06 \ ou \ 6\%$$

Eventos Complementares

Um evento E é complementar ao evento E, se ele somente ocorrer se o evento E deixar de ocorrer. São todos os elementos do espaço amostral S, que não pertencem ao evento E.

Visualizando:

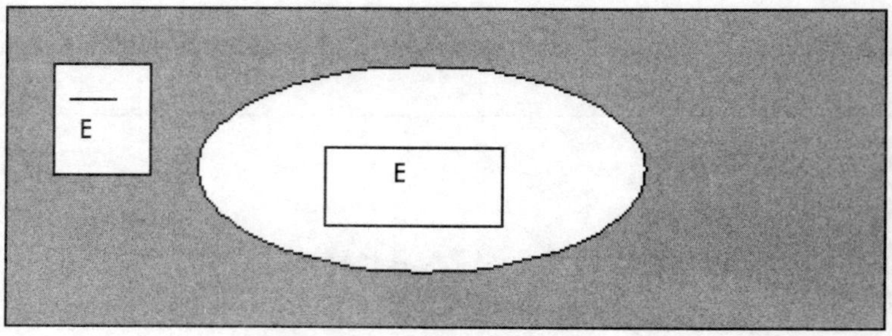

Portanto:

$$E + \overline{E} = S$$
$$E \cap \overline{E} = 0$$

Assim, eventos complementares são mutuamente exclusivos.

Podemos escrever:

$$S = E + \overline{E}$$
$$P(S) = 1$$

$P(E + \overline{E}) = 1$, como são eventos mutuamente exclusivos vem que

$$P(E) + P(\overline{E}) = 1 \rightarrow P(\overline{E}) = 1 - P(E)$$

Sabemos que um evento pode ocorrer ou não, sendo p a probabilidade de que ele ocorra (sucesso) e q a probabilidade de que ele não ocorra (insucesso).

Chamando E o evento ocorrer o sucesso e $\overline{E}$ o insucesso, temos:

P(E) = p e P($\overline{E}$)= q

Vem que:

$$p + q = 1 \rightarrow q = 1 - p.$$

Exemplos:

1. A probabilidade de se realizar um evento é p = 1/5. A probabilidade de que ele não ocorra é:

$$q = 1 - p = 1 - 1/5 = 4/5$$

2. A probabilidade de tirar 4 no lançamento de um dado é p= 1/6, logo, a probabilidade de não tirar 4 no lançamento de um dado é:

$$q = 1 - p = 1 - 1/6 = 5/6.$$

3. A probabilidade de uma dona de casa escolher uma determinada marca de café em pó em um supermercado é de 65%. Qual a probabilidade de que em um determinado dia ela escolha outra marca?

$$q = 1 - p = 1 - 0{,}65 = 0{,}35 \text{ ou } 35\%.$$

4. Uma pesquisa foi realizada por um instituto para traçar o perfil dos que compram DVDs e vídeos no Brasil. Numa amostra aleatória de 2000 pessoas, foi constatado que, entre pessoas das classes sociais A e B e de nível educacional alto, 100 compram só filmes piratas, 80 só filmes originais e 120 compras piratas e nacionais. Seleciona-se aleatoriamente da planilha Excel, onde a base de dados está salva, uma pessoa. Qual a probabilidade de a pessoa não ser das sociais A ou B?

Solução

O diagrama a seguir nos revela a configuração da amostra segundo os resultados da pesquisa:

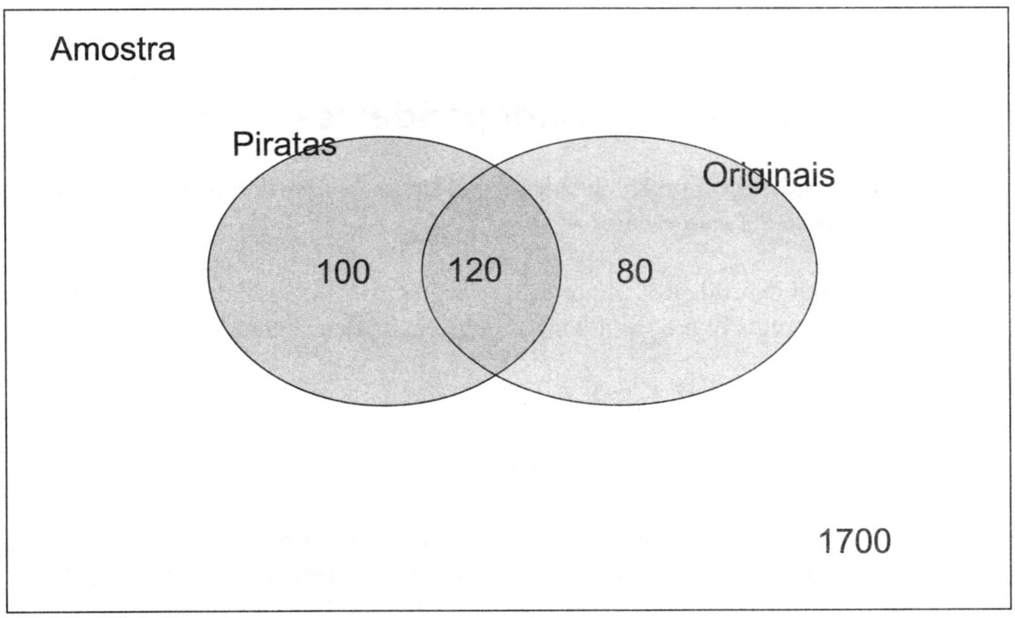

Então:

Qual a probabilidade da pessoa não ser da classe social A ou B?

E = a pessoa não ser da classe social A ou B.

$$P(E) = \frac{1700}{2000} = 0{,}85 \ ou \ 85\%$$

Ou pelo complementar:

E = pessoa ser da classe social A ou B.

$P(E) = p \rightarrow P(\overline{E}) = q$, logo:

q = 1-0,15 = **0,85 ou 85%.**

Eventos Independentes

Dizemos que dois eventos são independentes quando a realização ou não-realização de um dos eventos não afeta a probabilidade da realização do outro e vice-versa. A ocorrência de um deles não aumenta ou diminui a ocorrência do outro. A realização de um deles não modifica a chance de realização do outro.

Exemplos

- *Quando lançamos dois dados, o resultado obtido em um deles não afeta o resultado obtido no outro.*
- *Os eventos pane no seu computador e aumento dos preços de computadores desktops no país.*
- *Uma pessoa não ir trabalhar e queda do edifício em que trabalha.*
- *Uma pessoa ser despejada do imóvel que alugou e aumento de temperatura no dia.*
- *A satisfação de uma pessoa com o emprego e aumento do índice de criminalidade no país.*

Regra do Produto para Eventos Independentes

Se dois eventos são independentes, a probabilidade de que eles se realizem simultaneamente é igual ao produto das probabilidades de realização dos dois eventos.

Sejam E_1 e E_2 dois eventos independentes. Suponha que tenhamos o interesse de, em uma experiência aleatória, quantificar a ocorrência dos eventos E_1 e E_2 simultaneamente, então, desejamos:

$$\mathbf{P(E_1 \cap E_2) =}$$

$$P (E_1 \cap E_2) = P (E_1) \times P (E_2)$$

Sendo p_1 a probabilidade de realização do primeiro evento(E_1) e p_2 a probabilidade de realização do segundo evento (E_2), a probabilidade de que tais eventos se realizem simultaneamente é dada por:

$$p_1 \times p_2$$

Exemplos:

1. Lançamentos dois dados:

A probabilidade de obtermos 1 no primeiro dado é:

$p_1 = 1/6$

A probabilidade de obtermos 5 no segundo dado é:

$p_2 = 1/6$

Logo, a probabilidade de obtermos, simultaneamente, 1 no primeiro e 5 no segundo é:

P = 1/6 x 1/6 = **1/36.**

2. A probabilidade de um consumidor ficar satisfeito com o desempenho de certa marca de um produto é de 25%. A probabilidade de outro consumidor ficar satisfeito com a mesma marca do produto é 40%. Suponhamos que os dois consumidores vão consumir o produto em um mesmo momento e de forma independente, qual a probabilidade dos dois consumidores ficarem satisfeitos simultaneamente?

A probabilidade do consumidor 1 ficar satisfeito é:

$\mathbf{p_1 = 0{,}25.}$

A probabilidade do consumidor 2 ficar satisfeito é:

$\mathbf{p_2 = 0{,}40.}$

Logo, a probabilidade de, simultaneamente, os dois consumidores ficarem satisfeitos é de:

P = 0,25 x 0,40 = **0,10 ou 10%.**

Eventos Condicionados (E_1/E_2)

Dois eventos associados a uma mesma experiência aleatória são ditos condicionados, quando a ocorrência prévia de um deles aumenta ou diminui a ocorrência do outro. Já a ocorrência de um deles modifica a ocorrência do outro.

Exemplos:

1. Suponhamos que uma pessoa que está saindo para trabalhar de manhã tem dúvida se leva guarda-chuva ou não ao sair. Ele vai à janela ver o tempo. A chance de sair com guarda-chuva depende da informação que obtiver ao olhar o tempo: se o tempo estiver "ruim", a probabilidade de sair com guarda-chuva aumenta, ou seja, os eventos "tempo ruim" e "sair com guarda-chuva" são condicionados.

2. Seja o evento E_1 = "a letra u ocorre na palavra" e evento E_2 = "a letra q ocorre na palavra". Certamente o evento E_1 tem uma probabilidade, mas, ao saber que o evento E_2 ocorre, fica mais certo de que E_1 deve também ocorrer, uma vez que q raramente ocorre em uma palavra sem vir seguido de u.

3. Se for sabido que os ônibus de certa linha passam em um ponto em intervalos de, aproximadamente, 10 minutos, a probabilidade de passar um ônibus dessa linha no próximo minuto será fortemente influenciada pelo conhecimento que se tem da passagem de um ônibus da linha nos últimos 5 minutos.

4. Suponhamos que um setor de uma empresa tenha 5 operacionais e 2 gerentes, e que a diretoria irá selecionar dois funcionários deste setor, um após o outro, para obtenção de um prêmio de final de ano: uma passagem de ida e volta para os EUA para cada um. Suponha que o primeiro funcionário selecionado aleatoriamente seja operacional. Será que a probabilidade de que o segundo funcionário selecionado também seja um operacional é influenciada pela retirada do primeiro funcionário que já era do mesmo cargo?

Temos dois casos a considerar:

- *Se houver reposição do primeiro funcionário, o setor vai ter a mesma configuração inicial, e então a 1ª retirada em nada influenciará a 2ª retirada, ou seja, temos* ***eventos independentes.***

- *Se não houver a reposição da 1ª retirada, o setor conterá um funcionário a menos, isto é, diminui a probabilidade de sair um segundo funcionário operacional na 2ª retirada, ou seja, temos* ***eventos condicionados.***

Exemplo:

Uma urna contém 4 bolas brancas e 8 bolas pretas. Seja a experiência aleatória de retirarmos três bolas desta urna. Qual a probabilidade de as três serem pretas?

a) Numa extração "Com reposição".

b) Numa extração "Sem reposição".

Solução

a) Com reposição:

E = extrair três bolas sucessivas pretas.

$$P(E)=\frac{8}{12}\times\frac{8}{12}\times\frac{8}{12}=0,30 \quad ou \quad 30\%$$

Eventos independentes: ***reparem que as probabilidades sucessivas permanecem constantes.***

b) Sem reposição:

E = extrair três bolas sucessivas pretas.

$$P(E)=\frac{8}{12}\times\frac{7}{12}\times\frac{6}{12}=0,25 \quad ou \quad 25\%$$

Eventos condicionados: ***reparem que as probabilidades sucessivas vão diminuindo.***

Probabilidade Condicionada

É o percentual da ocorrência de E_2 no universo de E_1 ou vice-versa. É a probabilidade de ocorrer E_2, mas no espaço de E_1 ou vice-versa. O que se quantifica é a chance de ocorrer E_2, mas atrelada à já ocorrência de E_1, **isto é,** condicionada a E_1 e vice-versa.

Baseando-se na definição intuitiva da probabilidade, pode-se calcular a probabilidade condicionada de E_2. dado que E_1 já ocorreu (ou que já se tenha conhecimento) pela fórmula:

$$P(E_2 / E_1) = \frac{n(E_1 \cap E_2)}{n(E_1)}$$

Esta expressão calcula a probabilidade de ocorrência de E_2 nas ocorrências de E_1, isto é, somente quando E_1 ocorre. Este procedimento condiciona a ocorrência de E_1 à ocorrência de E_2.

Se dividirmos o numerador e o denominador da expressão acima pela mesma quantidade n(s), teremos:

$$P(E_2 / E_1) = \frac{\frac{n(E_1 \cap E_2)}{n(S)}}{\frac{n(E_1)}{n(S)}}$$

A expressão de probabilidade fica. então:

$$P(E_2 / E_1) = \frac{PE_1 \cap E_2}{P(E_1)}$$

Com $P(E_1) \neq 0$

Exemplos:

1. Observou-se em 10 dias a frequência com que uma dada pessoa foi à praia e se fez sol:

Dia	1	2	3	4	5	6	7	8	9	10
Foi à Praia?	*N*	*S*	*N*	*S*	*S*	*S*	*N*	*N*	*S*	*S*
Fez Sol?	*N*	*S*	*N*	*S*	*N*	*S*	*S*	*N*	*S*	*S*

Tomando por base as informações acima, responda:

a) Qual a probabilidade de a pessoa, em geral, ir à praia?
b) Sabendo que fez sol, qual a probabilidade de a pessoa ir, em geral, à praia?
c) Os eventos "a pessoa ir à praia" e "fazer sol" são independentes ou condicionados?

Solução

a) Qual a probabilidade de a pessoa em geral ir à praia?

IP = evento a pessoa, em geral, ir à praia.

$$P(IP) = \frac{6}{10} = 0{,}60 \text{ ou } 60\%$$

b) Sabendo que fez sol, qual a probabilidade de a pessoa ir, em geral, à praia?

FS = evento fazer sol.
IP = evento ir à praia.

$$P(IP/FS) = \frac{5}{6} = 0{,}83 \text{ ou } 83\%$$

c) Os eventos "a pessoa ir à praia" e "fazer sol" são independentes ou condicionados?

Os eventos "a pessoa ir à praia" e "fazer sol" são condicionados, pois a probabilidade de a pessoa ir à praia aumenta de 60% para 83% quando se inclui em seu cálculo a informação adicional de que fez sol:

$$P(IP) \neq P(IP/FS)$$

2. Em uma cidade existem 15.000 usuários de telefonia, dos quais 10.000 possuem telefones fixos, 8.000 telefones móveis e 3.000 têm telefones fixos e móveis. Seja a experiência aleatória de uma operadora de telefone móvel selecionar uma pessoa da cidade para oferecer uma promoção do tipo *"Fale Grátis de seu Móvel para seu Fixo"*, pergunta-se:

a) Já sabendo que ela tem telefone móvel, qual a probabilidade de ela ter telefone fixo também?
b) Já sabendo que ela tem telefone fixo, qual a probabilidade de ela ter telefone móvel também?

Solução

Espaço Amostral S

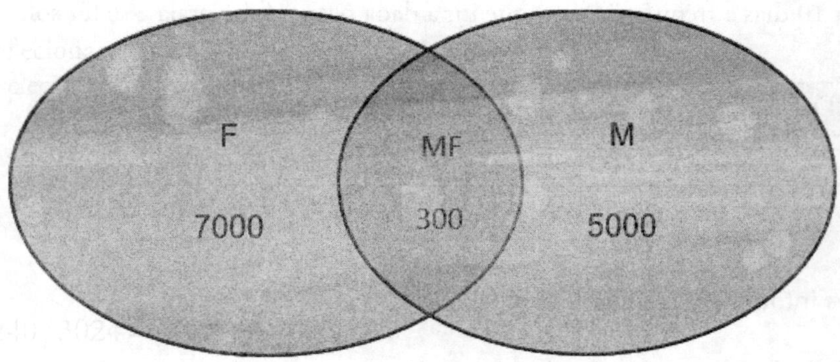

F = pessoa com telefone fixo.
M = pessoa com telefone móvel.
MF = pessoa com telefone fixo e móvel.

$$a)P(F/M) = \frac{n(MF)}{n(M)} = \frac{3000}{8000} = 3/8 = 0{,}375.$$

$$b)P(M/F) = \frac{n(MF)}{n(M)} = \frac{3000}{10000} = 3/10 = 0{,}300.$$

3. Seja a probabilidade de o Brasil endurecer nas exigências de entrada de espanhóis no país de 60%. A probabilidade prevista da entrada de espanhóis no Brasil em 2013 era de 80%. A probabilidade simultânea de o Brasil endurecer ainda mais em 2013 as exigências para a entrada de espanhóis no Brasil e haver entrada de espanhóis no Brasil era de 45%. Dado que o Brasil endureceu na entrada de espanhóis no Brasil em 2013, como fica o percentual de entrada de espanhóis no Brasil?

Solução

E= evento entrada de espanhóis no Brasil.
B= evento Brasil endurecer nas exigências de entrada de espanhóis no país.
$B \cap E$= Brasil endurecer nas exigências de entrada de espanhóis no país e haver entrada de espanhóis no Brasil.

$$P(E/B) = \frac{0{,}45}{0{,}60} = 0{,}75 \ \ ou \ \ 75\%$$

$$P(E) = 0{,}80$$

Com a informação adicional de que o Brasil endureceu nas exigências, a medição da probabilidade da visita de espanhóis ao país diminui em **6,25%** (Número Índice = 75/80 = 93,75% → Δ= 93,75 – 100 = **-6,25%**).

4. A probabilidade de os Estados Unidos facilitarem ainda mais a concessão de vistos aos brasileiros em 2013 era de 40%. Atualmente, a probabilidade da entrada de brasileiros nos Estados Unidos fica em torno de 72%. A probabilidade de os EUA facilitarem ainda mais a concessão de vistos a brasileiros e haver a entrada de brasileiros na América é de 32%. Dado que os Estados Unidos facilitaram ainda mais a concessão de vistos americanos a brasileiros em 2013, como fica a probabilidade da entrada de brasileiros na ***"Terra do Tio Sam"***?

Solução

*V= evento os EUA facilitarem ainda mais a concessão de **vistos** aos brasileiros em 2013.*
E= evento entrada de brasileiros nos Estados Unidos.
*$V \cap E$= evento os EUA facilitarem ainda mais a concessão de **vistos** a brasileiros em 2013 e haver a entrada de brasileiros na América.*

$$P(E/V) = \frac{0{,}32}{0{,}40} = 0{,}80 \ \ ou \ \ 80\%$$

$$P(E) = 0{,}72$$

Com a informação adicional de que os Estados Unidos facilitaram de fato ainda mais a concessão de vistos a brasileiros, a medição da probabilidade da visita de brasileiros à América aumentou em **11%** (Número Índice = 80/72 = 111% → Δ= 111 – 100 = **11%**).

5. Uma pesquisa de perfil demográfico feito junto a 20 consumidores adultos da mercadoria X revelou a base de dados a seguir:

Consumidor	Sexo	Idade	Nível Escolar	Nº de Filhos	Classe Social
1	M	35	2	2	B
2	M	25	2	1	B
3	F	40	3	1	C
4	M	25	2	3	B
5	M	32	2	2	C
6	F	22	2	0	C
7	M	37	3	2	B
8	M	28	2	0	B
9	F	25	2	1	B
10	F	39	3	2	C
11	M	35	1	1	B
12	F	21	1	0	A
13	F	27	0	0	A
14	F	45	2	2	C
15	M	57	4	4	C
16	F	33	2	2	A
17	M	36	1	0	B
18	M	35	2	2	C
19	M	33	2	2	B
20	F	22	3	0	C

Os códigos usados para montar a base de dados foram:

Variável Sexo: M – masculino e F – feminino.
Variável Idade: idade em anos, em dois dígitos.
Variável Nível Escolar: 0 – ausência de nível escolar, 1 – ensino fundamental, 2 – ensino médio, 3 – ensino superior e 4 – pós-graduação.
Variável N° Filhos: número de filhos do morador.
Variável Classe Social: A – Alta; B – Média e C – Baixa.

Qual a probabilidade de ao selecionar aleatoriamente um consumidor desta base de dados?

a) Dado que é mulher, ter menos de 2 filhos?
b) Dado que homem, ser da classe social C?
c) Dado que é da classe social B, ter menos que 3 filhos?
d) Seja um homem, sabendo que tem nível de escolaridade médio e classe social média?
e) Seja um consumidor de ensino médio, com 2 ou menos filhos, sabendo que tem 30 anos ou mais.

Solução:

a) P (<2 filhos//F) = 6/9
b) P(C/H) = 3/11
c) P (<3 filhos/B) = 8/9
d) P (H/2 Ç B) = 5/6
e) P (2 Ç ≤ 2/ ≥ 30 anos) = 6/12

6. Numa escola com 100 alunos, 40 estudam só biologia, 30 estudam só alemão e 20 estudam biologia e alemão. Qual é a probabilidade de um aluno que já estuda biologia estudar também alemão?

Espaço Amostral S

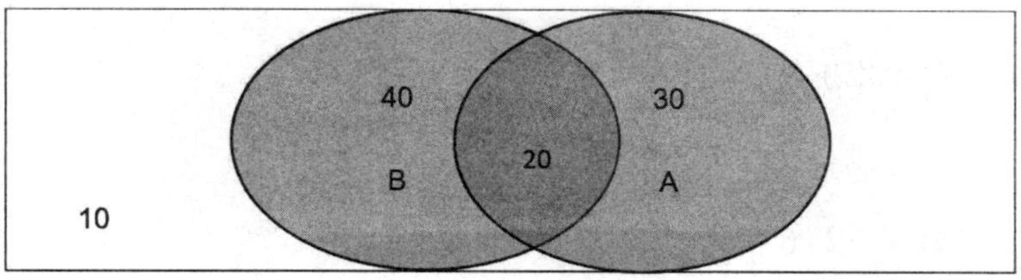

E_1 = aluno estudar biologia.
E_2 = aluno estudar alemão

$$P(E_2 / E_1) = \frac{P(E_2 \cap E_1)}{P(E_1)} = \frac{20/100}{60/100} = 20/60 = 33\%$$

7. Suponha que o seguinte quadro represente uma possível divisão dos alunos matriculados em um dado instituto de matemática, em um ano qualquer:

Curso	M	F	Total
Matemática Pura	70	40	110
Matemática Aplicada	15	15	30
Estatística	10	20	30
Computação	20	10	30
Total	115	85	200

Seleciona-se aleatoriamente um estudante deste instituto. Foi constatado que ele é do curso de estatística. Qual a probabilidade de ele ser homem?

Solução:

E_1 = aluno do curso de estatística.
E_2 = aluno do sexo masculino.

$$P(E_2 / E_1) = \frac{P(E_2 \cap E_1)}{P(E_1)} = \frac{10/200}{30/200} = 10/30 = 33\%$$

8. Considere o lançamento de um dado e a observação da face superior:

Sendo:

a) E_1 = { 2, 3, 4, 5} e E_2 = {1, 3, 4}
b) E_1 = { 1, 3, 5, 6} e E_2 = {1, 3, 6}
c) E_1 = { 2, 3, 5, 6} e E_2 = {1, 2}

Em cada caso obtenha **P (E_2/E_1)** e indique se os eventos E_1 e E_2 são independentes ou condicionados.

a) E_1 = { 2, 3, 4, 5} e E_2 = { 1, 3, 4}

$E_2 \cap E_1$ = { 3, 4} → P ($E_2 \cap E_1$) = 2/6 e P(E_1) = 4/6

$$P(E_2 / E_1) = \frac{P(E_2 \cap E_1)}{P(E_1)} = \frac{2/6}{4/6} = 1/2 = 50\%$$

$$P(E_2) = 3/6 = 50\%$$

Conclusão:

A informação adicional de que E_1 já ocorreu não altera a ocorrência de E_2, portanto são independentes.

b) E_1 = { 1 3, 5, 6} e E_2 = { 1, 3, 6}

$E_2 \cap E_1$ = {1, 3, 6} → P ($E_2 \cap E_1$) = 3/6 e P(E_1) = 4/6

$$P(E_2 / E_1) = \frac{P(E_2 \cap E_1)}{P(E_1)} = \frac{3/6}{4/6} = 3/4 = 75\%$$

$$P(E_2) = 3/6 = 50\%$$

Conclusão:

A informação adicional de que E_1 já ocorreu altera a ocorrência de E_2. A chance de ocorrer E_2 fica mais certa, portanto, são condicionados.

c) E_1 = { 2, 3, 5, 6} e E_2 = { 1, 2}

$E_2 \cap E_1$ = { 2} → P ($E_2 \cap E_1$) = 1/6 e P(E_1) = 4/6

$$P(E_2 / E_1) = \frac{P(E_2 \cap E_1)}{P(E_1)} = \frac{1/6}{4/6} = 1/4 = 25\%$$

$$P(E_2) = 2/6 = 33\%$$

Conclusão

A informação adicional de que E_1 já ocorreu altera a ocorrência de E_2. A chance de ocorrer E_2 fica menos certa, portanto, são condicionados.

9. Uma pesquisa foi realizada por um instituto para traçar o perfil dos que compram DVDs e vídeos no Brasil. Numa amostra aleatória de 2000 pessoas, foi constatado que, entre pessoas das classes sociais A e B e de nível educacional alto, 100 compram só filmes piratas, 80 só filmes originais e 120 compras piratas e nacionais. Seleciona-se aleatoriamente da planilha Excel, onde a base de dados está salva, uma pessoa das classes sociais A ou B. Sabendo que ela tem o hábito de comprar DVDs e vídeos originais, qual a probabilidade de ela comprar também filmes piratas?

Solução:

O diagrama a seguir nos revela a configuração da amostra segundo os resultados da pesquisa:

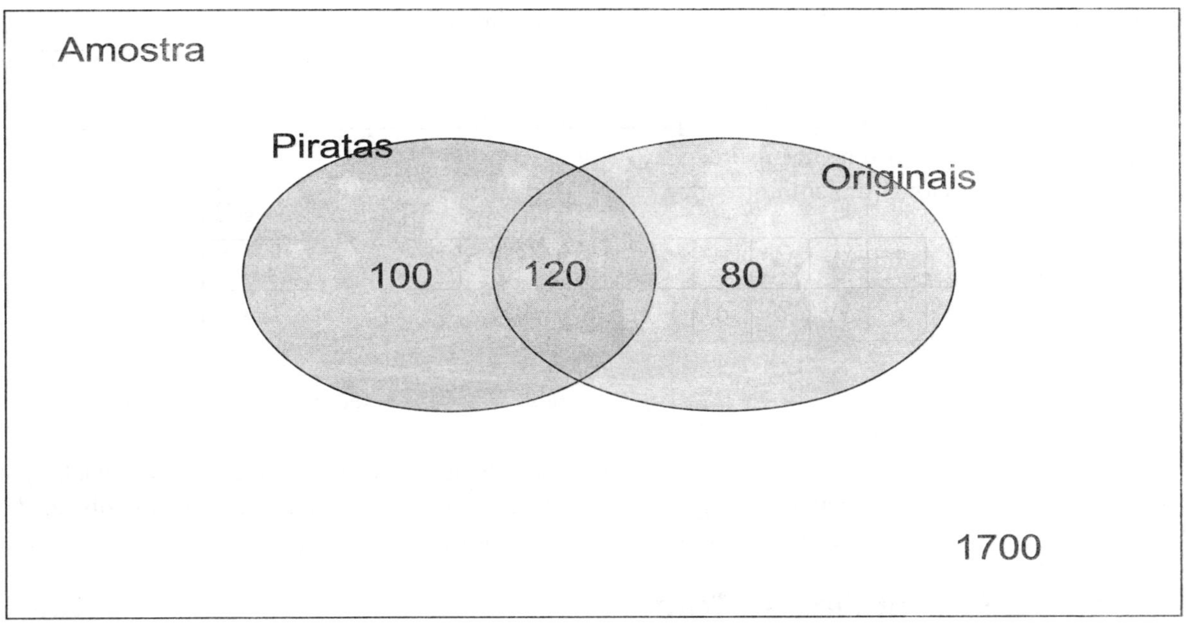

Sejam os eventos:

P = a pessoa comprar filmes piratas.

O = a pessoa comprar filmes originais.

$O \cap P$ = a pessoa comprar filmes originais e piratas.

Logo, a probabilidade pedida é:

$$P(P/O) = \frac{n(O \cap P)}{n(O)} = \frac{120}{300} = 0,40 \;\; ou \;\; 40\%$$

Regra do Produto para Eventos Condicionados

Se dois eventos são condicionados, então, tirando das expressões de probabilidades condicionadas:

$$P(E_2 \cap E_1) = P(E_1) \,.\, P(E_2/E_1)$$

Exemplo:

Num setor de uma corporação, existem 4 engenheiros e 5 administradores de empresas. Seja a experiência aleatória de selecionar quatro destes profissionais, sem reposição, para formar uma comissão de fiscalização de obras de um prédio. Qual a probabilidade do evento?

{ engenheiro ∩ administrador ∩ engenheiro ∩ administrador }

Solução

Trata-se da aplicação da *"Regra do Produto"* para eventos condicionados:

Vamos chamar:

ENG – o evento selecionar um engenheiro.
ADM – o evento selecionar um administrador.

Logo, a probabilidade pedida é:

P (ENG ∩ ADM ∩ ENG ∩ ADM) =

$$\frac{4}{9} \times \frac{5}{8} \times \frac{3}{7} \times \frac{4}{6} = 240/3024 = 0,08 \;\; ou \;\; 8\%$$

Teorema da Probabilidade Total

Sejam os eventos E_1, E_2,.., E_n eventos complementares do espaço amostral S, e B um evento qualquer em S. Então, pode-se ter a seguinte visualização em diagrama:

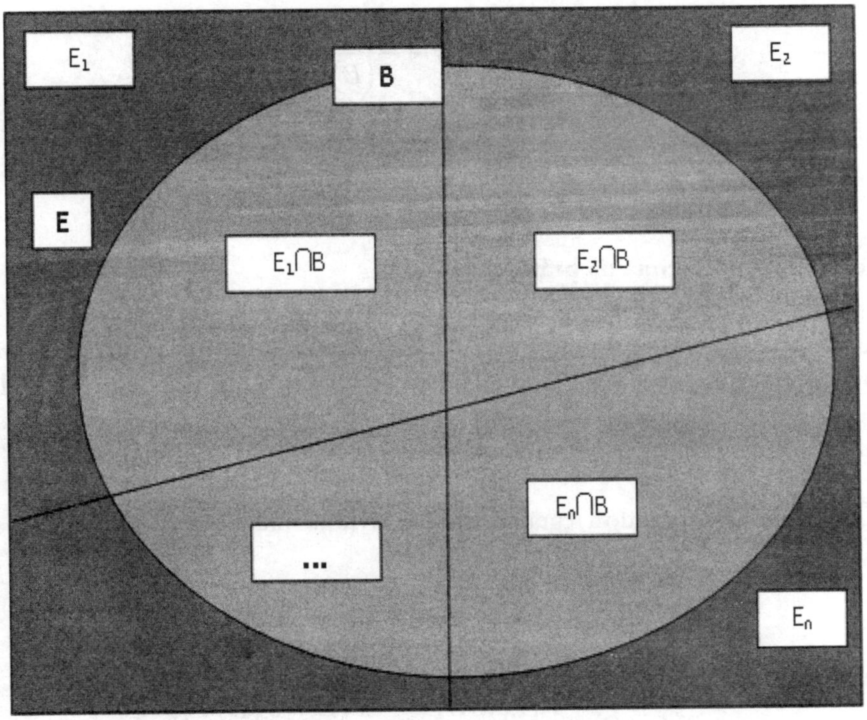

$$P(B) = P(E_1 \cap B) + P(E_2 \cap B) + P(E_3 \cap B) + \ldots + P(E_n \cap B) = \sum_{i=1} P(E_1 \cap B)$$

Aplicado a **Regra do Produto** à última igualdade descrita acima para eventos condicionados:

$$P(B) = \sum_{I=1}^{n} \left[P(E_i) \cdot P(B / E_i) \right] \quad (1)$$

A expressão (1) é chamada de **Teorema da Probabilidade Total,** que é a probabilidade da consequência ou efeito.

Teorema de Bayes

O reverendo e matemático inglês *Thomas Bayes* desenvolveu, no século XVIII, uma opção para o cálculo de probabilidades a qual gerou um importante artigo publicado, postumamente, pela *Royal Society*. Esta teoria ficou conhecida como *Teorema de Bayes* e atualmente tem aplicações em diferentes áreas do conhecimento.

Conceito de Teorema de Bayes

É a participação relativa, percentual, de uma dada causa E_i na formação do espaço do evento B, que só pode ocorrer como efeito de uma das causas complementares E_i, isto é:

$$P(E_i / B) = \frac{P(E_i \cap B)}{P(B)} (2)$$

$$P(B) \neq 0$$

O que significa a expressão acima na prática?

Suponhamos um evento B que só pode ocorrer devido a uma das causas complementares E_1, E_2, E_3,..., E_n, eventos de um mesmo espaço amostral S. Dado que o evento B tenha ocorrido, a probabilidade de que tenha se manifestado devido a uma das causas E_1 ou E_2 ou E_3,..., ou E_n pode ser calculada pela fórmula (2), denominada fórmula da probabilidade das causas ou dos antecedentes.

Desenvolvendo a fórmula 2, aplicando a regra do produto no numerador e inserindo a fórmula 1 no denominador, temos:

Demonstração:

$$P(E_i / B) = \frac{P(E_i \cap B)}{P(B)} = \frac{P(E_i) \cdot P(B / E_i)}{\sum_{i=1}^{n} \left[P(E_i) \cdot P(B / E_i) \right]}$$

Temos, então, o Teorema de *Bayes*:

Ele relaciona uma das parcelas da probabilidade total com a própria probabilidade total.

Ela nos dá a probabilidade de um particular E_i ocorrer (isto é, uma "causa"), desde que B já tenha ocorrido, o efeito. Aí se questiona até que ponto a causa E_i teve participação nesta ocorrência.

O Teorema de *Bayes* é importante porque inverte probabilidades condicionais. Às vezes, é fácil calcular $P(B/E_i)$, mas o que se deseja conhecer é $P(E_i/B)$. O ***Teorema de Bayes*** permite calcular $P(E_i/B)$ em termos de $P(B/E_i)$. O **Teorema de Bayes** nada mais é do que a "mistura" da ***Regra do Produto*** e do ***Teorema da Probabilidade Total.***

Exemplos:

1. Em uma cidade, durante um período de observação, verificou-se que o trânsito ficou engarrafado no horário do *"rush"* da manhã 30% das vezes. Nos dias em que o trânsito ficou engarrafado, um funcionário chegou atrasado 10% das vezes e nos dias de trânsito bom ele chegou atrasado com uma frequência de 1%. Certo dia, o funcionário chegou atrasado. Qual a probabilidade de ter sido em um dia de trânsito engarrafado?

Solução:

Evento efeito B: chegar atrasado.
Eventos causais (E_i): trânsito engarrafado(E_1) e trânsito não engarrafado (E_2).
Elementos da fórmula (modelagem):

$P(E_1)=0,3$ $P(B/E_1)=0,10$
$P(E_2)=0,7$ $P(B/E_2)=0,01$

$$P(E_i/B)=\frac{P(E_i)\cdot P(B/E_i)}{\sum_{i=1}^{n}\left[P(E_i)\cdot P(B/E_i)\right]}$$

$$P(E_i/B)=\frac{0,3\cdot 0,10}{\left[(0,3\cdot 0,10)+(0,7\cdot 0,01)\right]}=0,81$$

2. Do exemplo dado observou-se em 10 dias a frequência com que uma dada pessoa foi à praia e se fez sol. Dado que a pessoa foi à praia, qual a probabilidade de ter sido em um dia de sol?

Dia	1	2	3	4	5	6	7	8	9	10
Foi à Praia?	*N*	*S*	*N*	*S*	*S*	*S*	*N*	*N*	*S*	*S*
Fez Sol?	*N*	*S*	*N*	*S*	*N*	*S*	*S*	*N*	*S*	*S*

Solução

$P(FS)=0,6$ $P(IP/FS)= 0,83$
$P(NFS)=0,4$ $P(IP/NFS)=0,25$

$$P(FS/IP)=\frac{0,6\times 0,83}{0,6\times 0,83+0,4\times 0,25}=\frac{0,498}{0,598}=0,83 \ \textit{ou} \ 83\%$$

3. Um indivíduo pode chegar atrasado ao emprego utilizando-se apenas de um desses meios de locomoção: bicicleta, motocicleta ou carro. Sabe-se, por experiência, que a probabilidade de ele utilizar o carro é de 0,6; bicicleta 0,1; e motocicleta 0,3. A probabilidade de chegar atrasado, dado que se utilizou do carro, é 0,05; de bicicleta, 0,02, e de motocicleta 0,08. Certo dia ele chegou atrasado. Qual a probabilidade de ter sido devido ao uso do carro?

Solução:

Inicialmente, você deve considerar os eventos de interesse que são:

- Evento efeito B: chegar atrasado.
- Eventos causais (E_i): utilizar carro(E_1), bicicleta(E_2) ou motocicleta(E_3);

Assim, você pode agora partir para os elementos requeridos pela fórmula para a modelagem, que são as probabilidades dos eventos de interesse e as probabilidades condicionais, dadas por:

$P(E_1)=0{,}6$ $P(B|E_1)=0{,}05$
$P(E_2)=0{,}1$ $P(B|E_2)=0{,}02$
$P(E_3)=0{,}3$ $P(B|E_3)=0{,}08$

Isso posto, você tem, agora, elementos suficientes para alocar as probabilidades na fórmula de Bayes, que fica:

$$P(E_1/B)=\frac{P(E_1)\cdot P(B/E_1)}{\sum_{i=1}^{n}[P(E_1)\cdot P(B/E_1)]}$$

$$P(E_1/B)=\frac{0{,}6\cdot 0{,}05}{[(0{,}6.0{,}05)+(0{,}1.0{,}02)+(0{,}3.0{,}08)]}$$

$$P(E_1/B)=\frac{0{,}03}{(0{,}03+0{,}002+0{,}024)}=54\%$$

Com este resultado, você pode concluir que a probabilidade de o indivíduo ter ido de carro, sabendo-se que ele chegou atrasado ao emprego, é de **0,54.**

4. Ficou constatado que o aumento nas vendas de certo produto comercializado por certa empresa em um determinado mês pode ocorrer somente por uma das causas mutuamente exclusivas: ação de marketing, publicidade/propaganda, oscilações econômicas do país e sazonalidade. A probabilidade de haver uma ação de marketing eficaz no mês é de 40%, de publicidade/propaganda 30%, oscilações econômicas 20% e sazonalidade 10%. Uma pesquisa mostrou que a probabilidade de haver aumento nas vendas do produto devido a uma ação de marketing eficaz é de 7%, de publicidade/propaganda é de 7,5%, de oscilações econômicas no país de 3% e de sazonalidade 2%. Em um dado mês o incremento nas vendas foi considerável. Indique a causa mais provável. Qual a probabilidade de aumento nas vendas em dado mês?

Solução

Inicialmente, você deve considerar os eventos de interesse, que são:

- *Evento efeito B: aumento nas vendas.*
- *Eventos causais (E_i): ação de marketing (E_1), publicidade/propaganda (E_2), oscilações econômicas no país (E_3) e sazonalidade* (E_4).

Assim, você pode agora partir para os elementos requeridos pela fórmula para a modelagem, que são as probabilidades dos eventos de interesse e as probabilidades condicionais, dadas por:

$P(E_1)=0{,}4$ $P(B/E_1)=0{,}070$
$P(E_2)=0{,}3$ $P(B/E_2)=0{,}075$
$P(E_3)=0{,}2$ $P(B/E_3)=0{,}030$
$P(E_4)=0{,}1$ $P(B/E_4)=0{,}020$

Agora você tem elementos suficientes para alocar as probabilidades na fórmula de Bayes, que fica:

$$P(E_1 / B) = \frac{P(E_1) \cdot P(B / E_1)}{\sum_{i=1}^{n} [P(E_1) \cdot P(B / E_1)]}$$

Dado que ocorreu um aumento das vendas, a probabilidade de este aumento ter sido devido à **ação de marketing** é dada por:

$$P(E_1 / B) = \frac{0{,}4 \cdot 0{,}07}{[(0{,}4.0{,}07) + (0{,}3.0{,}075) + (0{,}2.0{,}03) + (0{,}1.0{,}02)]}$$

$$P(E_1 / B) = \frac{0{,}028}{(0{,}028 + 0{,}0225 + 0{,}006 + 0{,}002)} = 47{,}8\%$$

Dado que ocorreu um aumento das vendas, a probabilidade de este aumento ter sido devido à **publicidade/ propaganda** é dada por:

$$P(E_1 / B) = \frac{0{,}3 \cdot 0{,}075}{[(0{,}4.0{,}07) + (0{,}3.0{,}075) + (0{,}2.0{,}03) + (0{,}1.0{,}02)]}$$

$$P(E_1 / B) = \frac{0{,}025}{(0{,}028 + 0{,}0225 + 0{,}006 + 0{,}002)} = 38{,}5\%$$

Dado que ocorreu um aumento das vendas, a probabilidade de este aumento ter sido devido às **oscilações econômicas** é dada por:

$$P(E_1 / B) = \frac{0{,}2 \cdot 0{,}03}{[(0{,}4.0{,}07) + (0{,}3.0{,}075) + (0{,}2.0{,}03) + (0{,}1.0{,}02)]}$$

$$P(E_1 / B) = \frac{0{,}06}{(0{,}028 + 0{,}0225 + 0{,}006 + 0{,}002)} = 10{,}3\%$$

Dado que ocorreu um aumento das vendas, a probabilidade de este aumento ter sido devido à **sazonalidade** é dada por:

$$P(E_1 / B) = \frac{0,1 \cdot 0,02}{[(0,4.0,07)+(0,3.0,075)+(0,2.0,03)+(0,1.0,02)]}$$

$$P(E_1 / B) = \frac{0,002}{(0,028+0,0225+0,006+0,002)} = 3,4\%$$

Pelas probabilidades calculadas anteriormente, você tem elementos para concluir que a causa mais provável para o aumento das vendas naquele mês foi a **ação de marketing**.

Qual a probabilidade de aumento nas vendas em dado mês?

Resposta:

A probabilidade de aumento nas vendas em determinado mês é dada pelo denominador do Teorema de Bayes, portanto ***5,8%.***

5. No Brasil, dos 365 dias do ano, em geral, 146 constituem o período de horário de verão. Neste período, é constatada uma taxa de 10% de baixo consumo de energia no horário considerado de pico, que vai do fim da tarde e início da noite. Em dias de horário convencional, esta taxa cai para 4%. Considere um dia do ano em que no horário de pico houve um baixo consumo de energia. Qual a probabilidade de ter sido em um dia em que estivesse vigorando o horário de verão no Brasil?

Solução:

Elementos da fórmula (modelagem)

$$P(HV) = 0,4 \qquad P(BCE / HV) = 0,10$$

$$P(\overline{HV}) = 0,6 \quad P(BCE / HV) = 0,4$$

$$P(HV / BCE) = \frac{P(HV) \cdot P(BCE / HV)}{\left[P(HV) \cdot P(BCE / HV) + P(\overline{HV}) \cdot P(BCE / \overline{HV})\right]} =$$

$$P(HV / BCE) = \frac{0,4 \cdot 0,10}{[(0,4.0,10)+(0,6.0,04)]} = 0,625 \ ou \ \ 62,5\%$$

6. Solicitações de amizade no *facebook* têm mais probabilidade de serem aceitas se você enviá-las a pessoas que você já conhece, como colegas de classe, amigos, familiares e colegas de trabalho. Sabe-se, por pesquisa, que a probabilidade de a pessoa, que adiciona, conhecer a pessoa na solicitação de amizade no *facebook é de 70%. Conhecendo a pessoa, a probabilidade de ela ser aceita no convite é de 60% e, não conhecendo a pessoa, esta probabilidade cai para 20%.*

a) Sabendo-se que uma pessoa foi aceita no *facebook* de um usuário que adicionou, qual a probabilidade de ser de um desconhecido?

b) Qual a probabilidade de um usuário ser aceito no *facebook* por uma pessoa que adicionou?

Solução

P(CO)=0,70 *P(A/CO)= 0,60*
P(NCO)=0,30 *P(A/NCO)=0,20*

a) $P(NCO/A)=\dfrac{0,3\times 0,2}{(0,7\times 0,6)+(0,3\times 0,2)}=0,125$ *ou* 12,5%

b) P(A)= (0,7X0,6) + (0,3X0,2)= **0,48** ou **48%**

7. Ao usar o cartão bancário numa grande loja de departamento, a probabilidade de um cliente optar pela função débito é de 80% e pela função crédito é de 20%. Nesta loja só existem disponíveis estas duas formas de pagamento com cartão bancário. Dado que optou pela função débito, a probabilidade de a transação ser autorizada é de 60% e pela função crédito, 80%. Um cliente está no caixa da referida loja e a sua transação acaba de ser autorizada. Qual a probabilidade de ter optado pela função débito?

Solução

P(D)=0,80 *P(A/D)= 0,60*
P(C)=0,20 *P(A/C)=0,80*

$$P(D/A)=\frac{(0,8\times 0,6)}{(0,8\times 0,6)+(0,2\times 0,8)}=0,75 \text{ ou } 75\%$$

8. Seja a probabilidade do Brasil endurecer nas exigências de entrada de espanhóis no país de 60%. Dado que o Brasil endureceu na entrada de espanhóis no Brasil em 2013, o percentual de entrada de espanhóis no Brasil é de 75% e esse percentual é de 80%, se não houver endurecimento brasileiro nas exigências de entrada de espanhóis no Brasil. Sabendo que um espanhol entrou no Brasil em 2013, qual a probabilidade de não ter havido endurecimento brasileiro nos entraves de entrada de espanhóis no Brasil neste ano?

Solução

P(Endurecimento)= 0,60 *P(Entrada/Endurecimento)=0,75*
P(Não-endurecimento)=0,40 *P(Entrada/Não-endurecimento)=0,80*

$$P(\textit{Não} - \textit{endurecimento} \,/\, \textit{entrada}) = \frac{0,40 \times 0,80}{0,60 \times 0,75 + 0,40 \times 0,80}$$

$$P(\textit{Não} - \textit{endurecimento} \,/\, \textit{entrada}) = \frac{0,31}{0,45 + 0,32}$$

$$P(\textit{Não} - \textit{endurecimento} \,/\, \textit{entrada}) = \frac{0,32}{0,77} = 0,42 \ \textit{ou} \ 42\%$$

9. A probabilidade de os Estados Unidos facilitarem ainda mais a concessão de vistos aos brasileiros em 2013 é de 80%. Dado que os Estados Unidos facilitaram ainda mais a concessão de vistos americanos a brasileiros em 2013, a probabilidade da entrada de brasileiros na ***"Terra do Tio Sam"*** fica em 90%. Em caso de não facilitação, esse percentual cai para 36%. Um brasileiro conseguiu visto para entrada nos Estados Unidos em 2013. Qual a probabilidade de a América ter facilitado ainda mais a concessão de vistos?

Solução

P(FV)= 0,80	*P(E/FV)=0,90*
P(NFV)= 0,20	*P(E/NFV)=0,36*

$$P(FV \,/\, E) = \frac{0,80 \times 0,90}{0,80 \times 0,90 \times 0,20 \times 0,36} = 0,9191 \ \textit{ou} \ 91,91\%$$

P(FV/E)= 91,91%

10. Numa pesquisa sobre hábitos de comprar de filmes, sabe-se que 15% da amostra da pesquisa são de pessoas de classe social alta. Das pessoas de classe social alta, 25% compram filmes piratas. Dos que não são desta classe, 45% compram filmes piratas. Responda às perguntas a seguir:

a) Qual a proporção de pessoas da classe alta que não compram filmes piratas de jeito nenhum?

b) Selecionando uma pessoa da amostra, constata-se que ela compra filmes piratas. Qual a probabilidade de ela ter provindo da classe alta?

c) Selecionando uma pessoa da amostra, qual a probabilidade de ela ter o mau hábito de comprar filmes piratas?

Solução

P(Alta)= 0,15	*P(Pirata/Alta) = 0,25*
$P(\overline{Alta})$ = *0,85*	$P(Pirata \,/\, \overline{Alta})$ = *0,45*

a) Qual a proporção de pessoas da classe alta que não compram piratas de jeito nenhum?

E = *proporção de pessoas da classe alta que não compram piratas de jeito nenhum.*

P(E) = $P\left(Pirata / \overline{Alta}\right)$ = 1- 0,25 = 0,75 ou 75%.

b) Selecionando uma pessoa da amostra, constata-se que ela compra filmes piratas. Qual a probabilidade de ela ter provindo da classe alta?

Probabilidade de Bayes:

$$P(Alta / Pirata) = \frac{(0,15 \times 0,25)}{(0,15 \times 0,25) + (0,85 \times 0,45)}$$

$$P(Alta / Pirata) = \frac{0,0375}{0,0375 + 0,3825}$$

$$P(Alta / Pirata) = \frac{0,0375}{0,42} = 0,089 \;\; ou \;\; 8,9\%$$

c) Selecionando uma pessoa da amostra, qual a probabilidade de ela ter o mau hábito de comprar filmes piratas?

Teorema da probabilidade Total:

É o denominador de Bayes:

P(Pirata) = **0,42 ou 42%.**

Exercícios Propostos

1. Uma população de funcionários da seção de pessoal de uma empresa é formada por 5 pessoas casadas e 7 solteiras. Seleciona-se uma pessoa aleatoriamente desta população. Qual a probabilidade de esta pessoa ser solteira?

2. Em uma bolsa têm-se 2 canetas azuis e 1 vermelha. Suponha que uma pessoa apanhe de forma aleatória uma caneta da bolsa. Qual a probabilidade de ela ser azul?

3. Uma empresa de brinquedos tem no estoque 8 bolas brancas, 7 pretas e 4 verdes. O gerente de vendas seleciona aleatoriamente do estoque uma bola para ir para o giro. Calcule as probabilidades:

   a) Selecionar uma bola branca.
   b) Selecionar uma bola preta.
   c) Selecionar uma bola que não seja verde.

4. Em um conjunto de consumidores, 30% compram um produto da marca A, 20% da B, 30% da C, 15% da D e 5% da E. Seleciona-se de um banco de dados um consumidor deste grupo. Qual a probabilidade de consumir o produto A ou D?

5. De 300 estudantes de administração, 100 estão matriculados em Contabilidade e 80 em Estatística. Estes dados incluem 30 estudantes que estão matriculados em ambas as disciplinas. Qual a probabilidade de que um estudante escolhido aleatoriamente esteja matriculado em Contabilidade ou em Estatística?

6. Um teste de marketing revelou que a probabilidade de um produto ser bem recebido pelo mercado é de 20% e a probabilidade de o mesmo produto da concorrente é de 10%. Se os dois eventos são independentes, qual a probabilidade de ambos serem aceitos pelo mercado consumidor?

7. Em geral, a probabilidade de que um possível cliente faça uma compra quando procurado por um vendedor é de 40%. Se um vendedor seleciona do arquivo, aleatoriamente, três clientes e faz contato com os mesmos, qual a probabilidade de que os três façam compras?

8. Uma dona de casa tem 30% de chance de identificar o sabor de um tipo de refrigerante, quando de olhos vendados. Uma outra dona de casa tem 35%. As duas donas de casa em uma pesquisa qualitativa de entrevista em profundidade em suas respectivas residências foram chamadas a identificar de forma independente o sabor do refrigerante para identificar o seu tipo. Qual a probabilidade de o sabor do refrigerante ser identificado?

9. Em um grupo focal sobre lembrança da marca de certa linha de um produto, João tem 50% de probabilidade de lembrar-se da marca, e Pedro, outro consumidor, tem 60%. Qual a probabilidade de a marca da certa linha do produto ser lembrada?

10. Em uma pesquisa de mercado, a probabilidade de um homem lembrar quantas vezes foi ao cinema no ano passado é de ¼, e a probabilidade de sua esposa lembrar quantas vezes foi ao cinema no ano passado é de 1/3. Encontre as probabilidades de:

    a) Ambos lembrarem quantas vezes foi ao cinema no ano passado.
    b) Nenhum lembrar quantas vezes foi ao cinema no ano passado.
    c) Somente a esposa lembrar quantas vezes foi ao cinema no ano passado.
    d) Somente o homem lembrar quantas vezes foi ao cinema no ano passado.

11. A probabilidade de um produto satisfazer as necessidades do cliente é de 25%. A probabilidade de satisfazer as necessidades do cliente e também fidelizar o consumidor é de 20%. Supondo que o pesquisador, através de pesquisa de mercado, constatou que o produto satisfez as necessidades dos clientes, qual a probabilidade de fidelizar também o mercado-alvo?

12. Em uma pesquisa, constatou-se que 50% dos clientes cadastrados têm somente cartão de crédito 'Visa'; 30% 'Mastercard' e 20% 'Visa' e 'Mastercard'. Qual a probabilidade de um cliente que já tenha cartão de crédito 'Visa' ter também o 'Mastercard'?

13. Uma pesquisa feita junto aos vestibulandos com opções para o curso de economia revelou que 30% dos candidatos fizeram contabilidade, 23% fizeram o curso científico e 47% outros cursos no ensino médio. Dos que estudaram contabilidade no ensino médio, 35% conseguiram a vaga, no científico 65% e, em outros cursos, 18%. Após as aprovações, escolheu-se uma prova de um candidato aprovado. Qual a probabilidade de ter feito o curso científico?

14. Entre os clientes cadastrados que possuem cartão de crédito de uma loja, constatou-se que 60% têm somente o 'Visa' e 40% somente o 'Mastercard'. Nenhum dos clientes da loja têm os dois cartões ao mesmo tempo. Dado que é cliente 'Visa', 15% são inadimplentes, e dado que é 'Mastercard', 5% são inadimplentes. Uma pessoa é selecionada aleatoriamente do banco de dados de clientes cadastrados e constata-se que é inadimplente. Qual a probabilidade de ser um cliente 'Visa'?

15. De acordo com dados coletados em uma pesquisa, é apresentado o quadro abaixo:

Indivíduo	Nacionalidade (A)	Idade (B)	Gasto c/ alimentação (C)
1	Americana (AME)	38	R$ 2900,0
2	Brasileiro (BRA)	34	R$ 3100,00
3	Argentino (ARG)	41	R$ 3200,00
4	Brasileiro (BRA)	43	R$ 2900,00
5	Argentino (ARG)	37	R$ 3000,00

Calcule a probabilidade dos eventos indicados:

a) D = {BRA e C> 3000} → P (D) = ?
b) E = {B< 40}, F = {ARG e C≥ 3000} → P(E Ç F) = ?
c) Dos itens (a) e (b) → P (D/E) = ?

16. Em uma agência bancária, 30% das contas são de clientes que possuem cheque especial. O histórico do banco mostra que 3% dos cheques apresentados são devolvidos por insuficiência de fundos e que dos cheques especiais 1% é devolvido por insuficiência de fundos. Calcule a probabilidade de que:

a) Um cheque não especial que acaba de ser apresentado ao caixa seja devolvido.
b) Um cheque seja especial, sabendo-se que acaba de ser devolvido.

17. A associação das seguradoras de veículos afirma que 40% dos veículos em circulação possuem seguro e que dos veículos sinistrados 45% possuem seguro. O Departamento de Trânsito informa que 8% dos veículos sofrem algum tipo de sinistro durante um ano. Calcule a probabilidade de que um veículo segurado não sofra sinistro durante um ano.

18. Um pesquisador desenvolve sementes de quatro tipos de plantas, P_1, P_2, P_3 e P_4. Plantados canteiros-pilotos destas sementes, a probabilidade de todas germinarem é de 40% para P_1, 30% para P_2, 25% para P_3 e 50% para P_4.

a) Escolhido um canteiro ao acaso, verificou-se que nem todas as sementes haviam germinado. Calcule a probabilidade de que o canteiro escolhido seja o de semente de P_3.
b) Escolhido um canteiro ao acaso, verificou-se que todas as sementes haviam germinado. Calcule a probabilidade de que o canteiro escolhido seja o de sementes de P_1.

19. Um candidato e seus correligionários têm uma expectativa de 90% de que ganharão as próximas eleições. Um auxiliar de campanha resolveu, por conta própria, fazer uma pesquisa sobre o fato, entrevistando indivíduos do comitê do candidato e de pessoas que lá compareciam para pedir favores em troca de votos. Se o resultado desta pesquisa confirmar o fato, nada se altera, ou seja, a probabilidade de a pesquisa acertar o resultado é de 90%. Se o resultado não confirmar a expectativa, o ambiente se modifica, já que nestas circunstâncias a pesquisa tem credibilidade quase total. Considerando estes fatos, ele atribui à pesquisa uma probabilidade de 98% de acertar, se concluir pela derrota nas eleições. Se este fato ocorrer, qual é a nova expectativa do candidato?

20. O encarregado de uma agência de detetives comenta com uma cliente: Se chegarmos à conclusão de que seu marido é infiel, pode acreditar, pois nossa margem de erro é de apenas 5%. Entretanto, se as provas que conseguirmos

não forem convincentes, diremos que ele é fiel. Neste caso, nossa margem de erro é de 30%. A cliente diz ter quase certeza de que o marido é infiel, isto é, acha que a probabilidade de isto ocorrer é de 90%.

a) Se a investigação concluir que o marido é infiel, qual é a nova expectativa da cliente?
b) E se a investigação concluir que não?

21. Os funcionários de uma empresa foram classificados de acordo com seu grau de escolaridade e nível salarial segundo o quadro a seguir:

Nível Salarial	Grau de Escolaridade		
	E. FUND.	E. MÉDIO	E. SUPER.
Nível I	120	20	0
Nível II	40	10	2
Nível III	1	5	4
Nível IV	0	1	5

Um funcionário é escolhido ao acaso. Determine a probabilidade de que:

a) Tenha somente o ensino fundamental.
b) Tenha o ensino médio.
c) Tenha somente o ensino médio.
d) Tenha nível salarial II e ensino médio.
e) Tenha nível salarial III, sabendo-se que tem ensino superior.
f) Tenha ensino médio, sabendo-se que tem nível salarial III.
g) Tenha ensino superior e nível salarial I.
h) Tenha nível salarial III ou ensino médio.
i) Tenha nível salarial menor que III.
j) Tenha ensino fundamental ou ensino médio, sabendo-se que tem nível salarial maior que II.

22. Uma empresa produz 4% de peças defeituosas. O controle de qualidade da empresa é realizado em duas etapas independentes. A primeira etapa acusa um peça defeituosa com 80% de probabilidade de acerto. A segunda etapa acusa uma peça defeituosa com 90% de probabilidade.

Calcule a probabilidade de que:

a) Uma peça defeituosa passe pelo controle de qualidade.
b) Ao adquirir uma peça produzida por esta empresa, ela seja defeituosa.

23. Uma pesquisa realizada sobre a preferência dos consumidores por categorias de veículos A, B e C de uma indústria automobilística revelou que dos 500 entrevistados:

210 preferiam o veículo A
230 preferiam o veículo B.
160 preferiam o veículo C.
90 preferiam os veículos A e B.
90 preferiam os veículos A e C.
70 preferiam os veículos B e C.
120 dos entrevistados não preferiam nenhuma das três categorias.

Um consumidor é selecionado ao acaso entre os entrevistados. Calcule a probabilidade de que:

a) Ele prefira as três categorias.
b) Ele prefira somente uma das categorias.
c) Ele prefira pelo menos duas categorias.

24. As fábricas A, B e C são responsáveis por 50%, 30% e 20% do total de peças produzidas por uma companhia. Os percentuais de peças defeituosas na produção destas fábricas valem, respectivamente, 1%, 2% e 5%. Uma peça produzida por esta companhia é adquirida em um ponto de venda. Determine a probabilidade de que:

a) A peça seja defeituosa.
b) A peça tenha sido produzida pela fábrica C, sabendo-se que é defeituosa.
c) Não tenha sido produzida pela fábrica A se ela é boa.

25. Uma máquina produz parafusos e sabe-se que o percentual de parafusos defeituosos produzidos é de 5%. Sabendo-se que a fabricação constitui um processo independente, calcule a probabilidade de:

a) Aparecer dois parafusos defeituosos em sequência.
b) Aparecer um parafuso defeituoso e um parafuso perfeito, em sequência nesta ordem.
c) Aparecer um parafuso perfeito e um parafuso defeituoso em sequência.
d) Aparecer três parafusos perfeitos em sequência.

26. Uma junta aparadora de votos recebe 50 urnas, das quais 5 vindas de bairro classe A, 15 de bairros classe B e 30 de bairros classe C. A última pesquisa realizada mostrou o quadro de intenções de votos:

Candidato	Intenção de Votos por Bairro (%)		
	Bairro A	Bairro B	Bairro C
H.C.	40	30	25
LALÚ	20	25	25
Vetarola	10	5	5

O primeiro voto anunciado foi do candidato H.C. Um partidário de LALÚ disse que o voto é de um indivíduo da classe A. Qual a probabilidade de ele estar certo?

27. Uma pesquisa realizada entre 200 clientes de uma agência de automóveis mostrou que 150 preferem carros nacionais, 100 preferem carros populares e 80 preferem carros populares nacionais. Calcule a probabilidade de que o próximo cliente a ser atendido nesta agência:

a) Solicite um carro nacional.
b) Não solicite um carro popular.
c) Solicite um carro popular ou nacional.

28. No departamento de métodos quantitativos de uma faculdade, 60% dos professores lecionam Matemática, 30% lecionam Estatística e 20% dos professores de Matemática também lecionam Estatística. Calcule a probabilidade de que um professor selecionado ao acaso no Departamento:

a) Lecione Matemática e Estatística.
b) Lecione matemática e não lecione Estatística.
c) Lecione Estatística e não lecione Matemática.
d) Lecione Matemática ou Estatística.
e) Não lecione Matemática, sabendo-se que leciona Estatística.

29. A probabilidade de que um carro apresente problemas de carburação é de 40% e de distribuição é de 30%. Se o problema for de carburação, a probabilidade de conserto no local é de 80%. Se o problema for de distribuição, a probabilidade de conserto no local é de 60%. Se o problema for de outra natureza, a probabilidade de conserto no local é de 10%. Um carro acaba de apresentar problemas. Calcule a probabilidade de que seja consertado.

30. Uma pessoa deseja fazer sua barba de manhã. Ele possui para isto apenas um barbeador elétrico que funciona com um conversor ligado à rede elétrica, ou com duas pilhas. A probabilidade de que não haja problemas de energia elétrica no momento é de 90%. Caso haja problemas de energia elétrica, ele possui duas pilhas usadas, cuja probabilidade individual de funcionamento é de 40%. Calcule a probabilidade de que esta pessoa consiga fazer sua barba de manhã.

31. Uma empresa está desenvolvendo três projetos. Uma avaliação no estágio atual de desenvolvimento dos projetos resultou na tabela:

Avaliador	A	B	C
Probabilidade de terminar no prazo - **Otimista**	80%	70%	50%
Probabilidade de não terminar no prazo - **Pessimista**	40%	20%	5%

Qual é a probabilidade de a empresa terminar pelo menos dois projetos no prazo, se:

a) O avaliador é otimista?
b) O avaliador é pessimista?

32. Uma peça é processada em três máquinas A, B e C. A probabilidade de cada uma delas acarretar defeitos na peça é de 1%, 2% e 3%, independentemente. Calcule a probabilidade de que uma peça seja processada sem defeitos.

33. Uma fábrica de bonecas tem três linhas de produção. Um levantamento no final do dia forneceu as informações:

Linha	Produção	No de Peças Defeituosas
A	24	6
B	38	2
C	18	2

Calcule a probabilidade de que uma boneca escolhida ao acaso:

a) Não apresente defeitos.
b) Apresentando defeitos, seja proveniente da linha A.

34. Os jogadores A e B jogam 12 partidas de xadrez. A vence seis, B vence quatro e duas terminam empatadas. Eles irão disputar mais três partidas constantes de um torneio. Qual é a probabilidade de:

a) A vencer as três partidas?
b) Duas partidas terminarem empatadas?
c) B vencer pelo menos uma partida?

35. Uma pessoa foi contactada por uma agência de turismo afirmando que ela havia sido sorteada e ganhado uma viagem para a cidade de Natal. A pessoa acredita que haja uma probabilidade de 70% de a proposta ser séria. Consultando um amigo familiarizado com estas promoções, ele afirmou que a proposta era séria. A expectativa de que o amigo acerte um caso afirmativo é de 90% e em caso negativo é de 50%. Qual é a nova confiança da pessoa na lisura da proposta?

36. Uma empresa de consultoria, especialista em solucionar problemas relativos a lançamentos de produtos, classifica os problemas apresentados em três categorias, A, B e C. 50% dos problemas são classificados na categoria A, 40% na categoria B e o restante na categoria C. A capacidade histórica de resolver problemas das diversas categorias é de 80% se o problema for da categoria A, 90% se for da B e 10% se for da C. Calcule a probabilidade de que:

a) A empresa consiga solucionar o primeiro problema a dar entrada no dia de hoje.
b) A empresa consiga solucionar os três problemas que entraram no dia de hoje.
c) Um dos problemas que entraram hoje acaba de ser resolvido. Qual é a probabilidade que seja da categoria C?

37. Uma imobiliária trabalha com vendedores A e B. A probabilidade de A vender um imóvel é de 5% e a de B vender é de 8%. Operando normalmente, qual a probabilidade de que:

a) Um deles venda um imóvel?
b) Apenas um deles venda um imóvel?
c) Nenhum deles venda?

38. Se os eventos A e B são tais que: $P(A) = 0{,}3$, $P(B) = 0{,}6$, calcule:

a) $P(A \cap B)$ se A e B são independentes.
b) $P(A \cap B)$ se A e B são mutuamente exclusivos.
c) $P(A/B)$ se $P(A \cap B) = 0{,}2$.
d) $P(A \cap B)$ se $P(A \cap B) = 0{,}2$.

39. No lançamento de um dado e na observação do número de pontos da face superior, os eventos:

$$A = \{2, 3, 4, 5\} \text{ e } B = \{3, 6\}$$

a) São mutuamente exclusivos?
b) São independentes?

40. Suponhamos que 80% dos compradores de carros sejam bons pagadores. Suponhamos, além disso, que haja uma probabilidade de 0,7 de que um bom pagador obtenha cartão de crédito e que esta probabilidade passe a ser de apenas 0,4 para um mau pagador. Calcule a probabilidade de que:

a) Um comprador de carro selecionado ao acaso tenha um cartão de crédito.
b) Um comprador de carro selecionado ao acaso e que tenha um cartão de crédito seja um bom pagador.
c) Um comprador de carro escolhido ao acaso e que não tenha cartão de crédito seja um bom pagador.

41) Observou-se em 10 dias a frequência com que uma dada pessoa foi à praia e se fez sol:

Dia	1	2	3	4	5	6	7	8	9	10
Foi a à Praia?	N	S	N	S	S	S	N	N	S	S
Fez Sol?	N	S	N	S	N	S	S	N	S	S

Tomando por base as informações acima, responda:

Qual a probabilidade de a pessoa, em geral, ir à praia?
Sabendo que fez sol, qual a probabilidade de a pessoa ir, em geral, à praia?
Os eventos "***a pessoa ir à praia***" e "***fazer sol***" são independentes ou condicionados?

Capítulo 2

Variáveis Aleatórias

Conceitos de Variáveis Aleatórias

Toda vez que uma variável quantitativa é influenciada pelo acaso, diz-se que é uma variável aleatória. Seus resultados são imprevisíveis, pois cada um deles resulta de fatores não-controlados.

Uma variável aleatória é uma característica (geralmente representada pela letra X) que tem um valor numérico único (determinado aleatoriamente) para cada resultado de sua manifestação.

Exemplo:

- *Imagine uma empresa que em cada mês do ano existe sempre a mesma política. No entanto, mesmo com todas estas características administrativas controladas, as vendas do produto em cada mês têm valor diferente. Essa variabilidade ocorre ao acaso, pois resulta de uma soma de fatores não-controlados também.*

- *Apesar de todo um esforço por parte do governo para controlar o consumo de uma sociedade, em cada momento o consumo ou a demanda por produtos varia, de forma aleatória, imprevisível, pois existem outros fatores que também influenciam a demanda por produtos que não podem ou não foram controlados.*

Muitos resultados de experiências aleatórias apresentam resultados que não são numéricos, são qualitativos. Mas variáveis aleatórias devem ser necessariamente quantitativas. Quando não forem a princípio, precisam ser, então, codificadas em valores.

Portanto, variável aleatória X pode ser matematicamente definida como uma função que associa a cada ponto do espaço amostral um número real.

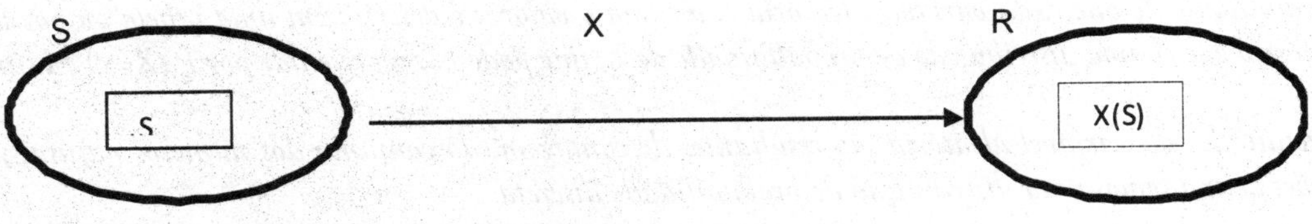

Usam-se as letras maiúsculas (X, Y , Z, ...) para designar as variáveis aleatórias e minúsculas (x, y, z, ...) para indicar particulares valores dessas variáveis.

Exemplo:

E: lançamento de duas moedas.

X: Número de caras obtidas nas duas moedas, onde k = cara e c = coroa.

S : {(c,c) ; (c,k) ; (k,c) ; (K,k)}.

x = 0 → corresponde ao evento (c, c) com probabilidade 1/4.
x = 1 → correspondem ao evento (k, c) ou (c,k) com probabilidade 2/4.
x = 2 → corresponde ao evento (k, k) com probabilidade 1/4.

Variáveis Aleatórias Discretas

Uma variável aleatória X será discreta se um dado valor que puder assumir se originar de um processo de contagem. Seus valores podem ser associados aos números naturais (0,1, 2, 3, 4 etc.).

Exemplos:

- *Num banco, um determinado caixa pode atender no horário comercial 0, 1, 2, 3 ... clientes.*
- *O número de filhos de uma família consultada em uma pesquisa de mercado é uma variável aleatória discreta.*
- *O número de acidentes de carro na linha vermelha em certo dia na 'Linha Vermelha'.*
- *Atirando-se 6 vezes uma moeda, podemos definir como variável aleatória discreta o número de vezes que ocorre cara nas 6 provas. Esta variável pode assumir os valores:*

$$X_1 = 0 \quad X_2 = 1 \quad X_3 = 2 \quad X_4 = 3 \quad X_5 = 4 \quad X_6 = 5 \quad X_7 = 6$$

- *Em uma fábrica o número mensal de acidentes é uma variável aleatória discreta. em um dado mês, podemos ter nenhum caso de acidente, ou 1 caso, ou 2 casos etc.*

Distribuição de Probabilidade

- *Entende-se por distribuição de probabilidades o conjunto de todos os valores que podem ser assumidos por uma variável aleatória discreta, com as respectivas probabilidades.*
- *Quando os resultados da variável aleatória X são apresentados em termos de suas probabilidades de ocorrência (ou em termos de frequências relativas com amostras ou experiências suficientemente grandes), têm-se, então, uma distribuição de probabilidades.*
- *A probabilidade de que cada variável aleatória X assuma o valor x é descrita em uma tabela ou por um modelo matemático e se chama distribuição de probabilidade de X, que podemos representar por P (X=x) ou simplesmente P(x).*
- *Se os resultados da variável aleatória são resultantes de contagem, do conjunto dos números naturais, então nas condições acima temos uma distribuição de probabilidade discreta.*

Exemplo 1

Então, os resultados que podem ocorrer no lançamento de um dado, com as respectivas probabilidades, constituem uma distribuição discreta de probabilidades.

X	P (x)
1	1/6
2	1/6
3	1/6
4	1/6
5	1/6
6	1/6
Total	1

Exemplo 2

E: lançamento de duas moedas.
X: número de caras obtidas.

As expressões mais comuns para P (X) são:

Tabela

x	**0**	**1**	**2**
P (x)	1/4	2/4	1/4

Modelo Matemático

$$P(x) = 1/4C_2^x$$

Função Repartição de Probabilidades

A função de repartição da variável aleatória X, no ponto x, é a probabilidade de que X assuma um valor menor ou igual a x, isto é:

$$\mathbf{F(x) = P(X \leq x)}$$

Algumas propriedades

1) F (- ∞) = 0.
2) F (+∞) = 1.
3) F (x) é contínua à direita.
4) F (x) é descontínua à esquerda.
5) F (x) é não decrescente.

Esperança Matemática ou Média: E (X)

A esperança matemática de uma variável aleatória X é a soma de todos os produtos possíveis da variável aleatória pela respectiva probabilidade:

$$E(X) = \mu_x = \mu = \Sigma\, x_i \,.\, (x_i)$$

Conceitos Práticos do Parâmetro Esperança Matemática:

- *Em uma sequência muito longa da experiência aleatória ou em uma amostra suficientemente grande, espera-se que os resultados da variável aleatória concentrem-se em torno de sua esperança.*
- *De modo geral, o valor esperado pode ser interpretado como o valor médio da variável aleatória em uma longa sequência de experiências aleatórias.*
- *É o valor em torno do qual estão concentrados os resultados da variável aleatória.*
- *Os resultados da variável aleatória giram em torno deste valor.*
- *É uma medida do nível geral da variável aleatória ou do padrão regular dos resultados da variável aleatória.*

Exemplos

1. Seja uma variável aleatória definida como o ponto obtido no lançamento de um dado, calcular E(X).

X	P(X)	XP(X)
1	1/6	1/6
2	1/6	2/6
3	1/6	3/6
4	1/6	4/6
5	1/6	5/6
6	1/6	6/6
Total	1	**3,5**

E(X) = 21/6 = **3,5.**

2. As chamadas diárias do corpo de bombeiros apresentam a seguinte distribuição de probabilidades. Calcular E(X).

X= número de chamadas/dia.

X	P(X)	XP(X)
0	0,10	0,00
1	0,15	0,15
2	0,30	0,60
3	0,25	0,75
4	0,15	0,60
5	0,05	0,25
Total	1	**2,35**

E(X) = **2,35 chamadas/dia.**

3. Uma empresa tem 4 caminhões de aluguel. Sabe-se que o aluguel é feito por dia e que a distribuição diária do número de caminhões alugados é especificada abaixo. Calcular E(X).

X	P(X)	XP(X)
0	0,10	0,00
1	0,20	0,20
2	0,30	0,60
3	0,30	0,90
4	0,10	0,40
Total	1	**2,10**

E (X) = **2,1 caminhões/dia.**

Variância: V(x)

Fornece o grau de dispersão dos valores da variável aleatória em torno da média. É uma medida do grau de heterogeneidade dos resultados da variável aleatória. É uma medida de dispersão ou variabilidade dos resultados da variável aleatória.

$$V(x) = \sigma^2 = \sum x_i^2 \cdot P(x_i) - [E(X)]^2$$

Observações

- *Quanto mais alto o valor da variância, mais dispersos ou afastados os valores da variável aleatória estão de seu valor médio.*
- *A raiz quadrada da variância é o desvio padrão da variável aleatória:* $S(X) = \sqrt{V(X)}$.
- *O coeficiente de variação da variável aleatória é uma medida em termos percentuais definido : CV(X) = [S(X)/ E(X)] . 100.*

Exemplos

1) Seja uma variável aleatória definida como o ponto obtido no lançamento de um dado, calcular V(X).

X	P(x)	X . P(x)	X^2 . P(x)
1	1/6	1/6	1/6
2	1/6	2/6	4/6
3	1/6	3/6	9/6
4	1/6	4/6	16/6
5	1/6	5/6	25/6
6	1/6	6/6	36/6
Total	1	3,5	**15,2**

$V(X) = 15{,}2 - (3{,}5)^2 = 15{,}2 - 12{,}2 = \mathbf{3{,}0}.$

2. As chamadas diárias do corpo de bombeiros apresentam a seguinte distribuição de probabilidades. Calcular V(X).

X= número de chamadas/dia.

X	P(x)	X . P(x)	X² . P(x)
0	0,10	0	0,00
1	0,15	0,15	0,15
2	0,30	0,60	1,20
3	0,25	0,75	2,25
4	0,15	0,60	2,40
5	0,05	0,25	1,25
Total	1	2,35	7,25

$V(X) = 7{,}25 - (2{,}35)^2 = 7{,}25 - 5{,}52 = \mathbf{1{,}73}.$

3. Uma empresa tem 4 caminhões de aluguel. Sabe-se que o aluguel é feito por dia e que a distribuição diária do número de caminhões alugados é especificada abaixo. Calcular V(X).

X	P(x)	X . P(x)	X² . P(x)
0	0,10	0,0	0,00
1	0,20	0,20	0,20
2	0,30	0,60	2,40
3	0,30	0,90	2,70
4	0,10	0,40	1,60
Total	1	2,10	6,90

$V(X) = 6{,}90 - (2{,}1)^2 = 6{,}90 - 4{,}41 = \mathbf{2{,}49}.$

4. João e Paulo estão em uma balada e tem uma menina extremamente bonita, porém muito difícil de ser conquistada. João diz que está com muita vontade de "ficar" com a menina, mas Paulo o desencoraja, alegando que das inúmeras vezes em que foi a esta balada só presenciou que 10% dos garotos que se aproximaram da menina conseguiram "ficar" com ela. João, então, muito autoconfiante, faz uma aposta com Paulo, afirmando que vai tentar "ficar" com a menina e, se conseguir "ficar" com a garota, ele ganha R$ 1000,00 de Paulo e, se não conseguir, terá que pagar a Paulo R$ 100,00. Se João pudesse tentar um número suficientemente grande de vezes e a menina pudesse aceitar ou não "ficar" com o rapaz de forma independente, qual o ganho esperado de João? Este é um jogo justo?

Solução:

E(X) = 0,10 . (+1000) + 0,90 . (-100) = 0,10 . 1000 – 0,90 . 100 = **R$ 10,00.**

Um jogo é justo quando sua esperança de ganho é nula, é favorável ao apostador quando é positiva e desfavorável quando é negativa. Neste caso, é favorável ao apostador (João).

Propriedades da Esperança Matemática

Com certo esforço matemático pode-se demonstrar que:

1. A esperança de uma constante é própria constante:

$$E(k) = k$$

Exemplo

X=1,1,1.
E(1) =1.

2. Multiplicando uma variável aleatória por uma constante, sua esperança ficará multiplicada por essa constante:

$$E(kX) = kE(X)$$

Exemplo

X=1, 2, 3.
K=5.
E(X)= (1+2+3)/3 = 2.
Y= 5X.
Y=5, 10, 15.
E(Y)= (5+10+15)/3=10 → E(Y)=E(5X)= 5 x 2 = 10.

3. A esperança da soma ou diferença de duas variáveis aleatórias é a soma ou diferença das esperanças:

$$E(X \pm Y) = E(X) \pm E(Y)$$

Exemplo

X=1, 2, 3.
E(X)= (1+2+3)/3 = 2.
Y= 3, 4, 5.
E(Y)= (3+4+5)/3= 4.
X+Y = 4, 6, 8.
E(X+Y) = (4+6+8)/3=6 → E(X+Y) = 2 + 4 =6.

4. Somando-se ou subtraindo-se uma constante a uma variável aleatória, sua média fica somada ou subtraída da mesma constante:

$$E(X \pm K) = E(X) \pm K$$

Exemplo

X=1,2,3.
E(X)= (1+2+3)/3 = 2.
K=5.
X+5 = 6, 7, 8.
E(X+5)= (6+7+8)/3 = 7 → E(X+5) = 2 + 5 = 7.

5. A esperança dos desvios da variável em relação à própria esperança é Zero:

$$E[(X - E(X)] = 0$$

Exemplo

X=1, 2, 3.
E(X)= (1+2+3)/3 = 2.
[X – 2] = -1 , 0, 1.
E[X-2] = (-1 + 0 + 1)/ 3 = 0.

6. A esperança do produto de duas variáveis aleatórias será o mais próximo do produto das esperanças quanto mais independentes forem X e Y:

$$E(XY) = E(X) \,.\, E(Y)$$

Exemplo

X=5, 7, 6.
E(X)= (5+7+6)/3 = 6.
Y= 1, 0, 2.
E(Y)= (1+0+2)/3= 1.
XY = 5, 0, 12.
E(XY) = (5 + 0 + 12) / 3 = 5,67 → E(XY) = 6 x 1 = 6.

Propriedades da Variância

Com certo esforço matemático pode-se demonstrar que:

1. A variância de uma constante é ZERO:

$$V(K) = 0$$

Exemplo

X= 1,1,1 → K=1.
V(K=1)=0.

2. Multiplicando-se uma variável aleatória por uma constante, sua variância fica multiplicada pelo quadrado da constante:

$$\mathbf{V\,(KX) = K^2\,V\,(X)}$$

Exemplo

X=1, 2, 3.
K=5.
E(X)= (1+2+3)/3 = 2.

$$V(X)=\frac{(1-2)^2+(2-2)^2+(3-2)^2}{3}=\frac{1+0+1}{3}=\frac{2}{3}$$

V(X) = 5X.
Y=5, 10, 15.
E(Y)= (5+10+15)/3=10.

$$V(Y)=\frac{(5-10)^2+(10-10)^2+(15-10)^2}{3}=\frac{25+0+25}{3}=\frac{50}{3}$$

V(5X) = 25 x V(X) = 25 x (2/3) = 50/3.

3. Somando-se ou subtraindo-se uma variável por uma constante, sua variância não se altera:

$$\mathbf{V\,(X \pm K) = V\,(X)}$$

Exemplo

X=1, 2, 3.
E(X)= (1+2+3)/3 = 2.

$$V(X)=\frac{(1-2)^2+(2-2)^2+(3-2)^2}{3}=\frac{1+0+1}{3}=\frac{2}{3}$$

K=5.
Y= X+5 = 6, 7, 8.
E(Y) = E(X+5)= (6+7+8)/3 = 7.

$$V(Y)=\frac{(6-7)^2+(7-7)^2+(8-7)^2}{3}=\frac{1+0+1}{3}=\frac{2}{3}$$

4. A variância da soma ou diferença de duas variáveis aleatórias será tanto mais a soma das respectivas variâncias quanto mais independentes forem as variáveis X e Y:

$$\mathbf{V\ (X \pm Y) = V\ (X) + V\ (Y)}$$

Exemplo

X	Y	X+Y
1	0	1
2	0	2
3	0	3
1	1	2
5	0	5
6	0	6
7	1	8
3	1	4
2	1	3

V(X) ≈ 4,2.
V(Y) ≈ 0,2.
V(X+Y) ≈ 4,4.
V(X + Y) = V(X) + V(Y) ≈ 4,2 + 0,2 ≈ 4,4.

Exemplo

Em uuma indústria de produtos alimentícios, determinado material é acondicionado em pacotes em uma máquina automática. A empacotadeira está regulada para pesar em média 200g de material, porém, dado o grau de precisão da máquina, o peso real obtido se distribui em torno dessa média com desvio padrão 3 gramas. Supondo que a embalagem tem um peso constante de 25 gramas, qual a média e o desvio padrão do peso bruto do pacote?

Solução:

Seja X o peso do material. Este peso é uma variável aleatória em que:

E(X) = 200 g.
V(X) = 9 g^2.
S(X) = 3 g.

O peso bruto do pacote será:

Z = X + 25.

Portanto:

E(Z) = E(X +25) = E(X) +25 = 200 +25 = 225 g.
V(Z) = V(X + 25) = V(X) = 9 g^2 • S(Z) = $\sqrt{9}$ = 3 g.

Variáveis Aleatórias Contínuas

O pesquisador estuda variáveis. O estatístico diz que essas variáveis são aleatórias, porque têm uma componente que varia ao acaso. Variáveis aleatórias contínuas são todas as variáveis aleatórias que resultam de processo de medição.

Variável aleatória contínua é aquela que pode tomar qualquer valor numérico em um determinado intervalo ou coleção de intervalos, ou seja, entre quaisquer de dois elementos vizinhos há quantidades intermediárias infinitas, dependentes da sensibilidade do instrumento de medida.

Exemplo

Um navio petroleiro sofre um acidente no qual seu casco é rompido e o óleo é derramado. Seja Y a variável aleatória que determina a área atingida pelo óleo do navio. Neste caso, temos que a variável Y é uma variável aleatória contínua que assume valores no subconjunto dos números reais [0, inf.).

Outros Exemplos:

- *Peso de clientes de um SPA.*
- *Grau de satisfação de consumidores com certo serviço.*
- *Variação de consumo de uma população.*
- *Extensão, em metros, de formulário contínuo produzido pelo output de um programa computacional.*
- *Produto interno bruto de um país.*
- *Tempo que um banco de dados demora em finalizar uma pesquisa relacional.*
- *Juros brasileiros ao longo dos meses.*
- *Tempo para execução do download de um programa computacional.*
- Índice de exportação e importação ao longo dos meses.
- *Tempo que um programa demora na realização de uma tarefa.*
- *Tempo de vida de lâmpadas produzidas em uma indústria.*
- *Diâmetros das cabeças de parafusos comercializados por uma empresa.*
- *Taxa de câmbio ao longo dos meses.*
- *Peso de CPU's de computadores de uma empresa.*
- *Tempo que um analista demora para finalizar um programa computacional.*
- Índice de inflação de um país em dado mês.
- *Altura de estudantes consultados em uma pesquisa de mercado.*
- *Tempo que um programa leva para verificar se um computador tem vírus;*
- *Tempo que um perito leva para identificar hackers que vêm atacando os computadores de empresas de uma cidade.*
- *Tempo em que os sinais de trânsito ficam fechados.*

Cálculo de Probabilidades Envolvendo Variáveis Aleatórias Contínuas

A tabela de distribuição de probabilidades de uma variável aleatória contínua apresenta uma infinidade de pontos muito próximos e distintos, cada uma, então, com probabilidades desprezíveis. Não tem sentido o cálculo de probabilidade no ponto, P(X = x), porque é igual a praticamente zero.

Exemplo

Tabela: Alturas de Alunos de uma Academia

Alturas	P(X)
1,70	*0.0*
1,71	*0.0*
1,72	*0.0*
1,73	0.1
1,74	0.0
1,75	0.1
1,76	0.0
1,77	0.1
1,78	0.0
1,79	0.1
1,80	0.0
1,81	0.0
1,82	0.1
1,83	*0.1*
1,84	*0.0*
1,85	*0.0*
1,86	*0.0*
1,87	*0.1*
1,88	*0.0*
Total	**1.0**

Conclusões:

- *Por ser uma variável contínua, as ocorrências das variáveis são muito próximas: um centésimo já diferencia uma realização da outra, gerando uma nova frequência absoluta.*
- *Isso faz com que as frequências* absolutas sejam desprezíveis em comparação com o tamanho da amostra, gerando freq*u*ências relativas próximas de zero. Observe que cada altura tem valores muito próximos e probabilidades tendendo *a zero.*
- *Probabilidades no ponto não têm sentido:* ***P(X= 1,70) ≈ P(X=1,71) ≈ P(X=1,72) ≈ P(X=1,73) ≈ 0.*** *Mas a probabilidade de* ***P(X≤1,75) = 0,20****, não tão desprezível; o mesmo ocorrendo com* ***P(X≥1,79) = 0,40.***
- *Para sermos mais racionais, no campo contínuo, as variáveis sempre serão consideradas em termos de intervalos para cálculo de probabilidades:* $X<x$, $x_1<X<x_2$; e $X>x$.

Portanto, a probabilidade de um dado valor (ponto) é zero. No campo contínuo, não existe probabilidade em um ponto: P(X=x) = 0.

Podemos estender todas as definições de variáveis aleatórias discretas para variáveis contínuas.

Distribuição de Probabilidades ou Função Densidade de Probabilidade

Uma variável aleatória X é contínua se existir uma função f(x), tal que:

1) $f(x) \geq 0$ (não negativa)

2) $\int_{-\infty}^{\infty} f(x)\,dx = 1$

A função $f(x)$ é chamada ***"Função Densidade de Probabilidade"*** (F.D.P).

Observamos que:

$$P(a \leq X \leq b) = \int_{a}^{b} f(x)\,dx$$

Função Repartição de Probabilidades

$$P(X \leq x) = F(x) = \int_{-\infty}^{x} f(x)\,dx$$

Esperança Matemática

$$E(X) = \int_{-\infty}^{\infty} x \cdot f(x)\,dx$$

Variância

$V(X) = E(X^2) - [E(X)]^2 =$

$$\int_{-\infty}^{\infty} x^2 \cdot f(x)\,dx - (E[X])^2$$

Propriedades da Esperança e da Variância

Todas as propriedades válidas para a variável aleatória discreta são válidas para as variáveis aleatórias contínuas.

Exemplos:

1. Uma variável aleatória X pode ser definida pela seguinte função densidade de probabilidade:

$$\begin{cases} f(x) = kx & \text{para } 0 < x < 2 \\ f(x) = 0 & \text{caso contrário} \end{cases}$$

Pede-se:

a) O valor de k;
b) F(1);
c) E(X);
d) V(x).

a) O valor de k:

$$\int_0^2 K \cdot X dx = 1$$

K = 1/2

b) F(1):

F(1) = P(x ≤ 1) =

$$F(1) = \int_0^1 (1/2) \cdot X dx = 1/4$$

c) E(x):

$$E(X) = \int_0^2 X(1/2) \cdot X dx = 4/3$$

d) V(x):

$$E(X^2) = \int_0^2 X^2 \cdot (1/2) \cdot X dx = 2$$

V(X)= 2 – $(4/3)^2$ = **2/9**

2. Seja X uma variável aleatória contínua com a seguinte função de densidade de probabilidade:

$$f(x) = \begin{cases} 1/2x & para \quad 0 \le x \le 2 \\ 0 & C/C \end{cases}$$

Calcular: P(0≤X≤1)

Solução:

$$P(0 \leq X \leq 1) = \int_0^1 1/2xdx$$

$$P(0 \leq X \leq 1) = 1/2\int_0^1 xdx$$

$$P(0 \leq X \leq 1) = 1/2\int_0^1 x^2/2dx$$

$$P(0 \leq X \leq 1) = 1/2\left[x^2/2\right]_0^1$$

$$P(0 \leq X \leq 1) = 1/2[1/2 - 0/2] = 1/2 \cdot 1/2 = 0,25$$

3. Uma variável aleatória X tem a seguinte função densidade de probabilidade:

$$f(x) = \begin{cases} KX^3 \; para \;\; 0 \leq X \leq 2 \\ 0 \quad para \;\; X \; fora\, desse\, intervalo \end{cases}$$

Determinar:

a) A constante K.
b) P(X ≤ 1).

Solução:

a)

$$\int_0^2 KX^3 dx = 1$$

$$K\int_0^2 X^3 dx = 1$$

$$K\left[X^4/4\right]_0^2 = 1$$

$$K\left[2^4/4 - 0^4/4\right] = 1$$

$$K[16/4] = 1$$

$$4K = 1$$

$$K = 1/4$$

b)

$$P(X \le 1)$$

$$P(X \le 1) = F(1) =$$

$$\int_0^1 1/4X^3dx =$$

$$1/4\int_0^1 X^3dx =$$

$$1/4\left[X^4/4\right]_0^1 =$$

$$1/4\left[1^4/4 - 0^4/4\right] = 1/4 \cdot 1/4 = 1/16 = 0{,}0625 ou 6{,}25\%$$

4. Achar a média e o desvio padrão da seguinte distribuição de probabilidade:

f(x) = $3X^2$ para $0 \le X \le 1$

a)

Média:

$$E(X) = \int_0^1 X \cdot 3 \cdot X^2dx$$

$$E(X) = \int_0^1 3 \cdot X^3dx$$

$$3\left[X^4/4\right] = 3[1/4] = 3/4$$

Desvio padrão:

$$E\left(X^2\right) = \int_0^1 X^2 \cdot 3 \cdot X^2dx$$

$$E\left(X^2\right) = \int_0^1 3 \cdot X^4dx = 3\left[X^5/5\right]_0^1 = 3[1/5] = 3/5$$

$$V(X) = 3/5 - (3/4)^2 = 3/5 - 9/16 = 3/80 = 0{,}0375$$

$$S(X) = \sqrt{0{,}0{,}375} = 0{,}1936$$

5. Uma variável aleatória contínua tem função densidade de probabilidade como dada abaixo:

$$f(X)=\begin{cases} KX & 0<X<1 \\ 0 & \textit{caso contrário} \end{cases}$$

a) Encontre o valor de K.
b) Encontre a média da distribuição.

a) $\int_0^1 KXdx = 1$

$$\int_0^1 KXdx = 1$$

$$K\int_0^1 Xdx = 1$$

$$K\left[X^2/2\right]_0^1 = 1$$

$$K[1/2]_0^1 = 1$$

$$\frac{K}{2} = 1$$

$$K = 2$$

b) $f(X)=\begin{cases} 2X & 0<X<1 \\ 0 & \textit{caso contrário} \end{cases}$

$$E(X)=\int_0^1 2X^2dx =$$

$$E(X)=2\int_0^1 X^2dx =$$

$$E(X)=2\left[X^3/3\right]_0^1 =$$

$$E(X)=2[1/3-0]=2/3$$

6. Um profissional de computação observou que seu sistema leva de 0 a 2 segundos para realizar ***download*** com função densidade de probabilidade abaixo:

$$\begin{cases} K(2+X) & 0 \le X2 \\ 0 & \textit{caso contrário} \end{cases}$$

Pede-se:

a) Descubra o valor de **K.**
b) Calcule E(X).

Solução:

a) $$\int_0^2 K(2+X)dx = 1$$

$$\int_0^2 2Kdx + \int_0^2 KXdx = 1$$

$$2K\int_0^2 dx + K\int_0^2 Xdx = 1$$

$$2K[X]_0^2 + K\left[X^2/2\right]_0^2 = 1$$

$$2K[2-0] + K[4/2-0] = 1$$

$$4K + 2K = 1$$

$$6K = 1$$

$$K = \frac{1}{6}$$

b) $$\int_0^2 X(1/6)(2+X)dx =$$

$$\int_0^2 (1/6)\left(2X + X^2\right)dx =$$

$$(1/6)\int_0^2 (2X)dx + (1/6)\int_0^2 X^2 dx =$$

$$(1/6)x2\int_0^2 (X)dx + (1/6)\int_0^2 X^2 dx =$$

$$(1/3)\int_0^2 (X)dx + (1/6)\int_0^2 X^2 dx =$$

$$(1/3)\left[X^2/2\right]dx + (1/6)\left[X^3/3\right]dx =$$

$$(1/3)[4/2-0] + (1/6)[8/3] =$$

$$(1/3)[2-0] + (1/6)[8/3] =$$

$$(1/3)[(2) + (1/6)][8/3] = (2/3) + (4/9) = 20/18 = 10/9$$

Exercícios Propostos

1. Suponhamos que apostamos em um jogo simples de atirar uma moeda, na qual recebemos R$ 3.000,00 quando a face cara cai para cima e perdemos R$ 2.000,00 quando a face para cima for coroa. O jogo é favorável para o apostador?

2. Um homem deseja segurar a sua casa contra incêndio. O valor da casa é R$ 30.000. O prêmio anual que deve pagar para o seguro de sua casa é R$ 4.000. Se a probabilidade de que o fogo destrua a casa é de 1/10.000, o seu contrato de seguro é um "jogo justo"?

3. Um fabricante de pneus de automóveis conservou os registros da qualidade de seu produto e obteve o seguinte quadro de valores baseado nos últimos seis meses de produção.

Nº defeitos	**0**	**1**	**2**	**3**	**4**	**5**	**>6**
Porcentagens	60	22	8	5	3	2	0

Calcular a média e o desvio-padrão do número de defeitos.

4. Um banco pretende aumentar a eficiência de seu caixa. Oferece um prêmio de R$ 150,00 para mais de 42 clientes atendidos. O banco tem um ganho operacional de R$ 100,00 para cada cliente atendido além de 41. As probabilidades de atendimento são:

Nº de Clientes	**≤ 41**	**42**	**43**	**44**	**45**	**46**
Probabilidades	0,88	0,06	0,04	0,01	0,006	0,004

Qual a esperança de ganho se este novo sistema for implantado?

5. Os empregados A, B, C e D ganham 1, 2, 2 e 4 salários mínimos, respectivamente. Retiram-se amostras com reposição de 2 indivíduos e mede-se o salário médio da amostra retirada. Qual a média e o desvio-padrão do salário médio amostral?

6. As probabilidades de que haja em cada carro que vai a Santos em um sábado 1, 2, 3, 4, 5 ou 6 pessoas são, respectivamente: 0,05; 0,20; 0,40; 0,15; 0,12; 0,08. Qual o número médio de pessoas por carro? Chegam-se a Santos 4.000 carros por hora. Qual o número esperado de pessoas na cidade em 10 horas de contagem?

7. Um processo de fabricação produz peças com peso médio de 30g e desvio padrão de 0,7 g. Essas peças são acondicionadas em pacotes de uma dúzia cada. A embalagem pesa em média 40g, com variância $2{,}25g^2$. Qual a média e o desvio padrão do peso total do pacote?

8. O lucro unitário L de um produto é dado por L = 1,2 V – 0,8C – 3,5. Sabendo-se que o preço unitário de venda (V) tem média R$ 60,00 e desvio-padrão R$ 5,00 e que o preço do custo unitário C tem uma distribuição de média R$ 50,00 e desvio-padrão R$ 2,00, qual a média e o desvio-padrão do lucro unitário?

9. Uma variável aleatória X tem a seguinte função densidade de probabilidade:

$$f(x)=\begin{cases} KX^3 & para\ 0\leq X\leq 2 \\ 0 & para\ X\ \ fora\ \ desse\ \ intervalo \end{cases}$$

Determinar:

a) A constante K.
b) P(X ≤ 1).

10. Achar a média e o desvio padrão da seguinte distribuição de probabilidade:

$f(x) = 3X^2$ para $0 \leq X \leq 1$

Capítulo 3

Modelos Probabilísticos

Conceito de Modelos Probabilísticos

Existem variáveis aleatórias que apresentam certos padrões de comportamento. Para estas variáveis, e com base nestes comportamentos típicos, foram estruturados funções, modelos ou distribuições de probabilidade e também desenvolvidas fórmulas para expressões de suas esperanças matemáticas e variâncias. É o que iremos estudar neste capítulo.

Modelos de Distribuições Discretas:

Modelos de Bernoulli

Suponhamos a realização de um único experimento e cujo resultado pode ser um sucesso (se acontecer o evento que nos interessa) ou um fracasso (o evento não se realiza).

Definimos a variável aleatória discreta como X e a distribuição de probabilidade de X é:

X	Eventos	P(X)
1	Sucesso	p
0	Fracasso	1 – p = q
Σ	___	1

$$P(X) = p^x . q^{1-x}$$

Exemplo

Seja uma experiência aleatória que consiste no lançamento de um dado uma única vez. Suponhamos que o lançador tem interesse que ocorra face 5. A variável aleatória assim definida é de Bernoulli e sua distribuição de probabilidade é:

X	**Eventos**	**P(X)**
1	Sucesso	1/6
0	Fracasso	5/6
Σ	___	1

Parâmetros Características:

E(x) = p
V(x) = p.q

Exemplo:

No exemplo anterior, temos os seguintes parâmetros característicos:

E(X)= **1/6.**

V(X)= 1/6 x 5/6 = **5/36.**

Modelo Binomial

É uma distribuição de probabilidade adequada aos experimentos que apresentam apenas dois resultados: **Sucesso ou Fracasso.** Portanto, deriva da distribuição de Bernoulli.

Exemplos:

- *Vender (sucesso) ou não vender (fracasso) pacotes matemáticos para empresas.*
- *Cancelar (sucesso) ou não cancelar (fracasso) uma reserva em um show.*
- *Ocorrência (sucesso) ou não ocorrência (fracasso) de vírus a computadores numa empresa.*
- *Ter ocorrido (sucesso) ou não ter ocorrido (fracasso) ataque de hackers a computadores de uma empresa.*
- *Conceder (sucesso) ou não conceder (fracasso) licença para uso de programas computacionais a uma empresa.*
- *Conseguir emprego (sucesso) ou não conseguir (emprego) quando um pós-graduado volta da realização de um MBA.*
- *O Banco Central pode manter (sucesso) ou não manter (fracasso) a taxa Selic de juros.*
- *Um novo produto lançado no mercado pode ter (sucesso) ou não ter (fracasso) êxito* de venda.

A variável aleatória que tem distribuição binomial é o número de sucessos (X) em **n** oportunidades de ocorrências de sucessos e fracassos.

É, portanto, o número de tentativas bem-sucedidas. É o número total de sucessos ocorridos em **n** provas independentes observadas.

Exemplos:

- *Verificar o número de clientes satisfeitos com a operadora OI numa amostra selecionada aleatoriamente.*
- *Verificar o número de clientes de um banco inadimplentes com cheque especial.*
- *Verificar o número de clientes de um banco que optaram pela portabilidade para outro banco numa amostra aleatória.*
- *Verificar numa amostra de empresas o número de corporações com bom clima organizacional.*
- *Verificar o número de processadores ativos, em um sistema com multiprocessadores.*
- *Verificar o número de bits que não estão afetados por ruídos, em um pacote com n bits.*

Probabilidade Binomial

Sejam a experiência de se observar 5 programas distintos computacionais consecutivos na realização de uma tarefa. Seja a situação de conseguir realizar a tarefa (sucesso) ou não realizar a tarefa (fracasso). Se o programa realizar com sucesso a tarefa, vai atribuir valor 1, caso contrário, o valor 0, então seja que o resultado da observação seja a situação abaixo:

$$\underline{1} \quad \underline{0} \quad \underline{1} \quad \underline{0} \quad \underline{1}$$

Observado essa situação, temos: somente o segundo e o quinto programas fracassaram na realização da tarefa: os programas não realizariam a tarefa. Neste caso, ocorreriam 3 sucessos em 5 oportunidades, em cinco experiências independentes de Bernoulli: X=3.

A distribuição binomial calcula a probabilidade de, em 5 programas distintos na realização de uma tarefa, 3 programas realizarem-na com sucesso: P(X=3).

Para calcular esta probabilidade, algumas considerações têm que ser garantidas e alguns dados têm que ser conhecidos.

Pressuposições para o Ajuste ao Modelo Binomial

1. *O número de n oportunidades de ocorrências dos sucessos e fracassos tem que ser conhecidos a priori, isto é, o número de experiências aleatórias para observação da ocorrência ou não do sucesso tem que ser conhecidos e fixos.*
2. *Estas **n** experiências de Bernoulli têm que ser independentes umas das outras;*
3. *Em cada experiência independente, a probabilidade de ocorrer o sucesso (p) deve ser constante.*

No caso discutido acima, vamos supor que, por histórico, a probabilidade de um programa nas linguagens computacionais utilizadas realizar a tarefa abordada seja de **75%: p = 0,75.**

Assim, a distribuição de probabilidades da variável aleatória que conta o número de sucessos **ou de tentativas bem-sucedidas** em "n" experimentos aleatórios independentes de Bernoulli é dada por:

$$P(X = x) = \overset{X}{\underset{n}{C}} p^{X} \cdot q^{(n-x)}$$

Com parâmetros n e p:

$$X \sim B(n;p)$$

Onde:

X = número de sucessos ou de tentativas bem-sucedidas em n repetições independentes do experimento aleatório.
n = número de experimentos aleatórios (número de tentativas).
p = probabilidade de ocorrer sucesso em um experimento aleatório.
q=1-p = probabilidade de ocorrer fracasso em um experimento aleatório.

$$C_n^x = \frac{n!}{x!(n-x)!}$$

A variável aleatória que tem distribuição binomial é o número de sucessos (X) em **n** oportunidades de ocorrências de sucessos e fracassos. É, portanto, o número de tentativas bem-sucedidas. É o número total de sucessos ocorridos em **n** provas independentes observadas.

Exemplo:

No nosso caso, vamos, enfim, calcular a P(X=3):

X = número de programas em 5 considerados que executaram com sucesso a tarefa.

Temos que

$$X \sim B(5;0,75)$$

Logo:

Parâmetros Característicos da Binomial

$$P(X=x) = \underset{n}{\overset{x}{C}} p^x \cdot q^{(n-x)}$$

$$P(X=3) = \underset{5}{\overset{3}{C}} (0,75)^3 \cdot (0,25)^{(5-3)}$$

$$P(X=3) = \underset{5}{\overset{3}{C}} (0,75)^3 \cdot (0,25)^2$$

$$P(X=3) = 0,2637 \text{ ou } 26,37\%$$

Vamos considerar a média (esperança matemática) e a variância como os parâmetros característicos da binomial.

A média de uma variável aleatória binomial é a média do número de sucessos se pudéssemos realizar as n experiências um número suficientemente grande de vezes, e a variância é o grau de variação do número de sucessos ao realizar as n experiências um número suficientemente grande de vezes.

Pode-se demonstrar, à luz das propriedades da média e da variância, que o valor esperado e a variância de X são, respectivamente:

E(X) = n.p
V(X) = n.p.q

Lembrando que a variável aleatória binomial é uma soma de n variáveis aleatórias independentes de Bernoulli, fica fácil e intuitivo entender as expressões acima.

Exemplo 1

No exemplo trabalhado acima, temos o seguinte cálculo da média:

E(X) = n x p = 5 x 0,75 = **3,75.**

Interpretação

Se pudéssemos observar 5 programas distintos na realização da tarefa, a média do número de programas que realizariam a tarefa seria de 3,75.

No exemplo trabalhado acima, temos o seguinte cálculo da variância:

V(X) = n x p x q = 5 x 0,75 x 0,25 = **0,938.**
S(X) = √0,938 = **0,968 ≈ 1 programa.**

Interpretação

Este é o grau de dispersão que teríamos do número de programas que realizariam a tarefa com sucesso em 5 chamadas versões distintas, se pudéssemos repeti-las um número grande de vezes.

Exemplo 2

Sabe-se que 10% dos pacotes estatísticos vendidos para universidades brasileiras são da Europa. Determine as probabilidades de que, dentre três pacotes vendidos para universidades brasileiras:

a) Dois sejam da Europa.
b) Nenhum seja da Europa.

Solução

Vamos identificar qual é a variável aleatória em estudo e quais são o sucesso e o fracasso associados a esta variável:

X: variável aleatória número de pacotes vendidos para universidades brasileiras.

Assim, você pode agora identificar os elementos da expressão da distribuição binomial.

a) x= número de sucessos, x=2
n= número de experimentos aleatórios, n=3
p=probabilidade de sucesso, p=0,10 e q=0,90

Com estes elementos, podemos calcular a probabilidade:

$$P(X=x)=\underset{n}{\overset{x}{C}}\, p^{x}\cdot q^{(n-x)}$$

$$P(X=2)=\underset{3}{\overset{2}{C}}(0{,}10)^{2}\cdot(0{,}90)^{(3-2)}=0{,}027$$

Pode-se concluir que, dentre três pacotes vendidos, a probabilidade de dois serem da Europa é de **0,027** ou aproximadamente **2,7%.**

b) x= número de sucessos, x=0
n=número de experimentos aleatórios, n=3
p=probabilidade de sucesso, p=0,10 e 1-p=0,90

Com estes elementos podemos calcular a probabilidade:

$$P(X=0)=\underset{3}{\overset{0}{C}}(0,10)^{0}\cdot(0,90)^{(3-0)}=0,7290.$$

Pode-se concluir que, dentre três pacotes vendidos, a probabilidade de nenhum ser da Europa é de **0,7290** ou **72,90%.**

Parâmetros Característicos

E(X) = 3 x 0,10 = **0,3.**
V(X) = 3 x 0,10 x 0,90 = **0,27.**
$S(X)=\sqrt{0,27}=0,52.$

Exemplo 3

Se 20% dos alunos de um curso pré-vestibular são aprovados para universidades federais, determine a probabilidade de que, em 4 alunos escolhidos aleatoriamente:

a) Um seja aprovado em universidades federais.
b) Nenhum seja aprovado em universidades federais.
c) Menos de dois sejam aprovados em universidades federais.

Solução

Primeiramente, você irá identificar qual é a variável aleatória em estudo e quais são o sucesso e o fracasso associados a esta variável:

X: variável aleatória aprovação em universidades federais.

Assim, você pode agora identificar os elementos da expressão da distribuição binomial.

a) x= número de sucessos, x=1.
n = número de experimentos aleatórios, n=4.
p = probabilidade de sucesso, p=0,20 e 1-p=0,80.

Com estes elementos, podemos calcular a probabilidade:

$$P(X=1)=\underset{4}{\overset{1}{C}}(0,20)^{1}\cdot(0,80)^{(4-1)}=0,4096.$$

Pode-se concluir que, dentre quatro alunos deste cursinho, a probabilidade de um ser aprovado em universidade federal é de **0,4096** ou **40,96%**, aproximadamente.

b) x= número de sucessos, x=0.
n = número de experimentos aleatórios, n=4.
p = probabilidade de sucesso, p=0,20 e 1-p=0,80.

Com estes elementos, podemos calcular a probabilidade:

$$P(X=0)=\underset{4}{\overset{0}{C}}(0,20)^{0}\cdot(0,80)^{(4-0)}=0,4096.$$

Pode-se concluir que, dentre quatro alunos deste cursinho, a probabilidade de nenhum ser aprovado em universidade federal é também de **0,4096** ou **40,96%**.

c) x= número de sucessos, x= 0 ou 1.
n = número de experimentos aleatórios, n=4.
p = probabilidade de sucesso, p=0,20 e 1-p=0,80.

Com estes elementos, podemos calcular a probabilidade:

P(X<2) = P(X=0) + P(X=1) = 0,4096 + 0,4096 = **0,8192.**

Pode-se concluir que, dentre quatro alunos deste cursinho, a probabilidade de menos de dois, ou seja, nenhum ou um, serem aprovados em universidade federal é de **0,8192 ou 81,92%.**

Parâmetros Característicos

E(X) = 4 x 0,20 = **0,80.**

V(X) = 4 x 0,20 x 0,80 = **0,64.**

Exemplo 4

A probabilidade de que um aluno acerte cada questão de uma prova de 6 questões é 0,3. Se o aluno tentar resolver todas elas de forma independente, qual a probabilidade de acertar 4 questões?

Solução

$$P(X=4)=\underset{6}{\overset{4}{C}}(0,30)^{4}\cdot(0,70)^{(6-4)}=$$

$$P(4)\cong 0,0595 \ ou \ 5,96\%$$

Exemplo 5

Uma pessoa trabalha em 3 empregos onde desenvolve atividades iguais, sendo remunerada também igualmente nos três lugares. A probabilidade de que o pagamento saia até o 2º dia útil nos três empregos é de 0,85. Qual a probabilidade de apenas um salário sair até o 2º dia útil?

Solução:

$$P(X=1)=\underset{3}{\overset{1}{C}}(0{,}85)^{1}\cdot(0{,}15)^{(3-1)}=$$

$$P(1)\cong 0{,}0574 \ ou \ 5{,}74\%.$$

Modelo Hipergeométrico

Seja uma população N dividida em 2 subgrupos (r e N-r). Retira-se uma amostra, **sem reposição**, de tamanho n. Tem-se o interesse em verificar a ocorrência de x elementos de r na amostra selecionada.

A probabilidade do evento de interesse é dada pela expressão matemática:

$$P(X=x)=\frac{C_r^x C_{N-r}^{n-x}}{C_N^n}$$

X é a variável aleatória definida como o número de elementos de r na amostra selecionada aleatoriamente, sem reposição.

Parâmetros Características

E(x) = np
V(x) = npq . [(N – n)/(N – 1)]

↑ **fator de correção de população finita.**

Exemplo

1. Um lote de 10 peças de uma indústria possui 6 peças boas e 4 peças defeituosas. Retira-se uma amostra, sem reposição, de tamanho 5. Qual a probabilidade de encontrarmos 3 peças defeituosas na amostra selecionada?

Solução

$$P(X=x)=\frac{C_4^3 C_6^2}{C_{10}^5}=0{,}2381$$

Observação

Uma conveniente regra de bolso é que se pode usar a distribuição binomial como uma aproximação à hipergeométrica quando n ≤ 0,05N, isto é, quando o n for menor ou igual do que 5% do tamanho da população.

Exemplo

Seja o seguinte problema: uma urna contém 100 bolas, sendo 60 brancas e 40 pretas. Tirando-se 5 bolas, sem reposição, qual a probabilidade de saírem 2 pretas?

Solução

n ≤ *0,05N*
5 ≤ *0,05 . 100 (Verdadeiro)*

Podemos, então, utilizar a binomial como uma aproximação da hipergeométrica.
p = 40/100 = 0,4
q = 0,6

$$P(X=1)=\overset{2}{\underset{5}{C}}(0,40)^2\cdot(0,60)^3=$$

$$P(2)\cong 0,3458$$

Pela Hipergeométrica

$$P(X=x)=\frac{C_{40}^{2}C_{60}^{3}}{C_{100}^{5}}=0,3545$$

Modelo de Poisson

A variável aleatória de *Poisson* é definida como o número de sucessos em certo intervalo contínuo fixo considerado. Correspondem às situações em que se avalia o número de ocorrências de um tipo de evento por unidade de tempo, de comprimento, de área ou de volume.

Exemplos

- *Número de consultas a uma base de dados em* ***um minuto.***
- *Número de pedidos a um servidor em um* ***intervalo de tempo.***
- *Número de erros de tipografia em* ***um formulário.***
- *Número de vezes em que o corpo de bombeiros é chamado* ***por dia*** *para combater incêndios numa cidade grande.*
- *Número de defeitos na impressão de* ***certo livro.***
- *Número de pessoas que chegam ao caixa de um supermercado nos* ***primeiros 5 minutos*** *em que é aberto.*
- *Número de carros que passam por um pedágio no intervalo de tempo de* ***30 minutos.***

Suposições Básicas

- *Independência entre as ocorrências do evento considerado;*
- *Os eventos ocorrem de forma aleatória, de tal forma que não haja tendência de aumentar ou reduzir as ocorrências do evento, no intervalo considerado.*

Indicações para Construção do Modelo

- *Selecione um intervalo de tempo fixo de observação.*
- *Observe o número de ocorrências de certo evento de interesse neste intervalo. Este número de ocorrências é uma variável discreta com valores possíveis 0, 1, 2 ...*
- *Se a probabilidade da ocorrência do evento de Poisson é* ***rara*** *ou* ***nula*** *em um intervalo relativamente pequeno e só passa a ser considerável quando o intervalo de observação cresce, então o evento pode ser na prática modelado pela distribuição de Poisson.*

Lei dos Fenômenos Raros

Uma distribuição de Poisson modela bem eventos "raros". Fenômenos raros são aqueles que não acontecem com grande frequência para qualquer intervalo de tempo de observação.

Exemplo

O estacionamento de um automóvel da linha *"Gol"* em um estacionamento na Av. Presidente Vargas, no Rio de Janeiro, em um intervalo de 1 hora, certamente não é um evento de Poisson, mas o evento chegada de um "*BMW*" ao mesmo estacionamento e no mesmo período de tempo deve ser uma ocorrência de Poisson.

Formulação do Modelo

Trata-se de uma distribuição Binomial em que:

$n \to \infty$ e $p \to 0$
$\mu = np = t\lambda$

Pode-se demonstrar que:

$$\lim_{n \to \infty} P(X=x) = \underset{n}{C} p^x \cdot q^{(n-x)} =$$

$$P(X=x) = \frac{e^{-\mu} \cdot \mu^x}{x!}$$

Parâmetros Característicos

$E(X) = \mu$
$V(X) = \mu$

Exemplos

1. Em um dado posto de pedágio, passam, em média, 5 carros por minuto. Qual a probabilidade de passarem exatamente 3 carros por minuto?

Solução

$\mu = t\lambda = 1.5 = 5$

$$P(X=3) = \frac{e^{-5} \cdot 5^3}{3!} = 0{,}1404 \text{ ou } 14{,}04\%$$

2. Certo posto de bombeiros recebe, em média, 3 chamadas por dia. Qual a probabilidade de receber 4 chamadas em dois dias?

Solução

$\lambda = 3/\text{dia}$
$\mu = t\lambda = 2.\ 3 = 6$

Logo:

$$P(X=4)=\frac{e^{6}\cdot 6^{4}}{4!}=0{,}1339 \ \textit{ou} \ 13{,}39\%$$

3. Supondo que as consultas em um banco de dados ocorrem de forma independente e aleatória, com uma taxa média de três consultas por minuto, qual a probabilidade de que no próximo minuto ocorram menos do que três consultas?

Solução

Seja X o número de consultas por minuto.

Então:

$P(X < 3) = P(0) + P(1) + P(2) =$

$$\frac{e^{-3}\cdot 3^{0}}{0!}+\frac{e^{-3}\cdot 3^{1}}{1!}+\frac{e^{-3}\cdot 3^{2}}{2!}=0{,}4232$$

4. Qual seria a probabilidade do exemplo acima de que no próximo minuto ocorram mais do que 5 consultas?

Solução

$P(X > 5) = 1 - P(X \leq 5) = 1 - F(5)$

Vamos calcular primeiramente a F(5):

$P(X \leq 5) = P(0) + P(1) + P(2) + P(3) + P(4) + P(5) =$

$$\frac{e^{-3}\cdot 3^{0}}{0!}+\frac{e^{-3}\cdot 3^{1}}{1!}+\frac{e^{-3}\cdot 3^{2}}{2!}+$$

$$\frac{e^{-3}\cdot 3^{3}}{3!}+\frac{e^{-3}\cdot 3^{4}}{4!}+\frac{e^{-3}\cdot 3^{5}}{5!}+=0{,}9160$$

$P(X > 5) = 1 - P(X \leq 5) = 1 - 0{,}9160 = \mathbf{0{,}0840}$

Modelos de Distribuições Contínuas

Modelo Uniforme

Quando uma variável aleatória X só pode assumir valores dentro de um intervalo contínuo de variação [a , b], com função densidade de probabilidade como a descrita abaixo e assumir valor zero em caso contrário, então ela tem distribuição uniforme.

$$f(x) = \begin{cases} \dfrac{1}{b-a} & para \quad a \le X \le b \\ \\ 0 & em \quad caso \quad contrário \end{cases}$$

O que caracteriza a distribuição uniforme é que todo subintervalo de mesma amplitude em [a , b] tem a mesma probabilidade.

Seu gráfico é:

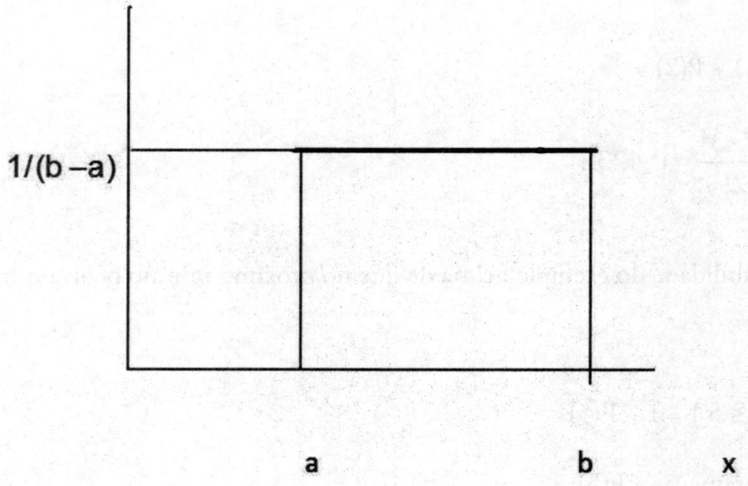

Parâmetros Característicos

$$E(X) = \frac{(a+b)}{2}$$

$$V(X) = \frac{(b-a)^2}{12}$$

Diz-se que **X~U[a, b].**

Exemplos

1. Um profissional de Computação observou que seu sistema gasta entre 20 e 24 segundos para realizar determinada tarefa. Considere a probabilidade uniforme em [20, 24] , isto é, todo subintervalo de mesma amplitude em [20, 24] tem a mesma probabilidade.

a) P(20<X<21)
b) P(21<X<22)
c) P(20<X<22)
d) P(22<X<24)
e) P(X>23)
f) E(X)
g) V(X)

Solução

Tem-se que X~U[20, 24] . Logo, a função densidade de probabilidade de X é:

$$f(x)\begin{cases} \frac{1}{4} \; para \; 20 \leq X \leq 24 \\ 0 \; em \; caso \; contrário \end{cases}$$

Portanto, podemos calcular as probabilidades sob essa densidade:

a) P(20<X<21)

$$P(20 < X < 21) = \int_{20}^{21} (1/4)dx = 1/4\left[X\right]_{20}^{21}$$

$$= (21 - 20)/4 = 0,25 \; ou \; 25\%$$

b) P(21<X<22)

$$P(21 < X < 22) = \int_{21}^{22} (1/4)dx = 1/4\left[X\right]_{21}^{22}$$

$$= (22 - 21)/4 = 0,25 \; ou \; 25\%$$

c) P(20<X<22)

$$P(20 < X < 22) = \int_{21}^{22} (1/4)dx = 1/4[X]_{21}^{22}$$
$$= (22-20)/4 = 0,5 \; ou \; 50\%$$

d) P(22<X<24)

$$P(22 < X < 24) = \int_{22}^{24} (1/4)dx = 1/4[X]_{22}^{24}$$
$$= (24-22)/4 = 0,5 \; ou \; 50\%$$

e) P(X>23)

$$P(23 < X < 24) = \int_{23}^{24} (1/4)dx = 1/4[X]_{23}^{24}$$
$$= (24-23)/4 = 0,25 \; ou \; 25\%$$

f) $E(X) = \frac{20+24}{2} = (44/2) = 22$

g) $V(X) = \frac{(24+20)^2}{12} = (16/12) = 1,33$

2. Um pequeno desenho foi planejado para estar distribuído aleatoriamente de maneira uniforme no intervalo de [0, 2] metros de um "Cartaz Publicitário". Qual a probabilidade de que o pequeno desenho esteja no intervalo entre 1 e 1,5 metro do cartaz?

Solução

$$f(x) = \begin{cases} 1/2 \; se \; 0 \leq x \leq 2 \\ 0 \text{ se } c/c \end{cases}$$

$$P(1 < X1,5) = \int_{1}^{1,5} (1/2)dx = 1/2[X]_{1}^{1,5} = 0,25$$

3. A dureza de uma peça de aço pode ser pensada como sendo uma variável aleatória uniforme no intervalo [50, 70] da escala de *Rockwel*. Calcular a probabilidade de que uma peça tenha dureza entre 55 e 60.

Solução

$$f(h)=\begin{cases}1/20 \ se \ 50\leq h\leq 70\\ 0 \text{ se } c/c\end{cases}$$

$$P(55<h<60)=\int_{55}^{60}(1/20)\,dh=1/20[h]_{55}^{60}=0,25$$

4. Considere um círculo, com medidas de ângulos, em graus, a partir de determinada origem. Nesse círculo, há um ponteiro que é colocado a girar. Seja a variável aleatória X contínua definida pelo ângulo formado entre a posição que o ponteiro para e a linha horizontal do lado direito. Assuma que não existe região de preferência para o ponteiro parar. A distribuição de probabilidades de X pode ser representada por uma função que assume um valor constante e positivo em todo intervalo [0° , 360°), de tal forma que as probabilidades possam ser vistas por áreas sob a curva dessa função. Como certamente vai ocorrer um resultado em [0° , 360°), então a área sob a função neste intervalo deve ser igual a 1 e nula fora deste intervalo. Nessas condições, podemos considerar que todo intervalo de mesma amplitude, contido em [0° , 360°), tem a mesma probabilidade de ocorrência. Qual é a probabilidade do ângulo formado entre a posição que o ponteiro para e a linha horizontal do lado direito esteja no intervalo [30° , 60°]?

Solução

Tem-se que X~U[0, 360]. Logo, a função densidade de probabilidade de X é:

$$f(x)=\begin{cases}\dfrac{1}{360} \ para \ 0\leq X\leq 360\\ 0 \ em \ caso \ contrário\end{cases}$$

Portanto, podemos calcular a probabilidade sob essa densidade:

Solução

$$P(30<X<60)=$$

$$P(30<X<60)=\int_{30}^{60}(1/360)dx=1/360[X]_{30}^{60}$$

$$=(60-30)/360=30/360=1/12$$

Modelo Exponencial

O modelo exponencial tem forte relação com o modelo discreto de Poisson. Enquanto a distribuição de Poisson pode ser usada para modelar o número de ocorrências em um período contínuo (tempo ou de comprimento), a distribuição exponencial pode modelar a variável aleatória contínua que representa o ***intervalo*** (de tempo ou de comprimento) entre duas ocorrências sucessivas de Poisson.

É, portanto, a distribuição de probabilidades do intervalo T entre dois sucessos consecutivos de Poisson. O intervalo T é a variável aleatória.

Exemplos

- Tempo (em minutos) até a próxima consulta a uma base de dados.
- Tempo (em segundos) entre dois pedidos a um servidor.
- Distância (em metros) entre dois defeitos de uma fita.
- Tempo de vida de lâmpadas.
- Tempo entre chegadas de clientes numa fila de banco.

A distribuição exponencial pode ser usada quando as suposições de Poisson (independência entre as ocorrências e taxa média de ocorrências constante no intervalo considerado) estiverem satisfeitas.

A figura a seguir ilustra a relação entre as duas distribuições:

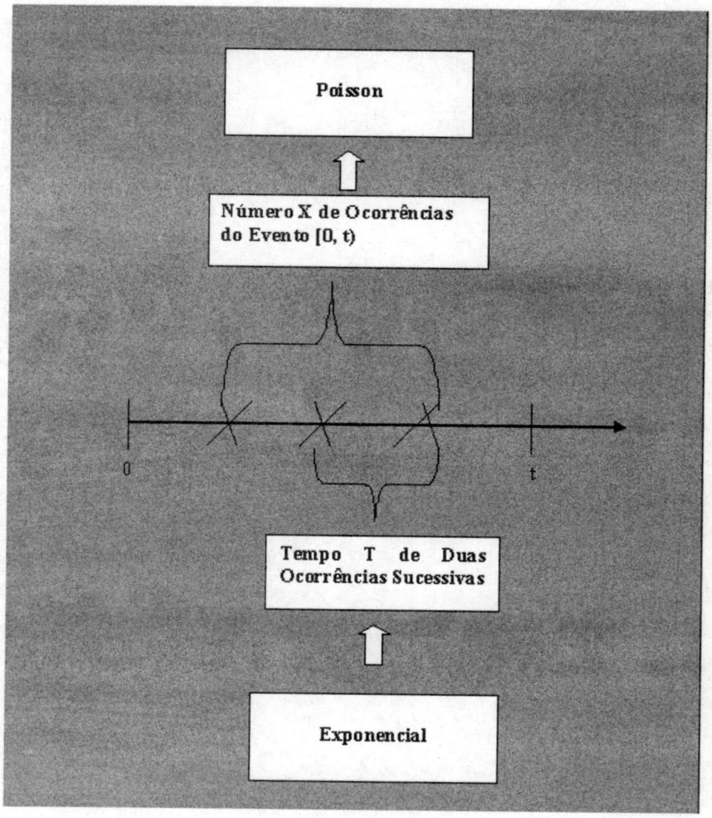

Sua função densidade de probabilidade é:

$$f(T)=\begin{cases}\lambda\ e^{-\lambda t}\ \ para\ T\geq 0\\ 0\ \ para\ T<0\end{cases}$$

Onde λ é a frequência média de sucessos por unidade de observação.

A Função Repartição é:

$$\begin{cases}F(t)=P(T\leq t)=1-e^{-\lambda t} & t\geq 0\\ F(t)=0 & c/c\end{cases}$$

Portanto: $P(T > t) = \mathbf{e^{-\lambda t}}$

Parâmetros Característicos

$E(T) = 1/\lambda$
$V(T) = 1/\lambda^2$

Gráfico de f(t)

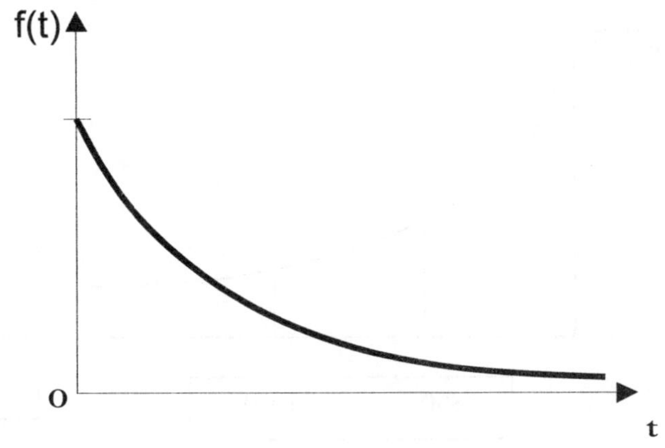

Logo, diz-se que **T ~ E (λ)**

Observações

1. A probabilidade exponencial de que o primeiro evento ocorra dentro do intervalo considerado de tempo ou espaço é:

$$P(T\leq t) = 1 - e^{-\lambda t}$$

2. A probabilidade exponencial de que o primeiro evento ocorra fora do intervalo considerado de tempo ou espaço:

$$P(T > t) = e^{-\lambda t}$$

Exemplos

1. Os defeitos de um tecido seguem a distribuição de Poisson com média de um defeito a cada 400m. Qual a probabilidade de que o intervalo entre dois defeitos consecutivos seja:

a) No mínimo de 1000 m.
b) No máximo de 1000 m.
c) Entre 800 e 1000 m.

Solução

λ = 1/400 defeitos/metros.

a) $P(T \geq 1000) = e^{-1/400 \cdot 1000} = e^{-2,5} =$ **0,0820.**

b) $P(T \leq 1000) = 1 - e^{-\lambda t} = 1 - e^{-2,5} = 1 - 0,0820 =$ **0,9180.**

c) $P(800 < T < 1000) = e^{(-1/400) \cdot 800} - e^{(-1/400) \cdot 1000} = 0,1353 - 0,0820 =$ **0,0533.**

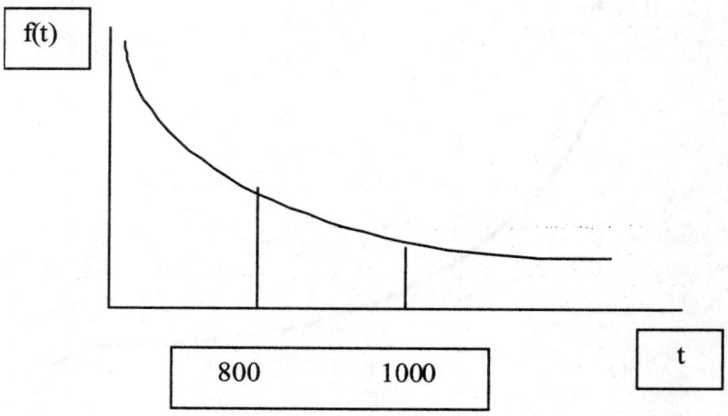

2. Em média, um navio atraca em certo posto a cada dois dias. Qual a probabilidade de que, a partir da partida de um navio, se passem mais de 4 dias antes da chegada do próximo navio?

Solução

$\lambda = ½$

$P(T \geq 4) = e^{-1/2 \cdot 4} = e^{-2} =$ **0,1353.**

3. Cada rolo de lâmina de aço de 500 metros contém, em média, duas imperfeições. Qual a probabilidade de que, à medida que se desenrole um rolo, a primeira imperfeição apareça no primeiro segmento de 50 metros?

Solução

$\lambda = 2/500 = 0{,}004$

$P(T \leq 50) = 1 - e^{-2/500 \, . \, 50} = 1 - e^{-0{,}2} = 1 - 0{,}8187 = \mathbf{0{,}1813}$

4. Um departamento de conserto de máquinas recebe, em média, 5 chamadas por hora. Iniciando em um ponto de tempo aleatoriamente escolhido, qual a probabilidade de que a primeira chamada chegue dentro de meia hora?

Solução

$\lambda = 5$

$P(T \leq 0{,}5) = 1 - e^{-5 \, . \, 0{,}5} = 1 - e^{-2{,}5} = 1 - 0{,}0821 = \mathbf{0{,}9179}$

5. Suponhamos que o manuscrito de um livro-texto tem um total de 50 erros nas 500 páginas de material, sendo os erros distribuídos aleatoriamente através do texto. Qual a probabilidade de que, quando o revisor comece a ler um capítulo, o primeiro erro se encontre:

a) Dentro das cinco primeiras páginas?
b) Depois das quinze primeiras página?

Solução

a)

$\lambda = 50/500 = 0{,}1$

$P\ (T \leq 5) = 1 - e^{-0{,}1 \, . \, 5} = 1 - e^{-0{,}5} = 1 - 0{,}6065 = \mathbf{0{,}3935}$

b)

$\lambda = 0{,}1$

$P(T > 15) = e^{-0{,}1 \, . \, 15} = e^{-1{,}5} = \mathbf{0{,}2231}$

Modelo Normal ou Curva de Gauss

A normal é considerada a distribuição de probabilidade mais importante, pois permite modelar uma infinidade de fenômenos naturais e, além disso, possibilita realizar aproximações para calcular probabilidades de muitas variáveis aleatórias que têm outras distribuições. É muito importante também na inferência estatística, como será observado nos capítulos seguintes.

Esta distribuição é chamada de curva normal porque a sua média representa uma norma, um modelo de comportamento para a variável na população. Os valores que se desviam da média é considerado erro, daí o conceito de desvio padrão.

Exemplo:

Como tantas outras distribuições encontradas na natureza, a distribuição de QI toma a forma de uma curva de sino (curva normal) bastante regular em que a pontuação média é de 100 e proporções e semelhantes ocorrem tanto acima como abaixo da média.

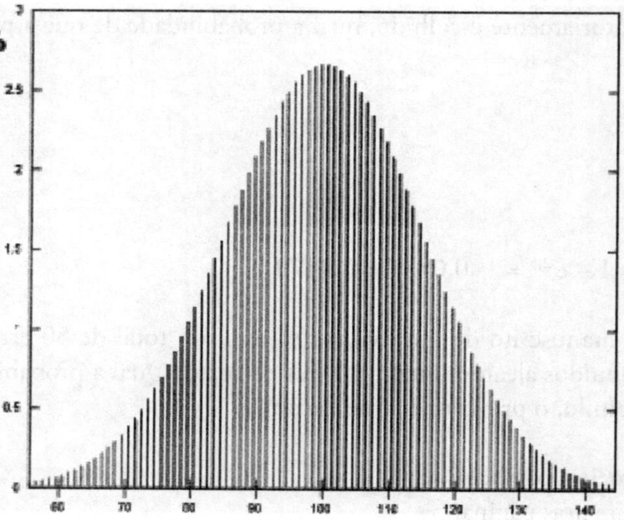

A distribuição do QI das pessoas de uma população segue a distribuição de uma curva normal

Uma pessoa considerada normal tem Qi entre 85 a 115:

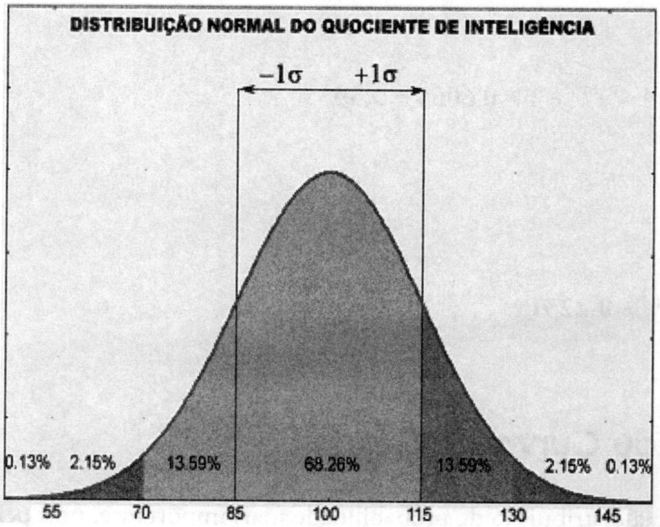

A distribuição normal é caracterizada por uma função de probabilidade, cujo gráfico descreve uma curva em forma de sino, unimodal e simétrica, como mostra a figura acima:

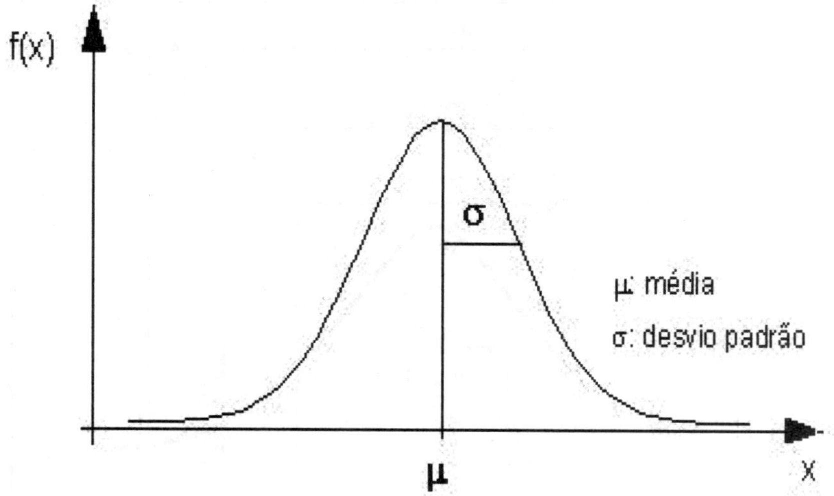

Essa forma de distribuição evidencia que há maior probabilidade de a variável aleatória assumir valores próximos do centro.

Função Densidade da Distribuição Normal

Dados os parâmetros μ ε R e σ > 0, a função densidade de probabilidades da normal é dada por:

$$f(x,\mu,\sigma)=\frac{1}{\sqrt{2\pi\sigma^2}}e^{\left(-\frac{(x-\mu)^2}{2\sigma^2}\right)},-\infty<x<\infty,\sigma>0.$$

Com certo esforço matemático, é possível mostrar que o valor esperado e a variância da distribuição normal são dados por:

$$E(X) = \mu \text{ e } V(X) = \sigma^2$$

Para achar a área sob a curva normal, devemos conhecer dois valores numéricos, a média μ e o desvio padrão σ.

Áreas Importantes da Curva Normal

A figura a seguir mostra algumas áreas importantes:

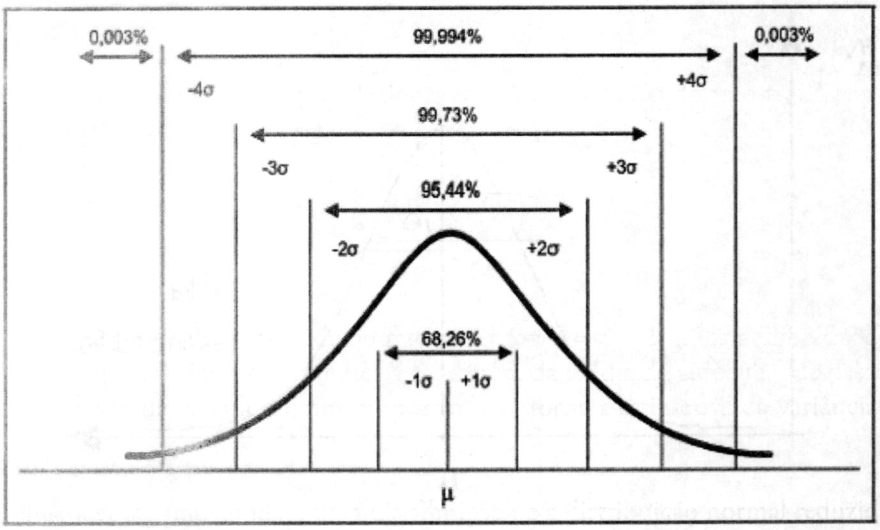

Aplicações da Curva Normal

Quando estudamos os gráficos de análise e as medidas da forma da distribuição, aprendemos a detectar se uma distribuição de frequência tinha a forma da Curva Normal.

Uma vez detectada que a distribuição se ajusta à Curva Normal, podemos realizar duas aplicações com esta informação:

- *Cálculo de probabilidades da variável em estudo pertencer a determinados intervalos.*
- *Modelagem da distribuição de estimativas de parâmetros para inferência estatística.*

Neste capítulo, aprenderemos a realizar a primeira aplicação.

Propriedades

- *A variável aleatória X pode assumir todo e qualquer valor real.*
- *A representação gráfica da distribuição normal é uma curva em forma de sino, unimodal e simétrica em torno da média μ, que recebe o nome de Curva Normal ou de Gauss.*
- *A área total limitada pela curva e pelo eixo das abscissas é igual a 1, já que essa área corresponde à probabilidade de a variável aleatória X assumir qualquer valor real.*
- *A curva normal é assintótica em relação ao eixo das abscissas sem, contudo, alcançá-la.*
- *Como a curva é simétrica em torno de μ, a probabilidade de ocorrer valor maior do que a média é igual à probabilidade de ocorrer valor menor do que a média, isto é, ambas as probabilidades são iguais a 0,5. Escrevemos:*

Quando temos em mãos uma variável aleatória com distribuição normal, nosso principal interesse é obter a probabilidade de essa variável aleatória assumir um valor em um determinado intervalo.

Passos Gerais:

- Identificar no problema dados da relação:

$$X \sim N(\mu;\sigma^2)$$

- *Transformar a variável aleatória original X na variável aleatória padronizada Z, pela fórmula:*

$$z = \frac{x-\mu}{\sigma}$$

A transformação assim obtida é uma variável aleatória que tem distribuição normal reduzida ou distribuição normal padrão com média 0 e desvio padrão 1 para qualquer natureza da variável original X simétrica: Z ~ N (0; 1).

A equação para a função de densidade normal padrão é:

$$f(z) = \frac{1}{\sqrt{2\pi}} e^{-\frac{z^2}{2}}$$

A curva normal padrão é simétrica e mesocúrtica. Suas principais características, portanto, seguem no resumo a seguir:

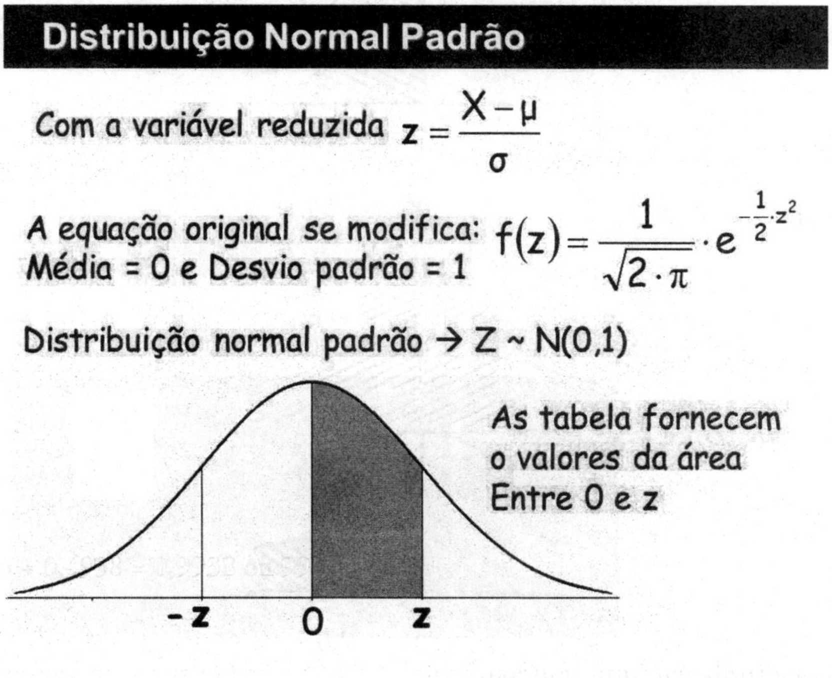

Uso da Curva Normal Padrão para Cálculo de Probabilidades de Normais Originais

- *Fazer o esboço da curva normal com a área correspondente à probabilidade pedida.*
- *Consultar a tabela da normal padrão e localizar a probabilidade necessária para o cálculo da probabilidade pedida.*
- *Realizar o cálculo da probabilidade.*

Exemplos

1. Uma população de entrevistadores, após um período de treinamento, foi submetida a um teste padronizado de avaliação de conhecimentos adquiridos, obtendo média 100 e desvio padrão 10. Se presumirmos que as notas são distribuídas normalmente, calcule as probabilidades:

a) P(100 < X < 120)
b) P(X > 120)
c) P(X > 80)
d) P(85 < X < 115)
e) P(X < 125)

Solução

a) P(100 < X < 120)

$X \sim N(\mu ; \sigma^2) \text{ * } X \sim N(100; 100)$

$P[(X_1 - \mu)/\sigma \leq Z \leq (X_2 - \mu)/\sigma] = P[(100 - 100)/10 \leq Z \leq (120 - 100)/10] = P[0 \leq Z \leq 2,0]$

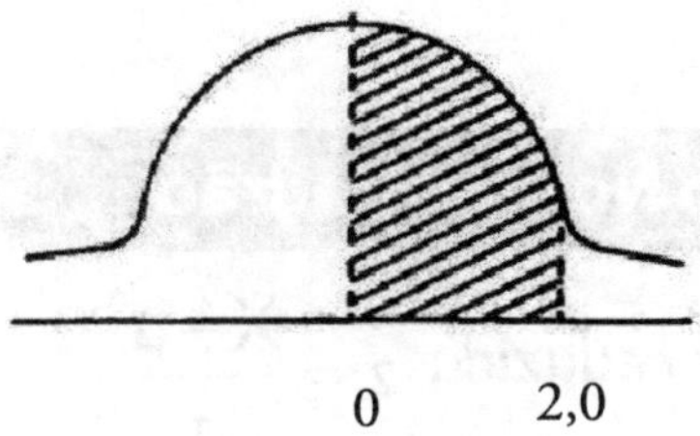

P((0 < Z < 2,0) = **0,4772** ou **47,72%**

b) P(X>120)

P[Z>(120 — 100)/10] = P[Z>2,0]=

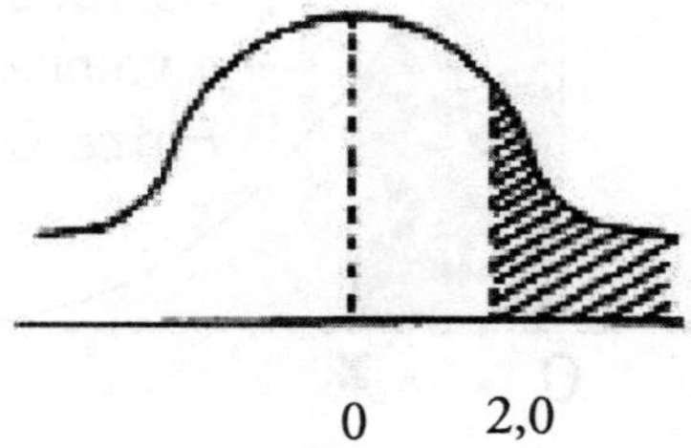

P(Z > 2,0) = 0,5 – 0,4772 = **0,0228** ou **2,28%**

c) P(X >80)

P[Z>(80 — 100)/10] = P[Z>-2,0] =

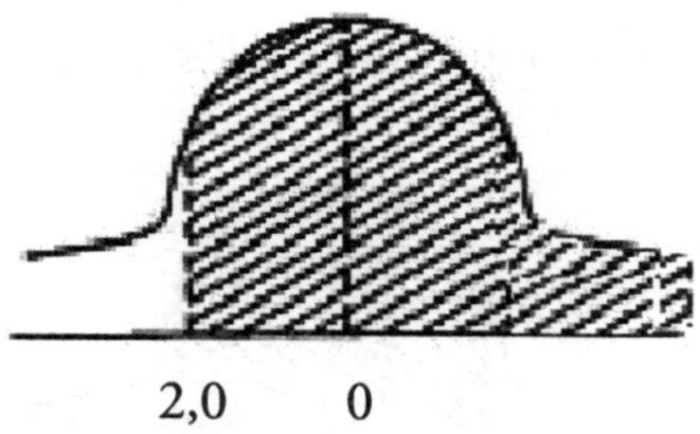

P(Z > - 2,0) = 0,4772 + 0,5 = **0,9772** ou **97,72%.**

d) P(85 < X < 115)

P[(85 — 100)/10 ≤ Z ≤ (115 — 100)/10] = P[-1,5 ≤ Z ≤ 1,5]

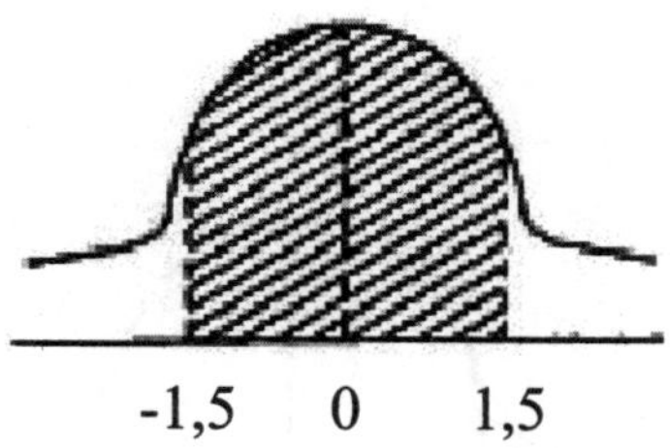

P(- 1,5 < Z < 1,5) = 0,4332 + 0,4332 = **0,8664** ou **86,64%**

e) P(X < 125)

P[Z<(125 — 100)/10] = P[Z<2,5] =

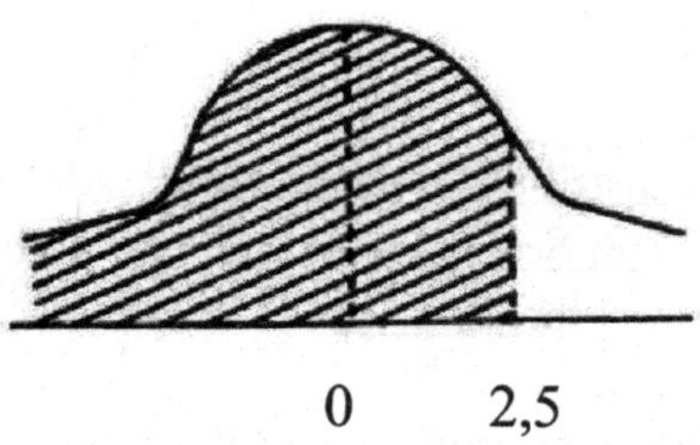

P (Z < 2,5) = 0,5 + 0,4938 = **0,9938** ou **99,38%**

2. O volume de correspondência recebido quinzenalmente por uma firma tem distribuição normal com média de 4.000 cartas e desvio-padrão de 200 cartas. Qual a probabilidade de em uma dada quinzena a firma receber?

a) P(3600 < X < 4250)?

$X \sim N(\mu; \sigma^2)$ ® $X \sim N(4000; 200^2)$

P[(3600 — 4000)/200≤Z≤(4250 — 4000)/200] = P[-2,00≤Z≤1,25]

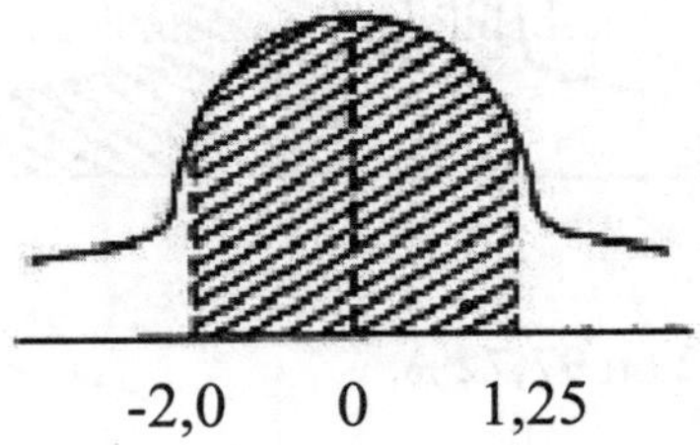

-2,0 0 1,25

P (- 2,00 < Z < 1,25) = 0,4771 + 0,3944 = **0,8716** ou **87,16%**

b) P(X < 3400)?

P[Z<(3400 — 4000)/200] = P[Z<-3,0] =

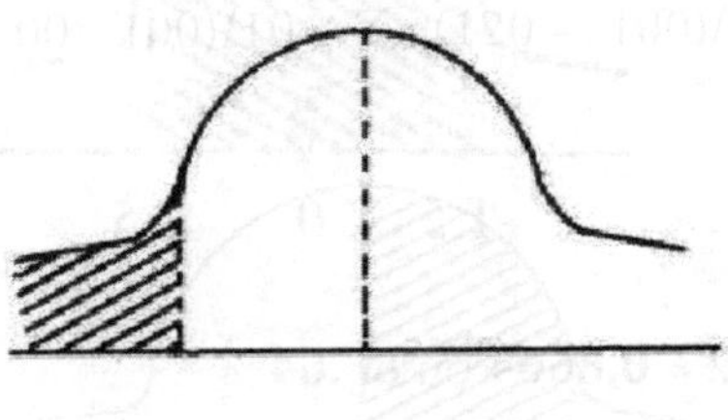

-3,0 0

P(Z < -3,0) = 0,5 – 0,4987 = **0,0013** ou **0,13%**

Modelo T-Student

A **distribuição *t* de Student** é uma distribuição de probabilidade estatística, publicada por um autor que se chamou de *Student*, pseudônimo de William Sealy Gosset, que não podia usar seu nome verdadeiro para publicar trabalhos enquanto trabalhasse para a cervejaria Guinness.

Suponhamos que a partir de uma amostra aleatória de n valores retirados de uma população normal de desvio--padrão conhecido σ, deseje-se estimar a média μ a partir da estatística:

$$z = \frac{\overline{X} - \mu}{\sigma / \sqrt{n}}$$

Suponha agora que não conheçamos o desvio padrão populacional σ e que, para estimar μ, utilizaremos na fórmula acima o desvio padrão da amostra(S).

Entretanto, se usarmos na estatística acima o desvio padrão da amostra (S), ao invés do desvio padrão da população σ, obteremos uma estatística cuja distribuição não é mais a normal reduzida.

A distribuição da estatística não teria uma forma constante, como a normal padrão, pois depende da estatística S, que é uma variável aleatória (a normal padrão depende de σ, que é uma constante fixa). Como mostrou Student, a estatística a seguir tem **distribuição t-Student**.

Assim:

$$t = \frac{\overline{X} - \mu}{S / \sqrt{n}}$$

Características

Esta distribuição é simétrica, com média 0, mas não é a normal padão (Z), pois $S/\sqrt{n}$ é uma variável aleatória, o que não ocorre com $(\overline{X} - \mu)/\sigma/\sqrt{n}$, em que o denominador é uma constante.

Para grandes amostras, o desvio-padrão amostral S deve ser próximo de σ, e as correspondentes distribuições t devem estar próximas da normal padrão Z.

Existe uma família de distribuições cuja forma tende à distribuição normal padrão quando n cresce indefinidamente. Para trabalharmos com uma distribuição t-Student, precisamos saber qual a sua forma específica, e isso é informado por uma estatística denominada grau de liberdade.

Graus de Liberdade (Φ)

Os graus de liberdade (Φ) são a quantidade de informação que seus dados fornecem que você pode «gastar» para estimar os valores de parâmetros populacionais desconhecidos e calcular a variabilidade dessas estimativas. Esse valor é determinado pela diferença entre o tamanho de sua amostra e o número de parâmetros da população a serem estimados, além do parâmetro inerente ao estudo.

Pode ser visto também como o nível ou o grau com que uma estatística tem de incerteza ou de casual. A liberdade se refere ao quanto livre a estimativa tem de assumir qualquer valor ao se manifestar ou o quanto é casual a sua ocorrência.

Toda estatística de teste que dependa de uma variável aleatória, além da inerente ao modelo, tem graus de liberdade associada.

Matematicamente, podemos dizer que o número de graus de liberdade é igual ao número de elementos da amostra (n) menos o número (K) de parâmetros da população a serem estimados, além do parâmetro inerente ao estudo:

$$\mathbf{\Phi = n - K}$$

Aumentar seu tamanho amostral fornece mais informações sobre a população e, desta forma, aumenta os graus de liberdade em seus dados. Adicionar parâmetros ao seu modelo [acrescentar a estimação do parâmetro populacional σ pela estatística amostra S)] «gasta» informações dos seus dados com a estimação deste novo parâmetro e reduz os graus de liberdade disponíveis para estimar a variabilidade de t.

O presente estudo visa naturalmente estimar a média populacional μ através da média da amostra. Porém, para estimarmos μ, tivemos que adicionalmente estimar também σ^2, através de S^2. Isto significa que a estatística "t" tem n – 1 graus de liberdade para estimar a varia bilidade de t. Portanto, a t-Student tem:

$$\mathbf{\Phi = n - 1}$$

Para cada valor de σ temos uma curva diferente de "t" e quando n ® ∞ tende a "Z".

Observação

Suponha que se deseje estimar a variância populacional através da variância da amostra. A expressão não tendenciosa do estimador fica então:

$$S^2 = \frac{\Sigma\left(X - \overline{X}\right)^2}{n-1}$$

A divisão por (n – 1) ao invés de n é devido ao fato de S^2 ter Φ = n – 1 graus de liberdade, pois para obter a estimativa referida tem-se que adicionalmente obter a estimativa da média da amostra, por desconhecermos a média populacional μ. A divisão da variância amostral por (n – 1) torna a estimativa da variância populacional não tendenciosa.

A figura a seguir ilustra comparativamente uma distribuição t e a distribuição normal reduzida (Z):

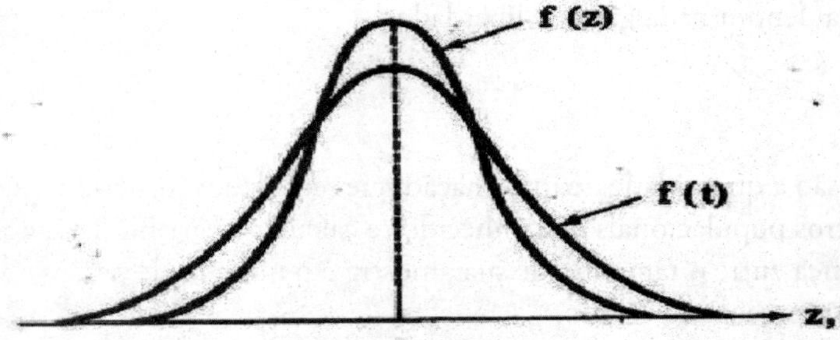

Vemos que uma distribuição t genérica é mais achatada e alongada que a normal reduzida (Z). Quanto maior o valor de Φ, mais elevada é a curva. A curva t é simétrica com relação à média μ.

Resumindo, a distribuição t é, portanto, uma distribuição de probabilidade teórica. É simétrica, em forma de sino, unimodal e semelhante à curva normal padrão, porém com caudas mais largas, ou seja, uma simulação da t de Student pode gerar valores mais extremos que uma simulação da normal. O único parâmetro Φ que a define e caracteriza a sua forma é o número de *graus de liberdade*. Quanto maior for esse parâmetro, mais próxima da normal ela será.

Densidades Assumidas pela t-Student

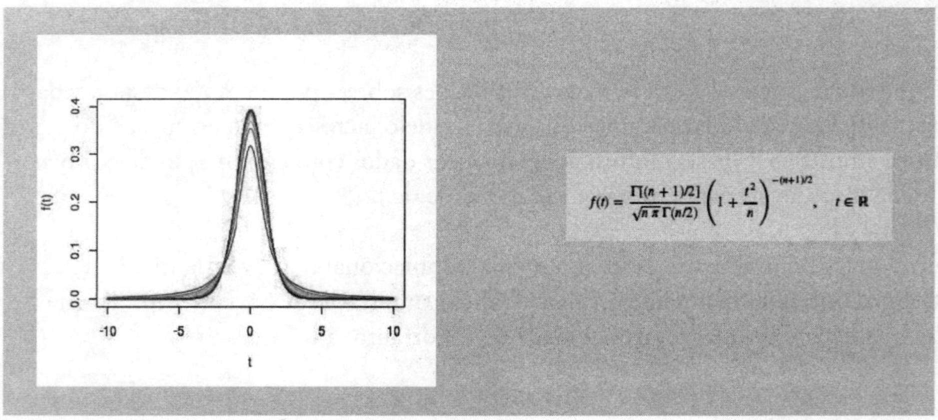

Parâmetros Característicos

$E(t) = 0$

$$V(t) = \frac{\Phi}{\Phi - 2}$$

Utilização da Distribuição t-Student

A distribuição t-Student vai ser utilizada em nosso curso para, dado um valor de probabilidade de interesse (probabilidade notável), obter junto à tabela T-Student o seu ponto crítico. Esse processo é importante na construção de intervalos de confiança e testes de significância com pesquisas com pequenas amostras.

Exemplos

Qual o valor de t bicaudal para um grau de liberdade $\Phi = 10$ e nível de significância $\alpha = 5\%$?

t = 2,228

Qual o valor de t monocaudal para uma amostra n = 26 e nível de significância $\alpha = 10\%$?

$\Phi = 26 - 1 = 25$
t = 1,316

Teorema Central do Limite

Seja $X_1; X_2; X_3; X_4; ...; X_n$ uma sequência de variáveis independentes com
$E(X_i) = \mu_i$ e $V(X_i) = \sigma^2_i$, i = 1, 2, 3, 4, ...,n.

Façamos

$Y_n = X_1+X_2+X_3+...+X_n$

Então, sob condições bastantes gerais, Y_n tem no limite, $n \to \infty$, uma grande amostra, distribuição normal de média e variância:

$E(Y_n) = \Sigma\, \mu_i$

$V(Y_n) = \Sigma\, \sigma^2_i$

Teorema

Seja uma sucessão de variáveis aleatórias independentes com mesma média e variância μ e σ^2.

Façamos

$Y_n = X_1 + X_2 + X_3 + X_4 + ... + X_n$

$\overline{X} = (X_1 + X_2 + X_3 + X_4 + ... + X_n) / n$

Pelo Teorema Central do Limite

$Y_n \sim N\ (n\mu\ ;\ n\sigma^2)$

$\overline{X} \sim N\ (\mu\ ;\ \sigma^2/n)$

Interpretação do Teorema

O **Teorema Central do Limite** garante que se estivermos trabalhando com uma amostra muito grande ($n \geq 30$) e pudermos obter uma quantidade exaustiva dessas amostras de uma população e calcularmos a média dos valores em cada amostra selecionada, o resultado será uma distribuição de frequência de médias. Esta distribuição de médias será uma ***"Curva Normal"***. O mesmo raciocínio vale para a distribuição de somas.

Consequências:

- *O fato de que os valores da amostra possam ter qualquer distribuição e a soma e média das amostras possam ser aproximadamente normais torna possível a Inferência Estatística Paramétrica.*
- *O **Teorema Central do Limite** torna possível o cálculo de probabilidades de variáveis aleatórias que sejam totais e médias sob a **'Curva Normal'**. Vejamos um exemplo.*

Observação

Como já estudamos, assumir a distribuição normal em pesquisa está baseado em dois fundamentos:

1. Quando a distribuição da variável de interesse na população é normal.
2. *Quando a distribuição da variável de interesse na população não for normal, mas o tamanho da amostra for grande, pelo **Teorema do Limite Central**.*

Qualquer que seja a distribuição dos dados do pesquisador, se tiver uma grande amostra(n), pode-se utilizar com tranquilidade a curva normal como uma aproximação adequada para análise dos dados. Um tamanho de amostra(n) igual a 30 já é considerado um grande número se a distribuição da população for próxima da normal. Um tamanho de amostra bem maior será necessário se a distribuição da população não for normal.

Exemplo

O ***QI*** de engenheiros: sujeitos com ***QI*** mediano ou baixo dificilmente serão encontrados entre os engenheiros. Então, para um estudo por amostragem de ***QI'S*** de engenheiros, será necessária uma amostra muito bem maior do que 30.

Exemplos

1. O peso das pessoas que entram em um coletivo é uma variável aleatória, cuja média é de 75kg e variância 2000 kg^2. A capacidade do ônibus lotado é de 45 pessoas sentadas. Qual a probabilidade de que no horário do *rush* o peso líquido do ônibus seja maior que 4000 kg?

   Solução

   X = variável aleatória peso de cada pessoa que entra no coletivo

   $E[X] = 75$ kg

   $V[X] = 2000$ kg^2

   Y = variável aleatória peso líquido do ônibus

   $Y = X_1 + X_2 + X_3 + ... + X_{45}$

   $E[Y] = 45 \times 75 = 3375$ kg

   $V[Y] = 45 \times 2000 = 90.000$ kg^2

   $S[Y] = \sqrt{90000} = 300$ kg

   Pelo Teorema Central do Limite $Y \sim N$ (3375 ; 90.000). Logo,

   $P(Y > 4000) = P[Z > (4000 - 3375/300)] = P(Z > 2{,}08) = 0{,}5 - 0{,}4812 =$ **0,0188 ou 1,88%.**

2. Uma caixa tem 50 réguas com tamanhos diferenciados, com média de 30 cm e variância de 800 cm^2. Qual a probabilidade de uma caixa cheia conter uma soma de tamanhos de réguas menor que 1200 cm?

   Solução

   X = variável aleatória tamanho de cada régua da caixa

   $E[X] = 30$ cm

   $V[X] = 800$ cm^2

   Y = variável aleatória soma de tamanhos de réguas na caixa

   $Y = X_1 + X_2 + X_3 + ... + X_{50}$

   $E[Y] = 50 \times 30 = 1500$ cm

   $V[Y] = 50 \times 800 = 40.000$ cm^2

$S[Y] = \sqrt{40000} = 200$ cm

Pelo Teorema Central do Limite $Y \sim N(1500 ; 40.000)$. Logo,

$P(Y < 1200) = P[Z < (1200 - 1500/200)] = P(Z < -1,5) = 0,5 - 0,4332 =$ **0,0668 ou 6,68%.**

3. Determinada peça produzida em uma fábrica é encaixotada em lotes de 250 peças. Os pesos das peças são aleatórios, com média de 0,5 kg e desvio padrão 0,1 kg . *Container*es são carregados com 20 caixotes cada. Qual a probabilidade de um *container* ter peças pesando mais de 2510 kg?

Solução:

$\mu = 0,5$ kg e $\sigma = 0,1$ kg

Média total das peças por caixa μ_T:

$\mu_T = 250 . 0,5 = 125$

Média total das peças por container μ_{TC}:

$\mu_{TC} = 125 . 20 = 2500$

Variância total das peças por caixa σ^2_T:

$\sigma^2_T = 250 . 0,01 = 2,5$

Variância total das peças por container σ^2_{TC}:

$\sigma^2_{TC} = 2,5 . 20 = 50$

Definindo a variável aleatória T como a soma dos pesos das peças de um *container*, temos que pelo ***Teorema do Limite Central***:

$T \sim N(2500; 50)$. Pede-se:
$P(T > 2510) =$
$P[Z > (2510 - 2500/7,070] = P(Z > 1,41) = 0,5 - 0,4207 =$ **0,0793 ou 7,93%.**

Teorema das Combinações Lineares

A combinação linear de variáveis aleatórias normais independentes é também uma variável normal independente.

Se X e Y são variáveis aleatórias normais independentes, então:
$Z = aX + bY + C$ também é uma variável aleatória normal independente com:

$E(Z) = E(aX + bY + C) = aE(X) + bE(Y) + C$
$V(Z) = V(aX + bY + C) = a^2V(X) + b^2V(Y)$

Conclusão

Z ~ N [E(Z) ; V(Z)]

Exemplos

1. O peso das pessoas que entram numa van com 16 lugares é uma variável aleatória normalmente distribuída, cuja média é de 80kg e variância 100 kg^2. Qual a probabilidade de que em um dado momento a van siga com um peso líquido total menor que 1200 kg?

   Solução

   X = variável aleatória peso de cada pessoa que entra na van

   E[X] = 80 kg

   V[X] = 100 kg^2

   Y = variável aleatória peso líquido da van

   $Y = X_1 + X_2 + X_3 + ... + X_{16}$

   E[Y] = 16 x 80 = 1280 kg

   V[Y] = 16 x 100 = 1600 kg^2

   S[Y] = √1600 = 40 kg

   Pelo Teorema das Combinações Lineares Y ~ N (1280 ; 1600). Logo,

   P (Y< 1200)=P[Z<(1200–1280/40)]=P(Z < -2)= 0,5 – 0,4772= **0,0228 ou 2,28%.**

2. Uma caixa tem 10 réguas com tamanhos diferenciados que segue o modelo normal, com média de 30 cm e variância de 1000 cm^2. Qual a probabilidade de uma caixa cheia conter uma soma de tamanhos de réguas menor que 310 cm?

   Solução:

   X = variável aleatória tamanho de cada régua da caixa

   E[X] = 30 cm

   V[X] = 1000 cm^2

Y = variável aleatória soma de tamanhos de réguas na caixa

$Y = X_1 + X_2 + X_3 + ... + X_{10}$

E[Y] = 10 x 30 = 300 cm

$V[Y] = 10 \times 1000 = 10.000\ cm^2$

$S[Y] = \sqrt{10000} = 100\ cm$

Pelo Teorema das Combinações Lineares Y ~ N (300 ; 10.000). Logo,

P (Y< 310)=P[Z<(310–300/100)]=P(Z <0,1)= 0,5 + 0,0398= **0,5398 ou 53,98%.**

3. Um administrador de transportes estuda o fluxo de tráfego no metrô de uma dada estação no Rio de Janeiro. Indica como X a lotação do trem na estação. Indica com Z o número de passageiros que chegam a dado instante na estação para embarcar. Registra o número Y de passageiros que desembarcam na referida estação. O metrô segue com N passageiros. As variáveis X, Y e Z são variáveis aleatórias normais independentes, com tais parâmetros:

   X ~ N [50; 144]
   Z ~N[100; 81]
   Y ~N [40; 400]

   Especifique o modelo N, a distribuição de probabilidade de N e P(N > 70).

   Solução

   Modelo N

   N = X + Z – Y

   Baseando-se no Teorema das Combinações Lineares,

   E(N) = E(X+ Z – Y) = E(X) + E(Z) – E(Y) = 50 + 100– 40 = 110
   V(N) = V(X + Z – Y) = V(X) + V(Z) + V(Y) = 144 + 81+ 400 = 625

   A distribuição de probabilidade de N

   N ~N [110; 625]

   P(N > 70)=

   P(N > 70) = P(Z > 70 – 110/25) = P(Z> -1,6) = 0,5 + 0,4452 = **0,9452 ou 94,52%.**

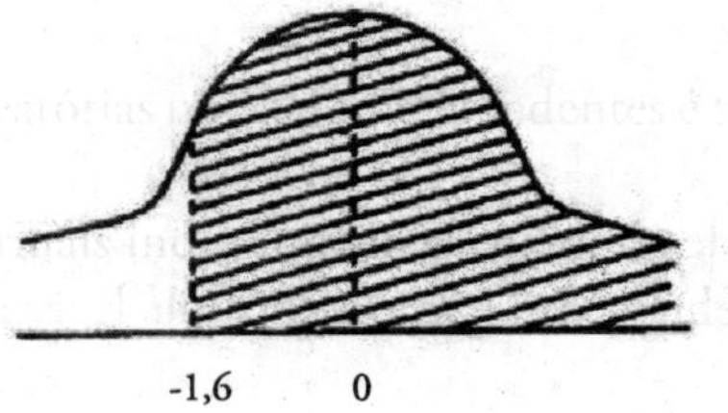

Modelo do Qui-quadrado (χ^2)

Faz parte de uma família de distribuição de grande importância em diversos problemas da Inferência Estatística.

Seja a estatística:

$$X_\Phi^2 = \sum_{i=1}^{\Phi}\left(\frac{X_i - \mu}{\sigma}\right)^2 = \sum_{i=1}^{\sigma} Z_i^2$$

Se X_i são valores aleatórios independentes retirados de uma população normal de média μ e desvio padrão σ, dizemos, então, que X_Φ^2 tem distribuição do qui-quadrado com **Φ =n graus de liberdade.**
Portanto, uma qui-quadrado é uma soma dos quadrados de n variáveis aleatórias normais padrões.

Parâmetros Característicos

$E(\chi_\Phi^2) = \Phi$

$V(\chi_\Phi^2) = 2\Phi$

Propriedades

- *Como a variável χ_Φ^2 é uma soma de variáveis aleatórias independentes e igualmente distribuídas, invocando-se o* ***Teorema Central do Limite****, tem-se que a família de distribuições do tipo χ_Φ^2 tende à distribuição normal quando o número de graus de liberdade Φ tende ao infinito.*

- *A soma de duas variáveis independentes com distribuição do qui-quadrado com Φ_1 e Φ_2 graus de liberdade, respectivamente, terá também distribuição do qui-quadrado com $\Phi_1 + \Phi_2$ graus de liberdade. Esta é a chamada propriedade aditiva da qui-quadrado.*

- *Dependendo do grau de liberdade, a distribuição do qui-quadrado assume as seguintes formas gráficas:*

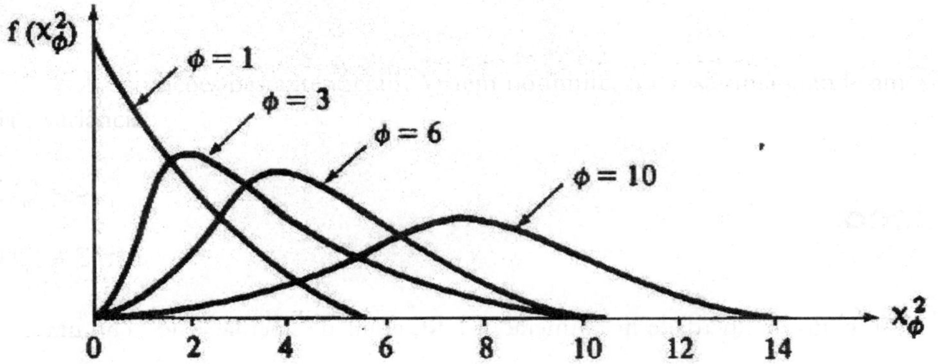

Distribuições χ^2

A distribuição do qui-quadrado constitui uma família de curvas, cada qual caracterizada pelos graus de liberdade Φ, e ela está tabelada em função do parâmetro Φ. O tipo mais comum é a tabela unicaudal à direita:

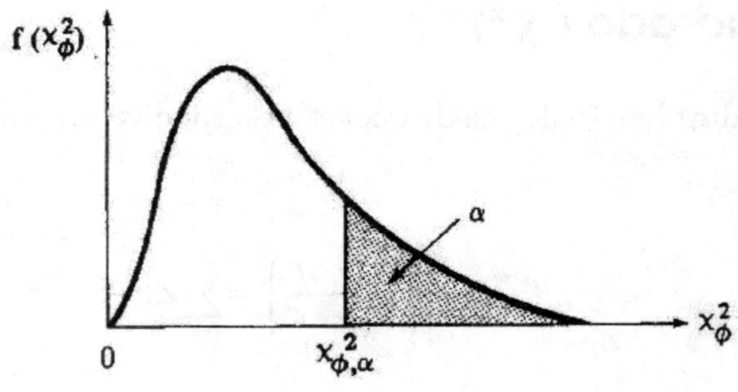

Observação

Para uma dada probabilidade α e para um dado Φ, o corpo da tabela fornece o valor de χ^2_0 tal que P($\chi^2 > \chi^2_0$) = α, probabilidade esta representada, na figura anterior, pela área hachurada.

Convém ressaltar que a distribuição do qui-quadrado tem as seguintes diferenças em relação à normal:

- É sempre positiva.
- É assimétrica.
- A tabela fornece o valor do χ^2 a partir de uma probabilidade α e de certo número de graus de liberdade.

Exemplo

Calcular o valor de χ_0^2, com Φ = 20, tal que:

a) P($\chi^2 > \chi_0^2$) = 5%

b) P($\chi^2 > \chi_0^2$) = 95%

$$a)\begin{cases}\alpha = 0{,}05\\ \rightarrow \chi_0^2 = 31{,}4\\ \Phi = 20\end{cases}$$

$$b)\begin{cases}\alpha = 0{,}95\\ \rightarrow \chi_0^2 = 10{,}8\\ \Phi = 20\end{cases}$$

Modelo F de Snedecor

Define-se a variável F com Φ_1 graus de liberdade no numerador e Φ_2 graus de liberdade no denominador ou F(Φ_1, Φ_2) por:

$$F = \frac{\dfrac{\chi^2_{\Phi 1}}{\Phi_1}}{\dfrac{\chi^2_{\Phi 2}}{\Phi_2}}$$

Observação: A variável é sempre positiva.

A variável F com Φ_1 graus de liberdade no numerador e Φ_2 graus de liberdade no denominador tem a seguinte função densidade de probabilidades:

$$F_{(\Phi 1;\Phi 2)} = \frac{\Phi_2^{\Phi} 2^{/2} \cdot \Phi_1^{\Phi} 1^{/2} X^{(\Phi_1/2)-1}}{(\Phi_2 + \Phi_1 X)^{(\Phi 1+\Phi 2)/2} \cdot \beta(1/2\Phi_1;1/2\Phi_2)}$$

Onde $\beta(1/2\Phi_1 ; 1/2\Phi_2)$ é a função beta:

$$\beta(1/2\Phi_1;1/2\Phi_2) = \frac{(1/2\Phi_1 - 1)! \cdot (1/2\Phi_2 - 1)!}{(1/2\Phi_1 + 1/2\Phi_2 - 1)!}$$

Define-se a variável F com Φ_1 graus de liberdade no numerador e Φ_2 graus de liberdade no denominador ao modelo de distribuição de probabilidades que tem a seguinte função densidade de probabilidades:

$$F_{(\Phi 1;\Phi 2)} = \frac{\Phi_2^{\Phi} 2^{/2} \cdot \Phi_1^{\Phi} 1^{/2} X^{(\Phi_1/2)-1}}{(\Phi_2 + \Phi_1 X)^{(\Phi 1+\Phi 2)/2} \cdot \beta(1/2\Phi_1;1/2\Phi_2)}$$

Onde $\beta(1/2\Phi_1 ; 1/2\Phi_2)$ é a função beta:

$$\beta(1/2\Phi_1;1/2\Phi_2) = \frac{(1/2\Phi_1 - 1)! \cdot (1/2\Phi_2 - 1)!}{(1/2\Phi_1 + 1/2\Phi_2 - 1)!}$$

Parâmetros Característicos

$$E(F) = \frac{\Phi_2}{\Phi_2 - 2}, \Phi_2 > 2$$

$$V(F) = \frac{2\Phi_2^2(\Phi_1 + \Phi_2 - 2)}{\Phi_1(\Phi_2 - 2)^2(\Phi_2 - 4)}, \Phi > 4$$

Essa definição engloba, na verdade, uma família de distribuições de probabilidades para cada par de valores (Φ_1, Φ_2).

A distribuição encontra-se tabelada. Como ela depende de dois parâmetros (Φ_1, Φ_2), são construídas várias tabelas, cada uma delas correspondentes a uma dada probabilidade α (10%, 5%, 1%, etc), situada na cauda direita da curva, como mostra a figura a seguir:

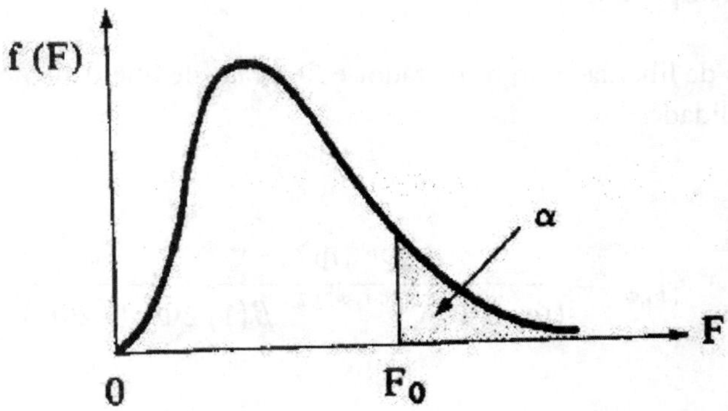

A tabela fornece o valor de F_0, tal que:

$P[\ F_\alpha(\Phi_1, \Phi_2) \geq F_0\ ] = \alpha$

Exemplo

Calcular o valor de F_0, com Φ_1=10 e Φ_2 = 15 graus de liberdade, que é superado com probabilidade de 5%.

Solução

$$\begin{cases} \Phi_1 = 10 \\ \Phi_2 = 15 \end{cases} \rightarrow F_0 = 2{,}54$$

Logo: $P[\ F_{0,05}(10, 15) \geq \mathbf{2{,}54}] = 0{,}05$.

Especificação da Distribuição Específica t, Qui-quadrado ou F Apropriada para Diferentes Tamanhos Amostrais e Diferentes Números de Parâmetros do Modelo

Graus de liberdade são usados para caracterizar uma distribuição específica. Diversas famílias de distribuições, como t, F e qui-quadrado, usam graus de liberdade para especificar qual distribuição específica t, F ou qui-quadrado é apropriada para diferentes tamanhos amostrais e diferentes números de parâmetros modelo. Por exemplo, a seguinte figura descreve as diferenças entre distribuições qui-quadrado com diferentes graus de liberdade.

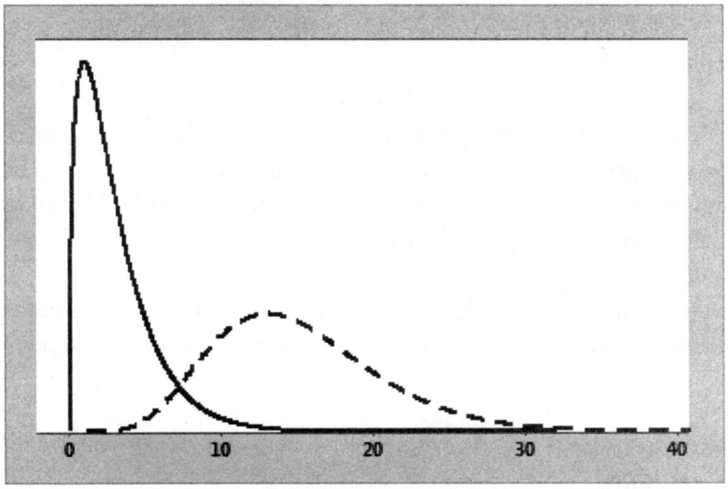

Distribuições qui-quadrado com diferentes graus de liberdade

A distribuição de linha sólida tem 3 graus de liberdade. A distribuição de linha tracejada tem 15 graus de liberdade.

Exemplos

Por exemplo, o teste t para 1 amostra estima apenas um parâmetro: a média populacional. O tamanho amostral de n constitui n informações para estimativa da média populacional e sua variabilidade. Um grau de liberdade é gasto estimando-se a média, e os n-1 graus de liberdade restantes estimam a variabilidade. Portanto, um teste t para 1 amostra usa uma distribuição t com n-1 graus de liberdade.

Por outro lado, a regressão linear múltipla deve estimar uma parâmetro para cada termo que você escolha incluir no modelo, e cada um consome um grau de liberdade. Portanto, incluir termos em excesso em um modelo de regressão linear múltipla reduz os graus de liberdade disponíveis para estimar a variabilidade dos parâmetros, e pode torná-lo menos confiável.

Exercícios Propostos

1. Uma moeda é lançada 5 vezes seguidas e independentes. Calcule a probabilidade de serem obtidas 3 caras nessas 5 provas?
2. Jogando-se um dado 3vezes, determine a probabilidade de se obter "4" no máximo 2 vezes.
3. A probabilidade de um atirador acertar o alvo é 2/3. Se ele atirar 5 vezes, qual a probabilidade de acertar pelo menos 4 tiros?
4. A probabilidade de um consumidor acertar a marca de um determinado refrigerante é 1/3. Se o referido consumidor for consultado 5 vezes, qual a probabilidade de acertar 3 vezes?
5. Um grupo de clientes de uma "Fast- food" foi consultados para responder (sim) ou (não) se estão satisfeitos com os serviços da casa. Sabe-se que 30% dos entrevistados responderam sim à pergunta. Seis pessoas são

escolhidas ao acaso deste grupo. Qual a probabilidade de terem sido escolhidas 3 pessoas que disseram (não) à satisfação com o serviço?

6. No departamento de engenharia, a probabilidade de um funcionário chegar atrasado é sempre constante e igual a 1/3. Em um mês corrido de 30 dias, qual a probabilidade de este funcionário chegar atrasado 10 dias, nenhum dia, no máximo quatro dias e pelo menos 5 dias? Se ele perde R$ 5,00 de seu salário a cada dia que chega atrasado, qual o valor esperado de sua perda no mês?

7. Figos maduros são embalados em caixas com 15 unidades cada. Escolheu-se uma caixa ao acaso e verificou-se que havia 4 unidades estragadas. Retirando-se da caixa 5 unidades, sem reposição, qual a probabilidade de que:

   a) contenham 3 figos estragados?
   b) mais de 2 figos estragados?
   c) pelo menos 1 figo estragado?.

8. O grupo de um departamento é composto por 5 engenheiros e 9 técnicos. Se 5 indivíduos forem escolhidos aleatoriamente, e se lhes atribui um projeto, qual a probabilidade de que o grupo do projeto inclua exatamente 2 engenheiros?

9. De 20 estudantes em uma classe, 15 não estão satisfeitos com o texto utilizado. Se uma amostra aleatória de 4 estudantes se perguntaram sobre o texto, determinar a probabilidade de que estivessem descontentes:

   a) Exatamente 3.
   b) No mínimo 3 estudantes.

10. Uma loja atende em média 2 clientes por hora. Calcular a probabilidade em uma hora:

    a) Atender exatamente 2 clientes.
    b) Atender 3 clientes.

11. Suponha que haja, em média, 2 suicídios por ano numa população de 50.000 habitantes. Encontre a probabilidade de que, em um dado ano, tenha havido:

    a) 0
    b) 1
    c) 2

12. Suponha 400 erros de impressão distribuídos aleatoriamente em um livro de 500 páginas. Encontre a probabilidade que em uma dada página contenha:

    a) Nenhum erro.
    b) Exatamente 2 erros.

13. Uma empresa deseja empacotar e amarrar com barbante bem resistente pacotes de café moído. Estuda-se a viabilidade de usar certo tipo de barbante, cuja resistência R é uma variável aleatória distribuída sobre o intervalo fechado [50, 70]. Estabelecer a probabilidade P(R < 65).

14. As interrupções no funcionamento de energia elétrica ocorrem segundo um Poisson com média de uma interrupção por mês (quatro semanas). Qual a probabilidade de que entre duas interrupções consecutivas haja um intervalo de:

a) Menos de uma semana?
b) Entre dez a doze semanas?
c) Exatamente um mês?
d) Mais de três semanas?

15. Uma média de 0,5 clientes por minuto chega a um balcão. Depois que o funcionário abre o balcão, qual a probabilidade de que ele tenha que esperar pelo menos 3 minutos antes que apareça o primeiro cliente?

16. Em média, seis pessoas por hora se utilizam de uma caixa automática de um banco em uma loja de departamentos:

a) Qual a probabilidade de que se passem pelo menos 10 minutos entre a chegada de dois clientes?
b) Qual a probabilidade de que, depois da saída de um cliente, não se apresente outro em pelo menos 20 minutos?
c) Qual a probabilidade de que chegue um segundo cliente dentro de 1 minuto, após a chegada do primeiro?

17. A idade dos respondentes a uma pesquisa de marketing é normalmente distribuída com média 35 anos e desvio-padrão 5 anos. Calcule a probabilidade de selecionar ao acaso deste grupo um respondente com:

a) Mais de 40 anos.
b) Entre 40 e 45 anos.
c) Com menos de 40 anos.
d) Entre 30 e 45 anos.

18. Um grupo de donas de casa foi selecionado a dar notas à sua satisfação quanto ao funcionamento de uma determinada marca de cafeteira. As notas são normalmente distribuídas com média 5 e desvio padrão 1. Calcule a probabilidade de uma dona de casa selecionada ao acaso deste grupo ter dado nota:

a) Maior que 3.
b) Menor que 4,5.

19. O tempo necessário para o atendimento de uma pessoa em um grande banco tem aproximadamente distribuição normal com média 130 segundos e desvio-padrão 45 segundos. Qual a probabilidade de um indivíduo aleatoriamente selecionado requerer menos de 100 segundos para terminar suas transações?

20. Uma pessoa tem 20 minutos para chegar ao escritório. Para tal, pode escolher entre 2 caminhos (X ou Y). Sabendo-se que o tempo para percorrer o caminho X ~ N(18 ; 25) min e que o tempo para percorrer o caminho Y~ N (19 ; 4) min, qual a melhor escolha?

21. Resolva os problemas abaixo envolvento a distribuição t-Student:

a) Qual o valor de t bicaudal para um grau de liberdade $\Phi = 23$ e nível de significância $\alpha = 2\%$?
b) Qual o valor de t monocaudal para uma amostra n = 9 e nível de significância $\alpha = 5\%$?

22. Para uma distribuição de qui-quadrado com $\Phi = 12$ graus de liberdade, determinar o valor de χ_0^2 de modo que:

a) $P(\chi^2 > \chi_0^2) = 5\%$

b) $P(\chi^2 < \chi_0^2) = 99\%$

23. Calcular o valor de F_0, com $\Phi_1 = 20$ e $\Phi_2 = 25$ graus de liberdade, que é superado com as seguintes probabilidades:

a) 5%
b) 10%
c) 1%

24. Um computador, ao adicionar números, arredonda zero para o inteiro mais próximo. Admita-se que todos os erros de arredondamento sejam independentes e uniformes em [-0,5 ; 0,5]. Se 1500 números foram arredondados, qual a probabilidade de o erro total em módulo ultrapassar 15?

25. Uma urna contém 3 bolas numeradas com inteiros 1, 2, 3. Serão sacadas n bolas uma a uma com reposição. Determine a probabilidade de $P\{\Sigma X_i < 200\}$, onde X_i é o número que aparecerá na i-ésima extração e 100 é o número de extrações.

26. Certo produto tem peso médio de 10g e desvio-padrão 0,5g. É embalado em caixas de 120 unidades que pesam em média 150g e desvio-padrão 8g. Qual a probabilidade de que uma caixa cheia pese mais que 1370g?

27. Determinada máquina enche latas baseada no peso bruto com média 1 kg e desvio-padrão 25 g. As latas têm peso médio de 90g com desvio padrão 8g.
Pede-se:

a) A probabilidade de uma lata conter menos de 870g de peso líquido.
b) A probabilidade de uma lata conter mais de 900g de peso líquido.

28. Um avião de turismo de 4 lugares pode levar uma carga útil de 350 kg. Supondo que os passageiros têm peso médio de 70 kg com distribuição normal de peso e desvio-padrão 20 kg e que a bagagem de cada passageiro pese, em média, 12 kg, com desvio-padrão 5 kg e distribuição normal de peso, calcular a probabilidade de haver sobrecarga se o piloto não pesar os 4 passageiros e respectiva bagagem.

29. Seja Y uma função que $Y = X_1 + X_2 + X_3$ e as variáveis são independentes com as seguintes distribuições:

$X_1 \sim N(10; 9)$
$X_2 \sim N(-2; 4)$
$X_3 \sim N(5; 25)$

Calcule P[Y > 15], E(Y) e V(Y).

30. Uma caixa tem 10 réguas com tamanhos diferenciados que segue o modelo normal, com média de 30 cm e variância de 1000 cm^2. Qual a probabilidade de uma caixa cheia conter uma soma de tamanhos de réguas menor que 310 cm?

Capítulo 4

Distribuições por Amostragem

Conceitos de Distribuição por Amostragem

Seja uma população de N elementos da qual se quer extrair todas as possíveis amostras de tamanho n. Em cada amostra, pode-se calcular uma mesma medida descritiva, como, por exemplo, média e proporção, da característica investigada. O conjunto de valores resultantes dessa operação nos dá uma distribuição de estimativas, que denominamos ***Distribuição por Amostragem.***

Exemplo

Suponhamos que de uma população de tamanho N possamos retirar um número máximo de n* amostras de tamanho n. Em cada n* amostras calculemos a média da característica investigada. Teremos então n* médias, que formam a distribuição por amostragem da média.

Observação

N^n amostras, se o processo for com reposição.

C_N^n, se o processo for sem reposição.

Distribuição por Amostragem da Média

Seja a experiência:

De uma população de média μ e variância σ^2 de tamanho N, vamos extrair todas as amostras possíveis de tamanho n dessa população.

De cada amostra iremos calcular a média da característica investigada. Esta distribuição de médias denomina-se:

Distribuição por Amostragem da $\overline{X}$

Qual o modelo de probabilidade dessa distribuição? Qual a média e o desvio padrão desta distribuição?

Se conhecermos o modelo de probabilidade assumido pela distribuição amostral da estimativa, bem como o seu desvio padrão, poderemos realizar inferências para parâmetros populacionais desconhecidos.

Pelo **Teorema das Combinações Lineares,** pode-se demonstrar que, se a distribuição da população for normal, a distribuição obtida segundo a experiência acima também é normal com média μ e variância σ^2/n, portanto:

$$\overline{X} \sim N\left(\mu;\sigma^2 / n\right)$$

$S\left(\overline{X}\right)=\sqrt{\sigma^2 / n}=\sigma / \sqrt{n}$ é denominado **erro padrão (EP)** da média, que fornece a base principal para a inferência estatística no que diz respeito a uma população com média desconhecida. Então, o erro padrão da média pode ser assim expresso:

$$EP=\sqrt{\sigma^2 / n}=\sigma / \sqrt{n}$$

Observação

Se a distribuição da população não for normal, mas a amostra for suficientemente grande, resultará que a distribuição amostral da média será aproximadamente normal pelo ***Teorema Central do Limite***, também com média μ e variância σ^2/n.

Exemplo

Seja uma população normal constituída dos seguintes elementos 2,3,4,5. Extrair todas as amostras de 2 elementos dessa população com reposição e determinar:

a) Média e variância populacional.
b) Média e variância da distribuição amostral das médias.

Resolução

a) μ=(2+3+4+5) / 4 = 3,5

$\sigma^2 = [(2-3,5)^2+(3-3,5)^2+(4-3,5)^2+(5-3,5)^2] / 4 = 1,25$

b) $E(\overline{X}) = 3,5$ e $V(\overline{X})=\sigma^2/n= 1,25/2=$ **0,625**

O erro padrão será, então: $EP=\sqrt{0,625}=0,79$

Pode-se facilmente verificar a validade dos resultados obtidos acima. Para isso, basta levantar todas as amostras de tamanho 2, com reposição. A seguir calcular a média da cada amostra e finalmente calcular a média e a variância das médias amostrais:

Amostras Possíveis

2 e 2	3 e 2	4 e 2	5 e 2
2 e 3	3 e 3	4 e 3	5 e 3
2 e 4	3 e 4	4 e 4	5 e 4
2 e 5	3 e 5	4 e 5	5 e 5

Médias Amostrais

2,0	2,5	3,0	3,5
2,5	3,0	3,5	4,0
3,0	3,5	4,0	4,5
3,5	4,0	4,5	5,0

$N^n = 4^2 = 16$ amostras possíveis.

Distribuição Amostral das Médias

Médias	Frequências
2,0	1
2,5	2
3,0	3
3,5	4
4,0	3
4,5	2
5,0	1
Total	**16**

O modelo de probabilidade da distribuição por amostragem da média é a curva normal, como comprova o histograma e polígono de frequ**ência abaixo e como já havíamos adiantado:**

Calculemos E($\overline{X}$) e V($\overline{X}$) da distribuição amostral das médias:

Médias	Frequências	$\overline{X}_i \cdot f_i$	$\overline{X}_i^2 \cdot f_i$
2,0	1	2,0	4,0
2,5	2	5,0	12,5
3,0	3	9,0	27,0
3,5	4	14,0	49,0
4,0	3	12,0	48,0
4,5	2	9,0	40,5
5,0	1	5,0	25,0
Total	**16**	**56,0**	**206, 0**

$$E\left(\overline{X}\right) = 56/16 = 3{,}5 = \mu$$

$$V\left(\overline{X}\right) = \frac{206 - (56)^2/16}{16} = 10/16 = 0{,}625 = \sigma^2/n$$

$$EP = \sqrt{0{,}625} = 0{,}79 = \sigma/\sqrt{n}$$

Resolver o item (b) do exemplo anterior, supondo amostragem **sem reposição:**

Amostras Possíveis

2 e 3	3 e 4
2 e 4	3 e 5
2 e 5	4 e 5

Médias Amostrais

2,5	3,5
3,0	4,0
3,5	4,5

Distribuição Amostral das Médias

Médias	Frequências
2,5	1
3,0	1
3,5	2
4,0	1
4,5	1
Total	**6**

Calculemos $E(\overline{X})$ e $V(\overline{X})$ da distribuição amostral das médias:

Médias	Frequências	$\overline{X}_i \cdot f_i$	$\overline{X}_i^2 \cdot f_i$
2,5	1	2,5	6,25
3,0	1	3,0	9,00
3,5	2	7,0	24,50
4,0	1	4,0	16,0
4,5	1	4,5	20,25
Total	**6**	**21**	**76**

Neste caso,

$E(\overline{X}) = \mu$

$V(\overline{X}) = \sigma^2/n \,.\, [(N-n)/(N-1)]$ → **fator de correção de população finita.**

Então,

$E(\overline{X}) = 21/6 = 3{,}5 = \mu$

$$V(\overline{X}) = \frac{76-(21)^2/6}{6} = 2{,}5/6 = 0{,}417$$

Este resultado, então, pode ser obtido diretamente pela fórmula abaixo:

$$\sigma^2/n[(N - n) / (N - 1)]$$

$$EP = \sqrt{0{,}417} = 0{,}65$$

Distribuição por Amostragem da Proporção

Seja uma população da qual se investiga a proporção ou a frequência relativa de uma determinada característica de interesse.

Suponha que seja possível selecionar desta população todas as amostras possíveis de tamanho n, **n≥30.** Para cada amostra obtida, verifica-se a proporção da realização da característica de interesse.

Se as proporções observadas nas amostras colhidas forem apuradas e descritas em uma distribuição de frequência, o resultado de tal operação é a **"Distribuição por Amostragem da Proporção"**.

Chamando de π a proporção da característica na população e **p** a proporção da característica na amostra, pode-se demonstrar que:

$$p \sim N[\pi; \pi(1-\pi)/n]$$

$$S(p) = EP = \sqrt{\pi(1-\pi)/n} \rightarrow \textit{erro padrão da proporção}$$

Exemplo

Seja uma população formada hipoteticamente por 5 pessoas. Se a pessoa fuma, damos valor 1 a ela; se não fuma, o valor 0. Então, suponhamos o seguinte quadro populacional após a observação: 0, 1 , 1 , 0 , 1. Extrair todas as amostras de 2 elementos dessa população com reposição e determinar:

a) A proporção populacional de fumantes e a variância da variável fumante.
b) A média e a variância da distribuição amostral da proporção.

Solução

a) $\pi = 3/5 = \mathbf{0{,}6}$

$$\sigma^2 = \frac{(0-0{,}6)^2 + (1-0{,}6)^2 + (1-0{,}6)^2 + (0-0{,}6)^2 + (1-0{,}6)^2}{5} = 0{,}24$$

b) $E(p) = \pi = \mathbf{0{,}6}$

$V(p) = \pi(1-\pi)/n = (0{,}6 \,.\, 0{,}4)/2 = \mathbf{0{,}12}$

$EP = \sqrt{0{,}12} = \mathbf{0{,}35}$

Verificação

Amostras Possíveis

0 e 0	1 e 1	1 e 1	0 e 0	1 e 1
0 e 1	1 e 0	1 e 0	0 e 0	1 e 0
0 e 1	1 e 1	1 e 1	0 e 1	1 e 1
0 e 0	1 e 0	1 e 0	0 e 1	1 e 1
0 e 1	1 e 1	1 e 1	0 e 1	1 e 0

Proporções Amostrais

0,0	1,0	1,0	0,0	1,0
0,5	0,5	0,5	0,0	0,5
0,5	1,0	1,0	0,5	1,0
0,0	0,5	0,5	0,5	1,0
0,5	1,0	1,0	0,5	0,5

Distribuição Amostral da Proporção

Proporçãoes	Frequências(f_i)
0,0	4
0,5	12
1,0	9
Total	25

Cálculo do Valor Esperado E(p) e da Variância V(p)

Proporções(p)	Frequências(f_i)	$p_i \cdot f_i$	$p_i^2 f_i$
0,0	4	0.0	0,0
0,5	12	6,0	3,0
1,0	9	9,0	9,0
Total	**25**	**15**	12

E(P) = 15/25=**0,6**

$$V(p)=\frac{12-(15)^2/25}{25}=(12-9)/25=0,12$$

$$EP=\sqrt{0,12}=0,35$$

Distribuição por Amostragem das Somas ou Diferenças de Duas Médias Amostrais, Conhecidos os Desvios-padrão Populacionais

Suponhamos que $\overline{X}\sim N(\mu_1;\sigma_1^2)$ e $\overline{X}_2\sim N(\mu_1;\sigma_2^2)$ são independentes, com:

$$\overline{X}_1\sim N(\mu_1;\sigma_1^2/n_1) \text{ e } \overline{X}_2\sim N(\mu_2;\sigma_2^2/n_2)$$

Teremos, pois, que a distribuição amostral das somas ou diferenças será uma normal com:

$$E[\overline{X}_1\pm\overline{X}_2]=\mu_1\pm\mu_2$$

$$V[\overline{X}_1\pm\overline{X}_2]=(\sigma_1^2/n_1)+(\sigma_2^2/n_2)$$

O erro padrão das diferenças de médias é:

$$S[\overline{X}_1\pm\overline{X}_2]=EP=\sqrt{(\sigma_1^2/n_1)+(\sigma_2^2/n_2)}$$

Observação:

Quando se sabe que σ_1 e σ_2 têm o mesmo valor, conhecido, o erro padrão da soma ou diferenças de médias fica:

$$S[\overline{X}_1\pm\overline{X}_2]=EP=\sigma\sqrt{(1/n_1)+(1/n_2)}$$

Exemplo

Uma empresa tem duas filiais (A e B), para as quais os desvios-padrão das vendas diárias são 5 e 3, respectivamente. Uma amostra de 20 dias forneceu uma venda média diária de 40 peças para a filial A e 30 peças para a filial B. Qual o erro padrão da distribuição por amostragem da diferença de médias das vendas nas duas filiais?

Solução

$$S\left[\overline{X}_1 - \overline{X}_2\right] = \sqrt{\left(\sigma_1^2 / n_1\right) + \left(\sigma_2^2 / n_1\right)} = \sqrt{(25/20) + (9/20)} = \sqrt{1{,}7} = 1{,}30.$$

Distribuição por Amostragem das Somas ou Diferenças de Duas Médias Amostrais, não Sendo Conhecidos os Desvios-padrão Populacionais, mas Supostamente Iguais

Suponhamos agora que não conhecemos os desvios-padrão das duas populações, mas podemos admitir que esses desvios-padrão são iguais, ou seja, $\sigma_1 = \sigma_2 = \sigma$.

Nesse caso, devemos substituir, na expressão do erro padrão do caso anterior, o desvio padrão desconhecido σ por uma estimativa S. Como temos duas amostras, devemos utilizar os resultados de ambas ao realizar essa estimação. Logo, a estimativa da variância σ^2:

$$S_c^2 = \frac{(n_1 - 1)S_1^2 + (n_2 - 1)S_2^2}{(n_1 - n_2 - 2)}$$

Esta é a média ponderada das variâncias amostrais.
Devemos usar a t-student relacionada com a estimativa S^2_c, a qual tem $\Phi = (n_1 + n_2 - 2)$ graus de liberdade.

A distribuição por amostragem da soma ou diferença de médias é uma t-student, com $\Phi = (n_1 + n2 - 2)$.

Deve-se notar que também essa estimativa não será idêntica à que se obtenha por meio da reunião dos dados em uma única amostra, embora ambos os processos sejam válidos nas condições mencionadas.

A estimativa de S^2_c tem a vantagem de poder ser utilizada se as diversas amostras provierem de populações de médias diferentes, porém com a mesma variância σ^2. Nesse caso, evidentemente, não teria sentido reunir as diversas amostras em uma única amostra maior.

Se as amostras forem razoavelmente grandes, poderemos adotar $\sqrt{S_c^2}$ como uma boa estimativa para o desvio padrão σ nos casos discutidos. Por outro lado, se tivermos amostras pequenas de mesmo tamanho, a estimativa justa de σ será simplesmente a média aritmética dos desvios-padrão corrigidos.

Observação:

Estimação por Ponto do Desvio padrão da População:

Embora S^2 seja um estimador justo da variância populacional σ^2, sua raiz quadrada S não é um estimador justo do desvio padrão populacional σ. Esse fato pode ser facilmente demostrado por absurdo, pois, se $E[S] = \sigma$, resultaria que:

$$\sigma^2[S] = E[S^2] - (E[S])^2 = \sigma^2 - \sigma^2 = 0$$

O vício de S como estimador de σ, entretanto, tende assintoticamente a zero. Logo, para amostras grandes, podemos, por simplificação, adotar como estimativa o próprio desvio padrão da amostra, calculado pela raiz qudrada da variância amostral.

Para amostras pequenas, é conveniente corrigir o valor do estimador S mediante um coeficiente que designaremos por C'_2, adotando-se a estatística:

$$S'_x = \frac{1}{C'_2}\sqrt{\frac{\sum_{i=1}^{n}\left(X_1 - \overline{X}\right)^2}{n-1}}$$

A tabela a seguir fornece valores de C'_2 e seus inversos, para diversos valores de amostra:

n	C'_2	$1/C'_2$
2	0,399	2,506
3	0,591	1,693
4	0,691	1,447
5	0,752	1,329
6	0,793	1,261
7	0,822	1,216
8	0,844	1,185
9	0,852	1,160
10	0,875	1,143
12	0,896	1,115
15	0,917	1,091
20	0,937	1,067
25	0,950	1,052
50	0,975	1,025
100	0,998	1,002

Exemplo 1:

A variância de satisfação de uma amostra de 50 notas de satisfação de clientes com uma operadora de telefonia celular é 1,44. Qual a estimativa pountual que você sugereria para o desvio padrão populacional σ?

Solução

Como a amostra é grande, temos:

$$\hat{\Sigma} = \sqrt{1,44} = 1,2$$

Exemplo 2:

A variância de satisfação de uma amostra de 20 notas de satisfação de clientes com uma operadora de telefonia celular é 1,44. Qual a estimativa pountual que você sugereria para o desvio padrão populacional σ?

Solução

Como a amostra é grande, temos:

$$\hat{\Sigma} = 1{,}067 \cdot \sqrt{1{,}44} = 1{,}067 \times 1{,}2 = 1{,}2804$$

A distribuição por amostragem da diferença ou soma de duas médias, supondo as variâncias populacionais iguais, fica, então:

$$E\left[\overline{X}_1 \pm \overline{X}_2\right] = \mu_1 \pm \mu_2$$

$$V\left[\overline{X}_1 \pm \overline{X}_2\right] = \left(S_c^2 / n_1\right) + \left(S_c^2 / n_2\right)$$

O erro padrão é então:

$$S\left[\overline{X}_1 \pm \overline{X}_2\right] = EP\sqrt{\left(S_c^2 / n_1\right) + \left(S_c^2 / n_2\right)} = S_c\sqrt{(1/n_1) + (1/n_2)}$$

Observação:

Se o grau de liberdade da estatística t for suficientemente grande, podemos utilizar a distribuição normal associada à distribuição por amostragem da soma ou diferença de médias, quando os desvios padrão são desconhecidos e supostamente iguais.

Exemplo

De uma grande turma extraiu-se uma amostra de quatro notas: 64, 66, 89 e 77. Uma amostra independente de três notas de uma segunda turma foi: 56, 71 e 53. Se é razoável admitir que as variâncias das duas turmas sejam aproximadamente iguais, qual o erro padrão da distribuição por amostragem da diferença de médias?

Solução

Os resultados dos cálculos da média e dos desvios-padrão das notas para cada amostra são:

$$\overline{X}_1 = 74$$
$$S_1 = 11{,}54$$
$$\overline{X}_2 = 60$$
$$S_2 = 9{,}64$$

$$S_c^2 = \frac{(n_1 - 1)S_1^2 + (n_2 - 1)S_2^2}{(n_1 - n_2 - 2)}$$

$$S_c^2 = \frac{(4-1)\cdot 132{,}71 + (3-1)92{,}93}{4+3-2}$$

$$S_c^2 = 583{,}99 / 5 = 116{,}80$$

$$S_c = \sqrt{116{,}80} = 10{,}81$$

O erro padrão da distribuição por amostragem da diferença é:

$$S\left[\overline{X}_1 - \overline{X}_2\right] = EP = Sp\sqrt{(1/n_1) + (1/n_2)} = 10{,}81\sqrt{1/4 + 1/3} = 8{,}26$$

Distribuição por Amostragem das Somas ou Diferenças de Duas Médias Amostrais, não Sendo Conhecidos os Desvios-padrão Populacionais, mas Supostamente Desiguais

Suponhamos agora que não conhecemos os desvio padrão das duas populações, mas não podemos admitir que esses desvios-padrão são iguais, ou seja, $\sigma_1 \neq \sigma_2$

Nesse caso, devemos substituir, na expressão do erro padrão da soma ou diferença de médias, os respectivos erros-padrão amostrais.

A expressão do erro padrão no caso em questão fica:

$$S\left[\overline{X}_1 \pm \overline{X}_2\right] = EP = \sqrt{\left(S_1^2 / n_1\right) + \left(S_2^2 / n_2\right)}$$

Como as amostras já devem ser grandes, a distribuição $\overline{X}_1 - \overline{X}_2$ seria do tipo t de Student e pode ser aproximada diretamente pela distrbuição normal, utilizando a distribuição normal padrão.

Caso se deseje maior precisão ou as amostras não sejam grandes, pode-se trabalhar com a distribuição $\overline{X}_1 - \overline{X}_2$ como sendo do tipo t de Student, fazendo, porém, a comparação de seu valor com um valor crítico convenientemente corrigido.

O método conhecido como *Aspin-Welch* sugere tomar o t crítico com número de graus de liberdade dado por:

$$\Phi = \frac{(V_1 + V_2)^2}{V_1^2 / (n_1 + 1) + V_2^2 / (n_2 + 1)} - 2$$

Onde:

$V_1 = S_1^2 / n_1$

$V_2 = S_2^2 / n_2$

Exemplo

De uma pequena classe do curso do ensino médio pegou-se uma amostra de 4 provas de matemática e obteve: média=81, variância=2. Outra amostra, de 6 provas de biologia, forneceu: média=77,variância=14,4. Suponhamos que as variâncias populacionais sejam diferentes. Qual o erro padrão desta estimativa?

Solução

O erro padrão, então, fica:

$$S\left[\overline{X}_1 - \overline{X}_2\right] = EP = \sqrt{(2/4) + (14{,}4/6)} = 1{,}70$$

Distribuição por Amostragem da Diferença de Médias quando as Amostras são Emparelhadas

Dizemos que os resultados de duas amostras são considerados dados emparelhados, quando estão relacionados dois a dois, segundo algum critério. O referido critério, embora possa ter influência igual sobre os valores de cada par, pode influenciar bastante sobre os diversos pares.

O emparelhamento fere um dos pressupostos básicos de uma análise de diferença de médias entre amostras: ***a independência das observações,*** comprometendo a credibilidade do resultado do teste realizado.

Para isolar o efeito do emparelhamento ou dependência das amostras, é utilizado o processo de transformar as duas amostras em uma, calculando a diferença entre o valor observado da medida antes **menos** o valor da medida depois, isso para cada observação. Com a estimativa do erro padrão da média das diferenças calculadas é possível construir intervalos de confiança e realizar testes de significância.

Exemplo

Imaginemos que estamos de posse de 15 peças usinadas, as quais são inicialmente pesadas. Em seguida, tais peças são colocadas em um tanque que contém um agente erosivo, por um tempo prolongado, e, ao final, elas são novamente pesadas. Desejando obter conclusões sobre a diminuição de peso das peças, devida ao ataque da erosão, as peças devem ser identificadas (por exemplo, por uma codificação) e teremos, pois, ao final do experimento, duas amostras de valores do tipo "antes e depois" e os dados são considerados emparelhados, pois cada valor da 1ª amostra estará perfeitamente associado ao respectivo valor da 2ª amostra.

Observação

Sempre que possível e justificável, devemos sempre promover a transformação das duas amostras em uma, quando os dados são emparelhados, pois teremos uma informação adicional, que levará a resultados estatisticamente mais fortes.

Exemplo

Se quisermos saber o quanto o agente tem poder erosivo, não devemos somente interpretar o quanto os pesos dos dados da 2ª amostra em média são pequenos, mas sim relacioná-los com os pesos que tinham na 1ª amostra.

Havendo emparelhamento, calculamos a diferença d_i para cada par de valores, recaindo assim numa única amostra de n diferenças. É claro que, neste caso, as duas amostras são de mesmo tamanho, ou seja, $n_1=n_2=n$.

Definindo a média de d_i por:

$$\bar{d} = \Sigma d_1 / n$$

Então, se as amostras são emparelhadas, a distribuição por amostragem tem os seguintes parâmetros:

$$E(\bar{d}) = \mu d$$

$$S[\bar{d}] = EP = S_d / \sqrt{n}$$

onde:

$$S_d^2 = (d_1 - \bar{d})^2 / (n-1)$$

A distribuição por amostragem da diferença de médias para amostras emparelhadas tem distribuição t-student com Φ = (n-1).

Exemplo

A tabela a seguir indica as vendas de um produto em 2 épocas do ano (I e II) em cinco supermercados. Qual o erro padrão para a diferença de médias?

Supermercados	A	B	C	D	E
Vendas na época 1	14	20	11	12	10
Vendas na época 2	4	16	9	16	10

Solução

Supermercados	A	B	C	D	E
Vendas na época 1	14	20	11	12	10
Vendas na época 2	4	16	9	16	10

Quadro de Cáculo

Época 1	Época 2	**Difereças (d_i)**
14	4	10
20	16	4
11	9	3
12	16	-4
10	10	0
---	---	12

A partir dos dados, obtemos:

$$\bar{d} = 12/5 = 2,4$$

$$S_d^2 = \frac{(10-2,4)^2 + (4-2,4)^2 + (3-2,4)^2 + (-4-2,4)^2 + (0-2,4)^2}{4} = 26,8$$

$$S_d = \sqrt{26,8} = 5,18$$

$$S[\bar{d}] = EP = 5,18/\sqrt{5} = 2,31$$

Distribuição por Amostragem para a Soma ou Diferença de Duas Proporções

Se a proporção amostral p1~N[p1; (p1q1)/n1] e p2~N[p2; (p2q2)/n2], válidas quando n≥30, então, a distribuição amostral das diferenças ou somas será aproximadamente normal com:

$$E[p_1 \pm p_2] = \pi_1 \pm \pi_2$$

$$V[p_1 \pm p_2] = (p_1q_1)/n_1 + (p_2q_2)/n_2$$

$$S[p_1 \pm p_2] = EP = \sqrt{(p_1q_1)/n_1 + (p_2q_2)/n_2}$$

Dessa forma,

$p_1 \pm p_2 \sim N[\pi_1 \pm \pi_2;\ (p_1q_1)/n_1 + (p_2q_2)/n_2]$

Observação

Quando não conhecemos os valores de π_1 e π_2, que são parâmetros populacionais e **n ³ 30**, substituímos π_1 por p_1 e π_2 por p_2.

Exemplo

Em um levantamento de opinião pública para previsão de uma eleição, foram ouvidos 500 eleitores escolhidos ao acaso na cidade A, onde 236 declararam que iriam votar em certo candidato. Na cidade B, foram ouvidos outros 500 eleitores, onde 200 declararam que iriam votar no candidato em questão. Qual a estimativa do erro padrão da diferença de proporções?

Solução

Como as proporções populacionais são desconhecidas, vamos substituí-las pelas respectivas proporções amostrais e o erro-padrão da estimativa das diferenças de proporção fica:

V[p1-p2]=(0,47.0,53)/500+(0,40.0,60)/500=0,0004982+0,00048= 0,0009782

$$S[p_1 - p_2] = EP = \sqrt{0{,}0009782} = 0{,}031.$$

Distribuição por Amostragem da Variância(S^2)

O conhecimento das distribuições χ^2 nos leva à determinação da distribuição por amostragem da estatística S^2:

$$\sum_{i=1}^{\Phi}\left(\frac{X_i - \mu}{\sigma}\right)^2 = \frac{\Sigma(X_i - \mu)^2}{\sigma^2}$$

Substituindo μ por X na expressão acima, temos que a estatística tem distribuição χ^2 com Φ = n-1 graus de liberdade.

Podemos escrever:

$$\sum_{i=1}^{\Phi}\left(\frac{X_i - \overline{X}}{\sigma}\right)^2 = \frac{\Sigma\left(X_i - \overline{X}\right)^2}{\sigma^2}$$

Podemos escrever:

$$\chi^2_{n-1} = \frac{\sum_{i=1}^{\Phi}\left(X_i - \overline{X}\right)^2}{\sigma^2}$$

Multiplicando e dividindo por (n-1), a expressão não se altera, então:

$$\chi^2_{n-1} = \frac{\sum_{i=1}^{\Phi}\left(X_i - \overline{X}\right)^2}{\sigma^2} \cdot \frac{(n-1)}{(n-1)}$$

Donde deduzimos:

$$\chi^2_{n-1} = \frac{(n-1)S^2}{\sigma^2}$$

Tirando o valor de S^2:

$$S^2 = \chi^2_{n-1} = \frac{\sigma^2}{(n-1)}$$

Vemos, pois, a menos de uma constante, a estatística S^2, variância de uma amostra extraída da população normalmente distribuída se comporta conforme uma distribuição do qui-quadrado (χ^2_{n-1}) com Φ =n — 1 graus de liberdade.

Pode-se provar que seus parâmetros característicos são:

$$E\left(S^2\right) = \sigma^2$$

$$V\left(S^2\right) = \frac{2.\sigma^4}{n-1}$$

$$EP = S\left[S^2\right] = \sqrt{\left(2.\sigma^4\right)/n-1}.$$

Distribuição por Amostragem do Quociente de Duas Variâncias (S^2_1/S^2_2)

Suponhamos que duas amostras independentes retiradas de populações normais com mesma variância σ^2 forneçam variâncias amostrais S^2_1 e S^2_2 com, respectivamente, n_1 e n_2 elementos e que desejamos conhecer a distribuição amostral do quociente $\mathbf{S^2_1/S^2_2}$.

Temos que:

$$S_1^2 / S_2^2 = \frac{\chi^2_{n-1} \dfrac{\not\sigma^2}{(n_1 - 1)}}{\chi^2_{n-1} \dfrac{\not\sigma^2}{(n_2 - 1)}}$$

$$S_1^2 / S_2^2 = \frac{\chi^2_{n1-1} \dfrac{1}{(n_1 - 1)}}{\chi^2_{n2-1} \dfrac{1}{(n_2 - 1)}}$$

Lembrando que uma variável aleatória tem distribuição F com Φ_1 graus de liberdade no numerador e Φ_2 graus de liberdade no denominador se for dada por:

$$F_{\Phi 1 \Phi 2} = \frac{\chi^2_{\Phi 1} / \Phi_1}{\chi^2_{\Phi 2} / \Phi_2}$$

Constatamos, portanto, que a distribuição por amostragem do quociente de duas variâncias segue a distribuição F com Φ_1 graus de liberdade no numerador e Φ_2 graus de liberdade no denominador. A expressão é uma $F(n_1\text{-}1), (n_2\text{-}1)$.

Além da normal (Z), as distribuições χ^2, t e F são de grande importância para a solução dos problemasda Estatística Inferencial.

Pressuposto Utilizado nas Amostras Selecionadas nas Distribuições por Amostragem

Quando geramos distribuições por amostragem de estimativas, o presussuposto básico é que utilizemos amostragem aleatória simples para gerar os modelos teóricos das estimativas. Utilizar amostras complexas interfere no cálculo das estimativas.

Muitos leitores, pesquisadores acadêmicos e de negócios desconhecem o porquê dos revisores de periódicos sempre exigirem detalhes da forma como os analistas selecionam participantes para os estudos. Se prestarmos atenção, o próprio projeto de pesquisa exige a necessidade de especificar o processo de amostragem para dar validade à pesquisa.

Nos estudos observacionais, as amostragens complexas interferem diretamente nas estimativas dos estudos, com implicações em inferências paramétricas e não-paramétricas. Nos estudos observacionais, as amostragens complexas interferem diretamente nas estimativas dos estudos, como médias populacionais, variâncias populacionais, inclusive de grupos experimentais, proporçoes etc.

Pesquisadores de métodos quantitativos indagam: o que são AMOSTRAS COMPLEXAS?

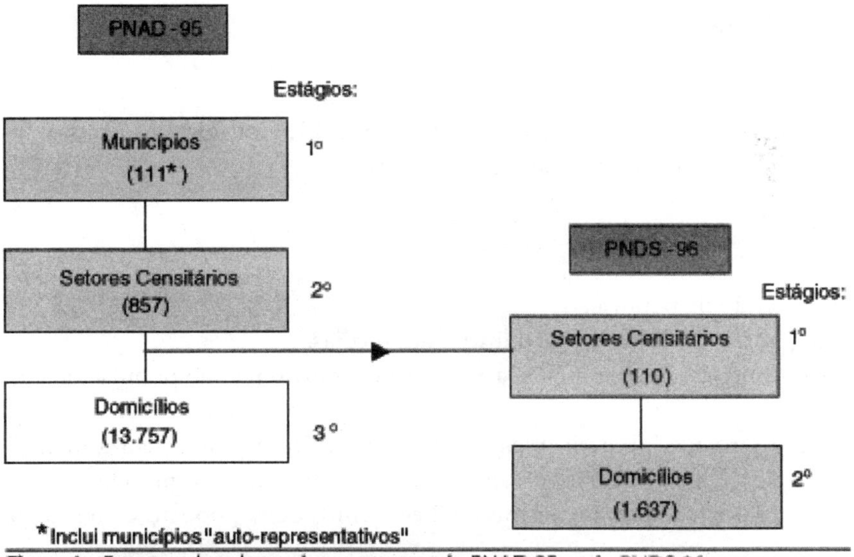

Figura 1 - Estrutura dos planos de amostragem da PNAD-95 e da PNDS-96, para o Estado de São Paulo.

Bem, não é nada de mais. Quando trabalhamos com populações imensas, como pesquisas de perfil demográficos e socioeconômicos populacionais, não conseguimos listar todos os componentes da população ou mesmo ter acesso a todos eles. Para tanto, estatísticos adotam a estratégia de selecionar inicialmente conjuntos de participantes: conglomerados e/ou estratos. Esses conjuntos são formas de fazer uma pré-seleção dos participantes, onde os conglomerados ou *clusters* são grupos de participantes com características bem variadas, mas os *clusters* apresentam semelhança entre si. ***Exemplo de cluster***: os bairros e setores censitários. Já os estratos são agrupamentos de participantes com grande semelhança entre si e uma variabilidade considerável entre os estrados. ***Exemplo de estratos***: faixa etária, sexo, renda etc. Então, nas amostras complexas, o que existe é uma amostragem utilizando estágios com conglomerados e/ou estratos, para em seguida realizar a seleção dos participantes. Como exemplo desse tipo temos a ***Pesquisa Nacional por Amostragem de Domicílios (PNAD)***. Aqui, são selecionados setores censitários (*cluster: 1º estágio*) na cidades brasileiras dentro de três faixas de renda (estratos) da população. As casas de cada setor censitário (*cluster: 2º estágio*) são selecionadas aleatoriamente ou por sistemática, e os moradores de forma aleatória.

Esta forma de seleção são denominadas amostras complexas, mas devem estar se perguntando: por que isso interfere nas estimativas? Acontece porque os testes de significância clássicos obedecem às premissas de seleção aleatória simples dos participantes. Ignorar que a amostragem não foi aleatória simples pode incorrer em erros de superestimar estatísticas calculadas, como medidas médias, variâncias, proporções, diferenças de medias etc. Portanto, pesquisadores atentos devem planejar o processo de amostragem e também gerações de distribuições por amostragem previamente à ida ao campo e levar em consideração tal desenho amostral na análise dos dados. Esta é definição de amostragem complexa e o motivo de ela interferir nas estimativas.

Exercícios Propostos

1. Uma população consiste de cinco números: 2, 3, 6, 8 e 11. Consideremos todas as amostras possíveis de 2 elementos que dela podemos retirar, com reposição:

Determinar:

a) A média e o desvio padrão da população.
b) A média e o desvio padrão da distribuição amostral das médias.
c) Verificar as relações numéricas entre a média, a variância e o desvio padrão populacional e amostrais.

2. Seja uma população formada hipoteticamente por 4 pessoas. Se a pessoa tem a intenção de votar no candidato A, damos valor 1 a ela, se não, o valor 0. Então, obtivemos o seguinte quadro populacional após a observação: 1,1,0,1. Extrair todas as amostras de 2 elementos dessa população com reposição e determinar:

a) A média e o desvio-padrão da população.
b) A média e o desvio padrão da distribuição amostral das proporções.
c) Verificar as relações numéricas entre a média, a variância e o desvio padrão populacional e amostrais.

3. Suponha que a média de uma população bastante grande seja μ=50,0 e o desvio padrão σ =12,0. Determinar a distribuição amostral das médias das amostras de tamanho n=36 em termos de valor esperado e de erro padrão da distribuição em amostragem com reposição.

4. No exercício anterior, considere agora amostragem sem reposição e N=1000. Obtenha o valor preciso do erro- padrão da média.

5. Um auditor toma uma amostra aleatória de tamanho n=16 de um conjunto de N=100 contas a receber. Não se conhece o desvio padrão dos valores das 100 contas a receber. Contudo, o desvio-padrão da amostra é S= R$ 57,00. Determinar o valor do erro-padrão da distribuição de amostragem da média.

6. Um auditor toma uma amostra de n=36 de uma população de 1.000 contas a receber. O desvio padrão é desconhecido, mas o desvio padrão da amostra é S= R$ 43 ,00. Se o verdadeiro valor da média da população de contas a receber é σ = R$ 260,00, qual a probabilidade de que a média da amostra seja menor ou igual a R$ 250,00?

7. O valor médio das vendas de um determinado produto durante o último ano foi de μ= R$ 3400,00 por varejista que trabalha com o produto, com um desvio-padrão de σ = R$ 200,00. Se um grande número de varejistas trabalha com o produto, determine o erro padrão da média para uma amostra de tamanho n=25.

8. Uma empresa de pesquisa de mercado faz contato com uma amostra de 100 homens em uma grande comunidade e verifica que uma proporção de 0,40 na amostra prefere lâminas de barbear fabricadas por seu cliente em vez de qualquer outra marca. Determinar a distribuição amostral da proporção em termos de valor esperado e de erro padrão.

9. Um administrador de uma universidade coleta dados sobre uma amostra aleatória de âmbito nacional de 230 alunos de cursos de administração de empresas e encontra que 54 de tais estudantes têm diploma de Técnico de Contabilidade. Determinar a distribuição amostral da proporção em termos de valor esperado e de erro padrão.

10. Em uma grande área metropolitana em que estão localizados 800 postos de gasolina, para uma amostra aleatória de 30 postos, 20 comercializam um determinado óleo lubrificante que tem publicidade nacional. Determinar a distribuição amostral da proporção em termos de valor esperado e de erro padrão.

11. Uma indústria fabrica dois tipos de pneus. Em uma pista de teste, os desvios padrão das distâncias percorridas, para produzir certo desgaste, são de 2500 km e 3000 km. Tomou-se uma amostra de 50 pneus do 1º tipo e 40 do 2º tipo, obtendo médias de 24.000km e 26.000km, respectivamente. Qual o erro padrão da estimativa da diferença de médias?

12. Uma máquina automática enche latas, com base no peso líquido, com um desvio padrão de 5 kg. Duas amostras independentes, retiradas em dois períodos de trabalhos consecutivos, de 10 e 20 latas, forneceram pesos líquidos médios de 184,6 e 188,9 g, respectivamente. Qual o erro padrão para a diferença de médias entre as duas amostras?

13. Duas amostras de barras de aço, ambas de tamanho n=5, foram ensaiadas e obteve-se que as resistências médias foram de 55 kgf/mm^2 e 53 kgf/mm^2, e as variâncias das resistências foram de 7,5 e 5,0kgf/mm^2, respectivamente. As variâncias são desconhecidas, mas supostamente iguais. Para testar a hipótese de que as médias populacionais são iguais, qual o modelo de distribuição por amostragem da estimativa da diferença de médias assumido e qual o erro padrão desta estimativa?

14. A média de salários semanais para uma amostra de n=30 empregados em uma grande firma é R$ 1800,00, com desvio padrão R$ 140,00. Em uma outra grande empresa, uma amostra aleatória de n=40 empregados apresentou um salário médio semanal de R$1700, 00, com um desvio padrão de R$ 100,00. As variâncias populacionais são desconhecidas, mas supostamente desiguais. Qual o erro padrão para se estimar a diferença entre os salários médios das duas firmas?

15. De uma população animal escolheu-se uma amostra de 10 cobaias. Tais cobaias foram submetidas ao tratamento com uma ração especial por um mês. Na tabela a seguir, estão mostradas os pesos antes(X_i) e depois(Y_i) do tratamento, em Kg. Qual o erro padrão da diferença de médias?

Cobaias	1	2	3	4	5	6	7	8	9	10
X_i	635	704	662	560	603	745	698	575	633	669
Y_i	640	712	681	558	610	740	707	585	635	682

16. Em um inquérito com os telespectadores de televisão de uma cidade, 60 de 200 homens desaprovam certo programa, acontecendo o mesmo com 75 de 300 mulheres. Qual o erro padrão da diferença das proporções para testar se há uma diferença real entre as opiniões de homens e mulheres?

Capítulo 5

Estimação

Estatística Inferencial

É a parte da Estatística que tem o objetivo de estabelecer níveis de confiança da tomada de decisão de associar uma estimativa amostral a um parâmetro populacional de interesse.

A inferência estatística paramétrica utiliza processos estatísticos e probabilísticos para testar a significância de estimativas calculadas em uma amostra aleatória.

Exemplo 1

Suponha que tivéssemos interesse na renda média dos habitantes de uma cidade. Para investigar o seu valor, optou-se por um estudo por amostragem. Na amostra colhida, verificou-se uma estimativa de R$ 800,00 para a renda média dos habitantes da cidade. Com base nesta estimativa, o que se pode dizer do parâmetro populacional correspondente?

Exemplo 2

Suponha que tivéssemos colhido uma amostra de 50 contracheques de um total de 2000 funcionários de uma grande empresa e obtivéssemos a porcentagem de pessoas que tiveram descontos por falta ou atrasos em um mês considerado. É função da estatística inferencial determinar se este resultado encontrado em 50 trabalhadores é estatisticamente significante, isto é, não é fruto de uma amostra "ingrata", e é um valor próximo do que se encontraria se tivéssemos usado a população toda para realizar o cálculo.

A Estatística Inferencial realiza, portanto, conclusões sobre parâmetros populacionais de interesse por meio da informação da amostra desta população. É um processo de indução, porque através do particular (amostra) tiram-se generalizações sobre o todo populacional.

Divisão da Inferência Estatística

A Inferência Estatística tem dois problemas básicos:

- *A Estimação.*
- *O Teste de Significância.*

Estimação

Processo inferencial pela qual se toma o valor de um parâmetro populacional de interesse pelo valor de uma estimativa ou um intervalo de estimativas amostrais considerados. É lógico que o que se obtém é um valor ou um intervalo de valores que são aproximações do parâmetro populacional desconhecido.

A estimação é muito usada como estágio inicial para a realização de testes de significância.

Estimador

É uma fórmula, função dos elementos amostrais, usada para a estimação de um parâmetro populacional desconhecido e de interesse. É qualquer função das observações amostrais.

Exemplo

$\bar{X} = \sum X_i / n$ é um estimador da média populacional μ.

Estimativa

É o valor numérico obtido pela aplicação do estimador a uma amostra selecionada.

Exemplo

$\bar{X} = \sum X_i / n$ é um estimador utilizado para estimar uma média populacional desconhecida. Dessa população, retirou-se, aleatoriamente, uma amostra cujos resultados foram estes:

5 , 6 , 6, 7

Cálculo da estimativa

$\overline{X} = (5+6+6+7)/4 = 6 \rightarrow$ é uma estimativa da média populacional desconhecida.

Tipos de Estimação

- *Estimação Pontual;*
- *Estimação por Intervalo(Intervalos de Confiança).*

Estimação Pontual

Quando, a partir de uma amostra, procura-se tomar o valor do parâmetro populacional desconhecido por um único número, geralmente a correspondente estatística amostral.

Exemplo

Deseja-se tomar a porcentagem de negros em uma dada universidade (π) pela porcentagem de negros calculada em uma amostra convenientemente selecionada (p).

Estimação por Intervalo

Quando, a partir de uma amostra, procura-se tomar o valor do parâmetro populacional desconhecido por um conjunto ou intervalo de estimativas, intervalo este com alta probabilidade de conter o parâmetro populacional desconhecido.

Exemplo

Deseja-se tomar a porcentagem de negros em uma dada universidade por um intervalo de porcentagens de negros obtido com base na informação de uma amostra aleatória. Assim, a porcentagem de negros deve estar no intervalo de **1%** $\leq \pi \leq$ **5%** na universidade, com 95% de certeza.

Qualidades de um Estimador

Vamos supor dois estimadores $\hat{\theta}_1$ *e* $\hat{\theta}_2$ do mesmo parâmetro populacional.

Qual é o melhor?
Para essa resposta, surgem dois problemas, a saber:

1º) Nunca poderemos conhecer o verdadeiro valor de θ. *Sendo assim, não poderemos afirmar que:*

" $\hat{\theta}_2$ é mais correto que $\hat{\theta}_1$ e vice-versa"

2º) Se tivermos os dois estimadores acima, uma forma de decidir qual deles é o melhor estimador pontual para θ *é utilizar o critério das qualidades de um estimador: aquele que reunir o maior número dessas qualidades deve ser o escolhido.*

Vejamos:

1ª) Estimador não-tendencioso, Justo ou Acurado

É aquele cujo valor esperado da sua distribuição amostral é o próprio valor do parâmetro populacional desconhecido:

$$\boxed{E\left(\hat{\theta}\right)=\theta}$$

Exemplo

$\bar{X}=\Sigma X/n$ é um estimador justo de μ, como já havíamos mostrado no capítulo anterior, em distribuição por amostragem da média, pois :

$$E\left(\overline{X}\right)=\mu$$

2ª) Consistente ou Convergente

$\hat{\theta}$ é um estimador consistente ou coerente se a seguinte regra for verificada:

$$\begin{cases} \text{Se } E(\theta)=\hat{\theta} \\ \text{Se } \lim\limits_{n\to\infty} V\left(\hat{\theta}\right)=0 \end{cases}$$

Então, é um estimador consistente para θ. Esta qualidade também é chamada de ***Lei dos Grandes Números / Regularidade Estatística dos Resultados.***

3ª) Eficiente ou Preciso

Sejam $\hat{\theta}_1$ e $\hat{\theta}_2$ dois estimadores justos de um parâmetro populacional θ. Será mais eficiente aquele cuja variância de sua distribuição amostral for menor.

Exemplo

Observando o gráfico:

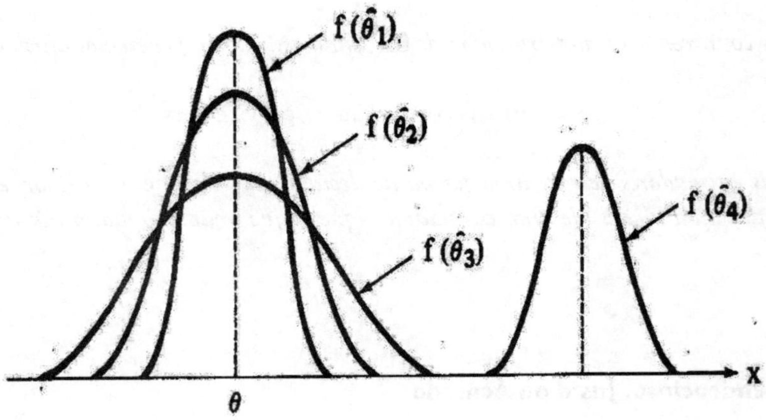

Responda:

a) Quais os estimadores justos de θ?

b) Qual(is) o(s) estimador(es) viezado(s) de θ?

c) Qual o estimador eficiente de θ?

Erro Médio Quadrático (EMQ)

Com certo esforço matemático, é possível mostrar que o erro médio quadrático é a expressão a seguir:

$$\text{EMQ} = \left\{ V(\hat{\theta}) + \left[E(\hat{\theta}) - \theta \right]^2 \right\}$$

Onde

$V(\hat{\theta}) \rightarrow$ variância da distribuição amostral de $\hat{\theta}$.

$E(\hat{\theta}) \rightarrow$ esperança da distribuição amostral de $\hat{\theta}$.

$\theta \rightarrow$ valor hipotético do parâmetro populacional.

Observação

$V(\hat{\theta}) \rightarrow$ mede a eficiência ou precisão do estimador.

$\left[E(\hat{\theta}) - \theta\right] \rightarrow$ mede a tendência ou acurácia do estimador.

Interpretação e uso do EMQ

- *Um estimador preciso* é *aquele que tem variância pequena, tendendo a zero.*
- *Um estimador acurado é aquele que tem tendência indo a zero. Um estimador acurado e preciso implica um EMQ pequeno.*
- *Quanto* ***menor*** *o valor do EMQ de um estimador,* ***maior*** *será a qualidade do estimador em estudo.*

Exemplo

Têm-se duas fórmulas distintas para estimar um parâmetro populacional. Para ajudar a escolher o melhor, simulou-se uma situação onde $\theta = 100$. Desta população, retiraram-se 1.000 amostras de 10 unidades cada uma e aplicaram-se ambas as fórmulas às 10 unidades da cada amostra. Desse modo, obtêm-se 1.000 valores para a primeira fórmula (t_1) e outros 1.000 valores para a segunda fórmula (t_2), cujos estudos descritivos estão resumidos a seguir. Qual das duas fórmulas você acha mais conveniente para estimar θ ? Por quê?

Valores Descritivos	*Fórmula 1 (t_1)*	*Fórmula 2 (t_2)*
Média	102	100
Variância	5	10
Mediana	100	100
Moda	98	100

Solução

$EMQ(t_1) = 5 + (102-100)^2 = \mathbf{9}$

$EMQ(t_2) = 10 + (100 - 100)^2 = \mathbf{10}$

Conclusão

A fórmula 1 oferece o melhor estimador, pois tem EMQ menor, apesar de o estimador ser tendencioso.

Conceitos de Intervalos de Confiança

Intervalo de Confiança, ao contrário da estimativa pontual, estabelece um conjunto de estimativas para o parâmetro e objetiva informar sobre o valor do mesmo.

Portanto, a estimação pontual estabelece apenas uma estimativa para o parâmetro populacional. Já a estimação intervalar indica para o valor do parâmetro populacional um intervalo, um conjunto de estimativas. Este conjunto de estimativas estabelece várias alternativas para o valor-alvo desconhecido e apresenta cada vez mais estimativa à medida que a confiança requerida aumenta. Cada estimativa incluída no intervalo de confiança é uma informação a mais a respeito do valor do parâmetro.

A confiança da estimação intervalar se relaciona com o número de estimativas que ser quer disponibilizar para se conhecer ou se ter informação sobre o parâmetro. Quanto maior a confiança arbitrada, mais largo, então, será o intervalo de confiança, fornecendo, assim, um "leque" maior para valores aceitáveis, possíveis para o parâmetro, isto é, um conjunto maior de estimativas que informe o valor provável do parâmetro.

Uma estimação intervalar que envolva um erro padrão grande precisará de um número maior de estimativas para o parâmetro do que um estudo intervalar que envolva estimativas para o erro padrão menor.

A distância média das estimativas ao parâmetro é medida pelo erro padrão. Portanto, a amplitude do intervalo de confiança também depende do erro padrão. Um intervalo de confiança com um erro padrão pequeno para as estimativas terá uma amplitude menor do que um intervalo de confiança com erro padrão grande, com mesma confiança estabelecida. Quer dizer, um intervalo de confiança com um erro padrão pequeno terá um conjunto de estimativas aceitáveis para o parâmetro menor que um intervalo de confiança que envolva estimativas com um erro padrão maior, ambos com mesmo nível de confiança arbitrado.

Conclusão: a amplitude do intervalo de confiança, isto é, o conjunto de estimativas que informam sobre o parâmetro, é diretamente proporcional à confiança estabelecida e ao erro padrão das estimativas do parâmetro.

Um intervalo é construído em torno de uma estimativa pontual, com base no erro padrão e na teoria da probabilidade, que informa com grande certeza o domínio em que deve está o parâmetro populacional desconhecido, isto é, o conjunto de estimativas da distribuição por amostragem da média que tem alta probabilidade de ser significante. Esta certeza é quantificada em termos de probabilidades e é chamada de confiança do intervalo (β).

Já a probabilidade de o intervalo não conter o parâmetro populacional desconhecido é chamado nível de significância (α), que é igual a $1-\beta$. Nível de significância é o limite que se toma como base para afirmar que um certo resultado de estimação é decorrente do acaso ou não. Nível de significância é originalmente a probabilidade de se afirmar que uma estimativa é significante quando na verdade é fruto do acaso.

As confianças mais utilizadas são **90%, 95% e 99%.** Consequentemente, os níveis de significância α mais utilizados são: **10%, 5% e 1%**.

Nos exemplos e exercícios propostos neste livro, quando não se indicar, o nível de significância a ser adotado é de **5%**.

Expressão dos Intervalos de Confiança

A expressão de intervalo de confiança origina das leis das probabilidades que configuram as curvas das distribuições por amostragem das estimativas envolvidas na construção da estimação intervalar. Neste momento, é necessário assumir uma distribuição de probabilidade teórica para a distribuição de estimativas de parâmetros para inferência estatística.

Exemplo

Para estimar a média populacional μ, podem-se retirar várias amostras diferentes que podem gerar várias estimativas pontuais diferentes.

Se a amostra for representativa da população, ela tende a gerar valor próximo do parâmetro populacional, mas não igual.

A estimativa pontual é baseada em uma única amostra. Então, o quão próximo o valor encontrado está próximo do parâmetro populacional? Não há como saber se a amostra coletada foi extraída da cauda inferior ou superior da curva de frequência.

Logo, para se ter confiança de estimar o verdadeiro parâmetro populacional, gera-se um intervalo de possíveis valores para o parâmetro populacional, a partir da distribuição por amostragem da média.

Quanto maior a amplitude do intervalo, maior a confiança (probabilidade) de estimar corretamente o verdadeiro valor do parâmetro.

O parâmetro populacional μ deve estar no intervalo $X \pm Z\sigma\overline{X}$, assim:

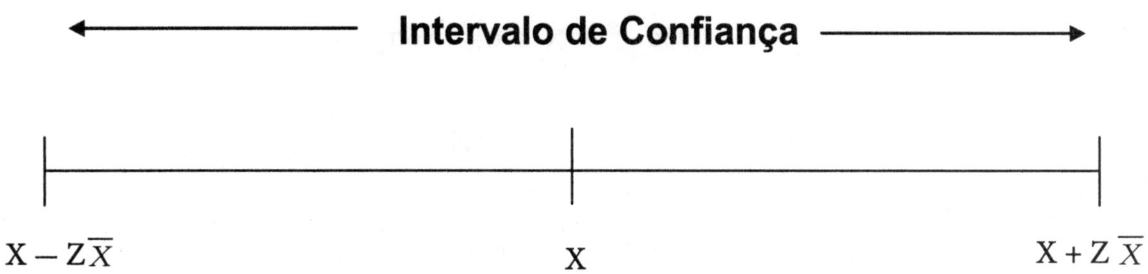

Na estimação da média populacional desconhecida, temos que o modelo de probabilidades da distribuição por amostragem da médias segue, via de regra, a Curva Normal.

Vejamos:

$$Z = \frac{\overline{X} - \mu}{\sigma_{\text{média}}}$$

$$\overline{X} - \mu = Z\sigma_{\text{média}}$$

Tirando o valor de $\overline{X}$:

$$\overline{X} = \mu + Z\sigma_{\text{média}}$$

A distância $\mu + Z\sigma_{\text{média}}$ é simétrica à distância $\mu - Z\sigma_{\text{média}}$.

Por exemplo, na distribuição por amostragem da média, é fato, lei, que 95% destas estimativas caiam no intervalo de $\mu - 1{,}96\sigma_{\text{média}}$ a $\mu + 1{,}96\sigma_{\text{média}}$.

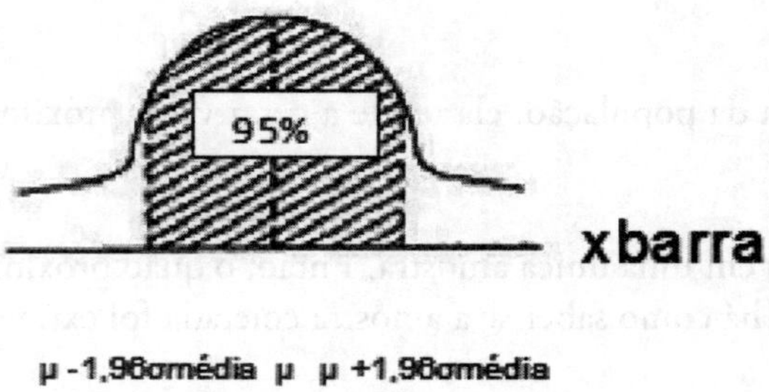

Temos que:

$$\mu - 1{,}96\sigma_{\text{média}} \leq \overline{X} \leq \mu + 1{,}96\sigma_{\text{média}}.$$

Vem que:

1º)

$$\mu - 1{,}96\sigma_{\text{média}} \leq \overline{X} \leq \mu + 1{,}96\sigma_{\text{média}}.$$

$\mu - 1{,}96\sigma_{\text{média}} \leq \overline{X}$, tirando o valor de μ:

$$\mu \leq \overline{X} + 1{,}96\sigma_{\text{média}}$$

2º)

$$\mu - 1{,}96\sigma_{\text{média}} \leq \overline{X} \leq \mu + 1{,}96\sigma_{\text{média}}.$$

$\overline{X} \leq \mu + 1{,}96\sigma_{\text{média}}$, tirando o valor de μ:

$$\mu \geq \overline{X} - 1{,}96\sigma_{\text{média}}$$

Conclusão

O conjunto das 95% das estimativas da distribuição por amostragem da média amostral que estimarão a média populacional deve estar neste intervalo:

$$\overline{X} - 1{,}96\sigma_{\text{média}} \leq \mu \leq \overline{X} + 1{,}96\sigma_{\text{média}}.$$

Como Achar o Valor de Z para cada Confiança Arbitrada?

Se o analista deseja, então, construir um intervalo de confiança que tome para a média populacional 95% das estimativas geradas por sua distribuição por amostragem, o pesquisador terá que descobrir quem é Z na expressão acima, e isso é facilmente informado pela tabela da curva normal padrão, e também calcular σ média, que é o valor do erro padrão da média, dado por $\sigma/\sqrt{n}$.

Para descobrir quem é o valor de Z que deixa 95% das médias amostrais em tornu de μ, basta dividir 0,95/2=0,475 e procurar no miolo da tabela da curva normal qual resultará no valor informado de 1,96.

A expressão do intervalo de confiança para μ fica então:

$$\overline{X} \pm \mathbf{1{,}96}\sigma_{\text{média}}$$

Que decorre

$$P[\overline{X} - \mathbf{1{,}96}\sigma_{\text{média}} \leq \mu \leq \overline{X} + \mathbf{1{,}96}\sigma_{\text{média}}] = \mathbf{95\%}$$

Para 68%, é fácil constatar que o valor de Z=1,0; para 90%, Z=1,65; e para 99% de confiança o valor Z=2,58.

Logo, o intervalo de confiança para média segue a expressão geral:

$$\overline{X} \pm Z\sigma_{\text{média}}$$
$$\overline{X} \pm Z\left(\sigma / \sqrt{n}\right)$$
$$\overline{X} \pm Z\left(\sigma / \sqrt{n}\right) \leq \mu \leq \overline{X} \pm Z\left(\sigma / \sqrt{n}\right)$$

Portanto, as expressões dos intervalos de confiança se baseiam na **relação** dos pontos críticos das distribuições de probabilidades das estatísticas e dos erros padrões das estimativas.

Intervalo de Confiança para a Média μ, quando σ é Conhecido

Quando a variável populacional for normal, pelo ***Teorema das Combinações Lineares***, a distribuição amostral da média será normal e o intervalo de confiança para média, como já havíamos demonstrado em parágrafos acima, será:

$$\overline{X} - z\left(\sigma / \sqrt{n}\right) \leq \mu \leq \overline{X} + z\left(\sigma / \sqrt{n}\right)$$

Exemplo

Em uma pesquisa de mercado, feita junto a 16 pessoas selecionadas aleatoriamente, revelou que o salário médio dos entrevistados é de R$ 1.200,00. O desvio padrão histórico da população é R$ 200,00. Qual o intervalo de confiança de 95% para a média de salários de todo o mercado considerado?

Solução

Obtenção de Z

95% → tabela da normal padrão → procurar no miolo da tabela a área de 0,95/2= 0,4750, logo **Z = 1,96.**

Intervalo de Confiança

$$1200 - 1,96\left(200/\sqrt{16}\right) \le \mu \le 1200 + 1,96\left(200/\sqrt{16}\right)$$

$$1200 - 98 \le \mu \le 1200 + 98$$

$$R\$1102 \le \mu \le R\$1298$$

Conclusão

O salário de todo o mercado deve estar entre R$ 1.102,00 $<\mu<$ R$ 1.298,00, com 95% de certeza.

Intervalo de Confiança para a Média μ, quando σ é Desconhecido, mas o Tamanho da Amostra é Grande, n ≥ 30

Quando o desvio padrão populacional for desconhecido, não podemos garantir a utilização da normal padrão, pois o que se tem disponível, associado à distribuição amostral da média, é o desvio padrão amostral S. Contudo, ainda neste caso, podemos aceitar a hipótese da normalidade da distribuição amostral da média, recorrendo-se ao ***Teorema Central do Limite.***

Assim:

$$\overline{X} - z\left(S/\sqrt{n}\right) \le \mu \le \overline{X} + z\left(S/\sqrt{n}\right)$$

Exemplo

uma pesquisa de mercado, feita junto a 100 pessoas selecionadas aleatoriamente, revelou que o salário médio dos entrevistados é de R$ 1.200,00 e o desvio padrão de R$ 200,00. Qual o intervalo de confiança de 95% para a média de salários de todo o mercado considerado?

Solução

Obtenção de Z

95% tabela da normal padrão procura no miolo da tabela a área de 0,95/2= 0,4750, logo **Z = 1,96.**

Intervalo de Confiança

$$1200-1,96\left(200/\sqrt{100}\right)\leq\mu\leq 1200+1,96\left(200/\sqrt{100}\right)$$

$$1200-39,2\leq\mu\leq 1200+39,2$$

$$R\$1160,80\leq\mu\leq R\$1239,20$$

Conclusão

O salário de todo o mercado deve estar entre R\$1.160,80<μ<R\$1239,20, com 95% de certeza.

Intervalo de Confiança para a Média μ, quando σ é Desconhecido, mas o Tamanho da Amostra é Pequeno, n < 30

Quando o desvio padrão populacional for desconhecido, não podemos garantir a utilização da normal padrão, pois o que se tem disponível é o desvio padrão amostral S. Como podemos constatar, a distribuição neste caso é a t-student, e assim:

$$\overline{X}-t\left(S/\sqrt{n}\right)\leq\mu\leq\overline{X}-t\left(S/\sqrt{n}\right)$$

Exemplo

Uma pesquisa de mercado, feita junto a 16 pessoas selecionadas aleatoriamente, revelou que o salário médio dos entrevistados é de R\$ 1.200,00 e o desvio padrão é de R\$ 200,00. Qual o intervalo de confiança de 95% para a média de salários de todo o mercado?

Solução

Obtenção de t

95% → α = 5% → tabela da t com → Φ = n – 1=16 –1=15 → t = 2,13

Intervalo de Confiança

$$1200-2,13\cdot\left(200/\sqrt{16}\right)\leq\mu\leq 1200+2,13\cdot\left(200/\sqrt{16}\right)$$

$$1200-106,5\leq\mu\leq 1200+106,5$$

$$R\$1093,50\leq\mu\leq R\$1306,5$$

Conclusão

O salário de todo o mercado deve estar entre R$1.093,50≤μ≤R$1306,50; com 95% de certeza.

Intervalo de Confiança para a Proporção π

Neste caso, a distribuição amostral original de p não é normal e sim binomial. Isso porque uma proporção é uma soma de *bernoullis* dividida por uma constante, que é o tamanho da amostra. Para garantir a normalidade desta distribuição amostral, é necessário que utilizemos amostras aleatórias grandes, n ≥ 30, pois podemos recorrer ao ***Teorema Central do Limite,*** e assim:

$$P - Z\sqrt{pq/n} \leq \pi \leq P + Z\sqrt{pq/n}$$

Exemplo

Em uma amostra aleatória de 2.000 eleitores de um país constatou-se uma intenção de voto de 43% para um candidato à presidência, na época das eleições. Depois das eleições, qual o intervalo de variação da proporção de votos do candidato, com uma confiança de 99%?

Solução

Obtenção de Z

99% → tabela da normal padrão → procurar no miolo da tabela a área de 0,99/2= 0,4950, logo **Z = 2,58.**

$$0,43 - 2,58\sqrt{0,43 \cdot 0,57/2000} \leq \pi \leq 0,43 + 2,58\sqrt{0,43 \cdot 0,57/200}$$

$$0,43 - 0,01 \leq \pi \leq 0,43 + 0,01$$

$$0,42 \leq \pi \leq 0,44$$

Conclusão

Após as eleições, as urnas revelarão um percentual de 42% a 44% para o candidato em questão, com 99% de probabilidade.

Intervalo de Confiança para a Soma ou Diferença de Médias quando os Desvios-padrão Populacionais são Conhecidos

O intervalo referido, baseado na distribuição por amostragem da soma ou diferença quando os desvios padrão populacionais são conhecidos, é:

$$\left(X_1 \pm \overline{X}_2\right) - Z \cdot \sqrt{\left(\sigma_1^2 / n_1\right) + \left(\sigma_2^2 / n_2\right)} \leq \mu_1 \pm \mu_2 \leq \left(X_1 \pm \overline{X}_2\right) + Z \cdot \sqrt{\left(\sigma_1^2 / n_1\right) + \left(\sigma_2^2 / n_2\right)}$$

Observação

Quando se sabe que σ_1 e σ_2 têm o mesmo valor, conhecido σ, o erro padrão da soma ou diferenças de médias fica:

$$EP = \sigma\sqrt{(1/n_1) + (1/n_2)}$$

E o intervalo de confiança toma a seguinte forma:

$$\left(\overline{X}_1 \pm \overline{X}_2\right) - Z \cdot \sigma\sqrt{(1/n_1) + (1/n_2)} \leq \mu_1 \pm \mu_2 \leq \left(\overline{X}_1 \pm \overline{X}_2\right) + Z \cdot \sigma\sqrt{(1/n_1) + (1/n_2)}$$

Exemplo

Uma empresa tem duas filiais (A e B), para as quais os desvios padrão das vendas diárias são de 5 e 3, respectivamente. Uma amostra de 20 dias forneceu uma venda média diária de 40 peças para a filial A e 30 peças para a filial B. Supondo que a distribuição diária de vendas seja normal, qual o intervalo de confiança para a diferença de médias das vendas nas duas filiais com uma confiança de 95%?

Solução

$$\left(\overline{X}_1 - \overline{X}_2\right) = 40 - 30 = 10$$

$$S\left[\overline{X}_1 - \overline{X}_2\right] = EP = 1{,}30$$

Obtenção de Z

95% ⟶ tabela da normal padrão ⟶ procurar no miolo da tabela a área de 0,95/2= 0,4750, logo **Z = 1,96.**

Intervalo de Confiança

$$\left(\overline{X}_1 \pm \overline{X}_2\right) - Z \cdot \sqrt{\left(\sigma_1^2 / n_1\right) + \left(\sigma_2^2 / n_2\right)} \leq \mu_1 \pm \leq \mu_2 \leq \left(\overline{X}_1 \pm \overline{X}_2\right) + Z \cdot \sqrt{\left(\sigma_1^2 / n_1\right) + \left(\sigma_2^2 / n_2\right)}$$

$$10 - 1{,}96 \cdot 1{,}30 \leq \mu_1 - \mu_2 \leq 10 + 1{,}96 \cdot 130$$

$$7{,}45 \leq \mu_1 - \mu_2 \leq 12{,}55$$

Conclusão

Existe uma probabilidade de 95% de a diferença de médias de vendas entre as duas filiais estar contida no intervalo acima.

Intervalo de Confiança para a Soma ou Diferença de Médias quando os Desvios Padrão Populacionais são Desconhecidos, mas Supostamente Iguais

Neste caso, devemos substituir, na expressão do erro padrão do caso anterior, o desvio padrão desconhecido, por uma estimativa. Como temos duas amostras, devemos utilizar os resultados de ambas ao realizar essa estimação. Logo, a estimativa da variância σ^2 é:

$$S_c^2 = \frac{(n_1 - 1)S_1^2 + (n_2 - 1)S_2^2}{(n_1 + n_2 - 2)}$$

Esta é a média ponderada das variâncias amostrais.

Devemos usar a t-student relacionada à média ponderada das variâncias amostrais. O erro padrão fica, então:

$$S\left[\overline{X}_1 \pm \overline{X}_2\right] = EP = \sqrt{(S_p^2 / n_1) + (S_p^2 / n_2)} = S_p\sqrt{(1/n_1) + (1/n_2)}$$

O intervalo referido, baseado na distribuição por amostragem da soma ou diferença, quando os desvios padrão populacionais são desconhecidos, mas supostamente iguais, é:

$$\left(\overline{X}_1 \pm \overline{X}_2\right) - t \cdot Sp\sqrt{(1/n_1) + (1/n_2)} \le \mu_1 \pm \mu_2 \le \left(\overline{X}_1 \pm \overline{X}_2\right) + t \cdot S_p\sqrt{(1/n_1) + (1/n_2)}$$

Observação

Se o grau de liberdade da estatística t for suficientemente grande, podemos utilizar a distribuição normal associada à expressão do intervalo de confiança acima. Então:

$$\left(\overline{X}_1 \pm \overline{X}_2\right) - Z \cdot Sp\sqrt{(1/n_1) + (1/n_2)} \le \mu_1 \pm \mu_2 \le \left(\overline{X}_1 \pm \overline{X}_2\right) + Z \cdot S_p\sqrt{(1/n_1) + (1/n_2)}$$

Exemplo

De uma grande turma extraiu-se uma amostra de quatro notas: 64,66,89 e 77. Uma amostra independente de três notas de uma segunda turma foi: 56, 71 e 53. Se for razoável admitir que as variâncias das duas turmas sejam aproximadamente iguais, qual o intervalo de confiança de 95% para a diferença de médias?

Solução

Os resultados dos cálculos da média, dos desvios padrão das notas para cada amostra e do erro padrão, são:

$\overline{X}_1 = 74$

$S_1 = 11,52$

$\overline{X}_2 = 60$

$S_2 = 9,64$

$\left[\overline{X}_1 - \overline{X}_2\right] = \overline{74} - 60 = 14$

$S\left[\overline{X}_1 - \overline{X}_2\right] = \overline{EP} = 8,26.$

Obtenção de t

95% → α = 5% → tabela da t com $\Phi = n_1 + n_2 - 2 = 4+3-2 = 5$ → t = 2,57.

Intervalo de Confiança

$$14 - 2,57.8,26 \leq \mu_1 - \mu_2 \leq 14 + 2,57.8,26$$

$$\mathbf{-7,23 \leq \mu_1 - \mu_2 \leq 35,23}$$

Conclusão

Existe uma probabilidade de 95% de que a diferença de médias entre as duas turmas esteja neste intervalo.

Intervalo de Confiança para a Soma ou Diferença de Médias quando os Desvios Padrão Populacionais são Desconhecidos, mas Supostamente Desiguais

Suponhamos agora que não conhecemos os desvios padrão das duas populações, mas não podemos admitir que esses desvios padrão são iguais, ou seja, $\sigma_1 \neq \sigma_2$.

Nesse caso, devemos substituir, na expressão do erro padrão da soma ou diferença de médias, os respectivos erros padrão amostrais.

A expressão do erro padrão no caso em questão fica:

$$S\left[\overline{X}_1 \pm \overline{X}_2\right] = \overline{EP} = \sqrt{\left(S_1^2 / n_1\right) + \left(S_2^2 / n_2\right)}$$

A distribuição por amostragem da soma ou diferenças de médias no caso em que as variâncias são desconhecidas e supostamente distintas terá distribuição aproximadamente normal se o grau de liberdade da estatística t for suficientemente grande ou t-student, em caso contrário.

Se usarmos a t-student, o número de graus de liberdade é calculado por:

$$\Phi = \frac{(V_1 + V_2)^2}{V_1^2 / (n_1 + 1) + V_2^2 / (n_2 + 1)} - 2$$

Onde:

$$V_1 = S_1^2 / n_1$$

$$V_2 = S_2^2 / n_2$$

O intervalo referido, baseado na distribuição por amostragem da soma ou diferença quando os desvios padrão populacionais são desconhecidos, mas supostamente desiguais, é:

a) Se as amostras forem suficientemente grandes (n ≥30):

$$\overline{X}_1 \pm \overline{X}_2 - Z\sqrt{(S_1^2/n_1)+(S_2^2/n_2)} \leq \mu_1 \pm \mu_2 \leq \overline{X}_1 \pm \overline{X}_2 + Z\sqrt{(S_1^2/n_1)+(S_2^2/n_2)}$$

b) Se as amostras não forem suficientemnte grandes (n<30):

$$\overline{X}_1 \pm \overline{X}_2 - t\sqrt{(S_1^2/n_1)+(S_2^2/n_2)} \leq \mu_1 \pm \mu_2 \leq \overline{X}_1 \pm \overline{X}_2 + t\sqrt{(S_1^2/n_1)+(S_2^2/n_2)}$$

Exemplo

De uma pequena classe do curso do ensino médio pegou-se uma amostra de 4 provas de matemática e obteve: média=81, variância=2. Outra amostra, de 6 provas de biologia, forneceu: média=77, variância=14,4. Para testar a hipótese de que as médias populacionais são iguais, qual o intervalo de confiança de 99% para a diferença de médias, supondo os desvios padrão populacionais desiguais?

Solução

$$\overline{X}_1 - \overline{X}_2 = 81 - 77 = 4$$
$$V_1 = 2/4 = 0,5$$
$$V_2 = 14,4/6 = 2,4$$

$$\Phi = \frac{(0,5+2,4)^2}{\frac{0,5^2}{4+1}+\frac{2,4^2}{6+1}} - 2 = 8$$

$$S[\overline{X}_1 - \overline{X}_2] = EP = \sqrt{(2/4)+(14,4/6)} = 1,70.$$

Como o grau de liberdade não é suficientemente grande (Φ <30), o intervalo de confiança deverá ser baseado na t-student, com 8 graus de liberdade:

Obtenção de t

99% → α= 1% → tabela da t com Φ = 8 → t = **3,36.**

Intervalo de Confiança

$$4 - 3{,}36.1{,}70 \leq \mu_1 - \mu_2 \leq 4 + 3{,}36.1{,}70$$

$$-1{,}71 \leq \mu_1 - \mu_2 \leq 9{,}71.$$

Conclusão

O intervalo acima tem uma probabilidade de 99% de conter a diferença entre a média da nota de matemática e a média da nota de biologia.

Intervalo de Confiança para a Diferença de Médias quando as Amostras são Emparelhadas

Havendo emparelhamento, calculamos a diferença d_i para cada par de valores, recaindo, assim, em uma única amostra de n diferenças.

As duas amostras são de mesmo tamanho, ou seja, $n_1=n_2=n$.
Definindo a média de d_i por:

$$\bar{d} = \Sigma d_1 / n$$

Se as amostras são emparelhadas, o erro padrão da diferença de médias é:

$$S\left[\bar{d}\right] = EP = S_d / \sqrt{n} \text{ onde:}$$

$$S_d^2 = \Sigma\left(d_1 - \bar{d_2}\right)^2 / (n-1).$$

O intervalo de confiança para a diferença de médias para amostras emparelhadas é baseado na distribuição t-student, com Φ =(n-1), e sua expressão é:

$$\bar{d} - t\cdot\left(S_d / \sqrt{n}\right) \leq \mu_d \leq \bar{d} + t\cdot\left(S_d / \sqrt{n}\right)$$

Exemplo:

A tabela seguinte indica as vendas de um produto em 2 épocas do ano (I e II) em cinco supermercados. Construir um intervalo de confiança de 90% para a diferença de médias.

Supermercados	A	B	C	D	E
Vendas na época 1	14	20	11	12	10
Vendas na época 2	4	16	9	16	10

Solução

Època 1	Época 2	**Difereças (d_i)**
14	4	10
20	16	4
11	9	3
12	16	-4
10	10	0
—	—	12

A partir dos dados, obtemos:

$$\overline{d} = 12/5 = 2,4$$

$$S_d^2 = \frac{(10-2,4)^2 + (4-2,4)^2 + (3-2,4)^2 + (-4-2,4)^2 + (0-2,4)^2}{4} = 26,8$$

$$S_d = \sqrt{26,8} = 5,18$$

$$S\left[\overline{d}\right] = EP = 5,18/\sqrt{5} = 2,31.$$

Obtenção de t:

90% → α = 10% → tabela da t com Φ = 5 -1 = 4 → t = **2,13.**

Intervalo de Confiança:

$$\overline{d} - t \cdot \left(S_d/\sqrt{n}\right) \le \mu_d \le \overline{d} + t \cdot \left(S_d/\sqrt{n}\right)$$

$$2,4 - 2,13 \cdot 2,31 \le \mu_d \le 2,4 + 2,13 \cdot 2,31$$

$$2,4 - 4,9 \le \mu_d \le 2,4 + 4,9$$

$$-2,5 \le \mu_d \le 7,3.$$

Conclusão

-2,5≤ μ d ≤ 7,3.

O intervalo construído tem chance de 90% de conter a diferença de médias de vendas nas duas épocas do ano (I e II) do produto.

Intervalo de Confiança para a Soma ou Diferença de Duas Proporções

Se a proporção amostral p_1~N[p_1; $(p_1q_1)/n_1$] e p_2~N[p_2; $(p_2q_2)/n_2$], válidas quando n≥30, então a distribuição amostral das diferenças ou somas será aproximadamente normal.

Observação

Quando não conhecemos os valores de π_1 e π_2, que são parâmetros populacionais, e n≥30, substituímos π_1 por p_1 e π_2 por p_2.

A expressão do intervalo de confiança fica, então:

$$[p_1 \pm p_2] - Z\sqrt{(p_1q_1)/n_1 + (p_2q_2)/n_2} \leq \pi_1 \pm \pi_2 \leq [p_1 \pm p_2] + Z\sqrt{(p_1q_1)/n_1 + (p_2q_2)/n_2}$$

Exemplo

Em um levantamento de opinião pública para previsão de uma eleição, foram ouvidos 500 eleitores escolhidos ao acaso na cidade A, onde 236 declararam que iriam votar em certo candidato. Na cidade B, foram ouvidos outros 500 eleitores, onde 200 declararam que iriam votar no candidato em questão. Para verificar, com base nesta previsão, se o desempenho do candidato difere nas duas cidades, qual a estimativa intervalar com um nível de significância de 5% para a diferença de proporções?

Solução

$[p_1 - p_2]$=0,47 – 0,40 = **0,07**

$S[p_1 - p_2]$= EP= 0,0009782 = **0,031**

95% → α = 5% → tabela da normal padrão → procurar no miolo da tabela a área de 0,95/2= 0,4750, logo **Z = 1,96.**

Intervalo de Confiança:

$$[p_1 - p_2] - Z\sqrt{(p_1q_1)/n_1 + (p_2q_2)/n_2} \leq \pi_1 \pm \pi_2 \leq [p_1 - p_2] + Z\sqrt{(p_1q_1)/n_1 + (p_2q_2)/n_2}$$

$$0{,}07 - 1{,}96 \cdot 0{,}031 \leq \pi_1 \pm \pi_2 \leq 0{,}07 + 1{,}96 \cdot 0{,}031$$

$$0{,}01 \leq \pi_1 \pm \pi_2 \leq 0{,}13$$

Conclusão

O intervalo acima tem uma probabilidade de 95% de conter a diferença de intenção de voto do candidato nas duas cidades.

Intervalo de Confiança para a Variância σ^2 de uma População

Normal:

Seja X uma população normal com distribuição normal de média μ e variância σ^2.

Sabe-se, pelo **Teorema de Fisher**, que:

$$\chi^2_{(n-1)} = \frac{S^2 \cdot (n-1)}{\sigma^2}$$

Deste teorema, resulta por demonstração, a expressão do intervalo de confiança para variância:

$$\frac{S^2 \cdot (n-1)}{\chi^2_{sup}} \le \sigma^2 \le \frac{S^2 \cdot (n-1)}{\chi^2_{inf}}$$

Onde

$$\chi^2_{inf} = \chi^2(1-\alpha/2)$$

$$\chi^2_{sup} = \chi^2(\alpha/2)$$

Ambos os qui-quadrados com **Φ = n-1.**

Exemplos

1) Uma amostra é formada pelos seguintes valores: *6, 6, 7, 8, 9, 9, 9, 10, 11, 12*

Calcular o intervalo de confiança para σ^2, ao nível de 90%.

Solução:

Temos que:

$S^2 = 4$
n= 10

$$\text{tabela}\begin{cases}\begin{cases}\alpha/2=(1-0{,}90)/2=0{,}05\\ \Phi=10-1=9\end{cases} \to \chi^2_{sup}=16{,}919\\ \begin{cases}1-\alpha/2=1-(1-0{,}90)/2=1-0{,}05=0{,}95\\ \Phi=10-1=9\end{cases} \to \chi^2_{sup}=3{,}325\end{cases}$$

O Intervalo de confiança para a variância σ^2 fica então:

$$\frac{S^2 \cdot (n-1)}{\chi^2_{sup}} \leq \sigma^2 \leq \frac{S^2 \cdot (n-1)}{\chi^2_{inf}}$$

$$\frac{4 \cdot (10-1)}{16,919} \leq \sigma^2 \leq \frac{4 \cdot (10-1)}{3,325}$$

$$\frac{4 \cdot (9)}{16,919} \leq \sigma^2 \leq \frac{4 \cdot (9)}{3,325}$$

$$2,13 \leq \sigma^2 \leq 10,83$$

2) De uma população normal foi retirada uma amostra de 15 elementos e calculou-se $\Sigma X_i = 8,7$, $\Sigma X_i^2 = 27,3$. Determinar um intervalo de confiança de 80% para a variância dessa população:

Solução

Temos que:

$$S^2 = \frac{27,3 - \frac{(8,7)^2}{15}}{14} = 1,59$$

$$n = 15$$

$$\text{tabela}\begin{cases} \begin{cases} \alpha/2 = (1-0,80)/2 = 0,10 \\ \Phi = 15-1 = 14 \end{cases} \rightarrow \chi^2_{sup} = 21,064 \\ \begin{cases} 1-\alpha/2 = 1-(1-0,80)/2 = 1-0,10 = 0,90 \\ \Phi = 15-1 = 14 \end{cases} \rightarrow \chi^2_{sup} = 7,790 \end{cases}$$

O intervalo de confiança para a variância σ^2 fica então:

$$\frac{S^2 \cdot (n-1)}{\chi^2_{sup}} \leq \sigma^2 \leq \frac{S^2 \cdot (n-1)}{\chi^2_{inf}}$$

$$\frac{1,59 \cdot (15-1)}{21,604} \leq \sigma^2 \leq \frac{1,59 \cdot (15-1)}{7,790}$$

$$\frac{1,59 \cdot (14)}{21,604} \leq \sigma^2 \leq \frac{1,59 \cdot (14)}{7,790}$$

$$1,03 \leq \sigma^2 \leq 2,86.$$

Intervalo de Confiança para o Desvio Padrão σ de uma População Normal

Calcular-se-á apenas um intervalo aproximado para o desvio padrão através da raiz quadrada do intervalo de confiança da variância, uma vez que se pode verificar que o desvio padrão S não é um estimador justo de σ:

Exemplo

Calcular os intervalos de confiança para o desvio padrão dos exemplos anteriores (da variância):

$$1^{\underline{o}})\sqrt{2{,}13} \le \sigma \le \sqrt{10{,}83} = 1{,}46 \le \sigma \le 3{,}29$$

$$2^{\underline{o}})\sqrt{1{,}03} \le \sigma \le \sqrt{2{,}86} = 1{,}01 \le \sigma \le 1{,}69$$

Intervalo de Confiança para o Quociente das Variâncias Populacionais (σ^2_2/σ^2_1)

Para duas populações normais de variâncias desconhecidas, sabe-se:

$$F(\Phi_1, \Phi_2) = \frac{\chi^2_{\Phi 1} / \Phi_1}{\chi^2_{\Phi 2} / \Phi_2}$$

Pelo **Teorema de Fisher:**

$$\chi^2_{(n-1)} = \frac{S^2 \cdot (n-1)}{\sigma^2}$$

Pode-se demonstrar que o intervalo de confiança para o quociente das variâncias populacionais é:

$$\frac{S_2^2}{S_1^2} \cdot \frac{1}{F_{\alpha/2(\Phi 2, \Phi 1)}} \le \sigma_2^2 / \sigma_1^2 \le \frac{S_2^2}{S_1^2} \cdot F_{\alpha/2(\Phi 2, \Phi 1)}$$

Ou:

$$\frac{S_1^2}{S_2^2} \cdot \frac{1}{F_{\alpha/2(\Phi 2, \Phi 1)}} \le \sigma_1^2 / \sigma_2^2 \le \frac{S_1^2}{S_2^2} \cdot F_{\alpha/2(\Phi 2, \Phi 1)}$$

Exemplo

Construir o intervalo de confiança, para σ =2%, para o quociente de variâncias de duas populações normais, das quais foram extraídas as amostras seguintes: 40 elementos da 1ª, obtendo S^2_1=43,2; e 30 elementos da 2ª , obtendo-se S^2_2= 29,5.

Solução:

$$\begin{cases}\begin{cases}\alpha/2 = 0,02/2 = 0,01 \\ \Phi_1 = 41-1 = 40 \\ \Phi_2 = 31-1 = 30\end{cases} \rightarrow F_{0,01}(40,30) = 2,30 \\ \begin{cases}\alpha/2 = 0,01/2 = 0,01 \\ \Phi_1 = 41-1 = 40 \\ \Phi_2 = 31-1 = 30\end{cases} \rightarrow F_{0,01}(30,40) = 2,20\end{cases}$$

O intervalo de confiança para o quociente das duas variâncias fica então:

$$\frac{S_1^2}{S_2^2} \cdot \frac{1}{F_{\alpha/2(\Phi 1,\Phi 2)}} \leq \sigma_1^2 / \sigma_2^2 \leq \frac{S_1^2}{S_2^2} \cdot F_{\alpha/2(\Phi 1,\Phi 2)}$$

$$\frac{43,2}{29,5} \cdot \frac{1}{2,30} \leq \sigma_1^2 / \sigma_2^2 \leq \frac{43,2}{29,5} \cdot 2,20$$

$$0,64 \leq \sigma_1^2 / \sigma_2^2 \leq 3,22.$$

Exercícios Propostos

1. Em uma população em que N=6, tal que X={1, 3, 4, 7, 8,11}, calcular a média amostral para todas as amostras de tamanho 2. Mostrar que X é um estimador não tendencioso de μ. Use o processo com reposição.

2. Seja X uma população normal com média e variância σ^2, de que são extraídas todas as amostras possíveis de tamanho 2. Dos estimadores abaixo,

   I) $\overline{X} = 1/2X_1 + 1/2X_2$

   II) $\overline{X}* = 1/4X_1 + 3/4X_2$

   Responda:

   a) Qual ou quais os estimadores justos de μ?
   b) Qual o estimador mais eficiente?

3. Têm-se duas fórmulas distintas para estimar um parâmetro populacional θ. Para ajudar a escolher o melhor, simulou-se uma situação onde θ =500. Desta população retirou-se 2.500 amostras de 25 unidades cada uma e aplicaram-se ambas as fórmulas às 25 unidades da cada amostra. Desse modo, obtêm-se 2.500 valores para a primeira fórmula (t_1) e outros 2.500 valores para a segunda fórmula (t_2), cujos estudos descritivos estão resumidos a seguir. Qual das duas fórmulas você acha mais conveniente para estimar?

Por quê?

Valores	Fórmula 1	Fórmula 2
Média	500	500
Variância	20	50
Moda	501	500
Mediana	502	501

4. O Automóvel Clube de São Paulo realizou uma pesquisa de consumo de combustível entre seus associados. O resultado obtido indicou que eles consumiam, em média, 9,75 litros de combustível por quilômetro rodado. Qual a estimativa pontual da média de consumo do motorista paulista?

5. O Vaticano achou por bem conhecer melhor as características dos alunos da PUC-Brasil. Uma das medidas levantadas foi o peso médio deles. Tomando-se uma amostra de 121 dos alunos pesquisados, obteve um peso médio de 72 kg. Admitindo-se que o desvio padrão dessa medida populacional seja 20 kg, construa um intervalo de 95% para a média dos pesos de todos os alunos da PUC-Brasil.

6. O secretário de saúde do Império Romano propôs-se a melhorar o atendimento médico à plebe. Como não há dinheiro para contratar mais médicos, ele decidiu tornar o atendimento mais eficiente. Para estimar o tempo médio gasto em cada consulta, ele sorteou 64 acidentes de um hospital público aleatoriamente escolhido: essa amostra indicou que o tempomédio de atendimento era de 10 minutos, com um desvio padrão de 3 minutos. Com base nisso, determine um intervalo de confiança de 90% para o tempo médio de atendimento no hospital.

7. Em uma pesquisa de mercado, foram solicitadas a 10 clientes que entravam em uma loja que desse nota de 1 a 5 para a decoração do ambiente e vitrine. A média dos resultados foi 2,5 e desvio padrão 0,1. Em que intervalo deve estar a média das notas se todos os clientes tivessem respondido à pesquisa, com 90% de probabilidade?

8. Uma pesquisa em 36 teatros do Rio de Janeiro indicou que 65% deles apresentavam peças de autores nacionais. Determine a estimativa intervalar da proporção de peças nacionais nos teatros do Rio, a um nível de confiança de 95%.

9. Uma rádio tocou durante certo dia 250 músicas, das quais 50 eram músicas nacionais. Determine um intervalo de 95% para a proporção de músicas nacionais que ela normalmente programa.

10. Em uma pesquisa de mercado com 200 pessoas, 25% dos entrevistados concordaram que seria muito bom que uma nova rede de lojas de departamento fosse aberta em um shopping local. Construir um intervalo de confiança de 99% para a porcentagem real de clientes que concordaram que seria muito bom que uma nova rede de lojas de departamento fosse aberta em um shopping local.

11. Uma indústria fabrica dois tipos de pneus. Numa pista de teste, os desvios padrão das distâncias percorridas, para produzir certo desgaste, são de 2500 km e 3000 km. Tomou-se uma amostra de 50 pneus do 1º tipo e 40 do 2º tipo, obtendo médias de 24.000km e 26.000km, respectivamente. Qual o intervalo de confiança de 95% para a diferença de médias?

12. Uma máquina automática enche latas, com base no peso líquido, com um desvio padrão de 5g. Duas amostras independentes, retiradas em dois períodos de trabalhos consecutivos, de 10 e 20 latas, forneceram

pesos líquidos médios de 184,6g e 188,9g, respectivamente. Qual o intervalo de confiança de 95% para a diferença de médias?

13. Duas amostras de barras de aço, ambas de tamanho n=5, foram ensaiadas e obteve-se que as resistências médias foram de 55 kgf/mm² e 53 kgf/mm² e as variâncias da resistências foram de 7,5 e 5,0 kgf/mm ², respectivamente. As variâncias são desconhecidas, mas supostamente iguais. Qual o intervalo de confiança de 99% para a diferença de médias?

14. A média de salários semanais para uma amostra de n=30 empregados em uma grande firma é R$ 1800,00, com desvio padrão R$ 140,00. Em uma outra grande empresa, uma amostra aleatória de n=40 empregados apresentou um salário médio semanal de R$ 1.700, 00, com um desvio padrão de R$ 100,00. As variâncias populacionais são desconhecidas, mas supostamente desiguais. Qual o intervalo de confiança de 95% para a diferença de médias?

15. De uma população animal escolheu-se uma amostra de 10 cobaias. Tais cobaias foram submetidas ao tratamento com uma ração especial por um mês. Na tabela a seguir, estão os pesos antes (X_i) e depois (Y_i) do tratamento, em Kg. Qual o intervalo de confiança de 95% para a diferença de médias?

Cobaias	1	2	3	4	5	6	7	8	9	10
X_i	635	704	662	560	603	745	698	575	633	669
Y_i	640	712	681	558	610	740	707	585	635	682

16. Em um inquérito com os telespectadores de televisão de uma cidade, 60 de 200 homens desaprovam certo programa, acontecendo o mesmo com 75 de 300 mulheres. Qual o intervalo de confiança de 95% para a diferença de proporções?

17. Calcular um intervalo de confiança de 96% para a variância da distribuição abaixo (suposta como normal).

Classes	Frequências
2,2 ├─ 6,2	3
6,2 ├─ 10,2	4
10,2 ├─ 14,2	5
14,2 ├─ 18,2	3

18. Calcular um intervalo de confiança para o desvio padrão do exercício 17.

19. Com n_1=24 elementos de uma população, obtivemos:

$\overline{X}_1 = 8, S_1 = 1,58.$

E com n_2= 30 elementos de uma população obtivemos:

$\overline{X}_2 = 7, S_2 = 1,24.$

Determinar os intervalos de confiança para:

a) σ_1, com $\sigma = 10\%$
b) σ_1/σ_2, com σ=2%
c) σ_2/σ_1, com σ =2%

Capítulo 6

Testes de Significância

Uso de Testes de Significância

É a parte mais importante de um processo inferencial. Todo estudo com levantamento por amostragem que mereça crédito deve realizar testes de significância de estimativas geradas.

Quando quisermos avaliar um parâmetro populacional, sobre o qual não possuímos nenhuma informação com respeito a seu valor, não resta alternativa a não ser estimá-lo através do intervalo de confiança.

No entanto, se tivermos alguma informação com respeito ao valor do parâmetro que desejamos avaliar, podemos testar esta informação no sentido de aceitá-la como verdadeira ou rejeitá-la.

Conceitos de Teste de Significância

- *Teste de significância é uma prova estatística que testa se uma estatística amostral é uma estimativa de qualidade, isto é, significante, do parâmetro populacional de interesse, refletindo uma nova realidade para o valor descritivo populacional, contrariando uma hipótese para o mesmo, tradicional, formulado como hipótese básica.*

- *Teste de Significância é uma regra de decisão que permite aceitar ou rejeitar como verdadeira uma hipótese com base na evidência amostral. Isto significa que utilizaremos uma amostra desta população para verificar se ela confirma ou não o valor do parâmetro informado pela hipótese formulada.*

- *Teste de Significância é uma técnica de aceitar ou rejeitar determinada afirmação, baseando-se em um conjunto de evidências.*

- *Teste de Significância é simplesmente uma afirmação acerca de um parâmetro da população, que pode ser testada através de uma amostra aleatória.*

- *O Teste de Significância avalia a evidência fornecida pelos dados sobre alguma afirmação relativa à população.*

- *Teste de Significância é uma prova de hipótese que testa a aceitação de uma afirmação sobre a população à luz das informações da amostra e do cálculo das probabilidades.*

- *Teste de Significância é um processo inferencial em que se tem uma ideia acerca do valor do parâmetro populacional desconhecido e testa-se a aceitação ou a rejeição desta afirmação à luz da informação amostral e da teoria das probabilidades.*

Pressupostos dos Testes de Significância

As condições ou pressupostos básicos para realização de testes de significância paramétricos são:

- *Amostragem aleatória simples(AAS).*
- *População normal com desvio padrão conhecido.*
- *Um modelo de probabilidade assumido para a distribuição por amostragem da estatística em estudo.*

Raciocínio de Testes de Significância

- *A estimativa fornecida pela amostra apoia a hipótese formulada ou realmente confirma uma nova direção para o parâmetro?*
- *Suponha, para raciocinar, que uma afirmação ou hipótese sobre um parâmetro seja verdadeira.*
- *O que podemos dizer acerca de uma estimativa amostral que a contraria?*
- *Suponha, em oposição, que uma afirmação ou hipótese sobre um parâmetro seja falsa.*
- *O que podemos dizer a cerca de uma estimativa amostral que a contraria?*

Problema de Teste de Significância

Exemplo

"Um pesquisador de mercado desconfia de que a satisfação média dos clientes da empresa em que trabalha não é mais 3,0, numa escala de 0 a 5. Ele selecionou aleatoriamente do cadastro da empresa 10.000 clientes, na qual calculou a média de satisfação que resultou em 3,2, com desvio padrão 10. O pesquisador suspeita, então, que o nível médio de satisfação possa ter aumentado. Ele credita a uma nova estratégia de marketing mais agressiva adotada o possível aumento no nível médio de satisfação. Para confirmar suas suspeitas, ele realiza um teste de significância do resultado 3,2 de satisfação."

Formas de Apresentar as Hipóteses

Quando o pesquisador realiza uma prova estatística, inicialmente formula 2 hipóteses:

H_0: *hipótese nula ou hipótese básica, que será aceita ou rejeitada.*

H_1: *hipótese alternativa, que será automaticamente aceita caso* H_0 *seja rejeitada.*

Exemplo:

$H_0: \theta=\theta_0$
$H_1: \theta\neq\theta_0$

$\theta \rightarrow$ *parâmetro populacional desconhecido* (μ,σ,π).
$\theta_0 \rightarrow$ *um valor atribuído a* θ *por hipótese. Também é chamado simplesmente de hipótese nula.*

Exemplo

O valor de mercado do salário de uma categoria profissional nos últimos dez anos era de R$ 2.500,00 reais. Uma amostra de 500 empresas do mercado atual revelou um salário médio de 3.500,00. O salário desta categoria profissional é maior hoje no mercado?

As hipóteses do problema então seriam:

$H_0 : \theta = 2500.$
$H_1 : \theta > 2500.$

O valor da hipótese nula é R$ 2.500,00. O valor da hipótese alternativa é de 3.500,00.

Observação

É fundamental compreender que o estudo da teoria das probabilidades e a eficiência da formulação correta dos valores das hipóteses são componentes cruciais para um resultado coerente da aplicação. Caso as hipóteses não sejam assumidas de forma correta, ou sejam cometidos erros em relação a suas atribuições ou estatísticas relacionadas, também será incorreto o resultado do teste, e sua informação será incoerente com o problema estudado.

Conclusões Possíveis sobre a Hipótese Nula

Como foi referido, em um teste de significância tenta-se provar a falsidade da hipótese nula, uma vez que temos uma estimativa que geralmente a contraria. Assim, apenas duas decisões podem ser tomadas:

- Aceitar a hipótese nula;
- Rejeitar a hipótese nula.

Saliente-se que aceitar a hipótese nula significa apenas que não se conseguiu, através dos dados disponíveis, demonstrar a sua falsidade, o que difere completamente de provar a sua veracidade.

Fazendo uma analogia com os processos judiciais, a hipótese nula é que o réu é inocente. Durante o julgamento tenta-se provar a falsidade desta hipótese, ou seja, que o réu é culpado, mas, no caso de não se conseguir provar a culpa, isso não significa que o réu seja inocente; significa apenas que não foram encontradas provas suficientes. É completamente diferente, portanto, de rigorosamente formular uma teoria em que o parâmetro populacional segue por lei o comportamento geral do valor da hipótese nula θ_0.

O fato de *aceitar* a hipótese nula e não confiar plenamente neste resultado relaciona-se com os erros que podem ser cometidos ao aceitar ou rejeitar a hipótese básica.

Para situações em que não é possível rejeitar a hipótese nula, o procedimento pode ser repetido com diferentes valores para o nível de significância, a fim de dar maior precisão para a decisão fornecida pelas técnicas de teste de significância utilizadas.

Conceito de Estimativa Significante e Não Significante

Na prática, a hipótese alternativa é formulada com base na evidência da estimativa obtida junto à amostra, ou seja, no geral, a informação amostral parece, inicialmente, apoiar a hipótese alternativa. Caso a hipótese nula seja aceita, isto implica que o resultado encontrado na amostra em particular é fruto de erro amostral ou, em termos técnicos, é **não significante**. Caso a hipótese nula seja rejeitada, isto implica a confirmação do apoio da informação amostral à hipótese alternativa e diz-se que o resultado encontrado na amostra é **significante.**

Portanto, em geral se realiza um teste de significância se o resultado amostral contraria a hipótese nula. Os testes de significâncias são realizados para se comprovar se a oposição à hipótese nula é fruto de erro amostral ou é uma nova realidade que se apresenta para a tendência para o parâmetro.

Tipos de Testes de Significância

1º) Teste Bilateral

$H_0: \theta = \theta_0$

$H_1: \theta \neq \theta_0$

Exemplo:

$H_0: \mu = 1200$

$H_1: \mu \neq 1200$

2º) Teste Unilateral à Direita

$H_0: \theta = \theta_0$

$H_1: \theta > \theta_0$

Exemplo:

$H_0: \mu = 1200$

$H_1: \mu > 1200$

3º) Teste Unilateral à Esquerda

$H_0: \theta = \theta_0$

$H_1: \theta < \theta_0$

Exemplo:

$H_0: \mu = 1200$

$H_1: \mu < 1200$

Outros Exemplos

Formulação de hipóteses

Unilateral à esquerda:
H_0: $\mu = 50$
H_1:: $\mu > 50$

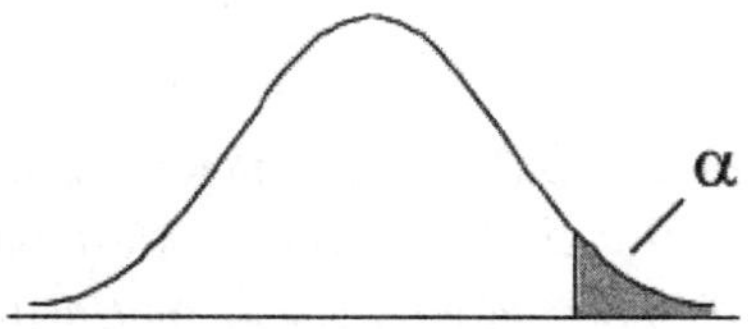

Unilateral à direita:
H_0: : $\mu = 50$
H_1: : $\mu < 50$

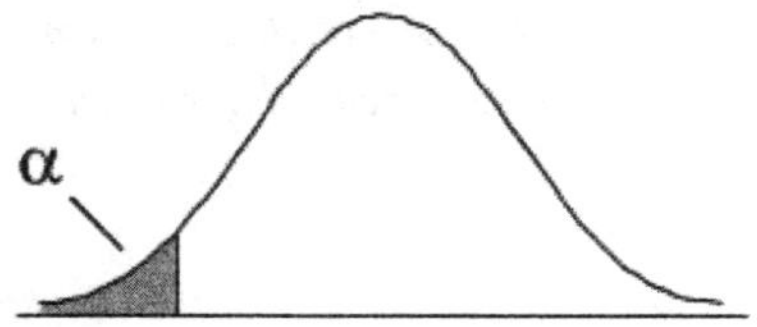

Bilateral:
H_0: : $\mu = 50$
H_1:: $\mu \neq 50$

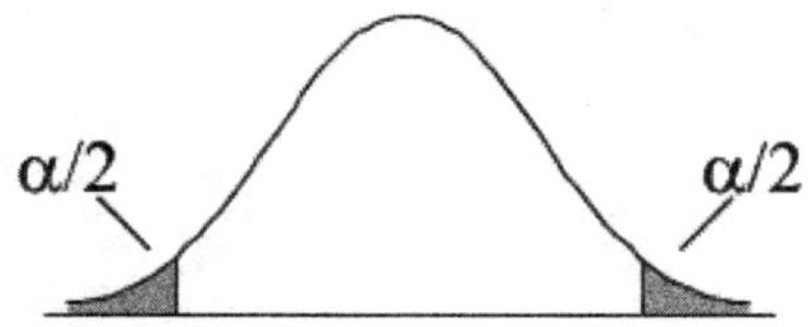

Conceito de Estimativa Significante

- *Significante em linguagem estatística não significa* ***"importante".***
- *Significante quer dizer simplesmente "não provável" de ocorrer apenas ao acaso, não é fruto de erro amostral.*
- *O valor da estimativa não é fruto de erro amostral, corresponde a uma estimativa de "**qualidade**" do parâmetro populacional.*
- *O nível de significância torna mais exato o "**não provável**".*
- *Significância no nível 0,01 é frequentemente enunciado pela afirmação: "**os resultados foram significantes (p< 0,01)".***
- *O valor-p é mais informativo do que uma afirmação de significância (probabilidade de erro de estimação), porque foi calculado e é fruto da observação empírica. Já o nível de significância é arbitrado pelo pesquisador.*
- *Por exemplo: um resultado com valor-p=0,03 é significante no nível α =0,05, mas não é significante no nível de α =0,01.*

Técnicas de se Realizar Testes de Significância

Para testar significância, existem as alternativas do intervalo confiança e do valor-p. Os testes de significância pelo valor-p e pelo intervalo de confiança são os mais usuais atualmente na área da pesquisa estatística.

Teste de Significância Utilizando o Intervalo de Confiança

- *Calculando o intervalo de confiança, ele pode ser usado, imediatamente, sem qualquer outro cálculo, para testar qualquer hipótese.*

- *O intervalo de confiança pode ser encarado como um conjunto de hipóteses aceitáveis.*
- *Qualquer hipótese H_0 que esteja fora do intervalo de confiança deve ser rejeitada. Por outro lado, qualquer hipótese que esteja dentro do intervalo de confiança deve ser aceita.*

Exemplo

"Um pesquisador de mercado desconfia de que a satisfação média dos clientes da empresa em que trabalha não é mais 3,0, numa escala de 0 a 5. Ele selecionou aleatoriamente do cadastro da empresa 10.000 clientes, na qual calculou a média de satisfação que resultou em 3,2, com desvio padrão 10. O pesquisador suspeita, então, que o nível médio de satisfação possa ter aumentado. Ele credita a uma nova estratégia de marketing mais agressiva adotada o possível aumento no nível médio de satisfação. Para confirmar suas suspeitas, ele realiza um teste de significância do resultado 3,2 de satisfação."

Formulação das Hipóteses

$H_0: \mu = 3,0.$
$H_1: \mu \neq 3,0.$

Intervalo de Confiança

$$3,2 - 1,96 . 0,1 \leq \mu \leq 3,2 + 1,96 . 0,1$$

$$3,2 - 0,196 \leq \mu \leq 3,2 + 0,196$$

$$\mathbf{3,004 \leq \mu \leq 3,396.}$$

Decisão

3,0 está fora do intervalo de confiança, portanto a hipótese nula deve ser rejeitada, isto é, a estratégia de marketing mais agressiva surtiu efeito, como indicava inicialmente a informação amostral. O nível médio de satisfação aumentou com uma probabilidade de 95%. A média de satisfação 3,2 é significante a 5% de significância ($p<0,05$).

Teste de Significância Utilizando o Valor-p

Conceito de Valor-p

O valor-p é o menor nível de significância que conduza à rejeição da hipótese nula H_0, com os dados fornecidos. É o grau de confiança que a informação amostral dá à hipótese formulada. É uma medida de credibilidade de H_0.

O valor-p ou p-valor, também denominado nível descritivo do teste, pode ser entendido como a probabilidade de que a estatística do teste (como variável aleatória) tenha valor extremo em relação ao valor observado (estatística), quando a hipótese H_0 é verdadeira.

Para exemplificar a definição de valor-p ou p-valor, considere um teste de hipóteses para a média no qual o valor da estatística é dado por Z_{obs} . As figuras a seguir representam, respectivamente, o valor-p nos casos em que temos um teste de hipóteses bilateral, com rejeição da hipótese nula e sem rejeição da hipótese nula (aceitação).

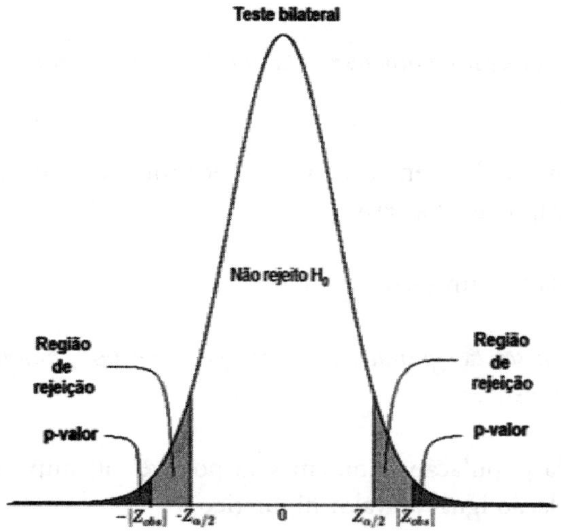

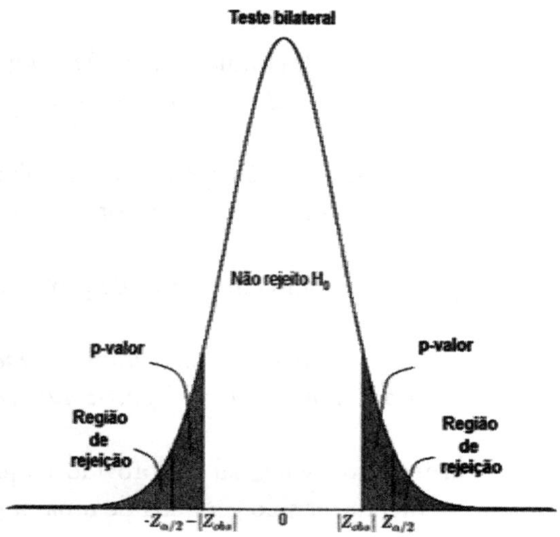

A seguir, temos a figura de um teste de hipóteses unilateral para média. Na primeira das figuras, rejeitamos a hipótese nula e na segunda não rejeitamos.

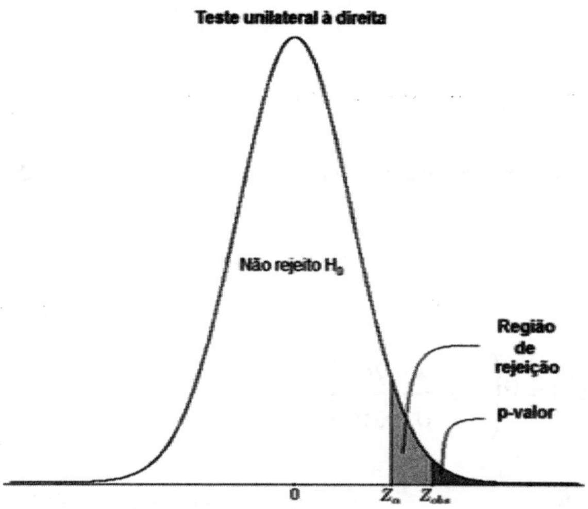

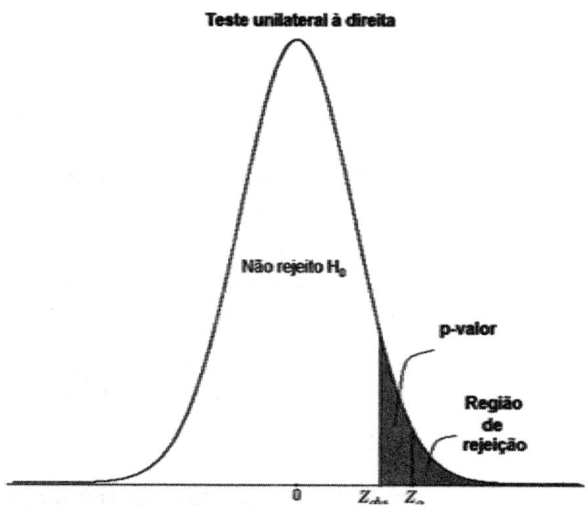

Observe que se o p-valor é menor que o nível de significância proposto (α), então Z_{obs} está na região crítica e, portanto, rejeitamos a hipótese nula H_0. Por outro lado, se o p-valor é maior que o nível de significância, aceita-se a hipótese nula (ver figura acima). Além disso, quanto menor for o valor-p, mais «distante» estamos da hipótese nula H_0. Portanto, o valor-p tem mais informações sobre a evidência contra H_0 e assim o experimentador tem mais informações para decidir sobre com o nível de significância apropriado.

Cálculo do Valor-p

É o valor da probabilidade de ser possível uma estimativa pontual, obtida de uma amostra aleatória, ter sido selecionada de uma população com valor igual ao da hipótese nula.

Basta calcular a probabilidade condicionada: *Dado um valor de uma hipótese nula, qual a chance de uma estimativa colhida ter provindo de uma população com parâmetro igual a ela.*

Como os cálculos dos valores-p são geralmente calculados com base em distribuições de probabilidades contínuas, não existe probabilidade em um ponto e o valor-p seria sempre igual a zero.

Então, o valor-p será calculado em termos de probabilidade acumulada:

É a *probabilidade de a estimativa obtida junto à amostra ser tão grande (≥) ou tão pequena (≤)quanto o valor que foi observada, considerando o valor da hipótese nula verdadeiro.*

Se é possível ou impoível ser igual ter provido daquela população, também será possível ou impossível uma estimativa maior ou menor ter sido gerarada de uma população igual ao valor hipotético.

Exemplo

Vamos testar as seguintes hipóteses pelo valor-p:

$H_0 : \mu = \mu_{0.}$

$H_1 : \mu > \mu_{0.}$

Isso significa que queremos saber: *Qual a probabilidade de uma estimativa igual a* $\overline{X}_{zero}$ *ou maior que* $\overline{X}_{zero}$ *ter provindo de uma população de média igual a* μ_0*?*

Esta probabilidade toma, então, a forma abaixo:

$$\text{Valor} - \text{p} = \text{P}\left(\overline{\text{x}} \geq \overline{\text{x}}_0 \,/\, \mu_0\right) = \text{P}\left(\text{Z} \geq \frac{\overline{\text{x}} - \mu_0}{\sigma / \sqrt{\text{n}}}\right)$$

Logo, o valor-p toma a forma para teste de significância de μ:

Estimativa – hipótese nula

$$\text{P}\left(\text{Z} \geq \frac{\text{Estimativa} - \text{hipótese nula}}{\text{Erro padrão da estimativa}}\right)$$

Os testes de significância de outras estimativas seguem raciocínio análogo de cálculo.

Exemplo

Do exemplo anterior da satisfação de clientes...:

$$\text{Valor}-\text{p}=\text{P}\left[Z\geq\left((3,2-3,0)/0,1\right)\right]=\text{P}[z\geq 2,0]=0,5-0,4772=0,0228 \text{ ou } 2,28\%$$

Critério de Decisão Utilizando o Valor-p

Decidir acerca de aceitar ou rejeitar a hipótese nula com base no valor-p são geralmente tomadas tendo em vista "níveis de significância" previamente escolhidos. Nível de significância é o limite que se toma como base para afirmar que um certo desvio é decorrente do acaso ou não, isto é, se o valor-p é pequeno ou grande, se a credibilidade da hipótese nula é alta ou baixa. São aceitos com *"defaults"* como estatisticamente significantes até os níveis $\alpha = 0{,}05$ e $\alpha = 0{,}01$; ou seja, 5% e 1%, respectivamente.

Valores-p acima de um nível de significância convencionado α significam que a diferença entre o valor da hipótese nula e da estimativa são devidos à lei do acaso e o resultado é considerado não significante. Logo,

> ***Valor-p ≤ a**, rejeita-se a hipótese nula e existe diferença real entre o valor da hipótese nula e a estimativa, evidenciando uma nova direção para a verdadeira medida descritiva.*

Exemplo

Decisão

***2,28%≤5,00%,** rejeita-se a hipótese nula. Existe diferença real entre a satisfação igual a 3,0 e a estimativa 3,2; evidenciando uma nova direção para a verdadeira medida de satisfação dos clientes.*

Portanto,

- *Podemos comparar o valor-p com um valor fixo que consideramos decisivo.*
- *Este valor decisivo do valor-p é o nível de significância (α).*
- *Se o valor-p é igual ou menor do que α, dizemos que a estimativa é significante no nível de α.*
- *Até este limite, o valor-p pode ser considerado como "**pequeno**", indicando baixa credibilidade da hipótese nula.*

Teste de Significância para Média da Amostra, quando a Variância Populacional é Conhecida

O valor-p será calculado através da estatística:

$$Z = \frac{\overline{X} - \mu_0}{\sigma / \sqrt{n}}$$

$$\text{Valor} - p = P\left(Z \geq \text{ou} \leq \frac{\overline{X} - \mu_0}{\sigma / \sqrt{n}} \right)$$

Teste Unilateral à Esquerda

$$\text{Valor} - p = P\left(Z \leq \frac{\overline{X} - \mu_0}{\sigma / \sqrt{n}} \right)$$

Teste Unilateral à Direita

$$\text{Valor} - p = P\left(Z \geq \frac{\overline{X} - \mu_0}{\sigma / \sqrt{n}} \right)$$

Exemplo 1

Um exemplo de valor-p unilateral à direita pode ser o da satisfação de cliente, cujo valor foi de **2,28%.**

Teste Bilateral

O valor-p bilateral será duas vezes o valor-p unilateral.

Exemplo

Do exemplo da satisfação de clientes, o valor-p unilateral calculado foi de **0,0228** ou **2,28%**. O dobro deste valor é **0,0456** ou **4,56%.**

Decisão

Como o valor-p (**4,56%**) é menor que **5,00%**, rejeita-se a hipótese nula e toma-se a estimativa encontrada na amostra como significante.

Vejamos outros exemplos de testes de significância para a média populacional μ.

Exemplo 2

Uma empresa tem constatado um volume médio de vendas de seus produtos comercializados no varejo na ordem de 200 mil reais mensais. Contudo, o pesquisador selecionou uma amostra de 16 estabelecimentos onde são comercializados seus produtos e constatou um volume médio de vendas de 198 mil reais mensais. O pesquisador suspeita, então, que o volume médio de vendas possa ter caído. Os fatores podem ser o aumento do dólar e a mudança política no país. O desvio padrão das vendas em todos os estabelecimentos em que são comercializados os produtos da empresa é de 4 mil reais. Teste as suspeitas dos executivos da empresa, a um nível de significância de 1%.

Formulação das Hipóteses

H_0: μ= 200.

H_1:μ< 200.

Valor-p:

$$\text{Valor}-\text{p}=\text{P}\left(\text{Z}\leq\frac{\overline{\text{X}}-\mu_0}{\sigma/\sqrt{\text{n}}}\right)$$

$$\text{Valor}-\text{p}=\text{P}\left(\text{Z}\leq\frac{198-200}{4/\sqrt{16}}\right)$$

Valor-p = P (Z≤-2,0) = 0,5 – 0,4772 = **0,0228** ou **2,28%.**

Decisão

2,28%>1%, H_0 não pode ser rejeitada a este nível de significância. A credibilidade de H_0 é alta. As suspeitas dos executivos são infindáveis: o volume médio de vendas continua o mesmo, não há indícios suficientes de que houve queda, apesar do contexto negativo. O volume médio de vendas de 198 mil reais mensais é não significante.

Teste de Significância para Média da Amostra, quando a Variância Populacional é Desconhecida e o Tamanho da Amostra é Suficientemente Grande

Pelo **Teorema Central do Limite,** o valor –p continua sendo calculado pela curva normal, somente no lugar de σ usa-se S.

Exemplo

Uma empresa tem constatado um volume médio de vendas de seus produtos comercializados no varejo na ordem de 200 mil reais mensais. Contudo, o pesquisador selecionou uma amostra de 36 estabelecimentos onde são comercializados seus produtos e constatou um volume médio de vendas de 198 mil reais mensais com desvio padrão de 12 mil reais. O pesquisador suspeita, então, que o volume médio de vendas possa ter caído. Os fatores podem ser o aumento do dólar e a mudança política no país. Teste as suspeitas dos executivos da empresa a um nível de significância de 1% .

Formulação das Hipóteses

H_0: μ= 200.

H_1:μ< 200.

Valor-p:

$$\text{Valor} - \text{p} = \text{P}\left(Z \leq \frac{\overline{X} - \mu_0}{\sigma / \sqrt{n}}\right)$$

$$\text{Valor} - \text{p} = \text{P}\left(Z \leq \frac{198 - 200}{12 / \sqrt{36}}\right)$$

Valor-p = P (Z≤-1,0) = 0,5 – 0,3413 = **0,1587** ou **15,87%.**

Decisão

15,85%>1%, H_0 não pode ser rejeitada a este nível de significância. A credibilidade de H_0 é alta. As suspeitas dos executivos são infundáveis: *o volume médio de vendas continua o mesmo, não há indícios suficientes de que houve queda, apesar do contexto negativo. O volume médio de vendas de 198 mil reais mensais* é *não significante.*

Teste de Significância para Média da Amostra, quando a Variância Populacional é Desconhecida e o Tamanho da Amostra Não é Suficientemente Grande

Neste caso, a distribuição utilizada deve ser a t -Student.

O valor-p será calculado através da estatística:

$$t = \frac{\overline{X} - \mu_0}{S / \sqrt{n}}$$

$$\text{Valor} - \text{p} = \text{P}\left(t \geq \text{ou} \leq \frac{\overline{X} - \mu_0}{S / \sqrt{n}}\right)$$

Teste Unilateral à Esquerda

$$\text{Valor} - p = P\left(t \le \frac{\overline{X} - \mu_0}{S / \sqrt{n}} \right)$$

Teste Unilateral à Direita

$$\text{Valor} - p = P\left(t \ge \frac{\overline{X} - \mu_0}{S / \sqrt{n}} \right)$$

Exemplo

Uma empresa tem constatado um volume médio de vendas de seus produtos comercializados no varejo na ordem de 200 mil reais mensais. Contudo, o pesquisador selecionou uma amostra de 16 estabelecimentos onde são comercializados seus produtos e constatou um volume médio de vendas de 198 mil reais mensais com desvio padrão de 4 mil reais. O pesquisador suspeita, então, que o volume médio de vendas possa ter caído. Os fatores podem ser o aumento do dólar e a mudança política no país. Teste as suspeitas dos executivos da empresa a um nível de significância de 1%.

Formulação das Hipóteses

H_0: μ= 200.

H_1:μ< 200.

Valor-p

$$\text{Valor} - p = P\left(t \le \frac{\overline{X} - \mu_0}{S / \sqrt{n}} \right)$$

$$\text{Valor} - p = P\left(t \le \frac{198 - 200}{4 / \sqrt{16}} \right)$$

$$\begin{cases} \Phi = 16 - 1 = 15 \\ \text{Valor} - p = P(t \le -2{,}0) \rightarrow \text{tabela } t \approx 0{,}025 \text{ ou } 2{,}5\% \end{cases}$$

Decisão

2,5%>1%, H_0 não pode ser rejeitada a este nível de significância. A credibilidade de H_0 é alta. As suspeitas dos executivos são infundáveis: *o volume médio de vendas continua o mesmo, não há indícios suficientes de que houve queda, apesar do contexto negativo. O volume médio devendas de 198 mil reais mensais é não significante.*

Exemplos Adicionais

1. Um restaurante que vende comida a quilo vem constatando que seus clientes gastam, em media, R$ 35,00 com o prato que consomem. Uma amostra aleatória de 100 clientes revelou um gasto médio com a refeição de R$ 25,00, com desvio padrão 40. Teste a significância da estimativa de R$ 25,00 e conclua se os clientes estão comendo menos.

Solução

Formulação das Hipóteses

$H_0 : \mu = 35{,}0.$

$H_1 : \mu < 35{,}0.$

Valor-p:

$$\text{Valor} - p = P\left[Z \geq \left(\overline{X} - \mu_0\right) / S\sqrt{n}\right]$$
$$\text{Valor} - p = P\left[Z \geq (25 - 35) / 40\sqrt{100}\right]$$
$$\text{Valor} - p = P\left[Z \geq (-10) / 40\sqrt{100}\right]$$
$$\text{Valor} - p = P\left[Z \geq (-10) / 4\right]$$
$$\text{Valor} - p = P[Z \geq -2{,}5] = 0{,}50 - 0{,}4938 = 0{,}0062 \text{ ou } 0{,}62\%$$

Decisão

Como **0,62%<5%**, rejeita-se H_0. A credibilidade de H_0 é baixa. O valor estimado é significante. Os clientes parecem que estão gastando menos com alimentação neste restaurante, isto é, comendo menos.

2. Um restaurante que vende comida a quilo vem constatando que seus clientes gastam, em media, R$ 35,00 com o prato que consomem. Uma amostra aleatória de 16 clientes revelou um gasto médio com a refeição de R$ 25,00, com desvio padrão 20. Teste a significância da estimativa de R$ 25,00 e conclua se os clientes estão comendo menos.

Solução

Formulação das Hipóteses

$H_0 : \mu = 35,0.$

$H_1 : \mu < 35,0.$

Valor-p

$$\text{Valor} - p = P\left[Z \geq \left(\overline{X} - \mu_0\right) / S\sqrt{n}\right]$$
$$\text{Valor} - p = P\left[Z \geq (25 - 35) / 20\sqrt{16}\right]$$
$$\text{Valor} - p = P\left[Z \geq (-10) / 20 / 4\right]$$
$$\text{Valor} - p = P\left[Z \geq (-10) / 5\right]$$
$$\text{Valor} - p = P[Z \geq -2,0]$$

$$\Phi = n - 1 = 16 - 1 = 15$$
$$\rightarrow \Phi = 16 \rightarrow \text{Valor} - p \approx 0,025 \text{ ou } 2,5\%$$

Decisão

Como **2,5%<5%**, rejeita-se H_0. A credibilidade de H_0 é baixa. O valor estimado é significante. Os clientes parecem que estão gastando menos com alimentação neste restaurante, isto é, comendo menos.

Teste de Significância para a Proporção da Amostra

O **valor-p** será obtido através da seguinte expressão:

$$\text{Valor} - p = P\left(Z \geq \text{ou} \leq \frac{p - \pi_0}{\sqrt{\left[\pi_0 (1 - \pi_0)\right] / n}} \right)$$

Exemplo

Um estatístico selecionou uma amostra aleatória de 2.000 eleitores, constatando uma intenção de voto de 43% para um candidato à presidência na época das eleições. O político desconfia, então, de que sua intenção de voto se alterou, não está mais em torno de 52%. Pede ao estatístico que teste a hipótese. Ao nível de 99% de confiança, utilizando o intervalo de confiança e o valor-p, o teste requerido é:

Solução

Formulação da Hipótese

$H_0 : \pi = 0,52.$
$H_1 : \pi \neq 0,52.$

Pelo Intervalo de confiança: Obtenção de Z

99% → tabela da normal padrão → procurar no miolo da tabela a área de 0,99/2= 0,4950, logo **Z = 2,58.**

$$0,43-2,58\sqrt{0,52.0,48/2000}\leq \pi \leq 0,43+2,58\sqrt{0,52.0,48/2000}$$
$$0,43-0,03\leq \pi \leq 0,43+0,03$$
$$0,40\leq \pi \leq 0,46.$$

Decisão

O valor 0,52 está fora do intervalo de confiança, portanto rejeita-se H_0, isto é, as suspeitas do político parecem ter sentido: sua intenção de voto não é mais de 52%. A intenção de voto de 43% para o candidato à presidência na época das eleições é significante ao nível de 1% de significância (p<0,01).

Pelo valor-p

$$\text{Valor}-\text{p}=\text{P}\left(\text{Z}\geq \text{ou}\leq \frac{\text{p}-\pi_0}{\sqrt{[\pi_0(1-\pi_0)]/\text{n}}}\right)$$

$$\text{Valor}-\text{p}=\text{P}\left(\text{Z}\leq \frac{0,43-0,52}{\sqrt{[(0,52.0,48)/2000]}}\right)$$

$$\text{Valor}-\text{p}=\text{P}[\text{Z}\leq -8,18]=0,5-0,5=0,000$$

Valor-p = P[Z ≤ - 8,18] = 0,5 – 0,5 = **0,0000**

Valor-p bilateral = 2. 0,000 = **0,0000.**

Decisão

A credibilidade de H_0 é nula, rejeita-se a hipótese de que o percentual continua sendo de 52%. A intenção de voto se alterou. A proporção de 43% para o candidato à presidência na época das eleições é significante ao nível de 1% de significância (p<0,01).

Teste de Significância para a Diferença de Médias das Amostras quando as Variâncias Populacionais são Conhecidas

Formulação das Hipóteses

Teste Bilateral:

$H_0 : (\mu_1 \pm \mu_2) = (\mu_{01} \pm \mu_{02})$

$H_1 : (\mu_1 \pm \mu_2) \neq (\mu_{01} \pm \mu_{02})$

Teste Unilateral à Direita:

$H_0 : (\mu_1 \pm \mu_2) = (\mu_{01} \pm \mu_{02})$

$H_1 : (\mu_1 \pm \mu_2) > (\mu_{01} \pm \mu_{02})$

Teste Unilateral à Esquerda:

$H_0 : (\mu_1 \pm \mu_2) = (\mu_{01} \pm \mu_{02})$

$H_1 : (\mu_1 \pm \mu_2) < (\mu_{01} \pm \mu_{02})$

Estamos, como sempre, admitindo a normalidade das distribuições amostrais de $\overline{X}_1$ e $\overline{X}_2$. O teorema das combinações lineares de variáveis normais independentes assegura que será também normal a distribuição da variável de teste de significância xbarra1 – Xbarra2. Logo, o valor obtido para $\overline{X}_1 - \overline{X}_2$ poderá ser testado segundo as expressões dadas a seguir.

O **valor-p** será obtido através da seguinte estatística de teste:

$$\text{Valor} - \text{p} = \text{P}\left(\text{Z} \geq \text{ou} \leq \frac{(\text{estimativa da diferença} - \text{valor da hipótesenula})}{\text{erro padrão da estimativa}} \right)$$

Lembrando, que neste caso o erro padrão da estimativa é:

$$\text{EP} = \sqrt{\left(\sigma_1^2 / \text{n}_1\right) + \left(\sigma_2^2 / \text{n}_2\right)}$$

Exemplo

Uma empresa tem duas filiais (A e B), para as quais os desvios padrão das vendas diárias são de 5 e 3, respectivamente. Uma amostra de 20 dias forneceu uma venda média diária de 40 peças para a filial A e 30 peças para a filial B. Supondo que a distribuição diária de vendas seja normal, teste a hipótese nula de que a diferença de média das vendas entre as filiais seja de 8 peças contra a alternativa de ser maior do que 8 peças, com uma confiança de 95%.

Estimativa da diferença

$\overline{X}_1 - \overline{X}_2 = 40 - 30 = 10.$

Erro padrão da Estimativa

EP = 1,30.

Formulação das Hipóteses

$H_0 : (\mu_1 - \mu_2) = 8.$

$H_1 : (\mu_1 - \mu_2) > 8.$

$$\text{Valor} - p = P[Z \geq (10 - 8) / 1{,}30] = P[Z \geq 1{,}53] = 0{,}5 - 0{,}4370 = 0{,}063 \text{ ou } 6{,}3\%$$

Decisão

6,3%>5%, H_0 não pode ser rejeitada a este nível de significância. A credibilidade de H_0 é alta. A diferença de 8 peças para a venda média entre as duas filiais deve ser aceita a este nível de significância. A estimativa de diferença média de vendas entre as filiais de 10 peças é não significante.

Teste de Significância para a Diferença de Médias das Amostras quando as Variâncias Populacionais são Desconhecidas, mas Supostamente Iguais

O **valor-p** será obtido através da seguinte estatística de teste:

$$\text{Valor} - p = P\left(\frac{t \geq \text{ou} \leq (\text{estimativa da diferença} - \text{valor da hipótese nula})}{\text{erro padrão da estimativa}} \right)$$

Lembrando que neste caso o erro padrão da estimativa é:

$$EP = S_c \sqrt{(1/n_1) + (1/n_2)}$$

Exemplo

De uma grande turma extraiu-se uma amostra de quatro notas: 64,66, 89 e 77. Uma amostra independente de três notas de uma segunda turma foi: 56, 71 e 53. Se for razoável admitir que as variâncias das duas turmas sejam aproximadamente iguais, teste a hipótese de que a diferença entre as médias das notas entre as duas turmas seja de 30 pontos contra a alternativa ser menor que 30 pontos, ao nível de 1% de significância.

Solução

Estimativa da diferença

$\overline{X}_1 - \overline{X}_2 = 74 - 60 = 14$

Erro padrão da Estimativa

EP = 8,26.

Formulação das Hipóteses

$H_0 : (\mu_1 - \mu_2) = 30$

$H_1 : (\mu_1 - \mu_2) < 30$

$$\begin{cases} \Phi = 4 + 3 - 2 = 5 \\ \text{Valor} - \text{p} = \text{P}\left[\text{t} \leq (14 - 30) / 8{,}26\right] = \text{P}\left[\text{t} \leq -1{,}94\right] \to \text{tabela} \approx 0{,}05 \text{ ou } 5\% \end{cases}$$

Decisão

5%>1% , H_0 não pode ser rejeitada a este nível de significância. A credibilidade de H_0 é alta. A diferença de 14 pontos para a diferença entre as notas médias das duas turmas é não significante a este nível (P<0,01).

Teste de Significância para a Diferença de Médias das Amostras quando as Variâncias Populacionais são Desconhecidas, mas Supostamente Desiguais

O **valor-p** será obtido através da seguinte estatística de teste:

$$\text{Valor} - \text{p} = \text{P}\left(\frac{\text{t} \geq \text{ou} \leq (\text{estimativa da diferença} - \text{valor da hipótese nula})}{\text{erro padrão da estimativa}} \right)$$

Lembrando que neste caso o erro padrão da estimativa é:

$$\text{EP} = \sqrt{\left(S_1^2 / n_1\right) + \left(S_2^2 / n_2\right)}$$

Exemplo

De uma pequena classe do curso do ensino médio pegou-se uma amostra de 4 provas de matemática e obteve: média=81, variância=2. Outra amostra, de 6 provas de biologia, forneceu: média=77, variância=14,4. Testar a hipótese de que as médias populacionais são iguais contra a alternativa de serem diferentes, supondo as variâncias populacionais desiguais:

a) Pelo Intervalo de confiança de 99%.

b) Pelo valor-p ao nível de 1% de significância.

Solução:

Estimativa da Diferença:

$$\overline{X}_1 - \overline{X}_2 = 81 - 77 = 4$$

Erro padrão da Estimativa:

EP = 1,70.

Formulação das Hipóteses:

$H_0 : (\mu_1 - \mu_2) = 0.$

$H_1 : (\mu_1 - \mu_2) \neq 0.$

Pelo Intervalo de Confiança:

Como o grau de liberdade da estatística t não é grande ($\Phi < 30$), o intervalo de confiança deverá ser baseado na t-student, com 8 graus de liberdade:

Obtenção de t:

99% $\rightarrow \alpha = 1\% \rightarrow$ tabela da t com $\Phi = 8 \rightarrow t =$ **3,36.**

Como o grau de liberdade da estatística t é menor do que 30, o intervalo de confiança deverá ser baseado na t Student, com $\Phi = 8$ graus de liberdade:

Intervalo de Confiança

$$4 - 3{,}36 . 1{,}70 \leq \mu_1 - \mu_2 \leq 4 + 3{,}36 . 1{,}70$$

Decisão

$$\mathbf{-1{,}71} \leq \mu_1 - \mu_2 \leq \mathbf{9{,}71.}$$

Como o zero está dentro do intervalo de confiança, não podemos rejeitar a hipótese nula a este nível de significância. Há evidências suficientes para se afirmar que a diferença entre as médias de matemática e biologia seja zero. A diferença de 4 pontos entre as médias é não significante.

b) Pelo O valor-p deve ser bilateral

$\Phi = 8$

$\text{Valor} - \text{p} = \text{P}\left[t \geq (4 - 0/1{,}70)\right] = \text{P}[t \geq 2{,}35] \approx 0{,}025.$

Valor-p bilateral = **2** . 0,025 ≈ **0,05 ou 5%.**

Decisão

Como 5%>1%, não podemos rejeitar a hipótese nula a este nível de significância. Há evidências suficientes para se afirmar que a diferença entre as médias de matemática e biologia seja zero. A diferença de 4 pontos entre as médias é não significante.

Teste de Significância para a Diferença de Médias de Duas Amostras Emparelhadas

O **valor-p** será obtido através da seguinte estatística de teste:

$$\text{Valor} - \text{p} = \text{P}\left(\frac{t \geq \text{ou} \leq (\text{estimativa da diferença} - \text{valor da hipótese nula})}{\text{erro padrão da estimativa}}\right)$$

Lembrando que neste caso o erro padrão da estimativa é:

$$\text{EP} = \sqrt{S_d^2} / \sqrt{n}$$

Exemplo

A tabela a seguir indica as vendas de um produto em 2 épocas do ano (I e II) em cinco supermercados. Testar a hipótese de que a diferença de médias seja nula, contra a alternativa de ser maior do que zero, pelo valor-p, ao nível de 10% de significância.

Supermercados	A	B	C	D	E
Vendas na época 1	14	20	11	12	10
Vendas na época 2	4	16	9	16	10

Solução

Època 1	Época 2	**Difereças (d_i)**
14	4	10
20	16	4
11	9	3
12	16	-4
10	10	0
—	—	12

A partir dos dados, obtemos:

Estimativa da diferença

$\overline{d} = 2,4.$

Erro padrão da Estimativa

EP = 2,31.

Formulação das Hipóteses

$H_0 : \mu_d = 0.$

$H_1 : \mu_d > 0.$

$\Phi = 5 - 1 = 4$

$\text{Valor} - p = P\left[t \geq (2,4 - 0)/2,31\right] = P\left[t \geq 1,04\right] \rightarrow \text{tabela} \approx 0,25 \text{ ou } 25\%$

Decisão

25%>10%, não podemos rejeitar a hipótese nula neste nível de significância. Não existe evidência de diferença de médias de vendas entre as duas filiais. O resultado de diferença de médias igual a 2,4 é não significante. É fruto de erro amostral.

Teste de Significância para a Diferença de Proporções das Amostras

Para efetuar o teste para a diferença de médias envolvendo proporções, é necessário de antemão trabalharmos com amostras suficientemente grandes ($n \geq 30$).

O **valor-p** será obtido através da seguinte estatística de teste:

$$\text{Valor} - \text{p} = P\left(\frac{t \geq \text{ou} \leq (\text{estimativa da diferença} - \text{valor da hipótese nula})}{\text{erro padrão da estimativa}}\right)$$

Lembrando que, neste caso, o erro padrão da estimativa é:

$$EP = \sqrt{(p'q'/n_1) + (p'q'/n_2)}$$

Onde:

$$\mathbf{p' = (n_1 p_1 + n_2 p_2) / n_1 + n_2}$$

Exemplo

Em um levantamento de opinião pública para previsão de uma eleição, foram ouvidos 500 eleitores escolhidos ao acaso na cidade A, onde 236 declararam que iriam votar em certo candidato. Na cidade B, foram ouvidos outros 500 eleitores, onde 200 declararam que iriam votar no candidato em questão. Teste a hipótese de que a diferença de intenções de votos do candidato nas duas cidades é igual a zero contra a hipótese alternativa de ser maior que zero, com uma confiança de 95%, pelo valor-p.

Estimativa da diferença

$[p_1 - p_2] = 0{,}47 - 0{,}40 = \mathbf{0{,}07}$.

Erro padrão da Estimativa

$$p' = (500.0{,}47 + 500.0{,}40) / 500 + 500 = 0{,}44$$
$$EP = \sqrt{(0{,}44.0{,}56/500) + (0{,}44.0{,}56/500)} = 0{,}03.$$

Formulação das Hipóteses

$H_0 : (\pi_1 - \pi_2) = 0.$

$H_1 : (\pi_1 - \pi_2) > 0.$

$$\text{Valor} - p = P\left[Z \geq (0{,}07 - 0)/0{,}03\right] = P[Z \geq 2{,}33] = 0{,}5 - 0{,}4901 = 0{,}0099 \text{ ou } 0{,}99\%$$

Decisão

0,99%<5%, rejeita-se a hipótese nula. Existe diferença entre as intenções de votos nas duas cidades ao nível de significância de 5%. A diferença de intenção de voto de 7% é significativa.

Teste de Significância para a Variância da Amostra (S^2)

Formulação das Hipóteses

$H_0 : \sigma^2 = \sigma^2_0$

$$\begin{cases} H_1 : \sigma^2 \neq \sigma_0^2 \\ H_1 : \sigma^2 > \sigma_0^2 \\ H_1 : \sigma^2 < \sigma_0^2 \end{cases}$$

Deve-se fixar o nível de significância α. A variável escolhida é χ^2, com Φ = n-1 graus de liberdade.

Cálculo do Valor-p

$$\text{Valor} - P = P\left(\chi^2_{(n-1)} \geq \text{ou} \leq \frac{S^2(n-1)}{\sigma_0^2}\right)$$

O valor do sinal da expressão do valor-p depende do sinal da hipótese alternativa.

Onde

n=tamanho da amostra.
S^2= variância amostral.
σ^2_0= valor da hipótese nula.

Decisão

Se o **valor-p** $\leq \alpha$, rejeita-se H_0, rejeita-se a hipótese nula e o resultado é significante para a estimativa colhida na amostra.

Exemplo 1

Em uma amostra aleatória de 20 elementos, obteve-se $S^2 = 64$. Testar a hipótese de que $\sigma^2 = 36$ ao nível de significância de 10%.

Solução

Formulação das Hipóteses

$H_0 : \sigma^2 = 36.$
$H_1 : \sigma^2 > 36.$

Nível de Significância

$\alpha = 0{,}10.$

Graus de Liberdade

$\Phi = 20 - 1 = 19.$

Cálculo do Valor-p

$$\text{Valor} - \text{P} = \text{P}\left(\chi^2_{(20-1)} \geq \frac{64(20-1)}{36}\right) =$$

$$\text{Valor} - \text{P} = \text{P}\left(\chi^2_{(19-1)} \geq \frac{64(19)}{36}\right) =$$

$$\text{Valor} - \text{P} = \text{P}\left(\chi^2_{(19)} \geq \frac{1216}{36}\right) =$$

$$\begin{cases} \text{Valor} - \text{P} = \text{P}\left(\chi^2_{(19)} \geq 33{,}778\right) \\ \Phi = 20 - 1 = 19 \rightarrow \text{Tabela da Qui} - \text{quadrado} \rightarrow \text{valor} - \text{p} \approx 0{,}0250. \end{cases}$$

Decisão

Valor-p < 0,10; rejeita-se H_0. $S^2 = 64$ é **significante.**

Exemplo 2

Uma amostra de 10 elementos de uma população forneceu variância igual a 24,8. Pergunta-se: esse resultado é suficiente para se concluir, ao nível de $\alpha = 5\%$, que a variância dessa população é inferior a 50?

Solução

Formulação das Hipóteses

$H_0 : \sigma^2 = 50.$
$H_1 : \sigma^2 < 50.$

Nível de Significância

$\alpha = 0,05$.

Graus de Liberdade

$\Phi = 10 - 1 = 9$.

Cálculo do Valor-p

$$\text{Valor} - \text{P} = \text{P}\left(\chi^2_{(10-1)} \leq \frac{24,8(10-1)}{50}\right) =$$

$$\text{Valor} - \text{P} = \text{P}\left(\chi^2_{(9)} \leq \frac{24,8(9)}{50}\right) =$$

$$\text{Valor} - \text{P} = \text{P}\left(\chi^2_{(19)} \leq \frac{223,2}{50}\right) =$$

$$\begin{cases} \text{Valor} - \text{P} = \text{P}\left(\chi^2_{(9)} \geq 4,464\right) \\ \Phi = 10 - 1 = 9 \rightarrow \text{Tabela da Qui} - \text{quadrado} \rightarrow \text{valor} - \text{p} \approx 0,9000. \end{cases}$$

Decisão

Valor-p > 0,05; aceita-se H_0. $S^2 = 24,8$ não é significante. É fruto de erro amostral.

Teste de Significância para o Quociente de Duas Variâncias Amostrais S^2_1 e S^2_2

Formulação das Hipóteses

$$\begin{cases} H_0 : \sigma_1^2 = \sigma_2^2 \\ \\ H_1 : \sigma_1^2 \neq \sigma_2^2 \\ H_1 : \sigma_1^2 > \sigma_2^2 \\ H_1 : \sigma_1^2 < \sigma_2^2 \end{cases}$$

Deve-se fixar o nível de significância α. A variável escolhida é F de Snedecor, com $\Phi_1 = n_1 - 1$ graus de liberdade no numerador e Φ_2= n_2-1 graus de liberdade no denominador.

Cálculo do Valor-p

$$\text{Valor} - \text{P} = \text{P}\left(\text{F} \geq \text{ou} \leq \frac{S_1^2}{S_2^2}\right)$$

O valor do sinal da expressão do valor-p depende do sinal da hipótese alternativa.

Onde

n_1=*tamanho da amostra 1.*

n_2=*tamanho da amostra 2.*

S^2_1= *variância amostral da amostra 1.*

S^2_2= *variância amostral da amostra 2.*

Decisão

Se o **valor-p** ≤ α, rejeita-se H_0, rejeita-se a hipótese nula e o resultado é significante para a estimativa colhida na amostra.

Exemplo

Dois programas de treinamento de funcionários foram efetuados. Os 21 funcionários treinados no programa antigo apresentaram uma variância 146 em suas taxas de erro. No novo programa, 13 funcionários apresentaram uma variância de 200. Sendo α =5%, pode-se concluir que a variância é diferente para os dois programas?

Solução

Formulação das Hipóteses

$$H_0 : \sigma_1^2 = \sigma_2^2$$
$$H_1 : \sigma_1^2 < \sigma_2^2$$

Nível de Significância

α = 0,05.

Graus de Liberdade

Φ_1= 21-1= 20.

Φ_2= 13-1 = 12.

Cálculo do Valor-p

$$\text{Valor} - P = P\left(F \leq \frac{146}{200}\right) =$$

$$\begin{cases} \text{Valor} - P = P(F < 0{,}73) = \\ \Phi_1 = 20 \rightarrow \text{TabelaF} \rightarrow \text{Valor} - P \approx 0{,}2500 \\ \Phi_2 = 12 \end{cases}$$

Decisão

Se o valor-p > 0,05, aceita-se H_0. O quociente de 0,73 é não significante, fruto de erro amostral. As variâncias são iguais, ao nível de 5% de significância.

Observação

Todos os valores-p calculados neste capítulo e no restante do livro, relativos às distribuições t , χ^2 e F, são valores aproximados, porque foram indicados em função de pontos críticos próximos.

Lógica Geral de Um Teste de Significância

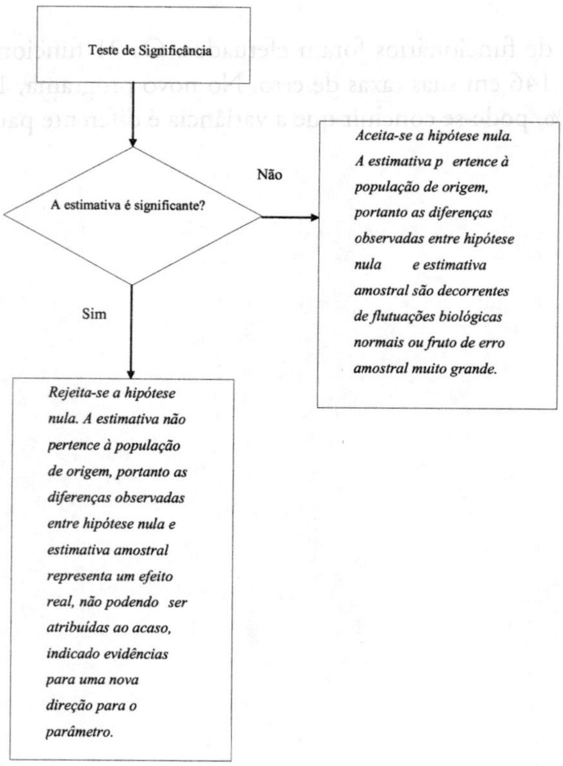

Resumindo, o papel principal da análise estatística é estabelecer se os resultados obtidos têm significância estatística, de acordo com limites preestabelecidos. Quando se formula uma hipótese em relação a um determinado parâmetro de uma população, a amostra dela retirada pode:

- Pertencer à população de origem, portanto as diferenças observadas entre hipótese nula e estimativa amostral são decorrentes de flutuações biológicas normais ou fruto de erro amostral muito grande.

- Não pertencer a essa população e as diferenças encontradas representam um efeito real, não podendo ser atribuídas ao acaso.

No primeiro caso, diz-se que os valores encontrados ***"são não significantes"*** e no segundo ***"são significantes"***. É importante notar que essas expressões são empregadas sempre tendo em vista ***"níveis de significância*** α***"***, previamente escolhidos.

Logo, para aplicar um teste de significância, cria-se uma hipótese nula que, geralmente, é a de igualdade (hipótese nula). O teste é feito para tentar refutar esta hipótese, porque existe uma estimativa amostral que evidencia uma nova direção para o parâmetro. Mas, por erros amostrais (flutuações), pode-se incorrer em erros de tomada de decisão. É o que veremos nos próximos parágrafos.

Erros que podem ser Cometidos em um Teste de Hipótese

Na realização de um teste de hipótese, dois erros podem ser cometidos, ou seja:

1º) *Erro do tipo I* (ou de 1ª espécie): é aquele que se comete ao rejeitar uma hipótese correta. A probabilidade desse erro será simbolizada por α (Alfa) e definida pelo nível de significância exigido no teste.

2º) *Erro do tipo II* (ou de 2ª espécie): é aquele que se comete ao aceitar uma hipótese incorreta. A probabilidade será simbolizada por Ω (Ômega).

Esquematicamente, o quadro a seguir mostra as diversas situações que podem ocorrer em um teste de hipótese:

Esquemas de Decisões em Testes de Hipóteses

Decisão	**Verdade acerca da População**	
	H_0 Verdadeira	H_0 Falsa
Rejeitar H_0	Erro do Tipo I	Potência
Acaitar H_0	Decisão Correta	Erro do Tipo I I

Quando o valor-p é maior que o nível de significância, deveremos formular diversas hipóteses alternativas (H1), calculando para cada hipótese os riscos do erro do tipo II. Isto é feito através das Curvas de Poder do Teste ou das **Curvas Características de Operação.**

Curva Característica de Operação e Curva de Poder do Teste

Plotando os valoes de Ω em função das várias alternativas para a hipótese alternativa, obtém-se uma curva denominada Curva Característica de Operação (CCO). Se plotarmos em um plano cartesiano os vários valores de 1 - Ω, em função das várias alternativas para a hipótese alternativa, a função gerada é a Curva de Poder do Teste.

Quando desejamos aceitar a hipótese nula, deveremos estar certos absolutamente disso, porque ela foi feita para ser rejeitada. Para temos precisão desta tomada de decisão, é fortemente recomendado formular várias hipóteses alternativas (H_1), calculando para cada hipótese os riscos do tipo II. Isto é feito através das curvas de poder do teste ou das curvas características de operação.

Ao analisarmos estas curvas, poderemos saber que limites de hipóteses alternativas aumentariam o poder do teste e também quais hipóteses alternativas diminuiriam o erro do tipo II, tornando a nossa prova de hipótese mais crédula e com a otimização de suas especificações.

Nas aplicações práticas, é comum apenas a especificação do erro do tipo I (α), porém os resultados obtidos dessa maneira poderão fornecer induces errôneas. Neste caso, teremos somente um TESTE DE SIGNIFICÂNCIA e não um Teste de Hipótese.

Exemplo

Até agora operou-se exclisivamente com a probabilidade Ω do erro tipo I, ou nível de significância do teste. A seguir verificar-se-á como, fixado α, é possível controlar a probabilidade *Ω do erro tipo II.*

Um fabricante de refrigerante determina que uma perda de doçura seja muito grande para ser aceita se a resposta média para todos os provadores é μ=1,1. Um teste de significância de 5% das hipóteses abaixo, baseado em uma amostra de 10 provadores e sabendo-se que o desvio padrão populacional é σ=1, irá usualmente detectar uma mudança desse tamanho?

$$H_0 : \mu=0$$

$$H_1 : \mu>0$$

Qual a probabilidade *Ω* do teste contra a alternativa μ= 1,1? Esta representa a probabilidade do teste aceitar H_0, quando μ=**1,1** é falsa.

Solução

Primeiro vamos calcular a potência do teste:

Passo 1: escreva a regra para rejeitar H_0 em termos de $\overline{X}$. Sabemos que σ =1. Logo, o teste Z rejeita H_0 no nível α =0,05 quando:

$$Z=\left(\overline{X}-0\right)/\left(1/\sqrt{10}\right)\geq 1{,}645$$

Fazendo os cálculos:

Rejeitar H_0 quando $\overline{X} \geq 0,520.$

Passo 2: a potência é a probabilidade desse evento sob a condição de que a alternativa μ=1,1 seja verdadeira. Para calcular essa probabilidade, padronize a média amostral usando μ=1,1.

$$1-\Omega = P\left(\overline{X} \geq 0,520 / \mu = 1,1\right) = P\left[Z \geq (0,520-1,1)/\left(1/\sqrt{10}\right)\right] =$$
$$= P[Z \geq -1,83] = 0,5 + 0,4664 = 0,9664.$$

Conclusão

1-Ω = 0,9664 = ou 96,64%, é a probabilidade de rejeitar a hipótese μ = 0, quando μ = 1,1 é a verdadeira média populacional.

Portanto,

Ω = 1 – 0,9664 = 0,0336 ou 3,36%, que é a probabilidade de aceitar a hipótese μ = 0, quando μ = 1,1 é verdadeira média populacional.

Se fizermos esta experiência para vários valores alternativos para μ, teremos a Curva Característica de Operação Ω e 1 – Ω, a Curva de Pode do Teste. Seus resultados seguem:

Curva Característica de Operação

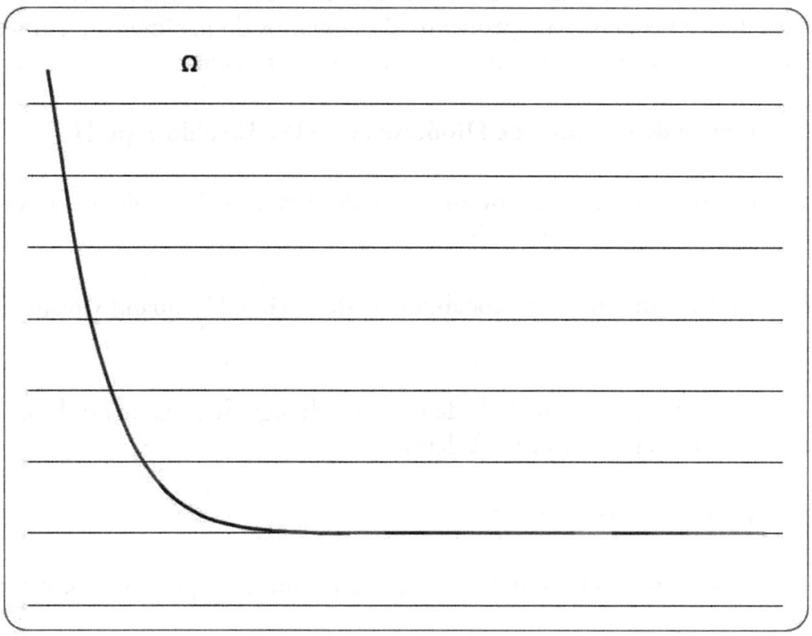

Interpretação

Os valores de Ω representados na figura foram calculados de acordo com as respectivas distribuições normais. Vê-se que a probabilidade Ω é grande para pequenos afastamentos do parâmetro μ em relação ao valor testado e diminui à medida que o valor real do parâmetro se afasta do valor testado.

Curva de Poder do Teste

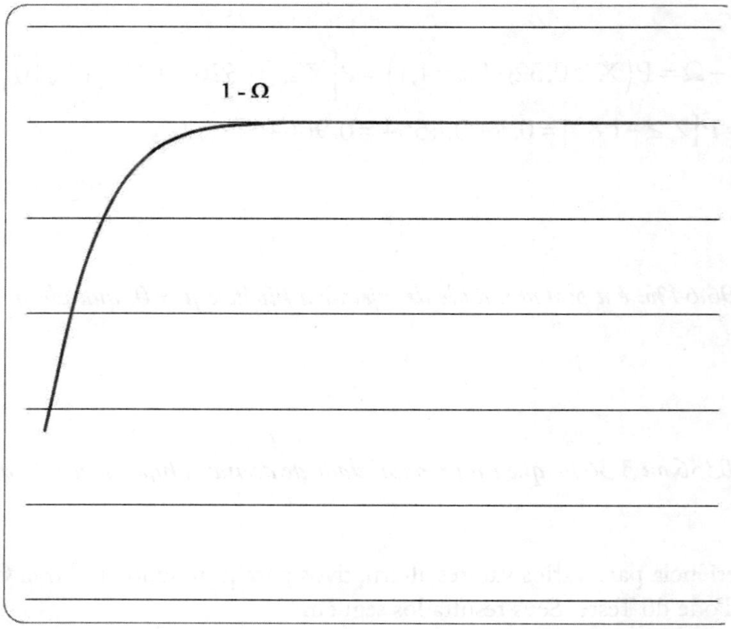

Interpretação

Os valores de 1 - Ω representados na figura foram calculados de acordo com as respectivas distribuições normais. Vê-se que a probabilidade 1-Ω é pequena para pequenos afastamentos do parâmetro μ em relação ao valor testado e aumenta à medida que o valor real do parâmetro se afasta do valor testado.

Outros Cálculos da Potência de um Teste de Hipótese (1 - Ω) e Erro do Tipo II Ω

Uma maneira de avaliarmos o desempenho de um teste de significância é calcular a potência de um teste de hipótese.

A potência de um teste de significância é a probabilidade de rejeitar H_0, quando realmente ela for falsa e por isto mesmo deve ser rejeitada.

A potência de um teste é, então, a probabilidade de um teste de significância de nível fixo α rejeitar H_0, quando um valor alternativo específico do parâmetro é verdadeiro;

Quanto maior a potência, mais sensível é o teste.

Devemos apontar a alternativa específica que temos em mente antes de questionar se o teste rejeita usualmente H_0.

Exemplo 1

Um administrador de empresas formulou as seguintes hipóteses acerca do faturamento mensal de sua empresa nos próximos meses:

$$H_0: \mu = 300 \text{ mil reais mensais}$$

$$H_1: \mu: > 300 \text{ mil reais mensais}$$

Baseando-se em uma amostra de tamanho 16 e sabendo que o desvio padrão histórico dos rendimentos em todas as lojas da corporação por mês é de 8 mil reais e com uma confiança de 99%, qual a potência deste teste para uma hipótese alternativa de μ=308 mil reais de faturamento?

Solução

Passo 1: escreva a regra para rejeitar H_0 em termos de $\overline{X}$. Sabemos que $\sigma = 8$. Logo, o teste Z rejeita H_0 no nível $\alpha = 0{,}01$ quando:

$$Z = \left(\overline{X} - 300\right) / \left(8 / \sqrt{16}\right) \geq 2{,}33$$

Fazendo os cálculos:

Rejeitar H_0 quando $\overline{X} \geq 305$.

Passo 2: a potência é a probabilidade desse evento sob a condição de que a alternativa μ=308 seja verdadeira. Para calcular essa probabilidade, padronize a média amostral usando μ=308.

$$1 - \Omega = P\left(\overline{X} \geq 305 / \mu = 308\right) = P\left[Z \geq (305 - 308) / \left(8 / \sqrt{16}\right)\right] =$$
$$= P[Z \geq -1{,}5] = 0{,}5 + 0{,}4332 = 0{,}9332.$$

Conclusão

1-Ω = **93,32%** é a probabilidade de **rejeitar** a hipótese μ=300 mil reais mensais, quando, na verdade, é μ=305 mil reais mensais.

Ω = 1- 0,9332 = **0,0668** ou **6,68%. É a probabilidade de aceitar** μ=300 mil reais mensais, quando, na verdade, é μ=305 mil reais mensais.

Exemplo 2

Um professor de estatística formulou as seguintes hipóteses acerca do desempenho de seus alunos nos últimos semestres:

$$H_0: \mu = 8{,}0$$

$$H_1: \mu: > 8$$

Baseando-se em uma amostra de tamanho 100 e sabendo-se que o desvio padrão histórico das notas dos alunos do professor na disciplina é 2 e com uma confiança de 90%, qual a potência deste teste para uma hipótese alternativa de μ=8,5?

Solução

Passo 1: escreva a regra para rejeitar H_0 em termos de $\overline{X}$. Sabemos que σ = 2. Logo, o teste Z rejeita H_0 no nível α = 0,10 quando:

$$Z = \left(\overline{X} - 8\right) / \left(2 / \sqrt{100}\right) \geq 1{,}29$$

Fazendo os cálculos:

Rejeitar H_0 quando $\overline{X} \geq 8{,}26$.

Passo 2: a potência é a probabilidade desse evento sob a condição de que a alternativa μ=8,5 seja verdadeira. Para calcular essa probabilidade, padronize a média amostral usando μ=8,5.

$$1 - \Omega = P\left(\overline{X} \geq 8{,}26 / \mu = 8{,}5\right) = P\left[Z \geq (8{,}26 - 8{,}5) / \left(2 / \sqrt{100}\right)\right] =$$
$$= P[Z \geq -1{,}2] = 0{,}5 + 0{,}3849 = 0{,}8849.$$

Conclusão

1-Ω = 0,8849 = ou **88,49% é** a probabilidade de rejeitar μ=8,0; quando, na verdade, é μ=8,5.

Ω = 1- 0,8849 = **0,1151** ou **11,51% é** a probabilidade de aceitar μ=8,0, quando, na verdade, é μ=8,5.

Resumindo:

- *Podemos descrever o desempenho de um teste em um nível fixo fornecendo as probabilidades dos dois tipos de erro: Tipo I e Tipo II.*
- *Um erro do Tipo I ocorre se rejeitarmos H_0, quando ela é verdadeira.*
- *Um erro do Tipo II ocorre se aceitarmos H_0 quando ela é falsa (é igual a "1 – Potência").*
- *Em um teste de significância de nível fixo, o nível de significância é a probabilidade de um erro do Tipo I.*
- *No exemplo anterior, do "teor de doçura do refrigerante", o teste irá indicar que o refrigerante perde doçura apenas 5% das vezes quando, na verdade, não perde (Erro do Tipo I: α =0,05).*
- *A potência contra uma alternativa específica é 1-Ω para aquela alternativa.*
- *Aumentar o tamanho da amostra(n) aumenta a potência (reduz a probabilidade de um erro de Tipo II), quando o nível de significância permanece fixo.*
- *Como o aumento do tamanho da amostra acarretará maior custo, isso significa a minimização do erros e, consequentemenete, eficácia do teste.*
- *Nos casos precedentes, nos preocupamos apenas com o controle do erro Tipo I. Os testes realizados com este objetivo são chamados de Testes de Significância.*
- *Se especificamos apenas o erro de 1ª espécie, os resultados poderão fornecer induções errôneas e o teste não pode ser tratado como um teste decisório sem erros e sim apenas como um teste de significância.*

Exercícios Propostos

1. A Good Times mediu o tempo de duração de 50 fitas cassetes DKW, modelo A60. O tempo médio obtido foi de 61,8 min, com desvio padrão 3,5 min. Contudo, há uma suspeita de que a amostra encontrada constitui uma estimativa enganosa, pois durante muitos anos o tempo de vida média das fitas do modelo referido foi de 70 min. Teste a suspeita da Good Times ao nível de que o tempo de duração da fitas não mudou, utilizando o intervalo de confiança de 90%.

2. A Automóvel Clube de São Paulo acredita que a proporção de seus associados que possuem carro a álcool seja de 40%. Para tanto, realizou uma pesquisa, perguntando aos associados se possuíam carro a álcool ou à gasolina. Dos 3570 motoristas consultados, 2.285 responderam ter carro a álcool e os demais, à gasolina. Com base nestes dados, teste a hipótese da Automóvel Clube de São Paulo pelo intervalo de confiança, ao nível de 99% de confiança.

3. Um processo de fabricação produziu milhões de válvulas de TV com vida média μ= 1200 e σ = 300 horas. Experimentou-se um novo processo em uma amostra aleatória de 100 válvulas, obtendo-se uma média $\overline{X}$ = 1265 horas. Teste a hipótese de que a média populacional continua a mesma, contra a hipótese alternativa que aumentou, com 95% de confiança. Teste pelo Valor-p.

4. Uma cadeia de lanchonetes se instalará em um local proposto se passarem pelo local mais de 200 carros por hora durante certos períodos do dia. Para 36 horas aleatoriamente selecionadas durante tais períodos do dia, o número médio de carros que passaram pelo local foi $\overline{X}$ = 208,5 com desvio padrão s = 30,0. Supõe-se que a população estatística seja aproximadamente normal. O gerente da cadeia de lanchonetes adota conservadoramente a hipótese nula de que o volume de tráfego não satisfaz a exigência, isto é, H_0 = 200 carros, contra a hipótese alternativa H_1 : 200 carros. Teste pelo Valor-p.

5. Escolheram-se aleatoriamente 16 notas de uma turma muito grande e na amostra o desvio padrão é 12. Se a média amostral é 58, testar a hipótese nula de μ= 60 contra a alternativa $\mu \neq 60$. Teste pelo:

   a) Intervalo de Confiança;
   b) Valor-p.

6. Em Boston, em 1968, o Dr. Benjamin Spock, famoso pediatra e ativista contra a guerra do Vietnã, foi julgado por conspiração por violar a lei de recrutamento. O juiz que julgou o Dr.Spock tinha uma folha corrida interessante: das 700 pessoas queo juiz tinha selecionado para júri em seus últimos julgamentos, apenas 15% eram mulheres. No entanto, na cidade como um todo, cerca de 29% da sociedade é formada por mulheres. Para julgar a imparcialidade do juiz na escolha de mulheres para o júri, formule a hipótese nula e a teste ao nível de 5% de significância. Teste pelo valor-p:

7. Uma indústria fabrica dois tipos de pneus. Numa pista de teste, os desvios padrão das distâncias percorridas, para produzir certo desgaste, são de 2500 km e 3000 km. Tomou-se uma amostra de 50 pneus do 1º tipo e 40 do 2º tipo, obtendo médias de 24.000km e 26.000km, respectivamente. Teste a hipótese nula de que a diferença de médias é -10.000km, contra a hipótese alternativa de ser menor que -10.000km, pelo valor-p, com uma confiança de 95%.

8. Uma máquina automática enche latas, com base no peso líquido, com um desvio padrão de 5 kg. Duas amostras independentes, retiradas em dois períodos de trabalhos consecutivos, de 10 e 20 latas, forneceram pesos líquidos médios de 184,6 e 188,9g, respectivamente. Teste a hipótese nula de que a diferença de médias é -5 kg, contra a hipótese alternativa de ser maior que -5 kg, pelo valor-p, com uma confiança de 95%.

9. Duas amostras de barras de aço, ambas de tamanho n=5, foram ensaiadas e obteve-se que as resistências médias foram de 55 kgf/mm² e 53 kgf/mm², e as variâncias das resistências foram de 7,5 e 5,0 kgf/mm², respectivamente. As variâncias são desconhecidas, mas supostamente iguais. Teste a hipótese nula de que a diferença de médias é zero contra a hipótese alternativa de ser diferente de zero, pelo intervalo de confiança e pelo valor-p, com uma confiança de 99%.

10. A média de salários semanais para uma amostra de n=30 empregados em uma grande firma é R$ 1800,00, com desvio padrão R$ 140,00. Em outra grande empresa, uma amostra aleatória de n=40 empregados apresentou um salário médio semanal de R$1700, 00, com um desvio padrão de R$ 100,00. As variâncias populacionais são desconhecidas, mas supostamente desiguais. Teste a hipótese nula de que a diferença de médias entre as firmas seja de R$150,00, contra a hipótese alternativa de ser menor de R$150,00, pelo valor-p, com uma confiança de 95%.

11. De uma população animal escolheu-se uma amostra de 10 cobaias. Tais cobaias foram submetidas ao tratamento com uma ração especial por um mês. Na tabela a seguir, estão os pesos antes(X_i) e depois(Y_i) do tratamento, em Kg. Teste a hipótese nula de que a diferença de médias é zero, contra a hipótese alternativa de ser diferente de zero, pelo intervalo de confiança e pelo valor-p, com uma confiança de 99%.

Cobaias	1	2	3	4	5	6	7	8	9	10
X_i	635	704	662	560	603	745	698	575	633	669
Y_i	640	712	681	558	610	740	707	585	635	682

12. Em um inquérito com os telespectadores de televisão de uma cidade, 60 de 200 homens desaprovam certo programa, acontecendo o mesmo com 75 de 300 mulheres. Teste a hipótese nula de que a diferença de proporções é de 10%, contra a hipótese alternativa de ser menor de 10%,pelo valor-p, com uma confiança de 99%.

13. Você tem os escores quantitativos do NAEP de uma AAS de 840 homens jovens. Você planejou testar hipóteses sobre o escore médio da população no nível de significância de 1%:

H_0: μ=275

H_1: μ<275

Sabemos que o desvio padrão da população é μ=60. A estatística de teste Z é:

$$Z = \frac{\overline{X} - 275}{60/\sqrt{840}}$$

Pergunta-se:

a) Qual é a regra para rejeitar H_0 em termos de Z?
b) Qual é a regra para rejeitar H_0 reenunciada em termos de $\overline{X}$?
c) Você deseja saber se esse teste irá usualmente rejeitar H_0, quando a verdadeira média populacional é 5 pontos abaixo do que afirma a hipótese nula. Responda a esta pergunta calculando a potência quando μ=270.

14. As garrafas de um refrigerante popular devem conter 300 mililitros (ml) de refrigerante. Há certa variação de garrafa para garrafa, porque as máquinas usadas no enchimento não são perfeitamente precisas. A distribuição dos conteúdos é normal, com desvio padrão μ=3 ml. A inspeção de 6 garrafas possibilitará que se descubra o preenchimento incompleto? As hipóteses são:

$$H_0\!:\mu = 300$$

$$H1\!:\mu < 300$$

Um teste de significância de 5% rejeita H_0 se $z \geq -1{,}645$, em que a estatística de teste Z é:

$$Z = \frac{\overline{X} - 300}{3/\sqrt{6}}$$

Cálculos da potência nos ajudam a ver quanto a menos no conteúdo das garrafas podemos esperar que o teste detecte.

a) Ache a potência desse teste contra a alternativa μ=299.
b) Ache a potência desse teste contra a alternativa μ=295.
c) A potência contra μ=290 é maior ou menor do que o valor que você encontrou em(b)? Não calcule realmente essa potência. Explique sua resposta.

15. Aumentar o tamanho da amostra aumenta a potência de um teste de hipótese quando o nível permanece o mesmo. No exercício anterior, *n*=6. Suponha que tenha sido medida uma amostra com *n* garrafas. O teste de significância de 5% ainda rejeita H_0 quando $z \geq -1{,}645$, mas a estatística Z é agora:

$$Z = \frac{\overline{X} - 300}{3/\sqrt{n}}$$

a) Ache a potência desse teste contra a alternativa μ=299 quando n=25.
b) Ache a potência desse teste contra a alternativa μ=299 quando n=100.

16. Sua empresa comercializa um programa de diagnóstico médico computadorizado. O programa examina os resultados de testes médicos de rotina (pulsação, testes sanguíneos, entre outros) e elucida o paciente ou encaminha o caso para um médico. O programa é feito para examinar milhares de pessoas que não apresentam reclamações específicas de saúde. O programa toma uma decisão acerca de cada pessoa.

a) Quais são as duas hipóteses e os dois tipos de erros que o programa pode cometer? Descreva os dois tipos de erro em termos de resultados de teste "falso-positivo" e "falso-negativo"?

b) O programa pode ser ajustado para diminuir uma probabilidade de erro, à custa de, entretanto, aumentar outro tipo de probabilidade de erro. Qual probabilidade de erro você escolheria tornar menor e por quê?

17. Você tem os escores quantitativos do NAEP de uma AAS de 840 homens jovens. Você planejou testar hipóteses sobre o escore médio da população no nível de significância de 1%:

$$H_0: \mu = 275$$

$$H_1: \mu < 275$$

Sabemos que o desvio padrão da população é $\sigma = 60$. A estatística de teste Z é:

$$Z = \frac{\overline{X} - 275}{60 / \sqrt{840}}$$

Pergunta-se:

a) Qual é a regra para rejeitar H_0 em termos de Z?
b) Qual é a probabilidade do erro do Tipo I ?
c) Você deseja saber se esse teste irá usualmente rejeitar H_0, quando a verdadeira média populacional é 5 pontos abaixo do que afirma a hipótese nula. Responda a esta pergunta calculando a probabilidade do erro Tipo II quando $\mu=270$.

18. Você tem uma AAS de tamanho n=9 a partir de uma distribuição normal com $\sigma = 1$. Você deseja testar:

$$H_0: \mu=0$$

$$H1: \mu<0$$

Você deseja rejeitar H_0 se $\overline{X} > 0$ e aceitar H_0 em caso contrário.

a) Ache a probabilidade do erro do Tipo I, ou seja, a probabilidade de rejeitar H_0 quando, na verdade, $\mu=0$.
b) Ache a probabilidade do erro do Tipo II quando $\mu=0,3$. Essa é a probabilidade de aceitar H_0 ($\mu=0$), quando, na verdade, $\mu=0,3$.
c) Ache a probabilidade do erro do Tipo I I quando $\mu= 1$.

19. Em uma amostra de 20 elementos de uma população normal obteve-se variância de 25. Ao nível de 10%, testar: $\sigma^2 = 16$ contra $\sigma^2 > 16$.

20. Se $n_1 = 12$, $n_2=10$, $S_1 = 6$, $S_2 = 5$, provindas de duas populações normais independentes, testar a hipótese de igualdade das variâncias populacionais, ao nível de 5% de significância.

Capítulo 7

Análise da Variância

Conceitos de Análise da Variância

A análise de variância é um teste estatístico amplamente difundido entre os analistas e visa fundamentalmente verificar se existe uma diferença significante entre as médias e se os fatores exercem influência nesta diferença.

Os fatores propostos podem ser de origem qualitativa ou quantitativa, mas a variável dependente necessariamente deverá ser contínua.

Em inglês, análise da variância é *analysis of variance*. Então, em inglês e muitas vezes em português, usa-sea sigla ANOVA (**AN** da *analysis*, **O** de *of* e **VA** de variance) para significar análise da variância.

É um teste de diferença de médias envolvendo variâncias. O teste informa se existe diferença de médias significante, que não é fruto de erro amostral, quando comparadas duas a duas, entre as possíveis combinações de um conjunto de médias. Contudo, a prova não informa onde está, entre as combinações duas a duas, a diferença significante estatisticamente. Aí teremos que realizar um teste de comparação múltipla para verificar em que par (ou pares) de médias está(ão) a(s) diferença(s) significante(s).

Se o teste indicar que as médias são iguais, isto significa que qualquer diferença entre suas estimativas é fruto de erro amostral e não pode ser associads ao fator ou fatores em estudo.

Na ANOVA, testamos duas hipóteses: a Hipótese Nula(H_0), de que as médias são iguais; e a Hipótese Alternativa, de que existe pelo menos um par de médias da combinação duas a duas com diferença significante.

Uma análise da variância só deve ser feita se forem satisfeitas algumas suposições básicas, que serão discutidas mais tarde.

Modelo de Classificação Única

É a análise da variância que serve para testar a diferença entre médias levando em conta somente um fator, que se supõe influenciar a variável dependente ou resposta, e os seus níveis, chamados tratamentos, inseridos nas colunas. Então, existe uma hipótese alternativa de que a diferença de médias comparadas duas a duas pode ser predominantemente influência do fator e seus tratamentos.

As hipóteses da ANOVA, portanto, são:

H_0: *estatisticamente, as várias médias são iguais.*

H_1: *existe pelo menos uma média com efeito diferente das outras.*

Num caso geral, a pergunta a que a ANOVA responde é:

"Será que o tratamento influencia a variável resposta?

A ANOVA diz:

"Sim, estatisticamente, há diferença entre diferentes médias devido aos tratamentos", ou...
"Não, estatisticamente, não há diferenças significativas entre as médias devido aos tratamentos".

Uma análise da variância, embora exija o cálculo de variâncias, na realidade compara médias de tratamentos. A comparação é feita por meio do *Teste F.*

Na análise da variância de um fator, os dados obtidos, ou seja, **as** respostas das unidades aos tratamentos podem ser escritas na forma de um modelo:

Resposta = média do tratamento + erro

É o erro que dá caráter aleatório à "Resposta" e que impede ver a olho nu se há diferença entre os tratamentos.

O modelo indica que a resposta de uma observação ao tratamento é dada pela média verdadeira do tratamento, acrescida de uma quantidade, que os estatísticos chamam de **erro.**

A análise da variância de um conjunto de dados exige que sejam feitas algumas pressuposições sobres os erros, sem as quais os resultados da análise não são válidos.

As pressuposições são:

- *Ausência de dados discrepantes;*
- *Erros são independentes **(sem autocorrelação)**;*
- *Variância é constante (**Homocedasticidade**);*
- *Distribuição dos erros é normal.*

Vamos falar dos pressupostos básicos da ANOVA com mais detalhes na sessão "**Pressupostos Básicos**".

A variabilidade total dos dados pode ser escrita como a soma de dois termos, um devido ao erro (**QMR)** e o outro devido ao tratamento (**QMTr**).

A análise da variância é feita, então, decompondo a variância total das observações em duas componentes: variância dos tratamentos (QMTr) e a variância do resíduo (QMR) ou do erro.

Se a variância calculada usando o tratamento (QMTr) for maior do que a calculada usando o fator acaso (QMR), isso pode indicar que existe uma diferença significativa entre as médias, e é devido à influência do tratamento em estudo.

Logo, segundo a filosofia da ANOVA, a dispersão das observações pode acontecer por duas razões: o erro e o tratamento. A ANOVA tenta ver se por detrás da dispersão causada pelos erros, é possível reconhecer um padrão de diferença entre os tratamentos. A ANOVA testa se é estatisticamente plausível que a variância total das observações possa vir apenas pelos erros, ou se, por outro lado, há sinais claros de que a variância total não pode ser completamente explicada sem uma contribuição adicional do fator e seus tratamentos.

A principal atração da ANOVA (*analise of variance*) é a comparação de médias oriundas de grupos diferentes, podendo atribuir essa diferença a uma causa específica, que é justamente o tratamento: médias de vendas de vendedores diferentes, médias históricas de questões de satisfação, empresas que operam simultaneamente com diferentes rendimentos, entre muitas outras aplicações.

O diferencial da ANOVA para o t de diferenças de médias é que a possível diferença significante existente entre duas médias comparadas duas a duas pode ser explicada por um fator em consideração: o tratamento. Daí o Teste F de diferença de médias poder ser utilizado para testar novas tecnologias, novos procedimentos etc., associados a diferentes amostras.

A análise da variância é, portanto, uma extensão do teste t de *Student* que compara duas e só duas médias. A análise da variância permite que o pesquisador compare qualquer número de médias. No caso particular de um estudo com apenas dois tratamentos, tanto se pode aplicar um teste t como a ANOVA, que se chega à mesma conclusão: prova-se teoricamente que o valor calculado de t é igual à raiz quadrada de F, calculado na análise da variância.

Para a análise da variância comparar a variação devido aos tratamentos (por exemplo, métodos de treinamentos de funcionários) com a variação devido ao acaso ou resíduo, é preciso proceder a uma série de cálculos. Mas a aplicação das fórmulas exige conhecimento da notação. Veja a tabela a seguir.

Nessa tabela está apresentada uma análise com **k** tratamentos: cada tratamento tem **r** repetições. A soma dos resultados das **r** repetições de um mesmo tratamento constitui o total desse tratamento.

As médias dos tratamentos foram indicadas por:

$$\bar{y}_1, \bar{y}_2, \bar{y}_3, \ldots \bar{y}_n$$

O total geral é dado pela soma dos totais de tratamentos.

Uma ANOVA com um Fator

	Tratamento					
	1	2	3	...	K	
	y_{11}	y_{21}	y_{31}	...	y_{k1}	
	y_{12}	y_{22}	y_{32}	...	y_{k2}	
	...	...	...	...	...	
	y_{1r1}	y_{2r2}	Y_{3r3}	...	y_{krk}	
Total	T_1	T_2	T_3	...	T_k	$\Sigma T = \Sigma y$
Número de repetições	r	r	r	...	r	n = kr
Média	$\bar{y}_1$	$\bar{y}_2$	$\bar{y}_3$	...	$\bar{y}_k$	

Para fazer a análise da variância de um fator, é preciso calcular as seguintes quantidades:

a) Os graus de liberdade:

de tratamentos: $k - 1$.
do resíduo: $n - k$.
do total: $\mathbf{(k - 1)} + (n - k) = \mathbf{n-1}$.

b) O valor de C, dado pelo total geral elevado ao quadrado e dividido pelo número de observações. O valor de C é conhecido como correção:

$$C = \frac{(\Sigma y)^2}{n}$$

c) A soma de quadrado total:

$SQT = \Sigma y^2 - C.$

d) A soma dos quadrados de tratamentos:

$$SQT = \frac{\Sigma T^2}{r} - C$$

e) A soma dos quadrados de resíduos:

$SQR = SQT - SQTr.$

f) O quadrado médio de tratamentos:

$$QMTr = \frac{SQTr}{k-1}$$

g) O quadrado médio de resíduos:

$$QMR = \frac{SQR}{n-k}$$

h) O valor F:

$$F = \frac{QMTr}{QMR}$$

Onde:

- *SQT= SQTr + SQR (mede a variação geral de todas as observações).*
- *SQT é a soma dos quadrados totais, decomposta em: SQTr e SQR.*
- *SQTr é a soma dos quadrados dos grupos (tratamentos), associada exclusivamente a um efeito dos grupos.*
- *SQR é a soma dos quadrados dos resíduos, devidos exclusivamente ao erro aleatório, medida dentro dos grupos.*
- *QMTr = Média quadrada dos grupos.*
- *QMR = Média quadrada dos resíduos (entre os grupos).*
- *SQTr e QMTr: medem a variação total entre as médias.*
- *SQR e QMR: medem a variação das observações dentro de cada grupo.*

Note que os quadrados médios são obtidos dividindo as somas de quadrados pelos respectivos graus de liberdade(Φ).

Todas as quantidades calculadas são apresentadas em uma tabela de análise da variância. Veja o "**Quadro da ANOVA**" apresentado a seguir.

Quadro da ANOVA de um Fator

Fonte de Variação	SQ	Φ	QM	F
Tratamentos	SQTr	k -1	QMTr	QMTr/QMR
Resíduo	SQR	n – k	QMR	
Total	SQT	n -1		

Decisão da ANOVA

Calcular o Valor-p com base na Tabela 6-Valor-p por valores de F, que está anexa.

Decisão: se o valor-p $\leq \alpha$, rejeitar H_0.

Observação

Os cálculos e gráficos deste capítulo são realizados na planilha eletrônica Excel. É fortemente recomendado que o leitor se familiarize com o referido *software* para que possa refazer os exemplos e realizar os exercícios.

Exemplos de Aplicação

Exemplo 1

Em uma faculdade, existem 3 professores de economia. Na primeira avaliação, foram selecionados aleatoriamente três alunos de cada professor e anotadas as notas obtidas. Os resultados constam da tabela a seguir.

Professor A	Professor B	Professor C
6,0	1,0	10,0
5,0	1,0	9,0
4,0	1,0	8,0
15	3	27
5,0	1,0	9,0

O desempenho dos alunos é influenciado pela maneira de ensinar de cada professor? A diferença de médias de desempenho dos alunos é devida ao caráter didático de cada mestre ou é por fruto de erro amostral?

Para responder a estas perguntas, temos a técnica da ANOVA.

Cálculos Necessários:

$C = (15+3+27)^2/9 = (45)^2/9 = 2025/9 = 225$
$\Sigma\Sigma X^2 = 77 + 3 + 245 = 325$
$SQT = 325 - 225 = 100$
$SQT_r = [15^2/3 + 3^2/3 + 27^2/3] - 225 = 321 - 225 = 96$
$SQR = 100 - 96 = 4$

Quadro da ANOVA

FV	SQ	Φ	QM	F
Tratamento	96	2	48	$F = \dfrac{48}{2/3} = 48$
Residual	4	6	2/3	
Total	100	8	___	

$\Phi_1 = 2$ **e** $\Phi_2 = 6 \rightarrow$ **valor-p** $\approx$ **0, 001.**

Decisão

O valor-p < 0,05, rejeita-se a hipótese nula de que as médias são iguais. A diferença de médias de desempenhos é significante. O desempenho dos alunos é influenciado pela maneira de ensinar de cada professor. A diferença de médias de desempenho dos alunos é devida ao caráter didático de cada mestre.

Exemplo 2

Um pesquisador realizou um estudo para verificar qual posto de trabalho gerava mais satisfação para o funcionário. Para isso, durante um mês, 10 funcionários foram entrevistados. Ao final de um mês os funcionários responderam a um questionário gerando uma nota para o bem-estar do funcionário (grau de satisfação).

	Postos		
Funcionários	**1**	**2**	**3**
1	7	5	8
2	8	6	9
3	7	7	8
4	8	6	9
5	9	5	8
6	7	6	8

7	8	7	9
8	6	5	10
9	7	6	8
10	6	6	9
Total	73	59	86

a) Os graus de liberdade

de tratamentos: 3 – 1 = 2.
do resíduo: 30 – 3 = 27.
do total: (k – 1) + (n – k) = 29.

O valor de C, dado pelo total geral elevado ao quadrado e dividido pelo número de observações. O valor de C é conhecido como correção

$$C = \frac{(\Sigma y)^2}{n}$$

$$C = (73 + 59 + 86)^2 = (218)^2 / 30 = 1584.$$

c) A soma de quadrado total

SQT = Σy^2 – C = [541+353+744] – 1584 = 1638 – 1584 = **54**

d)A soma dos quadrados de tratamentos

$$SQT = \frac{\Sigma T^2}{r} - C$$

SQTr = $[(73)^2/10 + (59)^2/10 + (86)^2/10]$ – 1584 =[533+348+740]– 1584=1621 – 1584 = **37.**

e) A soma dos quadrados de resíduos

SQR = SQT – SQTr

SQR = 54 – 37 = **17.**

f) O quadrado médio de tratamentos:

$$QMTr = \frac{SQTr}{k-1}$$

QMTr = 37/2 = **18.**

g) O quadrado médio de resíduos:

$$QMR = \frac{SQR}{n-k}$$

QMR = 17/ 27 = **0,63.**

h) O valor F:

$$F = \frac{QMTr}{QMR}$$

F = 18/0, 63 = **29.**

Quadro da ANOVA

Fonte de Variação	SQ	Φ	QM	F
Tratamentos	37	2	18	29
Resíduo	17	27	0,63	
Total	54	29		

Decisão da ANOVA

Utilizando um nível de significância igual a 5%, temos:

Com Φ_1 graus de liberdade no numerador (grau de liberdade do tratamento) e Φ_2 graus de liberdade do denominador (grau de liberdade do resíduo), da Tabela da ANOVA, tem-se: $\Phi_1 = 2$ e $\Phi_2 = 27 \rightarrow$ Tabela 6 $\rightarrow$ valor-p $\approx 0{,}001$.

Decisão

$0{,}001 \leq 0{,}05$, rejeitar H_0. Há diferenças significativas entre os grupos. Observa-se que QMTr é muito superior a QMR, indicando uma forte variância entre os grupos.

Exemplo 3

Verificando os índices de produção segundo os postos de trabalho, durante certo período, analisar se as diferenças se devem aos postos de trabalho, isto é, se os postos de trabalho diferem quanto à produtividade.

Posto A : 90,8 100,0 81,1
Posto B : 85,5 83,0 73,7
Posto C: 65,5 77,1 68,5

Posto A	Posto B	Posto C
90,8	85,5	65,5
100,0	83,0	77,1
81,1	73,7	68,5
271,9	**242,2**	**211,1**

a) Os graus de liberdade:

de tratamentos: 3 – 1 = 2.
do resíduo: 9 – 3 = 6.
do total: (K – 1) + (n – k)= **n-1** = 8.

b) O valor de C, dado pelo total geral elevado ao quadrado e dividido pelo número de observações. O valor de C é conhecido como correção:

$$C = \frac{(\Sigma y)^2}{n}$$

$$C = \frac{(271{,}9 + 242{,}2 + 211{,}1)^2}{9} = 58.435.$$

c) A soma de quadrado total:

SQT= $\Sigma y^2 – C$ = 59380-58435 **= 944.**

d) A soma dos quadrados de tratamentos:

$$SQTr = \frac{\Sigma T^2}{r} - C$$

SQTr =[(271,9)²/3+(242,2)²/3+ (211,1)²/3] – 58.435= **=616.**

e) A soma dos quadrados de resíduos:

SQR = SQT – SQTr

SQR = 944 – 616 = **328.**

f) O quadrado médio de tratamentos:

$$QMTr = \frac{SQTr}{k-1}$$

QMTr = 944/2 = **308.**

g) O quadrado médio de resíduos:

$$QMR = \frac{SQR}{n-k}$$

QMR = 328/ 6 = **55.**

h) O valor F:

$$F = \frac{QMTr}{QMR}$$

F = 308/55 = **6.**

Quadro da ANOVA

Fonte de Variação	SQ	Φ	QM	F
Tratamentos	616	2	308	6
Resíduo	328	6	55	
Total	944	8		

Cálculo do valor-p

Consultando a tabela com Φ_1=2 no numerador e Φ_2=6 no denominador, o valor –p≈0,05.

Decisão

Valor-p ≈ 0,05 = α, rejeita-se a hipótese nula. A credibilidade de H_0 é baixa. Os postos diferem quanto à produtividade. Parece plausível considerar que os postos produzam efeito sobre os índices de produção.

Modelo de Classificação Dupla

É a análise da variância que serve para testar, simultaneamente, a diferença entre médias levando em conta 2 fatores (os tratamentos nas colunas e os blocos nas linhas).

A análise é feita para verificar se há diferença de médias entre os tratamentos e paralelamente, de forma independente, se há diferença de médias devido aos blocos.

Blocos geralmente são variáveis de perfil influentes nas medidas do estudo e cujas categorias se comportam de forma heterogênea na população e por isso devem ser consideradas subpopulações, de onde se devem selecionar correspondentes subamostras e a cada subamostra são, então, aplicados todos os tratamentos.

O experimento, portanto, deve estratificar por essas categorias para que a análise seja realizada com uma amostra representativa em relação à variável de estratificação. Todas as observações de um bloco recebem todos os tratamentos.

Para entender como se faz a análise da variância com classificação dupla, primeiro observe a tabela a seguir. Nessa tabela, estão indicados os dados de uma análise da variância com dois fatores, com k tratamentos e r blocos. O total de cada tratamento é dado pela soma das r observações submetidas a esse tratamento. O total de blocos é dado pela soma das k unidades do bloco.

Uma ANOVA com dois Fatores

Bloco	Tratamento					Total
	1	2	3	...	K	
1	y_{11}	y_{21}	y_{31}	...	y_{k1}	B_1
2	y_{12}	y_{22}	y_{32}	...	y_{k2}	B_2
3	...	...	...	...	...	B_3
...	...	...	...	...	...	...
r	y_{1r1}	y_{2r2}	y_{3r3}	...	y_{krk}	B_r
Total	T_1	T_2	T_3	...	T_k	$\Sigma T = \Sigma T = \Sigma y$
Número de repetições	r	r	r	...	r	n = r
Média	$\bar{y}_1$	$\bar{y}_2$	$\bar{y}_3$	...	$\bar{y}_k$	

Para fazer a análise da variância de dois fatores, é preciso calcular as seguintes quantidades:

a) Os graus de liberdade:

de tratamentos: $k - 1$.
de blocos: $r - 1$.
do resíduo: $(k - 1) \cdot (r - 1)$.
do total: $kr - 1 = n - 1$.

b) O valor de C, dado pelo total geral elevado ao quadrado e dividido pelo número de observações. O valor de C é conhecido como correção:

$$C = \frac{(\Sigma y)^2}{n}$$

c) A soma de quadrado total:

SQT $= \Sigma y^2 - C$

d) A soma dos quadrados de tratamentos:

$$SQT = \frac{\Sigma T^2}{r} - C$$

e) A soma dos quadrados de blocos:

$$SQB = \frac{\sum B^2}{k} - C$$

f) A soma dos quadrados de resíduos:

SQR = SQT – SQTr - SQB

g) O quadrado médio dos tratamentos:

$$QMTr = \frac{SQTr}{k-1}$$

h) O quadrado médio dos blocos:

$$QMB = \frac{SQB}{r-1}$$

i) O quadrado médio dos resíduos:

$$QMR = \frac{SQR}{(k-1)(r-1)}$$

j) Os valores de F:

$$F_{Tr} = \frac{QMT_r}{QMR}$$

$$F_B = \frac{QMB}{QMR}$$

As somas de quadrados são apresentados na tabela da análise da variância. Para calcular os quadrados médios, basta dividir cada soma de quadrados pelos respectivos graus de liberdade. O valor de F para tratamentos é dado pelo quociente entre o quadrado médio de tratamentos e o quadrado médio do resíduo. O valor de F para blocos é dado pelo quociente entre o quadrado médio de blocos e o quadrado médio do resíduo.

Observando a tabela da ANOVA para dois fatores, note que a soma de quadrado total (SQT), que dá a variabilidade dos dados em torno da média geral, foi dividida em três componentes: SQTr, que é a variabilidade devida aos tratamentos; SQB, que é a variabilidade devida à heterogeneidade do bloco; e SQR, que é a variabilidade própria do fenômeno em estudo, aquela devido ao acaso.

Quadro da ANOVA de dois Fatores

Fonte de Variação	SQ	Φ	QM	F
Tratamentos	SQTr	k -1	QMTr	F_{Tr}
Blocos	SQB	r - 1	QMB	F_B
Resíduo	SQR	(k – 1)(r – 1)	QMR	
Total	SQT	kr -1		

Valor-p do Tratamento

Com o grau de liberdade do tratamento (Φ_1) e o grau de liberdade do resíduo (Φ_2), consultar a Tabela 6 (anexa) e obter o valor-p aproximado.

Decisão: se o valor-p$\leq \alpha$, rejeitar H_0. com relação aos tratamentos.

Valor-p do Bloco

Com o grau de liberdade do bloco (Φ_1) e o grau de liberdade do resíduo (Φ_2), consultar a Tabela 6 (anexa) e obter o valor-p aproximado.

Decisão: se o valor-p$\leq \alpha$, rejeitar H_0, com relação aos blocos.

Exemplo 1

Suponhamos agora que os alunos do Exemplo 1, de classificação única, tenham sido agrupados em blocos de faixa etária.

Blocos (Faixas Etárias)	Tratamentos			Total
	Prof. A	Prof. B	Prof. C	
Jovens	6,0	1,0	10,0	17
Adultos	5,0	1,0	9,0	15
Idosos	4,0	1,0	8,0	13
Total	**15**	**3**	**27**	____

$C = (15+3+27)^2/9 = (45)^2/9 = 2025/9 = \mathbf{225}$

$\Sigma\Sigma X^2 = 77 + 3 + 245 = \mathbf{325}$

$SQT = 325 - 225 = \mathbf{100}$

$SQT_r = [15^2/3 + 3^2/3 + 27^2/3] - 225 = 321 - 225 = \mathbf{96}$

$SQB_r = [17^2/3 + 15^2/3 + 13^2/3] - 225 = 228 - 225 = \mathbf{3}$

$SQR = 100 - 96 - 3 = \mathbf{1}$

Quadro da ANOVA

FV	SQ	Φ	QM	F
Tratamento	96	2	48	$F_{Tr} = \dfrac{48}{1/4} = 48.4 = 192$
Bloco	3	2	3/2	$F_B = \dfrac{3/2}{1/4} = 3/2.4 = 6$
Residual	1	4	1/4	
Total	100	8	—	

Tratamentos

$\Phi_1 = 2$ e $\Phi_2 = 4 \rightarrow$ valor-p $\approx 0,001$.

Decisão

O valor-p < 0,05, rejeita-se a hipótese nula de que as médias são iguais. A diferença de médias de desempenhos é significante. O desempenho dos alunos é influenciado pela maneira de ensinar de cada professor. A diferença de médias de desempenho dos alunos é devida ao caráter didático de cada mestre.

Blocos

$\Phi_1 = 2$ e $\Phi_2 = 4 \rightarrow$ valor-p $\approx 0,05$.

Decisão

O valor-p = 0,05, rejeita-se a hipótese nula de que as médias são iguais. A diferença de médias de faixa etária é significante. O desempenho dos alunos é influenciado pela sua faixa etária. A diferença de médias de desempenho dos alunos pode ser atribuída também à faixa etária dos estudantes.

Exemplo 2

Os dados da tabela seguinte referem-se às quantidades produzidas de um produto por determinado método em diferentes postos de trabalho. Os quatro níveis do fator A representam postos de trabalho. Os dois níveis do fator B representam os supervisores de trabalho. Os resultados fornecidos correspondem à produção de um dia para cada posto e supervisor.

Nível Fator B	Nível Fator A				Total
	A	B	C	D	
Supervisor 1	31	27	33	30	121
Supervisor 2	47	35	39	36	157
Total	78	62	72	66	278

Pede-se:

a) É a quantidade afetada significativamente por diferenças nos postos de trabalho para $\alpha = 0{,}01$?

b) É indiferente que se use o supervisor 1 ou supervisor 2 com $\alpha = 0{,}05$?

Solução

Os graus de liberdade:

de tratamentos: 4 – 1 = 3.
de blocos: 2 – 1 = 1.
do resíduo: (4 – 1) . (2 – 1) = 3.
do total: 4.2 – 1 = 7 ou **n-1 = 8-1 = 7.**

O valor de C, dado pelo total geral elevado ao quadrado e dividido pelo número de observações. O valor de C é conhecido como correção:

$$C = \frac{(\Sigma x)^2}{n}$$

$$C = \frac{(121+157)^2}{8} = 9.660$$

A soma de quadrado total

SQT = $\Sigma\, y^2 - C$

SQT = 9.930 – 9.660 = **270**

A soma dos quadrados de tratamentos

$$SQT = \frac{\Sigma T^2}{r} - C$$

SQTr = $[(78)^2/2 + (62)^2/2 + (72)^2/2 + (66)^2/2] - 9.660 = 9.734 - 9.660 =$ **74**

e) A soma dos quadrados de blocos

$$SQB = \frac{\Sigma B^2}{k} - C$$

SQB = $[(121)^2/4 + (157)^2/4] - 9.660 = 9.822 - 9.660 =$ **162**

f) A soma dos quadrados de resíduos

SQR = SQT – SQTr - SQB

SQR = 270 – 74 – 162 = **34**

As estatísticas de g a j foram calculadas no próprio quadro da ANOVA.

Quadro da ANOVA de dois Fatores

Fonte de Variação	SQ	Φ	QM	F
Tratamentos	74	3	25	F_{Tr} = 2,27
Blocos	162	1	162	F_B = 14,73
Resíduo	34	3	11	
Total	270	7		

Valor-p do Tratamento

Com o grau de liberdade do tratamento (Φ_1=3) e o grau de liberdade do resíduo (Φ_2= 3), consultar a Tabela 6 (anexa) e o valor-p≈ 0,25.

Decisão: O valor-p≈ 0,25 > 0,01, aceitar H_0. A qualidade não é afetada significativamente por diferenças nos postos de trabalho, com nível de significância de 5%.

Valor-p do Bloco

Com o grau de liberdade do tratamento (Φ_1=1) e o grau de liberdade do resíduo (Φ_2= 3), consultar a Tabela 6 (anexa) e o valor-p ≈ 0,05.

Decisão: O valor-p ≈ 0,05 = 0,05; rejeitar H_0. A qualidade é afetada significativamente em função da supervisão realizada, com nível de significância de 5%.

Exemplo 3

Para um estudo de satisfação, um grupo painel de 6 pessoas foi solicitado a usar por 4 semanas duas marcas de doce de leite (A e B). O grupo foi dividido em crianças (I), adultos (II) e idosos (III). No final da experiência, cada pessoa deu uma nota de 0 a 10 quanto à satisfação com as marcas do doce de leite. Faça a análise da variância dos dados apresentados, com nível de significância de 5%.

Grupos de Idades	Marcas de Doce de Leite	
	A	B
I	10	10
II	7	3
III	4	2

Solução

Os graus de liberdade

de tratamentos: 2 – 1 = 1.
de blocos: 3 – 1 = 2.
do resíduo: (2 – 1) . (3 – 1) = 2.
do total: 2.3 – 1 = 5 ou **n -1 = 6 -1 = 5.**

O valor de C, dado pelo total geral elevado ao quadrado e dividido pelo número de observações. O valor de C é conhecido como correção:

$$C = \frac{(\Sigma x)^2}{n}$$

$$C = \frac{(21+15)^2}{6} = 36^2/6 = 1296/6 = 216$$

A soma de quadrado total

SQT = Σy^2 – C

SQT = 278 – 216 = **62**

A soma dos quadrados de tratamentos

$$SQTr = \frac{\Sigma T^2}{r} - C$$

SQTr = $[(21)^2/3 + (15)^2/3] - 216 = 222 - 216 = 6$

e) A soma dos quadrados de blocos

$$SQB = \frac{\Sigma B^2}{k} - C$$

SQB = $[(20^2/2 + (10)^2/2+(6)^2/2] - 216 = 268 - 216 =$ **52**

f) A soma dos quadrados de resíduos

SQR = SQT – SQTr - SQB

SQR = 62 -6 – 52= **4**

Quadro da ANOVA de dois Fatores

Fonte de Variação	SQ	Φ	QM	F
Tratamentos	6	1	6	F_{tr}= 6/2=4 F_B= 26/2=13
Blocos	52	2	26	
Resíduo	4	2	2	
Total	62	5		

Valor-p do Tratamento

Com o grau de liberdade do tratamento (Φ_1=1) e o grau de liberdade do resíduo (Φ_2= 2), consultar a Tabela 6 (anexa) e o **valor-p ≈0,25.**

Decisão: O valor-p > 0,05, aceitar H_0. Não há diferença de médias quanto à satisfação com as marcas de doce de leite.

Valor-p do Bloco

Com o grau de liberdade do tratamento (Φ_1=2) e o grau de liberdade do resíduo (Φ_2= 2), consultar a Tabela 6 (anexa) e o valor-p≈ **0,05.**

Decisão: O valor-p= **0,05**, rejeitar H_0. Há diferença de médias quanto à satisfação com a faixa etária.

Conclusão do estudo: Os clientes não diferem em satisfação quanto às marcas de doce de leite, mas diferem quanto à faixa etária.

Conceito de Resíduos em Análise da Variância

Ninguém conhece as médias populacionais dos tratamentos (μ_1, μ_2, μ_4, μ_3, ...,.μ_n) nem os erros e_i. No entanto, o pesquisador faz um estudo estatístico para obter as estimativas dessas médias.

Ninguém conhece os erros e_i, porque eles são definidos em função das médias verdadeiras μ_1, μ_2, μ_4, μ_3, ...μ_n . Mas temos as estimativas dessas médias, **pelas médias amostrais. Podemos estimar os erros fazendo a diferença entre cada dado e a média do tratamento a que ele** pertence:

$$e_{ij} = y_{ij} - \overline{y}$$

Exemplo: Seja uma observação que assuma no tratamento A de uma ANOVA o valor 10 e que a média desse tratamento seja 15, logo o resíduo associado a esta observação será:

$$e_{ij} = 10 - 15 = \mathbf{-5}$$

O comportamento regular dos resíduos é fundamental para a eficiência da análise da variância que estamos realizando.

Validação das Pressuposições Básicas

A análise da variância exige que sejam feitas a validação das pressuposições sobre **os resíduos,** sem as quais os resultados da análise não são válidos.

Os pressupostos básicos da análise da variância são:

- *Ausência de dados(**erros**) discrepantes.*
- *Os erros são variáveis aleatórias independentes (**não autocorrelação**).*
- *A variação é constante (**homocedasticidade**).*
- *A distribuição dos erros é normal.*

Análise dos Resíduos

As estimativas dos erros recebem o nome de ***resíduos***. É o estudo dessas estimativas, ou seja, é a **análise dos resíduos** que ajuda verificar se a análise da variância feita é aceitável.

Para aprendermos a realizar a análise dos resíduos, vamos a um exemplo prático.

Exemplo 1

Os dados a seguir se referem às vendas **de** um artigo (em mil itens) em quatro filiais de uma loja de departamento (1, 2, 3 e 4). As médias estão no rodapé da tabela.

1	2	3	4
25	31	22	33
26	25	26	29
20	28	28	31
23	27	25	34
21	24	29	28
23	27	26	31

Para aprender como é feita a análise de resíduos, veja os resíduos calculados na tabela a seguir e apresentados em gráfico seguinte.

Tabela de Cálculo dos Resíduos do Exemplo 1

1	**2**	**3**	**4**
25-23=**2**	31-27=**4**	22-26=**-4**	33-31=**2**
26-23=**3**	25-27=**-2**	26-26=**0**	29-31=**-2**
20-23=**-3**	28-27=**1**	28-26=**2**	31-31=**0**
23-23=**0**	27-27=**0**	25-26=**-1**	34-31=**3**
21-23=**-2**	24-27=**-3**	29-26=**3**	28-31=**-3**
23	**27**	**26**	**31**

No gráfico a seguir, os tratamentos estão no eixo das abscissas e os resíduos (valores calculados na tabela acima) estão no eixo das ordenadas. O gráfico dos resíduos é básico: quando o modelo é adequado, os resíduos exibem um padrão aleatório. Não apresentam tendência.

Gráfico dos Resíduos do Exemplo 1

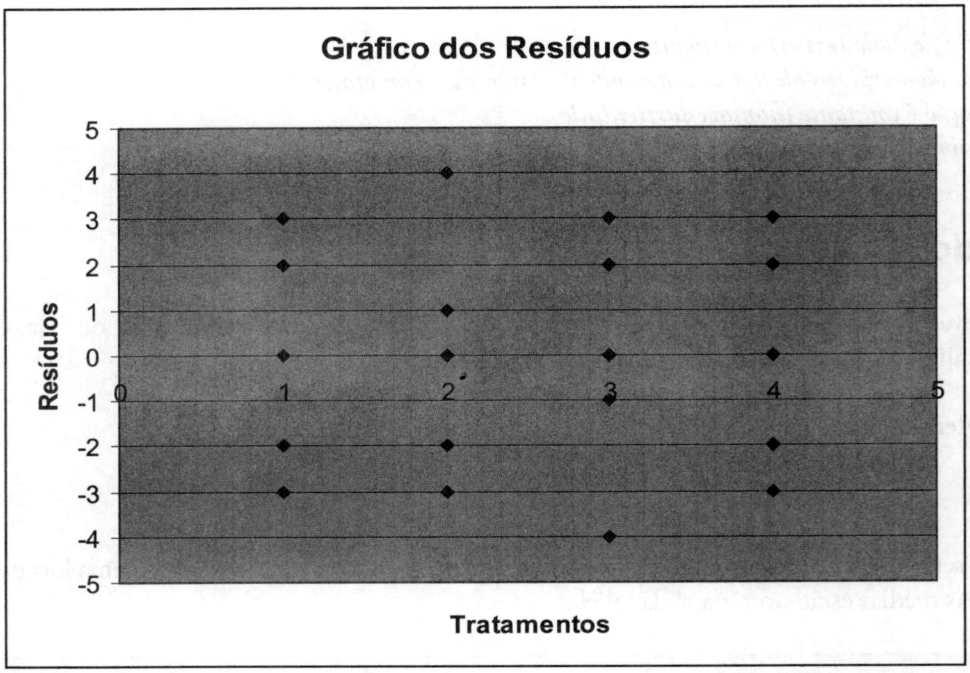

Para saber se as pressuposições de uma análise de variância estão satisfeitas, basta verificar:

- *A presença de dados discrepantes.*
- *Se os erros são independentes **(ausência de autocorrelação).***
- *Se a variância é constante **(homocedasticidade).***
- *Se a distribuição dos erros é normal.*

Se, principalmente, o pressuposto da independência **dos erros não puder ser admitido, as conclusões do teste ANOVA poderão ser inválidas.**

Uma alternativa para o caso de os pressupostos não serem válidos (principalmente a independência dos erros) é usar a ANOVA sobre os Postos.

Ausência de Dados Discrepantes (O*utlier*)

Dados discrepantes (outlier) é um valor muito maior ou muito menor do que o valor esperado, do que a média. Pode-se verificar *outliers* no próprio gráfico de resíduos.

O valor discrepante fica mais visível se for desenhado um gráfico com resíduos padronizados **(epi_i)** em lugar dos resíduos propriamente ditos.

Para obter os resíduos padronizados **(epi_i)**, basta dividir os resíduos pela raiz quadrada do quadrado médio dos resíduo (QMR) da análise da variância.

A expressão dos resíduos padronizados fica então:

$$ep_i = e_i / \sqrt{QMR}$$

Realizada a análise da variância do Exemplo 1, que se refere às vendas de um artigo (em mil itens) em quatro filiais de uma loja de departamento (1, 2, 3 e 4), o valor do QMR é 7:

Quadro da ANOVA do Exemplo 1

Fonte de Variação	SQ	Φ	QM	F	Valor-p
Tratamentos	163,75	3	54,58	7,80	0,002
Resíduo	112,00	16	**7,00**		
Total	275,75	19			

Então, o resíduo padronizado para a primeira observação do tratamento 1 será:

$$ep_i = 2 / \sqrt{7} = 0,756$$

Tabela dos Resíduos do Exemplo 1

1	2	3	4
2	4	-4	2
3	-2	0	-2
-3	1	2	0
0	0	-1	3
-2	-3	3	-3

Os demais resíduos estão apresentados na tabela seguinte:

Tabela dos Resíduos Padronizados do Exemplo 1

1	2	3	4
0,756	1,512	-1,512	0,756
1,134	-0,756	0,000	-0,756
-1,134	0,378	0,756	0,000
0,000	0,000	-0,378	1,134
-0,756	-1,134	1,134	-1,134

O gráfico dos resíduos padronizados é o que segue:

Gráfico dos Resíduos Padronizados do Exemplo 1

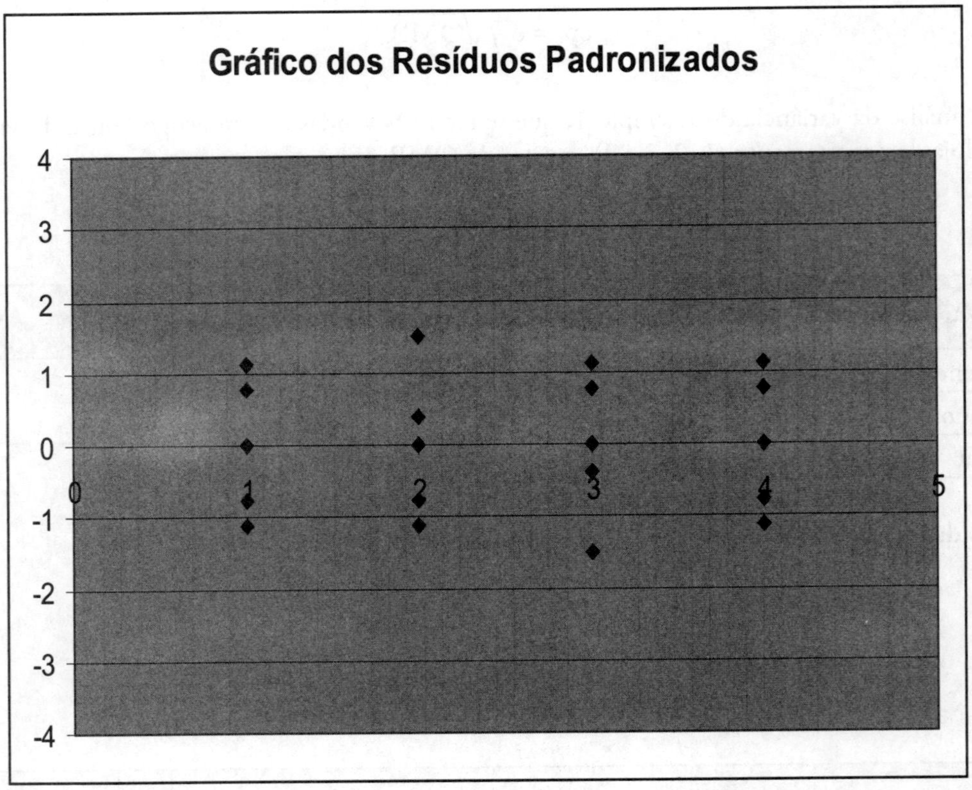

Valores fora do intervalo de -3 e +3 devem ser considerados suspeitos. Como todos os valores estão dentro do intervalo de -3 e +3, logo "não existe" outlier neste estudo.

Independência ou Ausência de Autocorrelação

Para fazer uma análise da variância, é preciso pressupor que os erros são variáveis aleatórias independentes. Mas o que significa pressupor que os erros são variáveis aleatórias independentes?

Exemplo

Considere um experimento com voluntários. Se for obtido um dado de cada voluntário, é razoável admitir que tais valores – e, consequentemente, os erros – **são independentes. No entanto, se o pesquisador obtiver vários dados do mesmo voluntário, é razoável considerar que tais dados** – e os erros – sejam dependentes. Isso porque qualquer medida obtida em uma pessoa em determinado momento deve estar correlacionada com a medida obtida em momento anterior.

Unidades experimentais observadas em sequência, no tempo ou no espaço, geralmente têm correlação. Medidas feitas na mesma unidade experimental estão muitas frequentemente, correlacionadas. A correlação – entre observações seriadas ou tomadas em sequência – é chamada de correlação serial. Se isto acontecer, não é razoável pressupor independência.

Se os erros forem dependentes, porque foram tomadas observações na mesma unidade ou em séries temporais, o resultado da análise da variância fica totalmente comprometido. Aliás, a *não-independência* é o mais grave problema para a análise, porque o nível de significância se torna muito maior do que informado. Mais ainda, a dependência é difícil de ser corrigida.

Então, diante de qualquer suspeita de não independência, é essencial proceder à análise dos resíduos. Desenha-se um gráfico dos resíduos padronizados em função da ordem em que as observações foram coletadas. Se a pressuposição de independência estiver satisfeita, os resíduos devem ficar dispersos em torno de zero, sem um padrão definido (aleatoriamente), como acontece no **Gráfico A,** apresentado a seguir. Se os resíduos tiverem clara correlação com os tratamentos ou contra a ordem de tomada de dados, como mostra o **Gráfico B**, não se pode pressupor independência.

A análise de resíduos é extremamente útil, mas é gráfica. Isto significa que não se pode associar um nível de probabilidade à conclusão de que os erros não são independentes. Mas a pressuposição de independência pode ser transformada em hipótese, que hipótese pode ser colocada em teste. Quando existe forte suspeita de não-independência **(autocorrelação)**, pode-se aplicar o ***Teste de Durbin-Watson***, que veremos a seguir.

Gráfico A

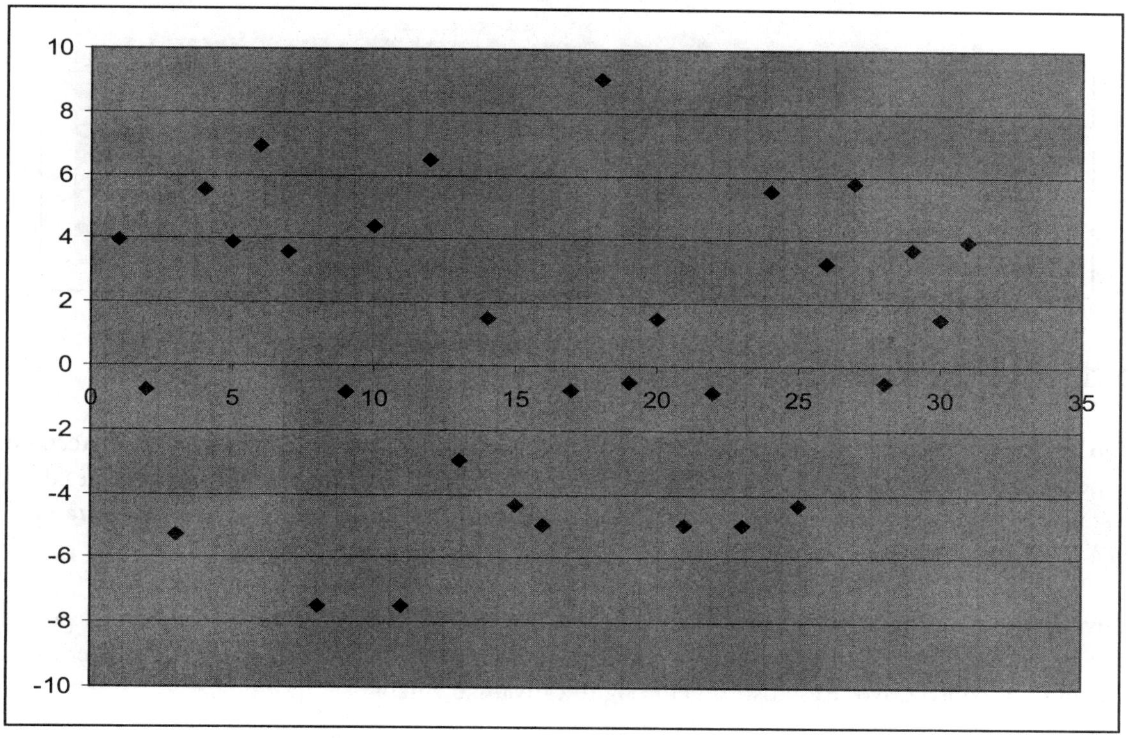

Gráfico B

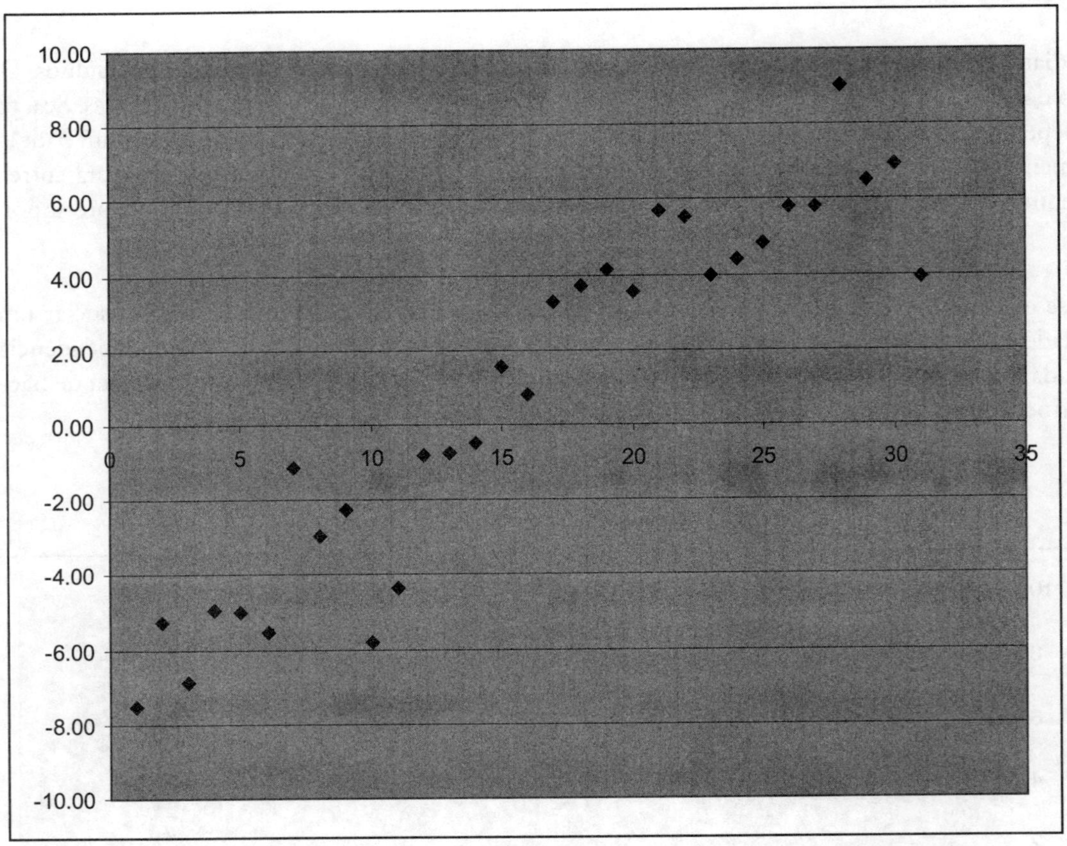

Teste de Durbin-Watson

Usando um gráfico residual, as violações dos pressupostos do modelo não são sempre fáceis de detectar e podem ocorrer apesar dos gráficos parecerem bem comportados. A análise de resíduos, usando gráficos residuais, é um método subjetivo. Nesse sentido, a verificação da independência é usualmente feita através do ***Teste de Durbin-Watson*** à correlação entre resíduos sucessivos.

Se houver independência, a magnitude de um resíduo não influencia a magnitude do resíduo seguinte. Neste caso, a correlação entre resíduos sucessivos é nula (***autocorrelação*** = 0). As hipóteses do teste, para aferir se a relação entre dois resíduos consecutivos é estatisticamente significativa, são então:

$$H_0\text{: autocorrelação} = 0 \rightarrow \text{existe independência}$$

$$H_1\text{: autocorrelação} \neq 0 \rightarrow \text{existe dependência}$$

Esse teste serve para detectar se há presença significativa de autocorrelação entre os resíduos em um modelo de análise da variância. O coeficiente de *Durbin-Watson* mede a correlação entre cada resíduo e o resíduo da observação imediatamente anterior. A equação é a seguinte:

$$D = \frac{\sum_{i=1}^{n}(e_i - e_{i-1})^2}{\sum_{I=1}^{n} e_i^2}$$

onde e_i é o resíduo para o período de tempo i.

Os valores da estatística D são interpretados da seguinte forma:

D ≈0 → resíduos positivamente autocorrelacionados.
D ≈2 → resíduos não são autocorrelacionados.
D ≈4 → resíduos negativamente autocorrelacionados.

Com a tabela de *Durbi-Watson* para o nível de significância α, tamanho da amostra n e N_{VI} (números de variáveis independentes do modelo), obtém-se d_U, que é o limite superior de variação e d_L, o limite inferior. Os valores de d_U e d_L encontram- se tabelados para os níveis de significância de 1% e 5%, e tamanhos de amostras fixas estão anexas ao livro.

Regra de Decisão para o Teste de Durbin-Watson

Valor de D	Interpretação
$0 \leq D < d_L$	Evidência de autocorrelação positiva
$d_L \leq D < d_U$	Zona de indecisão
$d_U \leq D < 4 - d_U$	**Ausência de autocorrelação**
$4 - d_U \leq D < 4 - d_L$	Zona de indecisão
$4 - d_L \leq D \leq 4$	Evidência de autocorrelação negativa

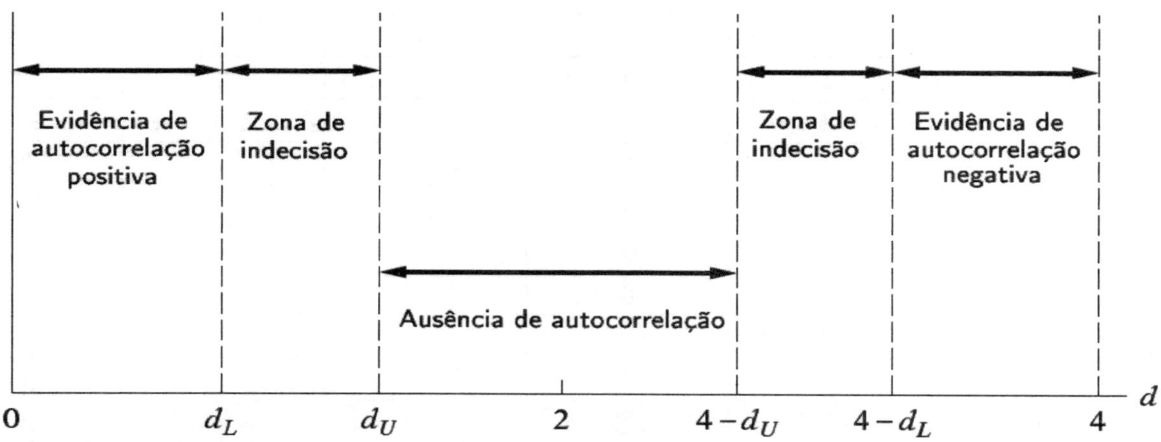

Exemplo 1 de Teste de *Durbi-Watson*

Vamos realizar o teste de autocorrelação do Exemplo 1 que se refere **às vendas de** um artigo (em mil itens) em quatro filiais de uma loja de departamento (1, 2, 3 e 4), já visto quando estudamos a análise de *outlier*:

1	2	3	4
25	31	22	33
26	25	26	29
20	28	28	31
23	27	25	34
21	24	29	28
23	**27**	**26**	**31**

Os resíduos obtidos segundo a sequência de tempo em que foram coletados e o quadro de cálculo para o teste se encontram na tabela a seguir:

Sequência de tempo	e_i	e_i^2	e_{i-1}	$e_{i-}e_{i-1}$	$(e_i - e_{i-1})^2$
1	2	4	0	2	4
2	3	9	2	1	1
3	-3	9	3	-6	36
4	0	0	-3	3	9
5	-2	4	0	-2	4
6	4	16	-2	6	36
7	-2	4	4	-6	36
8	1	1	-2	3	9
9	0	0	1	-1	1
10	-3	9	0	-3	9
11	-4	16	-3	-1	1
12	0	0	-4	4	16
13	2	4	0	2	4
14	-1	1	2	-3	9
15	3	9	-1	4	16
16	2	4	3	-1	1
17	-2	4	2	-4	16
18	0	0	-2	2	4
19	3	9	0	3	9
20	-3	9	3	-6	36
Total	——	**112**	———	———	**257**

Calculando, então, o coeficiente:

$$D = \frac{\sum_{i=1}^{n} (e_i - e_{i-1})^2}{\sum_{I=1}^{n} e_i^2}$$

$$D = \frac{257}{112} \approx 2,29.$$

Interpretação

Consultando a Tabela de Durbin-Watson para 5%, n=20 e N_{VI}= 1 (em ANOVA de um fator só temos uma variável independente que são os tratamentos), temos que d_L = 1,20 e d_U= 1,41.

Temos que:

$d_U \leq D < 4 - d_U$

1,41<**2,29**<2,59(V)

Decisão

Ausência de autocorrelação.

Exemplo 2 de Teste de *Durbi-Watson*:

Os dados a seguir se referem aos resíduos do **Gráfico A**.

Sequência de tempo	e_i	e_i^2	e_{i-1}	$e_i - e_{i-1}$	$(e_i - e_{i-1})^2$
1	4.0	15.8	0.0	4.0	15.8
2	-0.7	0.6	4.0	-4.7	22.3
3	-5.3	28.0	-0.7	-4.5	20.6
4	5.5	30.7	-5.3	10.8	117.3
5	3.9	15.2	5.5	-1.6	2.7
6	6.9	48.0	3.9	3.0	9.2
7	3.6	12.7	6.9	-3.4	11.3
8	-7.5	56.3	3.6	-11.1	122.5
9	-0.8	0.6	-7.5	6.7	44.9
10	4.4	19.5	-0.8	5.2	27.2
11	-7.5	56.3	4.4	-11.9	141.9
12	6.5	42.2	-7.5	14.0	195.9

13	-3.0	8.8	6.5	-9.5	89.6
14	1.5	2.4	-3.0	4.5	20.3
15	-4.4	19.0	1.5	-5.9	34.8
16	-5.0	24.8	-4.4	-0.6	0.4
17	-0.7	0.6	-5.0	4.2	17.9
18	9.1	82.1	-0.7	9.8	96.2
19	-0.5	0.3	9.1	-9.6	91.4
20	1.5	2.4	-0.5	2.0	4.2
21	-5.0	24.8	1.5	-6.5	42.5
22	-0.8	0.6	-5.0	4.2	17.5
23	-5.0	24.8	-0.8	-4.2	17.5
24	5.5	30.7	-5.0	10.5	110.7
25	-4.4	19.0	5.5	-9.9	98.0
26	3.3	10.6	-4.4	7.6	58.0
27	5.8	33.5	3.3	2.5	6.4
28	-0.5	0.3	5.8	-6.3	39.5
29	3.7	13.6	-0.5	4.2	17.6
30	1.5	2.4	3.7	-2.2	4.6
31	4.0	15.8	1.5	2.4	5.9
Total	——	463.73	——	——	1082.19

Nota: Os valores dos resíduos ao quadrado (e_i^2) foram calculados no Excel com todas as casas decimais consideradas na planilha.

Calculando, então, o coeficiente:

$$D = \frac{\sum_{i=1}^{n} (e_i - e_{i-1})^2}{\sum_{I=1}^{n} e_i^2}$$

$$D = \frac{1082.19}{463.73} \approx 2,33.$$

Interpretação

Consultando a Tabela de Durbin-Watson para 5% , n=31 e N_{VI}= 1, temos que d_L = 1,36 e d_U= 1,50. Logo, o valor de D está no terceiro intervalo da regra de decisão:

$$d_U \le D < 4 - d_U$$
$$1,50 \le 2,33 < 4 - 1,50$$
$$1,50 \le 2,33 < 4 - 1,50$$
$$1,50 \le 2,33 < 2,50 \text{ (V)}$$

Logo, concluímos que neste caso existe ausência de autocorrelação, o que vai de encontro ao que verificamos graficamente, e análise da variância pode ser feita sem maiores problemas.

Exemplo 3 de Teste de *Durbi-Watson*

Os dados a seguir se referem aos resíduos do Gráfico B.

Sequência de tempo	e_i	e_i^2	e_{i-1}	$e_{i}-e_{i-1}$	$(e_i - e_{i-1})^2$
1	-7,50	56,25	0	-7,50	56,25
2	-5,29	27,98	-7,50	2,21	4,88
3	-6,90	47,61	-5,29	-1,61	2,59
4	-4,94	24,40	-6,90	1,96	3,84
5	-4,98	24,80	-4,94	-0,04	0,00
6	-5,54	30,69	-4,98	-0,56	0,31
7	-1,11	1,23	-5,54	4,43	19,62
8	-2,97	8,82	-1,11	-1,86	3,46
9	-2,23	4,97	-2,97	0,74	0,55
10	-5,80	33,64	-2,23	-3,57	12,74
11	-4,36	19,01	-5,80	1,44	2,07
12	-0,80	0,64	-4,36	3,56	12,67
13	-0,75	0,56	-0,80	0,05	0,00
14	-0,50	0,25	-0,75	0,25	0,06
15	1,54	2,37	-0,50	2,04	4,16
16	0,82	0,67	1,54	-0,72	0,52
17	3,26	10,63	0,82	2,44	5,95
18	3,69	13,62	3,26	0,43	0,18
19	4,13	17,06	3,69	0,44	0,19
20	3,57	12,74	4,13	-0,56	0,31
21	5,70	32,49	3,57	2,13	4,54
22	5,54	30,69	5,70	-0,16	0,03
23	3,98	15,84	5,54	-1,56	2,43
24	4,41	19,45	3,98	0,43	0,18
25	4,85	23,52	4,41	0,44	0,19
26	5,79	33,52	4,85	0,94	0,88
27	5,82	33,87	5,79	0,03	0,00
28	9,06	82,08	5,82	3,24	10,50
29	6,50	42,25	9,06	-2,56	6,55
30	6,93	48,02	6,50	0,43	0,18
31	3,90	15,21	6,93	-3,03	9,18
Total	——	714,91	——	——	165,07

Calculando, então, o coeficiente:

$$D = \frac{\sum_{i=1}^{n}(e_i - e_{i-1})^2}{\sum_{I=1}^{n} e_i^2}$$

$$D = \frac{165,07}{714,91} \approx 0,23.$$

Interpretação

Consultando a Tabela de Durbin-Watson para 5% , n=31 e N_{VI}= 1, temos que d_L = 1,36 e d_U= 1,50. Logo. o valor de D está no primeiro intervalo da regra de decisão:

$$0 \leq D < d_L$$
$$0<0,23<1,36(V)$$

Logo, concluímos que neste caso existe evidência de autocorrelação positiva, o que vai de encontro ao que verificamos graficamente, e a análise da variância tradicional neste caso fica seriamente comprometida.

Variância Constante (Homocedasticidade)

Se for razoável admitir que os erros sejam independentes, o passo seguinte consiste em verificar se as variâncias são constantes ou, como preferem dizer os estatísticos, se existe *homocedasticidade.*

No caso do modelo de análise da variância de um único fator, convém verificar se as variâncias dos tratamentos são iguais. A violação do pressuposto da homocedasticidade compromete a credibilidade do Teste F.

Observação

Se as variâncias são heterogêneas acentuadamente, isto significa que as diferenças de médias podem ser devido a este fato do que propriamente devidos aos tratamentos. É sabido que as médias são medidas de tendência central fortemente influenciadas pelo grau de dispersão da série.

Os gráficos C e D ilustram, respectivamente, resíduos *homocedásticos* e *heterocedásticos.*

Gráfico C

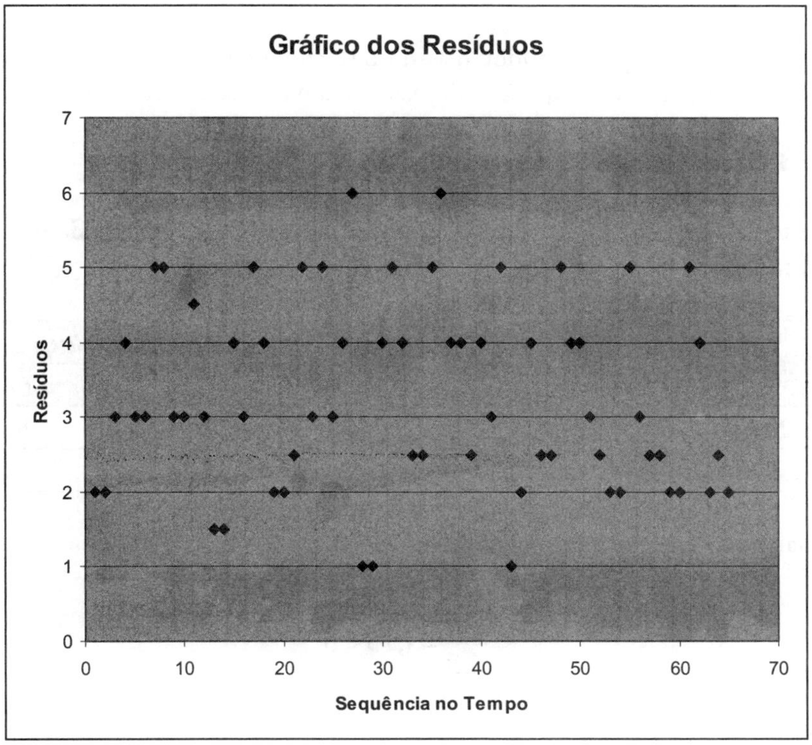

Gráfico D

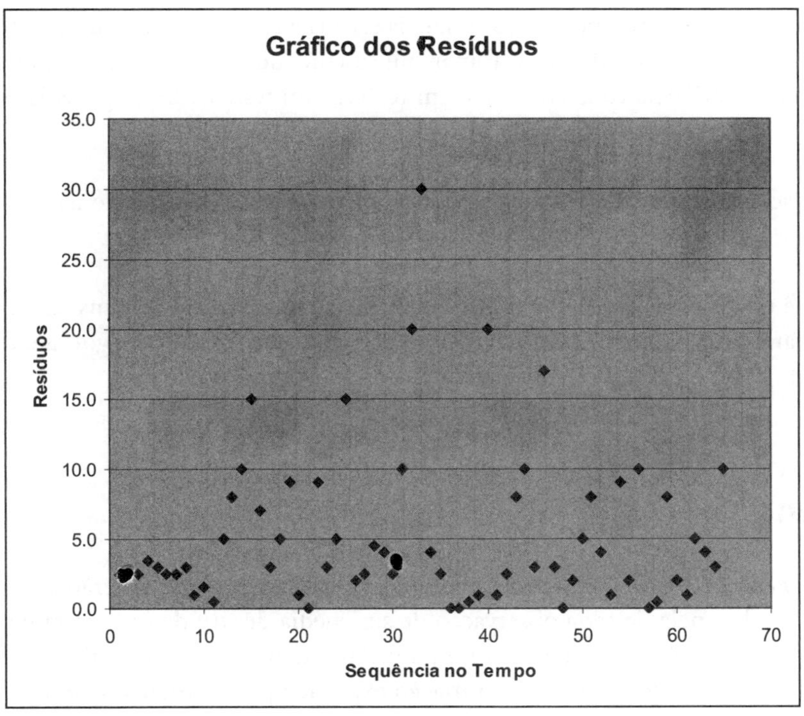

Regra Prática de Verificação de Homocedasticidade

Uma regra prática defendida por quem estudou o assunto sugere pressupor que os resultados de uma análise da variância sejam considerados válidos desde que a maior variância não exceda em três vezes a menor.

Exemplo de Teste de Homocedasticidade pela Regra Prática

Vamos realizar o teste de *homocedasicidade* do Exemplo 1, que se refere **às vendas de um artigo** (em mil itens) em quatro filiais de uma loja de departamento (1, 2, 3 e 4), já visto anteriormente.

Estatísticas	Tratamentos			
	A	B	C	D
Média	23	27	26	31
Variância	6,5	7,5	7,5	6,5

No caso, como a maior variância é 7,5 e a menor é 6,5, temos:

$$\frac{7{,}5}{6{,}5} = 1{,}15 < 3$$

Interpretação

Pelo exposto, então, é razoável pressupor variâncias iguais.

Observação

Existem situações práticas que, embora a maior variância exceda em três vezes a menor, o pressuposto da igualdade de variância pode ser aceito. Por isso, devemos tomar muito cuidado com essas regras práticas. Para se ter maior segurança na conclusão da variância constante, convém realizar um teste de homogeneidade baseado em prova de significância.

Para testar a igualdade de variâncias, foram propostos diversos testes, mas neste livro estudaremos o ***Teste de Levene***.

O Teste de Levene é usado para testar se k amostra tem a mesma variância. Alguns testes estatísticos, como por exemplo a análise de variância, assumem que as variâncias são iguais dentro das categorias da variável independente ou amostras. O teste de Levene pode ser usado para verificar essa suposição.

Teste de Levene

A lógica do *Teste de Levene* é simples: quanto maiores são as variâncias, maiores serão os resíduos (os resíduos são calculados em função da distância de cada observação de sua média dentro de cada tratamento). Podemos, então, pensar em um modelo de regressão em que o resíduo é a variável dependente e a variância a independente, e testar a existência da associação através do Teste F (F = variação explicada pelas variâncias/variação explicada por fatores aleatórios ou alheios ao modelo).

Se as variâncias são homogêneas, o resultado do Teste F para comparar as médias dos valores absolutos dos resíduos será não significante, isto é, os resíduos são mais fortemente explicados por fatores aleatórios do que pelas variâncias tidas como variáveis explicativas. No gráfico, isto resultará em erros dispersos, de forma aleatória, com compacidade constante.

O *Teste de Levene* é, portanto, a análise da variância dos valores absolutos dos resíduos. Quando dizemos que o teste deu positivo, F não significante, conclui-se que os erros são homocedásticos.

Exemplo 1 de Teste de Levene

Vamos realizar o teste de *homocedasicidade* através do *Teste de Levene* com os dados **do Exemplo 1 que se refere** às vendas de um artigo (em mil itens) em quatro filiais de uma loja de departamento (1, 2, 3 e 4), já visto anteriormente.

Tabela dos Resíduos do Exemplo 1

1	2	3	4
2	4	-4	2
3	-2	0	-2
3	1	2	0
0	0	-1	3
-2	-3	3	-3

Valores Absolutos dos Resíduos do Exemplo 1

1	2	3	4
2	4	4	2
3	2	0	2
3	1	2	0
0	0	1	3
2	3	3	3

Quadro da ANOVA

Fonte de Variação	SQ	Φ	QM	F	Valor-p
Tratamentos	0,00	3	0,00	0,00	1,00
Resíduo	32,00	16	2,00		
Total	32,00	19			

Interpretação

A credibilidade da hipótese nula de que as médias são iguais é altíssima, ou melhor, absoluta. As diferenças de médias são **não significantes**, é fruto de erro amostral. Portanto, as variâncias podem ser consideradas homogêneas. O *Teste de Levene* deu positivo.

Exemplo 2 do Teste de Levene

Os dados a seguir se referem às notas de física dadas por seis professores de seis cursinhos pré-vestibulares a vestibulandos de universidades federais.

Prof. 1	Prof. 2	Prof. 3	Prof. 4	Prof. 5
1.0	1.0	2.0	0.5	0.0
1.5	3.0	1.0	1.0	0.0
1.0	4.0	7.0	10.0	10.0
1.5	4.5	9.0	1.0	0.0
2.0	5.0	5.0	9.0	0.5
2.5	6.0	2.0	4.0	0.5
2.0	6.5	3.0	2.0	1.0
2.5	7.0	9.0	3.0	9.0
3.0	3.0	8.0	2.0	9.5
3.5	4.0	1.0	8.0	2.0
2.05	**4.4**	**4.7**	**4.05**	**3.25**

Os valores dos resíduos absolutos são:

Prof. 1	Prof. 2	Prof. 3	Prof. 4	Prof. 5
1.05	3.4	2.7	3.55	3.25
0.55	1.4	3.7	3.05	3.25
1.05	0.4	2.3	5.95	6.75
0.55	0.1	4.3	3.05	3.25
0.05	0.6	0.3	4.95	2.75
0.45	1.6	2.7	0.05	2.75
0.05	2.1	1.7	2.05	2.25
0.45	2.6	4.3	1.05	5.75
0.95	1.4	3.3	2.05	6.25
1.45	0.4	3.7	3.95	1.25

O quadro da ANOVA com os valores absolutos dos resíduos é:

Quadro da ANOVA

Fonte de Variação	SQ	Φ	QM	F	Valor-p
Tratamentos	64.05	4.00	16.01	8.51	0.000
Resíduo	84.69	45.00	1.88		
Total	148.73	49.00			

Interpretação

A credibilidade da hipótese nula de que as médias são iguais é baixíssima, ou melhor, nula. As diferenças de médias são significantes, não é fruto de erro amostral. Portanto, as variâncias podem ser consideradas heterogêneas e há heterocedasticidade. *Teste de Levene* deu negativo.

O gráfico dos resíduos fica:

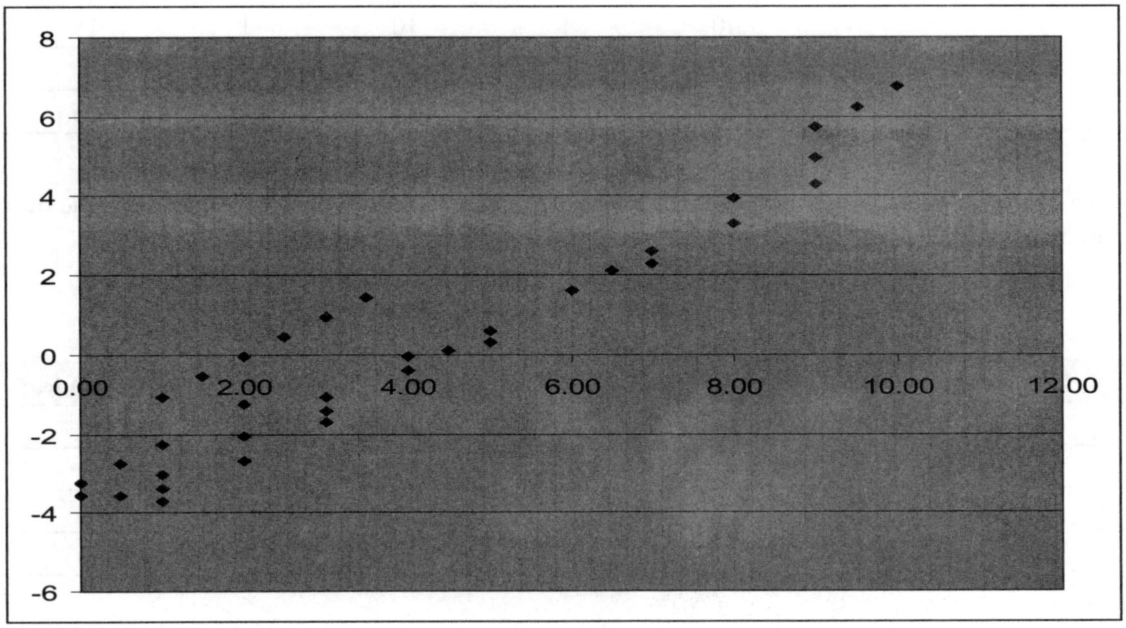

Transformações Estabilizadoras da Variância

Quando as variâncias são muito heterogêneas, é possível fazer a análise da variância desde que seja feita uma transformação dos dados, que as torne homogêneas. Tais transformações estabilizadoras da variância também eliminam a falta de normalidade.

A variável obtida por contagem geralmente não têm variância constante e nem distribuição normal. No entanto, são relativamente comuns em análise de dados.

Para fazer a análise da variância, recomenda-se transformar a variável, ou seja, extrair a raiz quadrada dos dados. A transformação é eficiente porque diminui a heterogeneidade das variâncias.

Exemplos de Variáveis obtidas por Contagem

Número de itens vendidos por uma amostra de vendedores em algumas filiais de uma grande loja de departamento, número de clientes atendidos por uma amostra de bancários em algumas agências, número de clientes satisfeitos por uma amostra de sequência de tempo em algumas operadoras de telefonia celular etc.

Para analisar dados de contagem, recomenda-se extrair a raiz quadrada. Essa nova variável tem, em geral, variância constante.

Exemplo de Transformação Estabilizadora da Variância

Os dados a seguir se referem ao número de clientes atendidos por uma amostra de 20 bancários em 4 agências bancárias:

Agência A	Agência B	Agência C	Agência D
10	30	20	10
15	15	15	10
5	40	10	15
15	35	5	5
5	40	25	15

A tabela a seguir apresenta as variâncias dos dados segundo o grupo, antes e depois da transformação de variáveis (raiz quadrada dos dados originais).

Variâncias dos Dados segundo grupo, Antes e Depois da Transformação

Grupo	Sem transformação	Com transformação
Agência A	25,0	0,7
Agência B	107,5	1,0
Agência C	62,5	1,2
Agência D	17,5	0,5

Suprimir a interpretação e a ANOVA fornecida: sem importância analítica.

Normalidade

Em linhas gerais, o pesquisador não precisa se preocupar com a não-normalidade, desde que os dados não transgridam fortemente a forma gaussiana. Para verificar o atendimento a este pressuposto, vamos calculamos o coeficiente de assimetria e verificar o gráfico de resíduos padronizados.

Exemplo

Os dados a seguir se referem aos resíduos do Gráfico A. A estatística de assimetria se encontra na tabela seguinte:

Coeficiente Momento de Assimetria dos Dados do Gráfico A

Estatísticas	Valores
Coeficiente momento de assimetria(M_{AS})	-0,17

Nota : Cálculos do Excel.

A distribuição beira os limites toleráveis de simetria (*curva assimétrica negativa moderada*), o que não implica grandes transgressões à normalidade. Testes mais rigorosos de normalidade serão fornecidos nos capítulos seguintes (***Teste de Bera-Jarque e Teste de Kolmogorov-Smirnov***).

Teste de Normalidade pelo Gráfico de Resíduos Padronizados

A análise da normalidade pode ser feita observando-se diretamente o gráfico dos resíduos padronizados. Se os erros padronizados estiverem 99% dentro da área de **-3 a 3,** eles podem ser considerados normalmente distribuídos. Note que esse gráfico e esses limites **são os mesmos usados para verificar a presença de dados discrepantes.**

Então do exemplo anterior temos o gráfico dos resíduos padronizados:

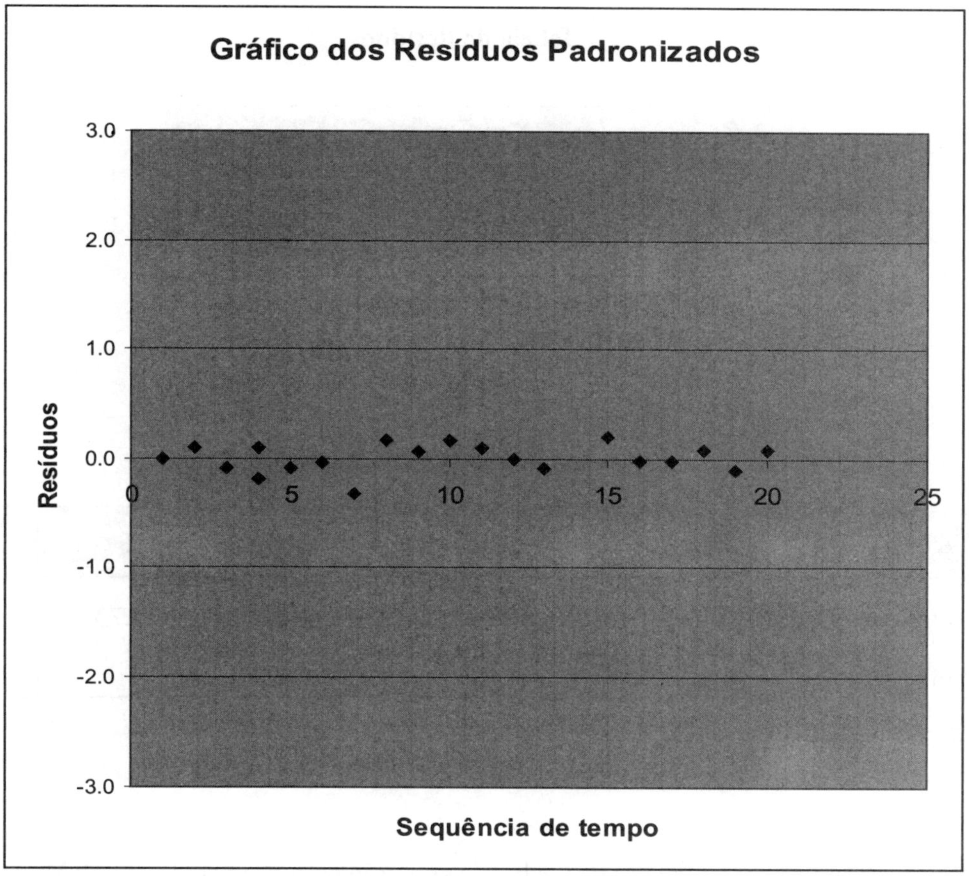

Interpretação

Os resíduos padronizados estão bem dentro dos limites estabelecidos pela probabilidade da normal de 99%.

Exemplo Completo de Atendimento aos Pressupostos Básicos

Agora vamos fazer uma análise completa a um só problema do atendimento aos pressupostos básicos.

Os dados a seguir se referem às avaliações de satisfação dada por 25 clientes a cinco operadoras de TV a Cabo com *Internet*, via telefone de autoatendimento.

Satisfação com Operadoras de TV a Cabo e Internet

A	B	C	D	E
7.5	5.0	10.0	2.0	8.0
7.0	5.5	10.0	2.5	6.0
8.0	5.0	9.0	3.0	7.0
8.5	6.5	9.5	2.5	7.5
9.0	6.0	10.0	4.0	8.5

1º) Análise de Outlier

Tabela de Resíduos

Resíduos				
-0.5	-0.6	0.3	-0.8	0.6
-1.0	-0.1	0.3	-0.3	-1.4
0.0	-0.6	-0.7	0.2	-0.4
0.5	0.9	-0.2	-0.3	0.1
1.0	0.4	0.3	1.2	1.1

Quadro da ANOVA das Avaliações

Fonte de Variação	SQ	Φ	QM	F	Valor-p
Tratamentos	138	4	34.5	62.73	0.000
Resíduo	11	20	**0.55**		
Total	149	24			

Análise

O Teste F deu significante: existe diferença de médias de satisfação entre as operadoras de TV a Cabo e Internet.

Tabela de Resíduos Padronizados

Resíduos Padronizados				
-0.67	-0.8	0.4	-1.1	0.8
-1.35	-0.1	0.4	-0.4	-1.9
0.00	-0.8	-0.9	0.3	-0.5
0.67	1.2	-0.3	-0.4	0.1
1.35	0.5	0.4	1.6	1.5

Gráfico dos Resíduos Padronizados

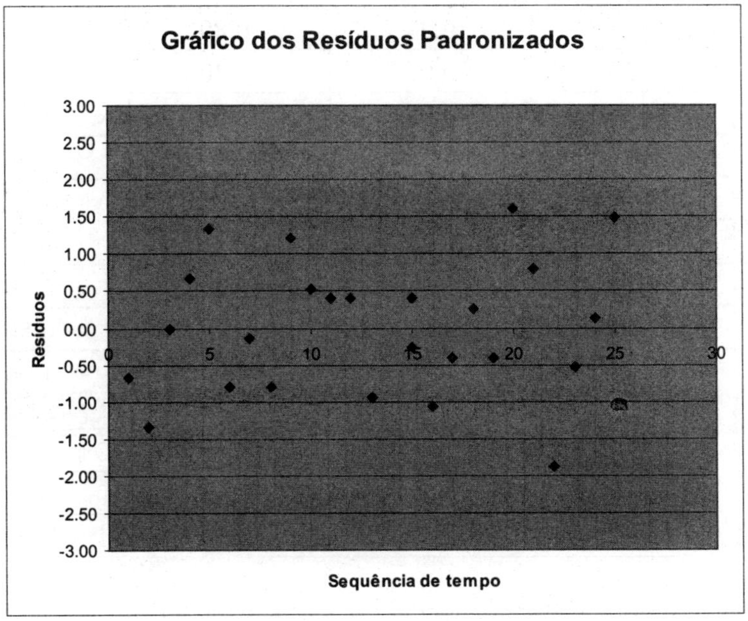

Interpretação

Observado o gráfico dos resíduos padronizados, verificamos que todos os resíduos estão no intervalo de -3 a +3, **comprovando** a ausência de **dados discrepantes (outliers)**.

2º) Teste da Independência dos Resíduos

a) Pelo Teste de Durbin-Watson

Sequência de tempo	e_i	e_i^2	e_{i-1}	$e_i - e_{i-1}$	$(e_i - e_{i-1})^2$
1	-0.50	0.25	0.00	-0.50	0.25
2	-1.00	1.00	-0.50	-0.50	0.25
3	0.00	0.00	-1.00	1.00	1.00
4	0.50	0.25	0.00	0.50	0.25
5	1.00	1.00	0.50	0.50	0.25
6	-0.60	0.36	1.00	-1.60	2.56
7	-0.10	0.01	-0.60	0.50	0.25
8	-0.60	0.36	-0.10	-0.50	0.25
9	0.90	0.81	-0.60	1.50	2.25
10	0.40	0.16	0.90	-0.50	0.25
11	0.30	0.09	0.40	-0.10	0.01
12	0.30	0.09	0.30	0.00	0.00
13	-0.70	0.49	0.30	-1.00	1.00
14	-0.20	0.04	-0.70	0.50	0.25

15	0.30	0.09	-0.20	0.50	0.25
16	-0.80	0.64	0.30	-1.10	1.21
17	-0.30	0.09	-0.80	0.50	0.25
18	0.20	0.04	-0.30	0.50	0.25
19	-0.30	0.09	0.20	-0.50	0.25
20	1.20	1.44	-0.30	1.50	2.25
21	0.60	0.36	1.20	-0.60	0.36
22	-1.40	1.96	0.60	-2.00	4.00
23	-0.40	0.16	-1.40	1.00	1.00
25	0.10	0.01	-0.40	0.50	0.25
25	1.10	1.21	0.10	1.00	1.00
Total	——	11.00	——	——	19.89

D= (19,89/11.00) = **1,81.**

Consultado a Tabela de Durbin-Watson de 5%, n=25 e N_{VI}= 1, temo que d_L=1,29 e d_U=**1,45**, logo:

1,45<1,81<2,55 (V)

Análise

O intervalo exposto indica que os erros são independentes.

b) Pela Observação do Gráfico dos Resíduos:

Gráfico dos Resíduos

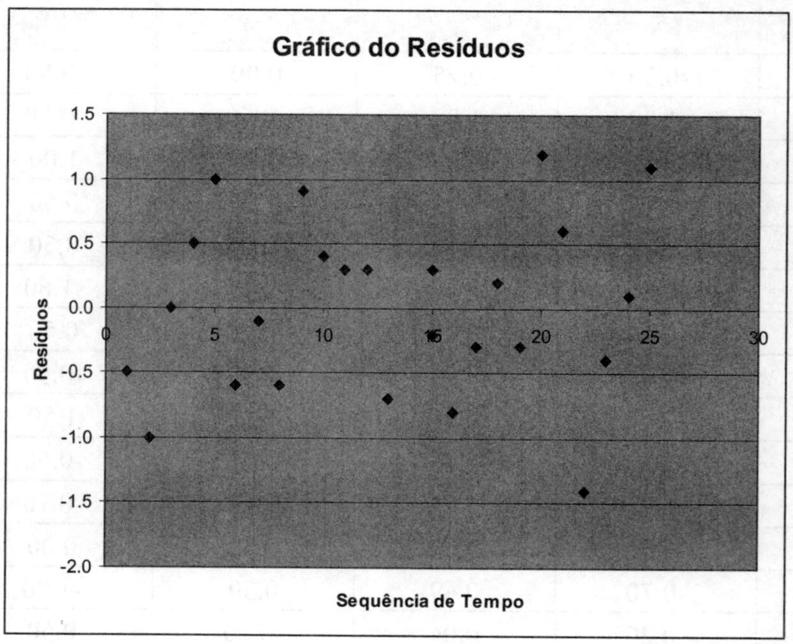

Análise

Verifique pelo gráfico anterior que os resíduos se distribuem de forma aleatória no plano cartesiano.

3º)Teste da Homocedasticidade

a) Pelo Teste de Levene:

Tabela dos Valores Absolutos dos Resíduos

Valores Absolutos dos Resíduos				
0.5	0.6	0.3	0.8	0.6
1.0	0.1	0.3	0.3	1.4
0.0	0.6	0.7	0.2	0.4
0.5	0.9	0.2	0.3	0.1
1.0	0.4	0.3	1.2	1.1

Quadro da ANOVA

Fonte de Variação	SQ	Φ	QM	F	Valor-p
Tratamentos	0.34	4.00	0.09	**0.56**	**0.69**
Resíduo	3.04	20.00	0.15		
Total	3.38	24.00			

Análise

Pelo valor-p, a credibilidade da hipótese nula é alta, isto é, a diferença de médias é não significante, o que implica homocedasticidade das variâncias. O Teste deu positivo.

b) Pela Observação do Gráfico dos Resíduos

Gráfico dos Resíduos

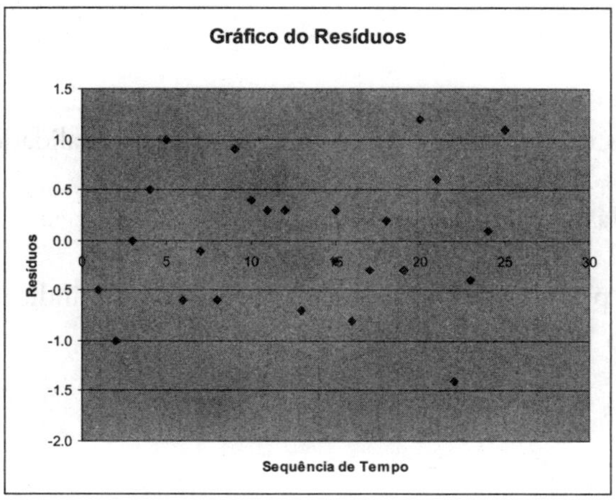

Análise

O gráfico dos resíduos confirma que a variância dos resíduos é constante ao longo do tempo.

4º) Teste de Normalidade

a) Pelo Coeficiente Momento de Assimetria

A estatística de assimetria se encontra na tabela a seguir:

Coeficiente Momento de Assimetria

Estatísticas	Valores
Coeficiente momento de assimetria	0,000

Nota: Cálculos do Excel.

Interpretação

A distribuição é simétrica, o que pressupõe normalidade dos erros.

b) Pelo Histograma com o Polígono de Frequência Sobreposto

Histograma dos Resíduos

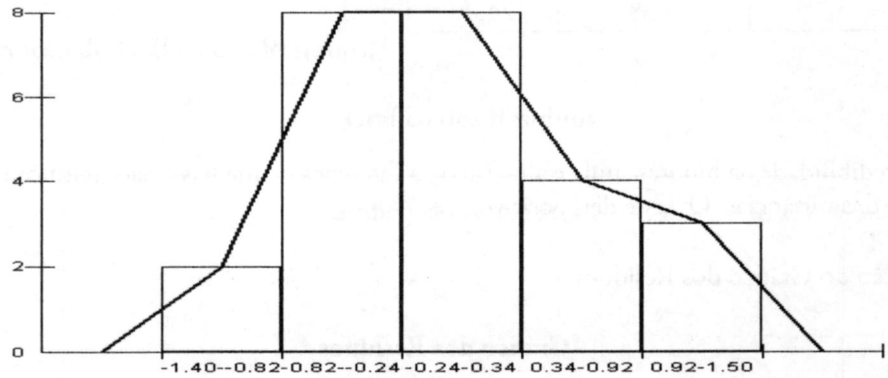

Interpretação

O gráfico apresenta simetria visual, o que implica a confirmação da normalidade dos erros.

Validação dos Pressupostos Básicos do Exemplo Geral

Os dados respeitam a todos os pressupostos da análise da variância e isso indica que os resultados da análise são válidos, confiáveis.

Consequências da Não Validação dos Pressupostos

Violação da independência, normalidade e homocedasticidade dos erros levam ao aumento dos erros do Tipo I e II. Quando isso acontece, as conclusões da tabela da ANOVA tornam-se duvidosas e devem ser interpretadas com reservas.

A independência dos erros é crucial. A sua violação praticamente inviabiliza qualquer ANOVA.

A normalidade dos erros é menos importante. Quando o número de repetições dos tratamentos é grande ($r_i \geq 30$), o Teorema Central do Limite diz-nos que essas médias terão aproximadamente distribuição normal.

Entretanto, quando os grupos são pequenos em cada tratamento, a estatística F é resistente à violação de normalidade (sua violação, em geral, não compromete a decisão do teste de significância da diferença de médias) quando os erros têm assimetria no máximo moderada.

A estatística F também é resistente à violação da homocedasticidade. A sua violação traz problemas apenas quando grupos de tratamentos com variância alta têm médias muito afastadas das restantes: aí não se sabe se a diferença de médias é devido às variâncias heterogêneas ou aos tratamentos em análise.

Resumindo o que foi dito em parágrafos acima, há três situações em que a não violação de pressupostos pode ter consequências graves:

- *Independência dos erros não é plausível. Deveremos ter sempre assegurado este pressuposto. A indefinição sobre este pressuposto também não é aceitável.*
- *Violação grosseira da normalidade, principalmente quando os grupos são pequenos.*
- *Violação da homocedasticidade, quando grupos de alta variância têm médias afastadas das restantes.*

Nos casos em que há pressupostos violados de forma menos grave, pode-se ainda assim executar a ANOVA normalmente. Neste caso, deve-se tomar mais cuidado quando o resultado da decisão for rejeitar a hipótese nula, isto é, quando a estatística F é significante.

Para assegurar-se de que a decisão foi correta, sugere-se mais dados e repetir a ANOVA ou usar outro tipo de ANOVA. Fora isso, pode-se basear decisões na tabela ANOVA com confiança.

Quando a violação de pressuposições é grave, teremos de recorrer a testes alternativos à ANOVA. Existem vários na literatura, mas aqui estudaremos mais adiante apenas um: a ***ANOVA sobre os Postos.***

ANOVA sobre Postos (*RT* ANOVA)

É simplesmente uma ANOVA paramétrica usual sobre os postos. A transformação de postos é a substituição dos dados originais Y_{ij} pelos postos (R_{ij}) de uma amostra ordenada. Chamaremos esta posição de R_{ij}. Se houver empate nos postos, atribuir postos médios.

As hipóteses da ANOVA sobre Postos são:

H_0: Os grupos têm todos os mesmos postos médios.

H_1: Há pelo menos um grupo com posto médio diferente dos outros.

Exemplo

Vamos realizar a ANOVA e o ***Teste de Durbin-Watson*** sobre os dados do experimento abaixo e se for necessário realizar uma ANOVA sobre Postos.

Número de Vítimas Fatais em uma Cidade

2007	2008	2009	2010
174	175	204	182
192	166	182	182
195	197	214	190
196	175	237	188
191	194	190	229
180	163	214	203
184	200	213	221
168	201	228	221
180	179	204	000

Solução

Quadro da ANOVA

FV	SQ	Φ	QM	F	Valor-p
Tratamentos	5080	3	1693	1,24	0,31
Residual	43737	32	1367		
Total	48816	35			

Decisão

Valor-p>0,05; aceita-se a hipótese nula. O número de vítimas fatais não difere de ano para ano na cidade referida. A diferença de médias é **não significante**.

Tabela de Cálculo de Cálculo do Teste de Durbi-Watson:

Sequência de tempo	e_i	e_i^2	e_{i-1}	$e_i - e_{i-1}$	$(e_i - e_{i-1})^2$
1	-10.44	109.09	0.00	-10.44	109.09
2	7.56	57.09	-10.44	18.00	324.00
3	10.56	111.42	7.56	3.00	9.00
4	11.56	133.53	10.56	1.00	1.00
5	6.56	42.98	11.56	-5.00	25.00
6	-4.44	19.75	6.56	-11.00	121.00

7	-0.44	0.20	-4.44	4.00	16.00
8	-16.44	270.42	-0.44	-16.00	256.00
9	-4.44	19.75	-16.44	12.00	144.00
10	-8.33	69.44	-4.44	-3.89	15.12
11	-17.33	300.44	-8.33	-9.00	81.00
12	13.67	186.78	-17.33	31.00	961.00
13	-8.33	69.44	13.67	-22.00	484.00
14	10.67	113.78	-8.33	19.00	361.00
15	-20.33	413.44	10.67	-31.00	961.00
16	16.67	277.78	-20.33	37.00	1369.00
17	17.67	312.11	16.67	1.00	1.00
18	-4.33	18.78	17.67	-22.00	484.00
19	-5.56	30.86	-4.33	-1.22	1.49
20	-27.56	759.31	-5.56	-22.00	484.00
21	4.44	19.75	-27.56	32.00	1024.00
22	27.44	753.20	4.44	23.00	529.00
23	-19.56	382.42	27.44	-47.00	2209.00
24	4.44	19.75	-19.56	24.00	576.00
26	18.44	340.20	3.44	15.00	225.00
27	-5.56	30.86	18.44	-24.00	576.00
28	2.44	5.98	-5.56	8.00	64.00
29	2.44	5.98	2.44	0.00	0.00
30	10.44	109.09	2.44	8.00	64.00
31	8.44	71.31	10.44	-2.00	4.00
32	49.44	2444.75	8.44	41.00	1681.00
33	23.44	549.64	49.44	-26.00	676.00
34	41.44	1717.64	23.44	18.00	324.00
35	41.44	1717.64	41.44	0.00	0.00
36	-179.56	32240.20	41.44	-221.00	48841.00
Total	____	**43737**	____	____	**63002**

Calculando, então, o coeficiente:

$$D = \frac{\sum_{i=1}^{n}(e_i - e_{i-1})^2}{\sum_{I=1}^{n} e_i^2}$$

$$D = \frac{63002}{43737} \approx 1,44.$$

Interpretação

Consultando a Tabela de Durbin-Watson para 5%, n=36 e N_{VI}= 1, temos que d_L = 1,41 e d_U= 1,52. Logo, o valor de D está no segundo intervalo da regra de decisão:

$$d_L \leq D < d_U$$

$$1{,}41 \leq 1{,}44 < 1{,}52 \text{ (V)}$$

Então, concluímos que neste caso temos uma indefinição quanto à autocorrelação dos erros, o que nos leva a adotar uma medida preventiva, que é a aplicação da ANOVA sobre postos.

Número de Vítimas Fatais em uma Cidade

2007	2008	2009	2010
174	175	204	182
192	166	182	182
195	197	214	190
196	175	237	188
191	194	190	229
180	163	214	203
184	200	213	221
168	201	228	221
180	179	204	000

Dados Transformados em Postos

Sequência	Dados Ordenados	Postos
1	000	1
2	163	2
3	166	3
4	168	4
5	174	5
6	175	6,5
7	175	6,5
8	179	8
9	180	9.5
10	180	9.5
11	182	12
12	182	12
13	182	12

14	184	14
15	188	15
16	190	16.5
17	190	16.5
18	191	18
19	192	19
20	194	20
21	195	21
22	196	22
23	197	23
24	200	24
25	201	25
26	203	26
27	204	27.5
28	204	27.5
29	213	29
30	214	30.5
31	214	30.5
32	221	32.5
33	221	32.5
34	228	34
35	229	35
36	237	36

Postos Distribuídos nos Tratamentos para a ANOVA

2007	2008	2009	2010
5	6,5	27.5	12
19	3	12	12
21	23	30,5	16.5
22	6,5	36	15
18	20	16.5	35
9.5	2	30.5	26
14	24	29	32.5
4	25	34	32.5
9.5	8	27.5	1

Quadro da ANOVA sobre Postos

FV	SQ	Φ	QM	F	Valor-p
Tratamentos	1168.61	3	389.54	4.60	0.01
Residual	2711.39	32	84.73		
Total	1168.61	35			

Decisão

O valor-p< 0,05; rejeita-se a hipótese nula. Existe pelo menos um par de postos médios que são diferentes. Resultado contrário ao encontrado com a ANOVA Paramétrica, o que ratifica o engano que se comete ao lidar com erros autocorrelacionados.

Com a validação realizada pelo teste da ANOVA sobre Postos, o analista tem maior confiança nos resultados.

Teste de Comparação Múltipla

A análise da variância serve para verificar se existe diferença significante entre colunas (tratamentos), no caso de classificação única e entre linhas (blocos) e colunas (tratamento), no caso de classificação dupla. Se houver diferença, não sabemos através da análise da variância quais linhas ou colunas diferem entre si. Para tanto, são usados os ***Testes de Comparação Múltipla***. Vamos apresentar o ***Teste de Tukey***.

Critério de Decisão da Significância das Diferenças

A d.m.s, diferença mínima significante, será o instrumento de medida. Toda vez que o **valor absoluto** da diferença entre duas médias é igual ou maior do que a diferença mínima significante, as médias são consideradas estatisticamente diferentes, ao nível de significância estabelecido.

Matematicamente,

Se $/\overline{X}_B - \overline{X}_C/ \geq$ d.m.s , então a diferença entre $\overline{X}_B$ e $\overline{X}_C$ é significante estatisticamente.

Formas de Cálculo das d.m.s

- *Foram propostas diversas maneiras de calcular a diferença mínima significante.*
- *Cada proposta é, na realidade, um teste que, em geral, leva o nome de seu autor.*
- *Não existe um procedimento para comparação de médias que seja definitivamente "**melhor**" que todos os outros.*

Teste de Tukey

O processo apresentado serve tanto para o modelo de classificação única quanto dupla. Para obter o valor da diferença mínima significante (d.m.s) pelo Teste de Tukey, basta calcular:

$$\text{d.m.s} = q.\sqrt{(QMR)/r}$$

Onde:

q=valor dado nas Tabelas 5-Teste de Tukey (α = 1%), na Tabela 5-Teste de Tukey (α = 5%), na Tabela 5-Teste de Tukey (α =10%), em função do número de colunas (k) e números graus de liberdade dos resíduos, presentes no anexo.

Onde:

- *QMR = quadrado médio dos resíduos obtido pelo cálculo da ANOVA.*
- *r = número médio de repetições dos tratamentos.*

Exemplo

Diminuição da Pressão Arterial, em Milímetros de Mercúrio, segundo o Tratamento

Tratamento					
A	**B**	**C**	**D**	**E**	**Controle**
25	10	18	23	11	8
17	-2	8	29	23	-6
27	12	4	25	5	6
21	4	14	35	17	0
15	16	6	33	9	2

Quadro da ANOVA

Fonte de Variação	SQ	Φ	QM	F
Tratamentos	2354,17	5	470,83	**13,08**
Resíduo	864,00	**24**	36,00	
Total	3218,17	29		

Decisão

Como o valor de F apresentado na tabela acima é significante ao nível de 5%, pode-se afirmar que existe diferença de médias significantes neste nível.

Tabela de Médias da Diminuição da Pressão Arterial Segundo o Tratamento

Tratamento	Médias
A	21
B	8
C	10
D	29
E	13
Controle	2

É razoável procurar um teste para comparar as médias dos tratamentos. A d.m.s estabelecida pelo **Teste de Tukey**, ao nível de significância de 5%, é:

d.m.s= 4,37.√(36,00)/5=11,73, uma vez que q=4,37, valor dado na Tabela 5-Teste de Tukey 0,05, associado a 6 tratamentos (k=6) e 24 graus de liberdade de resíduos (Φ =24), QMR=36,00, obtido na análise da variância, e r=5, número de repetições dentro de cada tratamento (colunas).

As médias estão na tabela de média da diminuição da pressão arterial segundo o tratamento. Pode-se, então, concluir, por exemplo, que a média de A é significante maior que a média de B porque:

$$/ 21 - 8 / = 13 > 11{,}73.$$

Observação

A ANOVA e os Testes de Comparação Múltipla têm potência máxima quando o número de repetições em cada tratamento ou grupo é igual. Uma ANOVA deve ser planejada antes da execução das medições, justamente para se tentar ter o mesmo número de medições para cada grupo/tratamento. Se isso não for possível, o mal menor é ter pouca diferença entre o número de repetições das amostras. Muita diferença entre grupos leva **à** perda de potência, ou seja, **à** dificuldade em identificar diferenças estatísticas entre grupos.

Método da Análise da Variância

Para realizar uma análise da variância de confiança, é fortemente recomendável que o analista siga as fases seguintes, que podemos nomear de ***Método da Análise da Variância***.

Fases	Definição
1ª)Delineamento e coleta de dados.	Definição do objetivo de estudo, estabelecimento de hipóteses a testar e planejamento do número de repetições por tratamento.
2ª)Validação de pressupostos e decisão da ANOVA.	Verificação de dados discrepantes (*outliers*). Execução dos testes de independência, homocedasticidade e normalidade. Decisão sobre que ANOVA usar(paramétrica ou por postos).
3ª)Quadro da ANOVA e Decisão.	Cálculo do Quadro da ANOVA. Cálculo da estatística F e decisão estatística.
4ª)Teste de Comparação Múltipla (só se a ANOVA identificar diferenças entre grupos).	Execução do Teste de Comparação Múltipla de Tukey e identificar os grupos com diferenças significantes. Tomada de decisão empresarial ou institucional.

Exercícios Propostos

1. O resultado das vendas efetuadas por 3 vendedores de uma indústria durante certo período é dado a seguir. Deseja-se saber, ao nível de 5%, se há diferença de eficiência entre os vendedores.

A	B	C
29	27	30
27	27	30
31	30	31
29	28	27
32		29
30		

2. Obtêm-se amostras de tamanho três de cada uma das populações normais com os seguintes resultados: **3,5,4; 11,10,12; 16,21,17**. Testar a hipótese de que as médias populacionais são as mesmas com um nível de significância de 5%.

3. Um ensaio de tração mede a qualidade de uma solda a ponto de um material revestido de alumínio. A fim de determinar se há "efeito de máquina" quando se solda um material de bitola especificada, obtêm-se as seguintes amostras de 3 máquinas. Realize a Análise da Variância conveniente.

Máquina A : 3,2;4,1;3,5;3,0;3,1
Máquina B : 4,9;4,5;4,5;4,0;4,2
Máquina C : 3,0;2,9;3,7;3,5;4,2

4. Uma máquina para ensaio de desgaste consta de 4 escovas, sob as quais se fixam amostras do material, a fim de medir suas resistências à abrasão. A perda de peso do material, depois de um dado número de ciclos, é usada como medida de resistência ao desgaste. Os dados da tabela a seguir indicam a perda de peso de 4 materiais ensaiados. Realize a Análise da Variância conveniente e o Teste de *Tukey*.

Material	Posição da Escova			
	1	2	3	4
A	1,93	2,38	2,20	2,25
B	2,55	2,72	2,75	2,70
C	2,40	2,68	2,31	2,28
D	2,33	2,40	2,28	2,25

5. Foi feita uma experiência com 5 marcas de automóveis para verificar o número de quilômetros percorridos com 4 litros de gasolina. Esta experiência foi repetida em 3 cidades diferentes. Os resultados obtidos foram.

Marcas	Cidades		
	A	B	C
A	20,3	21,6	19,8
B	19,5	20,1	19,6
C	22,1	20,1	22,3
D	17,6	19,5	19,4
E	23,6	17,6	22,1

Realize a Análises da Variância.

6. Os dados a seguir se referem às avaliações de satisfação dadas por 25 clientes a cinco operadoras de telefone celular, via telefone de autoatendimento. Faça a análise de validação dos pressupostos básicos e conclua se a análise da variância é confiável.

Satisfação com Operadoras de Telefone Celular

A	B	C	D	E
8.0	7.0	10.0	4.0	9.0
9.0	9.0	10.0	2.5	6.0
8.0	5.0	10.0	3.0	8.0
9.0	6.5	10.0	5.0	6.0
9.0	7.0	8.0	4.0	9.0
8.0	7.0	10.0	4.0	9.0

7. Verifique se os dados a seguir atendem ao pressuposto de homocedasticidade pelo Teste de Levene.

Número de Reclamações Feitas em 20 Ouvidorias de Quatro Tipos de Planos de Saúde

A	B	C	D
10	30	5	10
15	40	15	10
5	10	10	15
15	35	5	25
5	25	25	15

8. Um agricultor usa três fertilizantes diferentes em uma cultura de milho. No fim da escolha, para cada tratamento, recolhe 6 espigas (18 no total) e conta o número de grãos, tendo obtido os dados da tabela a seguir. Será que estatisticamente os fertilizantes têm todos os mesmo efeitos? Ou será que produzem efeitos

diferentes? Serão as flutuações da média algo de normal ou indicadores de uma tendência?

Fertilizante 1	Fertilizante 2	Fertilizante 3
332	382	453
321	354	399
353	435	343
401	334	459
329	325	488
395	415	482
1778	2245	2624

9. Realize o teste de independência dos resíduos do exercício 8 pelo Teste de Durbin-Watson, ao nível de 5% de significância.

10. Realize o teste de igualdade de variâncias dos resíduos do exercício 8 pelo Teste de Levene, ao nível de 5% de significância.

11. Realize a ANOVA sobre Postos do exercício 8, caso seja necessário, ao nível de 5% de significância.

12. Um estudo se propôs a testar a eficácia de três campanhas publicitárias (A,B,C) na redução da taxa de comprometimento de renda de pessoas com jogos de azar. Uma amostra de 9 jogadores tirada para experimento foi sujeita às campanhas publicitárias. Utilizando a análise da variância, teste se as campanhas publicitárias têm efeitos diferentes.

A	B	C
5	20	35
10	25	40
15	30	45
30	**75**	**120**

13. Em uma análise da variância com um fator envolvendo uma amostra de tamanho 75, foram geradas as estatísticas abaixo. Utilizando o Teste de *Durbin Watson*, verifique se há autocorrelação dos resíduos.

$$\sum_{i=1}^{n}(e_i - e_{i-1})^2 = 300 \text{ e } \sum_{i=1}^{n} e_i^2 = 125$$

e_i = distribuição de resíduos.

Capítulo 8

Correlação de Variáveis

Conceito de Correlação

A correlação é uma medida padronizada da relação entre duas variáveis, bem como a força dessa relação.

A correlação nunca pode ser maior do que 1 ou menor do que menos 1. Uma correlação próxima a zero indica que as duas variáveis não estão relacionadas. Uma correlação positiva indica que as duas variáveis movem juntas, e a relação é forte quanto mais a correlação se aproxima de um.

Uma correlação negativa indica que as duas variáveis movem-se em direções opostas e que a relação também fica mais forte quanto mais próxima de menos 1 a correlação ficar.

Duas variáveis que estão perfeitamente correlacionadas positivamente movem-se essencialmente em perfeita proporção na mesma direção, enquanto dois conjuntos perfeitamente correlacionados negativamente movem-se em perfeita proporção em direções opostas.

Correlação não Implica Causalidade

A máxima de que "*correlação não implica causalidade*" é famosa. Uma relação estatística entre duas variáveis não significa que uma seja responsável pela outra.

Exemplos:

1. As vendas de sorvetes e os incêndios florestais são correlacionados porque ambos ocorrem com mais frequência no calor do verão. Mas não existe causalidade; ninguém incendeia uma floresta quando compra um pote de sorvete.

2. A **taxa de desemprego** costuma ser considerada um **indicador retardatário.** E, às vezes, realmente é. Depois de uma recessão, as empresas talvez só voltem a contratar funcionários quando tiverem confiança nas perspectivas de recuperação, e pode ser que todos os desempregados levem um bom tempo para voltar ao mercado de trabalho. Mas a taxa de desemprego também pode ser um **indicador antecedente** da demanda do consumidor, uma vez que os desempregados não têm muita capacidade de adquirir bens e serviços.

3. Durante as crises, a economia pode entrar em um **círculo vicioso**: as empresas não contratam enquanto não identificam mais demanda do consumidor, mas essa demanda é baixa porque as empresas não estão contratando e os consumidores não podem adquirir seus produtos.

4. A **confiança do consumidor** é outra variável notoriamente capciosa. Às vezes, ele é o primeiro a detectar sinais de advertência na economia. Mas também pode estar entre os últimos a ver recuperações, percebendo um estado de recessão econômica até bem depois de a recessão ter acabado tecnicamente. Assim, os economistas debatem se a confiança do consumidor é um **indicador antecedente ou retardatário**, e *a resposta pode depender do ponto em que a economia se encontra no ciclo de negócios.* Além disso, como o comportamento do consumidor é afetado por sua confiança, *pode haver todo tipo de realimentação entre as expectativas sobre a economia e a realidade.*

5. Talvez um conjunto ainda mais problemático de **realimentação** *ocorra entre as projeções para a economia e as políticas econômicas.* Se, por exemplo, existe uma previsão de que a economia entrará em recessão, supõe-se que o governo e o Banco Central adotarão medidas para minimizar o risco ou, pelo menos, amortecer o golpe. Parte do problema, então, é *que previsores têm que prever também decisões políticas,* o que pode ser um desafio em um país como o Brasil, em que o Congresso tem um índice de aprovação de 10%.

6. *Determinada variável pode perder seu valor como indicador econômico quando os formuladores de políticas começarem a se concentrar nela.* Por exemplo, se o governo adotar medidas artificiais para inflar os preços dos imóveis, eles podem até aumentar, mas deixarão de ser uma boa medida da saúde econômica em geral.

Em geral, **modelos estatísticos** baseiam-se na noção de que *existem variáveis independentes ou dependentes, entradas e saídas, que podem ser mantidas separadas.* Em economia, *estão todas juntas,* em uma grande confusão.

Correlação de Variáveis Contínuas - Correlação Linear

É o grau de relação **linear** existente entre duas variáveis contínuas e normalmente distribuídas. Indica o grau de aderência ou a qualidade do ajuste dos pares X e Y a uma equação linear: **a uma reta**.

Coeficiente de Correlação Linear de *Pearson*

O grau de relação entre duas variáveis contínuas na população pode ser medido através do coeficiente de correlação de *Pearson*: ρ.

Na população, ρ mede a aderência ou a qualidade do ajuste à verdadeira reta, na qual pretendemos relacionar X e Y.

Mas, por questões operacionais de custo e tempo, nem sempre podemos dispor de uma população de pares X e Y, e o que se tem disponível é uma amostra de **n** pares ordenados X e Y.

O coeficiente de correlação de *Pearson* calculado na amostra chama–se r. O r é, portanto, uma estimativa do parâmetro ρ:

$$\hat{\rho} = r$$

Expressão do Coeficiente de Correlação

$$r = \frac{(\Sigma XY) - (\Sigma X)\cdot(\Sigma Y)/n}{\sqrt{\left(\Sigma X^2 - (\Sigma X)^2/n\right)\cdot\left(\Sigma Y^2 - (\Sigma Y)^2/n\right)}}$$

Também pode ser obtido pela expressão:

$$r = \frac{(n\Sigma XY) - (\Sigma X)\cdot(\Sigma Y)}{\sqrt{\left[n\Sigma X^2 - (\Sigma X)^2\right]\cdot\left[n\Sigma Y^2 - (\Sigma Y)^2\right]}}$$

Onde **n** é o número de observações.

Intervalo de Variação de r

O coeficiente de correlação r é uma medida cujo valor se situa no intervalo compreendido pelos valores [-1, +1]:

$$-1 \leq r \leq +1$$

Assim temos:

r=**1**, correlação linear perfeita positiva.
r=**-1**, correlação linear perfeita negativa.
r=**0**, não há relação linear entre as variáveis X e Y.

Empiricamente, mostrou-se que a intensidade de r pode ser consultada no quadro a seguir:

Valor Absoluto de r	Intensidade da Relação de X e Y
0	*Nula*
(0; 0,3]	*fraca*
(0,3 ; 0,6]	Média
(0,6 ; 0,9]	Forte
(0,9 ; 0,99]	Fortíssima
1	perfeita

Para podermos tirar algumas conclusões significativas sobre o comportamento simultâneo das variáveis analisadas, é necessário que:

$$0{,}6 \leq r \leq 1$$

Contudo, se r for igual a zero, não significa necessariamente que exista ausência de relação entre X e Y, mas apenas ausência de relação linear. Uma relação não linear perfeita entre X e Y poderia resultar igualmente em r = 0.

Representando, em um sistema coordenado cartesiano ortogonal, os pares (X ; Y), obtemos uma nuvem de pontos que denominamos **diagrama de dispersão**. Esse diagrama fornece uma ideia grosseira, porém útil, da correlação existente.

Exemplo:

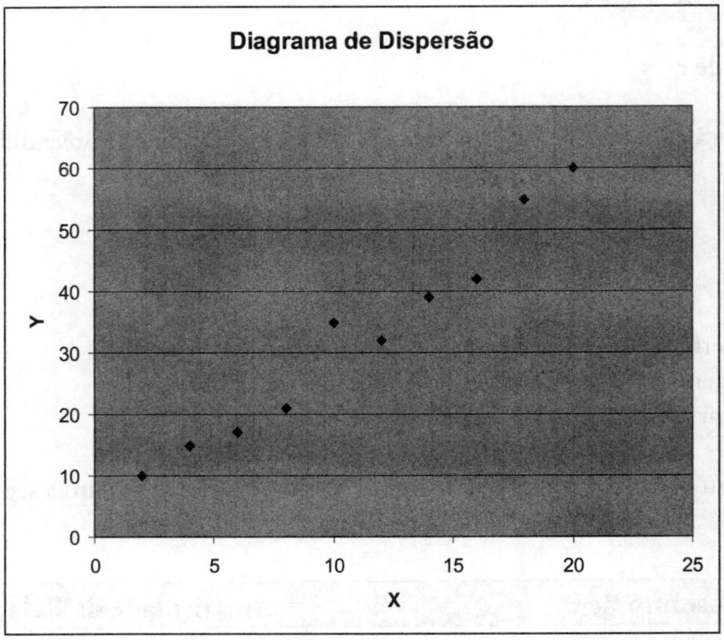

Os pontos obtidos, vistos em conjunto, formam uma *elipse* em diagonal. Podemos imaginar que, quanto mais fina for a *elipse*, mais ela se aproxima de uma reta. Dizemos, então, que a correlação de forma elíptica que tem como "*imagem*" uma reta forma a **correlação linear**.

O gráfico seguinte mostra a "*imagem*" da elipse dos pontos do gráfico anterior.

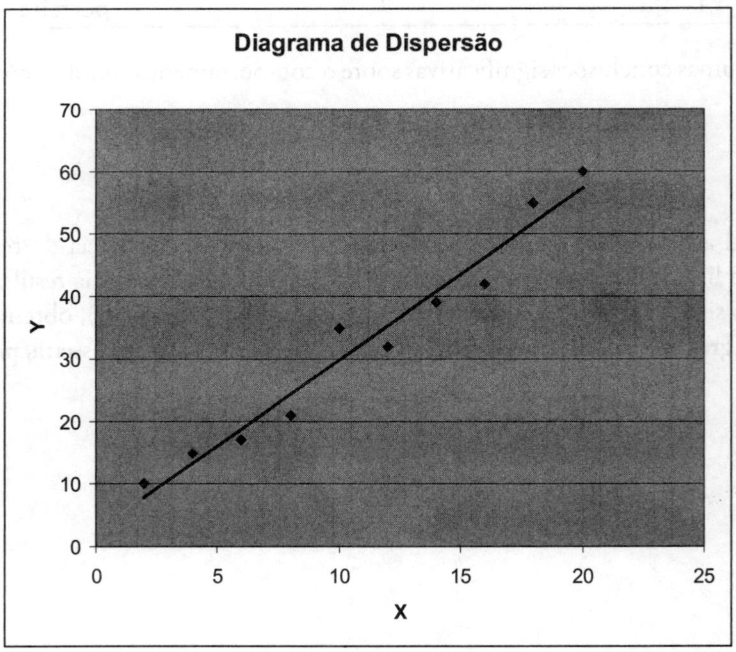

É possível verificar que a cada correlação está associada como "*imagem*" uma relação funcional. Por esse motivo, os modelos lineares são chamados relações perfeitas, porque constituem "*imagens*" de elipses surgidas no diagrama de dispersão.

Como a correlação do diagrama acima tem como imagem uma reta ascendente, ela é chamada **correlação linear positiva**.

Diagramas de Dispersão de X e Y com Casos Possíveis de r:

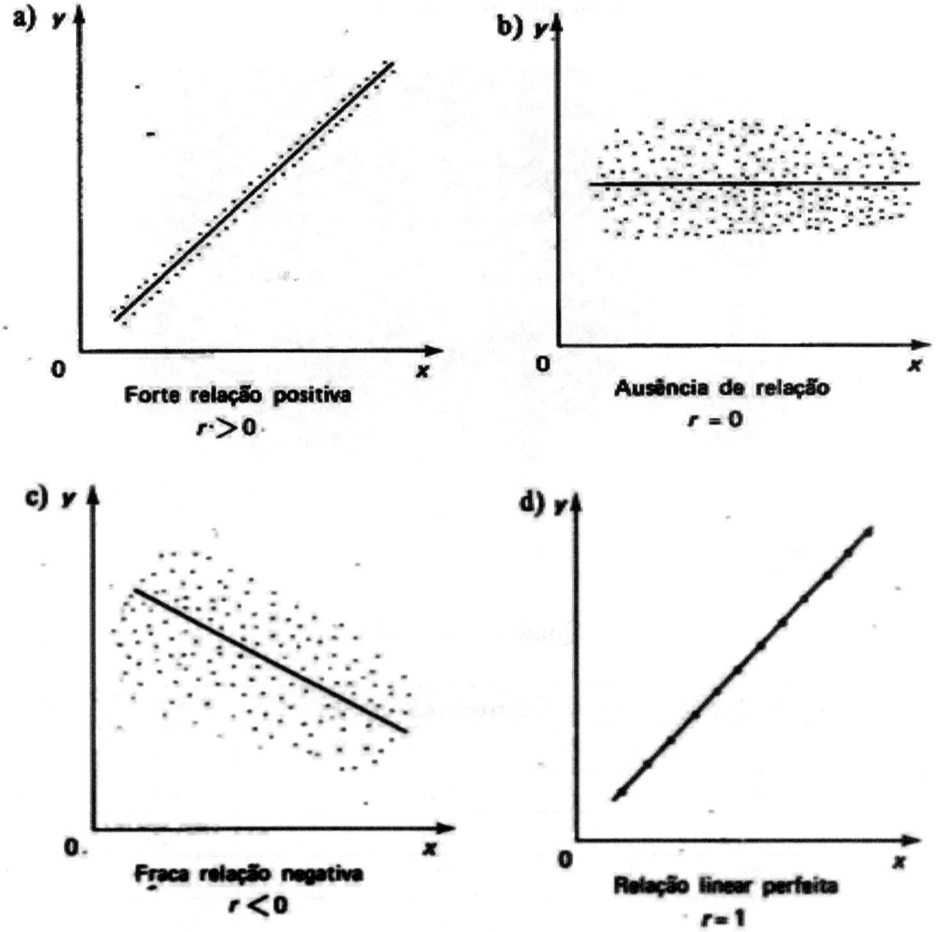

Exemplo

1. Um jornal quer verificar a eficácia de seus anúncios na venda de carros usados. A tabela a seguir mostra o número de anúncios e o correspondente número de carros vendidos por 6 companhias que usaram apenas este jornal como veículo de propaganda. Existe relação linear entre as variáveis? Construa o diagrama de dispersão e calcule o coeficiente de correlação linear r.

Companhia	Anúncios(X)	Carros Vendidos(Y)
A	74	139
B	45	108
C	48	98
D	36	76
E	27	62
F	16	57
Total	**246**	**540**

Solução

Diagrama de Dispersão

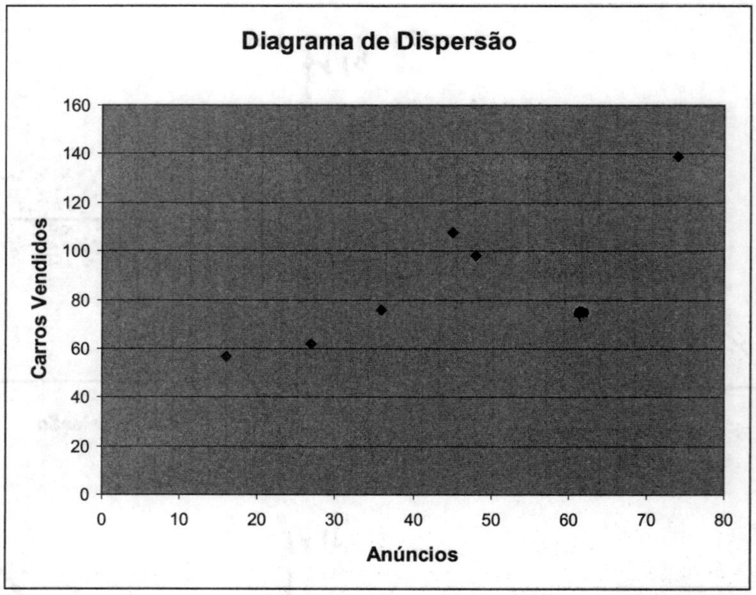

Quadro de Cálculo

Companhia	Anúncios(X)	Carros Vendidos(Y)	XY	X^2	Y^2
A	74	139	10286	5476	19321
B	45	108	4860	2025	11664
C	48	98	4704	2304	9604
D	36	76	2736	1296	5776
E	27	62	1674	729	3844
F	16	57	912	256	3249
Total	**246**	**540**	**25172**	**12086**	**53458**

$$r = \frac{(n\sum XY) - (\sum X)\cdot(\sum Y)}{\sqrt{\left[n\sum X^2 - (\sum X)^2\right]\cdot\left[n\sum Y^2 - (\sum Y)^2\right]}}$$

$$r = \frac{(n\sum XY) - (\sum X)\cdot(\sum Y)}{\sqrt{\left[n\sum X^2 - (\sum X)^2\right]\cdot\left[n\sum Y^2 - (\sum Y)^2\right]}}$$

$$r = \frac{(6.25172) - (246)\cdot(540)}{\sqrt{\left[6.12086 - (246)^2\right]\cdot\left[6.534558 - (540)^2\right]}}$$

r= (18192)/(18702) = **0,97; fortíssima correlação linear positiva.**

2. A indústria MIMI vende um remédio para combater resfriado. Após dois anos de operação, ela coletou as seguintes informações trimestrais. Qual o grau da relação entre as vendas do remédio e as despesas com propaganda? Calcule r.

Trimestres	Despesas(X)	Vendas(Y)
1	11	25
2	5	13
3	3	8
4	9	20
5	12	25
6	6	12
7	5	10
8	9	15
Total	**60**	**128**

Solução

Quadro de Cálculo

Trimestres	Despesas(X)	Vendas(Y)	XY	X^2	Y^2
1	11	25	275	121	625
2	5	13	65	25	169
3	3	8	24	9	64
4	9	20	180	81	400
5	12	25	300	144	625
6	6	12	72	36	144
7	5	10	50	25	100
8	9	15	135	81	225
Total	**60**	**128**	**1101**	**522**	**2352**

$$r = \frac{(n\Sigma XY) - (\Sigma X \Sigma Y)}{\sqrt{\left[n\Sigma X^2 - (\Sigma X)^2\right] \cdot \left[n\Sigma Y^2 - (\Sigma Y)^2\right]}}$$

$$r = \frac{(8.1101) - (60) \cdot (128)}{\sqrt{\left[8.522 - (60)^2\right] \cdot \left[8.2352 - (128)^2\right]}}$$

r= (1120)/(1184) = **0,95; fortíssima correlação linear positiva.**

3. O faturamento de uma loja durante o período de janeiro a agosto de 2010 é dado a seguir em milhares de reais. Qual a tendência da evolução do faturamento da loja?

Meses	(X)	Faturamento(Y)
JAN	1	20
FEV	2	22
MR	3	23
ABR	4	26
MAI	5	28
JUN	6	29
JUL	7	32
AGO	8	36
Total	**36**	**216**

Solução

Quadro de Cálculo

Meses	(X)	Faturamento(Y)	XY	X^2	Y^2
JAN	1	20	20	1	400
FEV	2	22	44	4	484
MR	3	23	69	9	529
ABR	4	26	104	16	676
MAI	5	28	140	25	784
JUN	6	29	174	36	841
JUL	7	32	224	49	1024
AGO	8	36	288	64	1296
Total	**36**	**216**	**1063**	**204**	**6034**

$$r=\frac{(n\Sigma XY)-(\Sigma X\Sigma Y)}{\sqrt{\left[n\Sigma X^2-(\Sigma X)^2\right]\cdot\left[n\Sigma Y^2-(\Sigma Y)^2\right]}}$$

$$r=\frac{(8.1063)-(36)\cdot(216)}{\sqrt{\left[8.204-(36)^2\right]\cdot\left[8.6034-(216)^2\right]}}$$

r = **0,99; fortíssima correlação linear positiva.**

Existe uma tendência de evolução linear crescente do faturamento da loja ao longo do tempo.

4. Em um presídio de uma cidade foram coletados dados sobre dias de férias de servidores em função de licenças solicitadas por ***stress***. Qual o sentido da associação entre as variáveis?

Funcionário	Dias de Férias(X)	Licenças por Stress(Y)
A	20	10
B	18	15
C	16	17
D	14	21
E	12	35
F	10	32
G	8	39
H	6	42
I	4	55
J	2	60
Total	**110**	**326**

Solução

Quadro de Cálculo

Funcionário	Dias de Férias (X)	Licenças por Stress (Y)	XY	X^2	Y^2
A	20	10	200	400	100
B	18	15	270	324	225
C	16	17	272	256	289
D	14	21	294	196	441
E	12	35	420	144	1225
F	10	32	320	100	1024
G	8	39	312	64	1521
H	6	42	252	36	1764
I	4	55	220	16	3025
J	2	60	120	4	3600
Total	**110**	**326**	**2680**	**1540**	**13214**

$$r = \frac{(n\sum XY) - (\sum X \sum Y)}{\sqrt{\left[n\sum X^2 - (\sum X)^2\right] \cdot \left[n\sum Y^2 - (\sum Y)^2\right]}}$$

$$r = \frac{(10.2680) - (110) \cdot (326)}{\sqrt{\left[10.1540 - (110)^2\right] \cdot \left[10.13214 - (326)^2\right]}}$$

r = **-0,98; fortíssima correlação linear negativa.**

Quanto maior o período de férias, menor será o período por licença por *stress*. Veja o diagrama de dispersão abaixo:

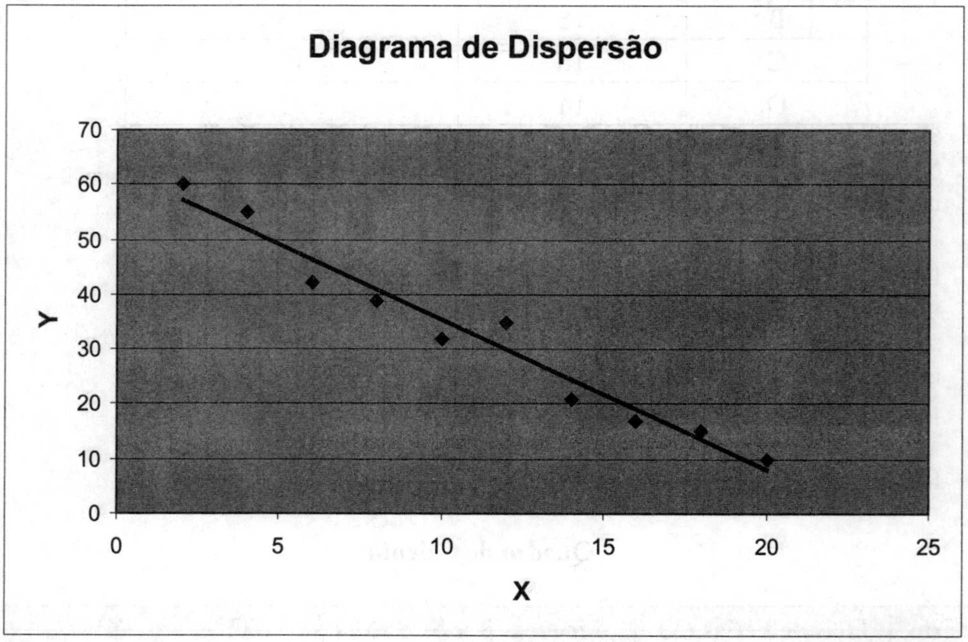

Teste de Significância de r

Relembrando, em Estatística, nível de significância α é a probabilidade de dizermos que uma estatística é significante, quando na verdade ela aconteceu por acaso. É fixado arbitrariamente pelo pesquisador.

Um erro do tipo I consiste em,um teste de hipóteses, ao ser adotado nível de significância. Por outras palavras, comete-se um erro do tipo I quando se chega a um resultado que tem significância estatística, quando na verdade ele é fruto de erro amostral grande. Este erro é por isso também chamado de Falso Positivo. A probabilidade de cometer um erro do tipo I em um teste de hipóteses é denominada nível de significância do teste e representa-se pela letra grega α. Para um tamanho fixo da amostra, não há como controlar simultaneamente ambos os erros. Convencionou-se que o erro mais sério seria o erro do tipo I. Em um segundo momento, calcula-se o tamanho da amostra que reduza a probabilidade do erro do tipo II, usualmente representado pela letra grega Ω.

Conhecendo-se a distribuição estatística da variável aleatória usada no teste, é possível determinar como partida a probabilidade deste erro, o que se reflete nos limites a partir dos quais se decide rejeitar ou não a hipótese nula.

Os testes de significância são normalmente realizados fixando a partida como seu nível de significância. Os níveis de significância mais utilizados são de 5% e 1%. Por exemplo, ao fixar um nível de significância de 5% em um determinado teste, desejamos que a estatística amostral seja decidida significante com uma probabilidade de erro muito pequena de 5%.

Diferentes níveis de significância poderão levar a conclusões diferentes. Por exemplo, é possível, para um mesmo caso, rejeitar a hipótese nula a um nível de significância de 5%, mas não a um nível de significância de 1%.

O valor-p é o menor nível de significância que conduza à rejeição da hipótese nula H_0, com os dados fornecidos.

Quando calculamos a estatística r, calculamos uma estimativa de um parâmetro populacional ρ. Toda estatística pode estar sujeita a um erro amostral grande. Para conhecer se o valor do coeficiente de correlação obtido junto à amostra é significante ou fruto de erro amostral, é fortemente recomendado que testemos a significância de r utilizando o valor-p.

É oportuno testarmos as seguintes hipóteses:

$$H_0\text{: } \rho = 0$$
$$H_1\text{: } \rho \neq 0$$

Para realizar o referido teste de significância, poderemos calcular o valor-p bilateral junto à distribuição *t-Student* com Φ = n-2:

$$t = \frac{r}{\left(\sqrt{1-r^2} \,/\, \sqrt{n-2}\right)}$$

O valor-p é obtido junto à tabela t-Student. Na linha do grau de liberdade ρ, procura-se o valor mais próximo do valor absoluto de t. O valor-p é a probabilidade Φ na linha **bilateral** do cabeçalho da tabela associada a este valor mais próximo de t.

Exemplo

Em um estudo sobre como a safra de trigo depende do fertilizante, suponhamos que dispomos de lotes para apenas sete observações experimentais. O pesquisador fixa X como quantidade de fertilizante em litros e Y a toneladas da produção de trigo. Os dados se encontram na tabela a seguir. Calcular o coeficiente de correlação entre as variáveis e testar a sua significância.

Litros de Fertilizantes (X)	Toneladas de Trigo (Y)
100	40
200	50
300	50
400	70
500	65
600	65
700	80
2800	**420**

Solução

Quadro de Cálculo

Litros de Fertilizantes(X)	Toneladas de Trigo(Y)	XY	X^2	Y^2
100	40	4000	10000	1600
200	50	10000	40000	2500
300	50	15000	90000	2500
400	70	28000	160000	4900
500	65	32500	250000	4225
600	65	39000	360000	4225
700	80	56000	490000	6400
2800	**420**	**184500**	**1400000**	**26350**

$$r = \frac{(7.184500)-(2800.420)}{\sqrt{\left[7.1400000-(2800)^2\right]\cdot\left[726350-(420)^2\right]}}$$

r = **0,92; fortíssima correlação linear positiva.**

Teste de Significância de r

$$t = \frac{0,92}{\left(\sqrt{1-0,92^2}\ /\sqrt{7-2}\right)} = 5,25$$

Φ = 7-2 = 5 → Valor-p≈**0,01**

Valor-p ≈ **0,01** ou **1%.**

Decisão

1% < 5%, rejeita-se H_0. O coeficiente de correlação é diferente de zero. Existe correlação de X e Y. r=0,92 é significante ao nível de 5%. Existe dependência significante entre as variáveis.

Vamos testar agora a significância dos quatros exemplos anteriores de cálculo do coeficiente de correlação linear.

Do Exemplo 1

Teste de Significância de r

$$t = \frac{0,97}{\left(\sqrt{1-0,97^2}\ /\sqrt{6-2}\right)} = 7,98$$

Φ = 6-2 = 4 → Valor-p≈**0,01**

Valor-p ≈ **0,01** ou **1%.**

Decisão

1% < 5%, rejeita-se H_0. O coeficiente de correlação é diferente de zero. Existe correlação de X e Y. r=0,97 é significante ao nível de 5%. Existe dependência significante entre as variáveis.

Do Exemplo 2

Teste de Significância de r

$$t=\frac{0,95}{\left(\sqrt{1-0,95^2}\,/\,\sqrt{8-2}\right)}=7,45$$

Φ = 8-2 = 6 → Valor-p≈**0,01**

Valor-p ≈ **0,01** ou **1%.**

Decisão

1% < 5%, rejeita-se H_0. O coeficiente de correlação é diferente de zero. Existe correlação de X e Y. r=0,95 é significante ao nível de 5%. Existe dependência significante entre as variáveis.

Do Exemplo 3

Teste de Significância de r

$$t=\frac{0,99}{\left(\sqrt{1-0,99^2}\,/\,\sqrt{8-2}\right)}=17,19$$

Φ = 8-2 = 6 → Valor-p≈**0,01**

Valor-p ≈ **0,01** ou **1%.**

Decisão

1% < 5%, rejeita-se H_0. O coeficiente de correlação é diferente de zero. Existe correlação de X e Y. r=0,99 é significante ao nível de 5%. Existe dependência significante entre as variáveis.

Do Exemplo 4

Teste de Significância de r

$$t=\frac{-0,98}{\left(\sqrt{1-\left(-0,98^2\right)}\right)/\sqrt{10-2}}=-13,93$$

Φ = 10-2 = 8 → Valor-p ≈**0,01**

Valor-p ≈ **0,01** ou **1%.**

Decisão

1% < 5%, rejeita-se H_0. O coeficiente de correlação é diferente de zero. Existe correlação de X e Y. r= -0,98 é significante ao nível de 5%. Existe dependência significante entre as variáveis.

Observação

A distribuição amostral do coeficiente de correlação amostral r, sob a hipótese nula do coeficiente de correlação populacional ρ =*0*, é simétrica, enquanto que, se a hipótese nula for ρ ≠*0*, é assimétrica.

No primeiro caso, utiliza-se uma estatística que envolve a distribuição t de Student, como vimos em parágrafos acima, e no segundo caso se recorre a uma alternativa desenvolvida por *Fisher*, a qual dá origem a uma estatística com distribuição aproximadamente normal, obtida através da transformação da estatística *r* numa estatística £, que tem distribuição bastante próxima da normal, mas foge ao escopo deste livro.

Como alternativa a este último processo, pode-se criar uma distribuição de amostragem real empírica de estimativas de coeficientes de correlação através de simulações ou *reamostragem* e a partir daí construir intervalos de confiança não paramétricos e testar hipóteses para um valor não nulo de ρ, baseada nesta estimação intervalar, sem ter que se preocupar com a normalidade da distribuição de amostragem da estatística *r*. Sugere-se, então, uma alternativa viável e prática para a construção do intervalo de confiança para ρ ou para o teste de significância de *r*.

De maneira operacional e em tempo hábil, graças ao crescente avanço da informática e à disponibilidade de variados softwares estatísticos amigáveis, pode ser realizada com mais frequência a inferência para o coeficiente de correlação linear nos casos em que o valor do coeficiente de correlação linear populacional testado seja o de não nulidade.

Portanto, propõe-se obter, via processo de *reamostragem*, uma distribuição por amostragem real empírica para a estatística r e calcular o seu erro padrão, possibilitando, assim, construir intervalo de confiança e realizar testes de significância para o coeficiente de correlação linear referente à hipótese de um valor não nulo.

Pressupostos para a Correlação Linear de *Pearson*

Vimos como calcular o coeficiente de correlação e isso já é algo útil no dia a dia do pesquisador. No entanto, não é qualquer dado que serve para o cálculo do coeficiente de correlação. Se os dados não são bem comportados, então existe uma grande possibilidade de que os resultados não sejam confiáveis. Relações fracas podem parecer enganosamente fortes ou vice-versa. Dados mal-comportados têm que ser tratados com vários tipos de transformações antes de entrar nas fórmulas. Os dados devem seguir pelo menos três pressupostos:

- *Linearidade;*
- *Estacionaridade;*
- *Normalidade.*

1-Linearidade

O coeficiente de correlação é uma medida de relacionamento entre duas variáveis, sempre supondo que esta relação seja linear. No diagrama de dispersão, a relação linear é representada por uma linha reta. Em outras palavras, uma relação forte e bem definida entre duas variáveis, mas em forma não-linear, por exemplo, quadrática, vai produzir um r próximo a zero e levará o pesquisador a decisões erradas. Por isso, a relação das variáveis deve ser linearizada antes de entrar no cálculo do coeficiente. Para isto, basta transformar uma ou as duas variáveis em uma maneira apropriada, e o coeficiente de correlação resultante aumentará em valor, assim como a estatística de t, seu teste de significância. Em outras palavras, com uma transformação das variáveis, pode-se tornar uma relação aparentemente fraca em surpreendentemente forte.

Exemplo

Vejamos os dados do famoso Experimento de *Boyle,* onde se encontra a famosa lei de correlação linear de **Pressão (X)** e a inversa do **Volume (Y).**

Pressão (X)	Volume (Y)
29.12	48
30.56	46
31.94	44
33.50	42
35.31	40
36.79	38
39.31	36
41.12	34
44.19	32
46.60	30
50.31	28
54.31	26
58.25	24
61.31	23
63.55	22
66.57	21
70.00	20
74.25	19
77.67	18

82.75	17
87.88	16
93.06	15
100.44	14
107.81	13
117.56	12

Diagrama de Dispersão das Variáveis

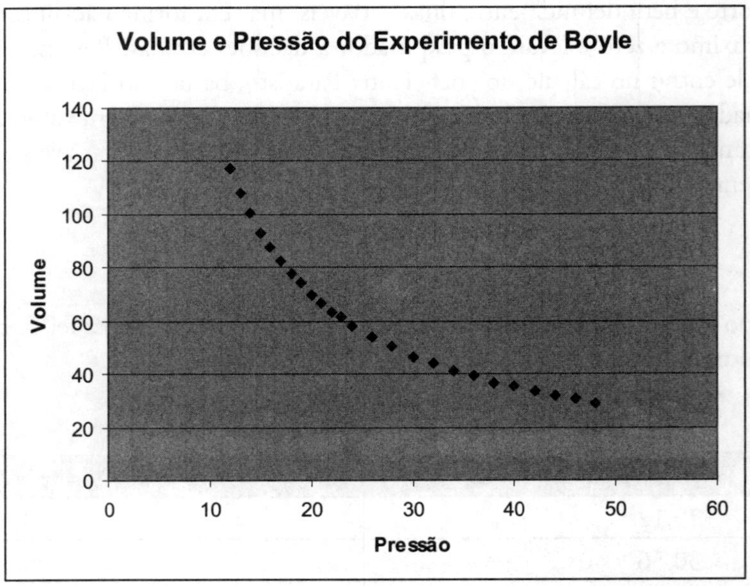

Interpretação

A relação entre pressão e volume é intrinsecamente não-linear, nas duas variáveis originais sem transformação.

Transformações Linearizáveis

Tradicionalmente, na área de pesquisa quantitativa, as transformações mais usuais que transformam X em W são:

- X^{-1}
- X^{-2}
- $X^{-1/2}$

Exemplo

Vamos transformar a variável volume na sua inversa e construir o diagrama de dispersão de volume transformado e pressão.

Pressão (X)	Volume Transformado (W)
29.12	0.02
30.56	0.02
31.94	0.02
33.50	0.02
35.31	0.03
36.79	0.03
39.31	0.03
41.12	0.03
44.19	0.03
46.60	0.03
50.31	0.04
54.31	0.04
58.25	0.04
61.31	0.04
63.55	0.05
66.57	0.05
70.00	0.05
74.25	0.05
77.67	0.06
82.75	0.06
87.88	0.06
93.06	0.07
100.44	0.07
107.81	0.08
117.56	0.08

Diagrama de Dispersão com Volume Transformado(W)

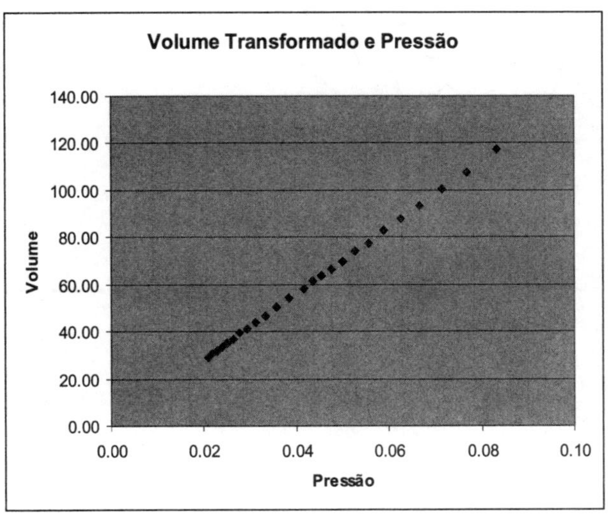

Interpretação

A relação foi linearizada com a transformação da variável volume. A transformação que deve ser escolhida será aquela que resulta em um coeficiente de correlação mais alto. Com este exemplo, procurou-se mostrar que é muito importante transformar as relações numa relação linear, antes de se fazer o cálculo do coeficiente de correlação.

2-Estacionaridade na Média e na Variância

Quando o caso é de analisar a relação de duas variáveis que são **séries temporais**, dados coletados ao longo do tempo em intervalos aproximadamente regulares, a **estacionaridade dos dados** é uma condição importante na análise estatística. A estacionaridade se revela quando a série se desenvolve no tempo aleatoriamente ao redor de uma média constante, refletindo alguma forma de equilíbrio estável. Todavia, a maior parte das séries que se encontra na prática apresenta alguma forma de não-estacionaridade.

Exemplo

As séries econômicas apresentam, em geral, tendências múltiplas ao longo do tempo.

Observação

Uma série pode ser estacionária durante um período muito longo, mas pode ser estacionária em períodos muito curtos, mudando de nível e/ou inclinação. Neste último caso, temos o que chamamos de não-estacionaridade ***homogênea***, como mostra a figura a seguir:

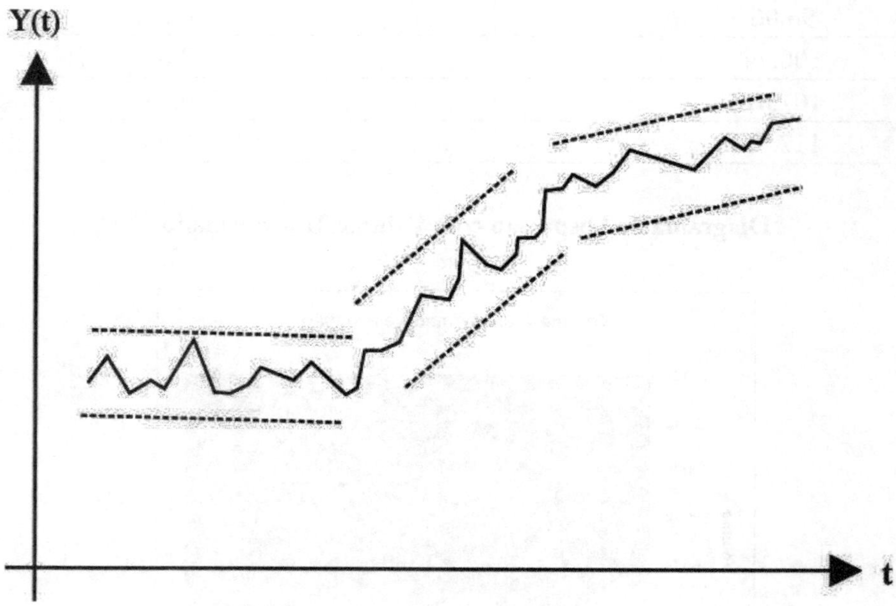

Exemplo de série Não-estacionária Real

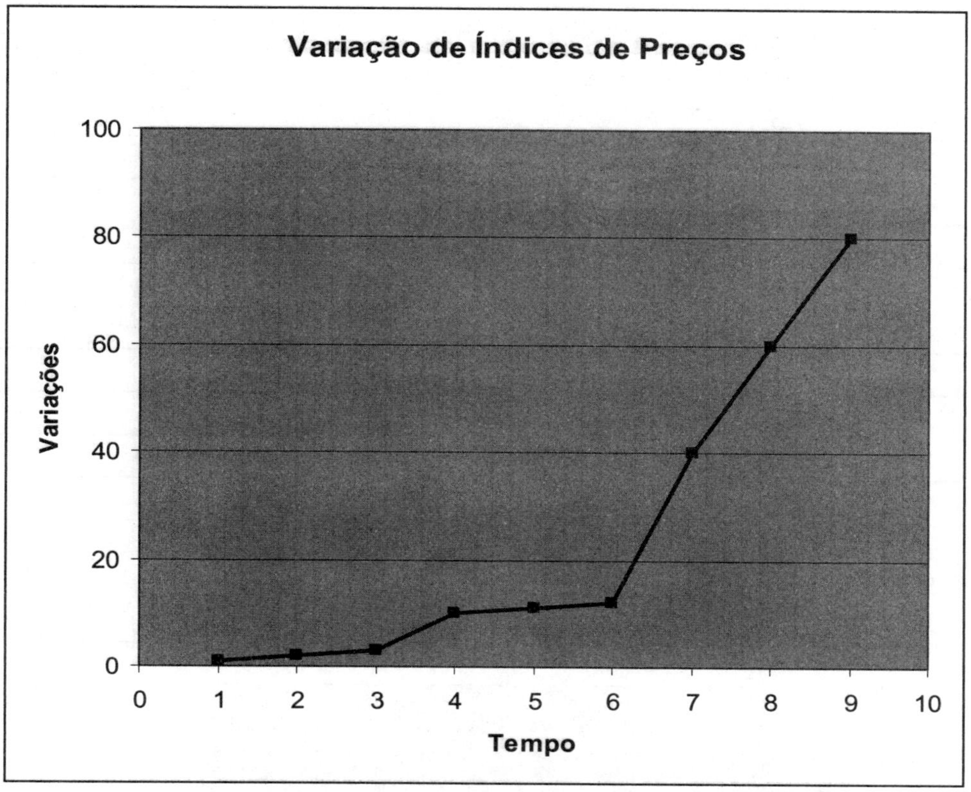

Correlação de Séries Temporais

As séries temporais têm a tendência de subir e descer durante longos períodos de tempo, e se forem comparadas duas séries deste tipo certamente o coeficiente de correlação terá um valor alto. Mas, neste caso, o valor alto não revela um fato novo, que uma variável necessariamente relaciona-se com outra, apenas que as duas séries sobem e descem durante longos períodos e o coeficiente de correlação está registrando o fato. Isso pode ocorrer em função de várias razões, porém a mais comum é quando alguma terceira variável escondida da visão do pesquisador afeta simultaneamente as duas variáveis sob investigação.

Exemplo 1

Preço de Compra (X) e Preço de Venda (Y) de uma Mercadoria praticada em Vinte Épocas Sequenciais Distintas

Preço de Compra (X) (Em R$)	Preço de Venda (Y) (Em R$)
20	50
22	50
21	51
23	50
24	55
25	50

20	51
40	70
40	71
41	70
43	75
42	75
44	71
45	73
100	150
101	152
102	151
105	155
105	150
103	153

O gráfico das duas séries está abaixo:

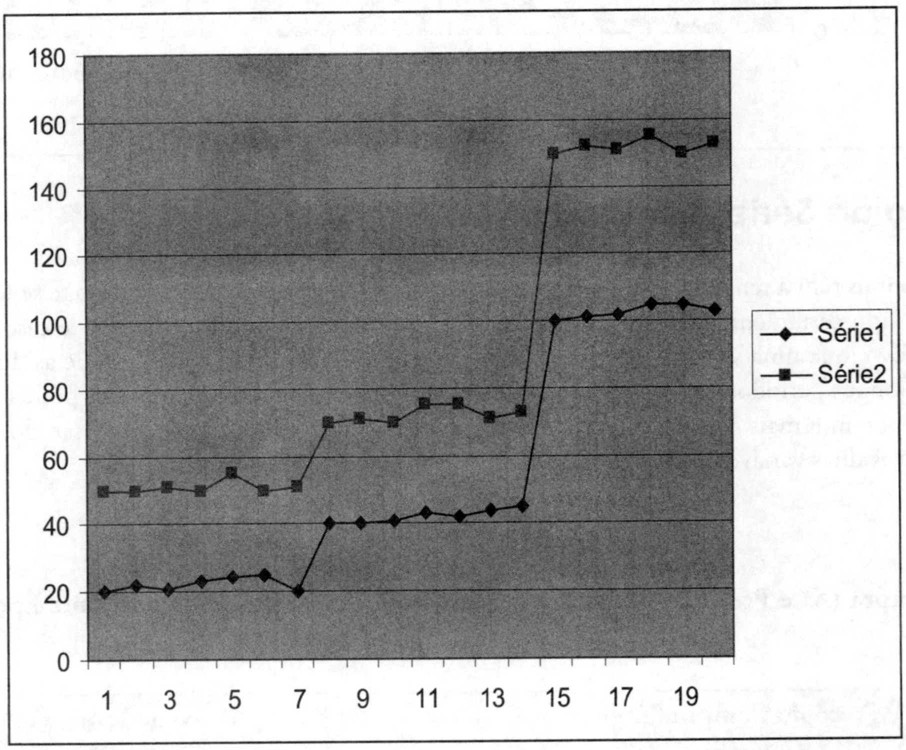

Interpretação

As duas séries são não-estacionárias. Isso se reflete no coeficiente de correlação alto, **r=0,998**. Deveremos verificar se esta forte correlação é real ou fruto da não-estacionaridade das variáveis.

Transformações Estacionarizáveis

A transformação mais comum consiste em tomar diferenças sucessivas da série temporal, até obter-se uma série estacionária. A primeira diferença de Y(t) é definida por:

$$\Delta Y(t) = Y(t) - Y(t-1)$$

A segunda diferença é:

$$\Delta^2 Y(t) = \Delta[\Delta Y(t)] = \Delta[\, Y(t) - Y(t-1)] =$$

$$\Delta^2 Y(t) = Y(t) - 2Y(t-1)] + Z(t-2) =$$

De modo geral, a n-ésima diferença de Y(t) é:

$$\Delta^n Y(t) = \Delta[\Delta^{n-1} Y(t)]$$

Em situações normais, será suficiente tomar uma ou duas diferenças para que a série se torne estacionária.

Observação

Outra razão para transformar os dados é estabilizar a variância. É comum, em séries econômicas, por exemplo, a existência de diferentes tendências numa mesma série e pode haver também um acréscimo de variância da série à medida que o tempo passa. Neste caso, uma transformação **logarítima** pode ser adequada.

Um procedimento usual em séries temporais econômicas é considerar:

$$\Delta \log Y(t) = \log Y(t) - \log Y(t-1)$$

Uma classe geral de transformações que pode ser utilizada é a de **Box-Cox.**

Exemplo

Vamos proceder ao cálculo das primeiras diferenças das séries do exemplo dos preços de compra e venda de uma mercadoria.

Primeiras Diferenças do Preço de Compra (X) e Preço de Venda (Y) de uma Mercadoria praticada em Vinte Épocas Sequenciais Distintas

Tempos	ΔX(t)	ΔY(t)
1	_____	_____
2	2	0
3	-1	1
4	2	-1
5	1	5
6	1	-5
7	-5	1

8	20	19
9	0	1
10	1	-1
11	2	5
12	-1	0
13	2	-4
14	1	2
15	55	77
16	1	2
17	1	-1
18	3	4
19	0	-5
20	-2	3

O gráfico destes valores transformados encontra-se abaixo:

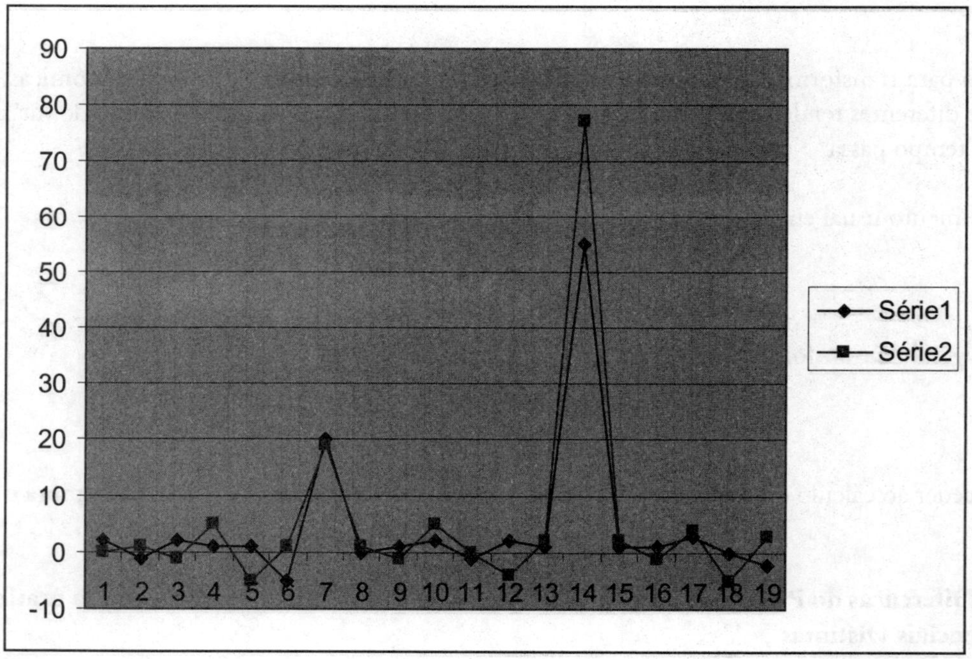

Interpretação

A primeira diferença eliminou a não-estacionaridade das séries e revelou um coeficiente de correlação menor para as variáveis, **r=0,972.**

No final, a boa aplicação do coeficiente de correlação exige que todos os momentos das variáveis aleatórias sejam constantes, pelo menos a **média** e a **variância.**

3-Normalidade

Dependemos de um teste de significância para decidir se a correlação existe ou não. Nesta decisão, é necessário calcular o valor da estatística t. Às vezes, quem utiliza a ferramenta não se preocupa com a pressuposição básica de normalidade das duas variáveis. Se os dados não são distribuídos normalmente, então o teste de significância com o t não é perfeitamente confiável. O pesquisador pode sofrer o engano de aceitar a existência de correlação quando não existe ou vice-versa. Consequentemente, devemos ver dois conceitos aqui: um teste para verificar se a variável tem ou não normalidade, e, se não tiver, temos que procurar alguma transformação da variável para resolver o problema e trazer a variável para a normalidade.

Teste de Normalidade

Existem vários testes de normalidade, mas um dos mais simples é o teste chamado de ***Bera-Jarque***. A fundamentação estatística utilizada como base do teste de Bera-Jarque é dada pela equação:

$$BJ = n\left[\frac{(M_{AS})^2}{6} + \frac{(M_K)^2}{24}\right] < 6{,}0 \rightarrow \text{para normalidade.}$$

Onde:

n= tamanho da amostra

$$M_{AS} = \frac{n}{(n-1)(n-2)}.M_3$$

Tem-se que:

$$M_3 = \left[\sum_{i=1}^{n}(X_I - \mu)^3 / S^3\right]$$

$$M_K = \left[\frac{n(n+1)}{(n-1)(n-2)(n-3)} \cdot M_4\right] - \left[\frac{3(n-1)^2}{(n-2)(n-3)}\right]$$

Tem-se que:

$$M_4 = \left[\sum_{i=1}^{n}(X_I - \mu)^4 / S^4\right]$$

Observação

Tanto o M_{AS} quanto o M_K podem ser obtidos automática e diretamente na planilha eletrônica *Excel* na função inserir função e nas opções **"Distorção"** e na função **"Curt"** para assimetria e curtose, respectivamente. A estatística de Bera-Jarque não está disponível diretamente no *Excel.*

Exemplo 1

Sejam as duas séries a seguir que representam o nível de satisfação de clientes usuários da Net com os planos *NET TV* e *NET VIRTUA*. Qual o grau de correlação entre as variáveis?

Grau de Satisfação de Clientes com os Planos NET TV e NET VIRTUA da NET

NET TV (X)	NET VIRTUA (Y)
1	1
2	1
2	2
2	2
2	2
3	3
3	3
3	3
3	3
3	3
3	3
3	3
3	3
3	3
3	3
4	4
4	4
4	4
4	5
5	5

Solução

Mas, antes, vamos verificar a normalidade por Bera-Jarque.

1º)Verificando a variável X

a) Cálculo da Assimetria

X	(X-media)^3	[(X-media)^3/S^3
1	-8	-10.35
2	-1	-1.29
2	-1	-1.29
2	-1	-1.29
2	-1	-1.29

3	0	0.00
3	0	0.00
3	0	0.00
3	0	0.00
3	0	0.00
3	0	0.00
3	0	0.00
3	0	0.00
3	0	0.00
3	0	0.00
4	1	1.29
4	1	1.29
4	1	1.29
4	1	1.29
5	8	10.35
Soma	**0.00**	**0.00**

Média	3
S	0.92

$$M_{AS} = \frac{20}{(20-1)(20-2)} \cdot 0 = 0, \text{ distribuição simétrica.}$$

b) Cálculo da Curtose

X	(X-media)^4	[(X-media)^4/S^4
1	16	22.56
2	1	1.41
2	1	1.41
2	1	1.41
2	1	1.41
3	0	0.00
3	0	0.00
3	0	0.00
3	0	0.00
3	0	0.00
3	0	0.00
3	0	0.00
3	0	0.00
3	0	0.00

3	0	0.00
4	1	1.41
4	1	1.41
4	1	1.41
4	1	1.41
5	16	22.56
Soma	**40.00**	**56.41**

Média	3
S	0.92

$$M_K = \left[\frac{20(20+1)}{(20-1)(20-2)(20-3)} \cdot 56,41\right] - \left[\frac{3(20-1)^2}{(20-2)(20-3)}\right]$$

$$M_K = \left[\frac{20.21}{(19)(18)(17)} \cdot 56,41\right] - \left[\frac{3(19)^2}{(18)(17)}\right]$$

$$M_K = \left[\frac{420}{5814} \cdot 56,41\right] - \left[\frac{3.361}{(18)(17)}\right]$$

$$M_K = \left[\frac{420}{5814} \cdot 56,41\right] - \left[\frac{1083}{306}\right]$$

M_K= 4,08 – 3,54 = **0,54**; **distribuição leptocurtica.**

c) Cálculo de Bera-Jarques

$$BJ = 20\left[\frac{(0)^2}{6} + \frac{(0,54)^2}{24}\right]$$

$$BJ = 20\left[\frac{(0,54)^2}{24}\right] = 20.0,01 = 0,20 < 6,0; \text{distribuição normal.}$$

Conclusão

A variável X tem distribuição normal.

2º) Verificando a variável Y

a) Cálculo da Assimetria

Y	(Y-media)^3	[(Y-media)^3/S^3
1	-8	-6.42
1	-8	-6.42
2	-1	-0.80
2	-1	-0.80
2	-1	-0.80
3	0	0.00
3	0	0.00
3	0	0.00
3	0	0.00
3	0	0.00
3	0	0.00
3	0	0.00
3	0	0.00
3	0	0.00
3	0	0.00
4	1	0.80
4	1	0.80
4	1	0.80
5	8	6.42
5	8	6.42
Soma	**60.00**	**0.00**

Média	3
S	1.08

$$M_{AS} = \frac{20}{(20-1)(20-2)} \cdot 0 = 0; \text{distribuição simétrica.}$$

b) Cálculo da Curtose

Y	(Y-media)^4	[(Y-media)^4/S^4
1	16	11.93
1	16	11.93
2	1	0.75
2	1	0.75

2	1	0.75
3	0	0.00
3	0	0.00
3	0	0.00
3	0	0.00
3	0	0.00
3	0	0.00
3	0	0.00
3	0	0.00
3	0	0.00
3	0	0.00
4	1	0.75
4	1	0.75
4	1	0.75
5	16	11.93
5	16	11.93
Soma	**70.00**	52.22

Média	3
S	1.08

$$M_K = \left[\frac{20(20+1)}{(20-1)(20-2)(20-3)} \cdot 56,41\right] - \left[\frac{3(20-1)^2}{(20-2)(20-3)}\right]$$

$$M_K = \left[\frac{20.21}{(19)(18)(17)} \cdot 56,41\right] - \left[\frac{3(19)^2}{(18)(17)}\right]$$

$$M_K = \left[\frac{420}{5814} \cdot 56,41\right] - \left[\frac{3.361}{(18)(17)}\right]$$

$$M_K = \left[\frac{420}{5814} \cdot 56,41\right] - \left[\frac{1083}{306}\right]$$

$M_K = 3,77 - 3,54 = 0,23$; distribuiçao leptocurtica.

c) Cálculo de Bera-Jarques

$$BJ = 20\left[\frac{(0)^2}{6} + \frac{(0,23)^2}{24}\right]$$

$$BJ = 20\left[\frac{(0,23)^2}{24}\right] = 20.0,01 = 0,00 < 6,0; \text{distribuição normal.}$$

Conclusão

A variável Y tem distribuição normal.

Portanto, com esse pressuposto validado, podemos calcular a relação entre as variáveis, que resultou em r=0,96, forte relação entre a satisfação com a TV por assinatura e a internet da NET.

Exemplo 2

A amostra a seguir se refere ao grau de satisfação de funcionários de uma empresa com salário percebido e emprego, numa escala de 1 a 5.

Grau de Satisfação de Funcionários com Salário e Emprego

X(Salário)	Y(Emprego)
1	1
1	1
1	1
1	1
1	1
1	1
1	1
1	1
1	1
1	1
1	1
2	1
2	2
2	2
2	2
2	2
3	3
4	4
4	4
5	5

Qual o grau de relação entre as variáveis?

Solução

Mas, antes, vamos verificar a normalidade por Bera-Jarque.

1º)Variável X

Efetuando os cálculos, temos:

M_{As}	1.46
M_K	1.22

A estatística de Bera-Jarque fica:

$$BJ = 20\left[\frac{(1,46)^2}{6} + \frac{(1,22)^2}{24}\right]$$

$$BJ = 20[0,36 + 0,06] = 20.0,42 = 8,4 > 6,0;\text{distribuição não - normal.}$$

Conclusão

A variável X não tem distribuição normal.

2º) Variável Y

Efetuando os cálculos, temos:

M_{As}	1.52
M_K	1.31

A estatística de Bera-Jarque fica:

$$BJ = 20\left[\frac{(1,52)^2}{6} + \frac{(1,34)^2}{24}\right]$$

$$BJ = 20[0,39 + 0,07] = 20.0,46 = 9,2 > 6,0;\text{distribuição não - normal.}$$

Conclusão

A variável Y não tem distribuição normal.

3º)Transformação Adotada

Antes de entrar na equação do coeficiente de correlação, as duas variáveis não-normais terão quer ser transformadas em normais. Por exemplo, quando a variável não é normal, o pesquisador pode buscar uma transformação como o **logaritmo** ou a **inversa**. A variável transformada talvez seja normal.

Outras transformações são disponíveis em diversos programas computacionais, como a transformação de **Box-Cox**, que não veremos neste curso.

4º)Transformação dos Dados

Aplicaremos a transformação logaritmo de base 10 aos dados:

Grau de Satisfação de Funcionários com Salário e Emprego Transformados

Log X (Salário)	Log Y (Emprego)
0.00	0.0
0.00	0.0
0.00	0.0
0.00	0.0
0.00	0.0
0.00	0.0
0.00	0.0
0.00	0.0
0.00	0.0
0.00	0.0
0.00	0.0
0.30	0.0
0.30	0.3
0.30	0.3
0.30	0.3
0.30	0.3
0.48	0.5
0.60	0.6
0.60	0.6
0.70	0.70

Vamos, agora, verificar a normalidade por Bera-Jarque.

1º)Variável Log X

Efetuando os cálculos temos:

M_{As}	0.85
M_K	0.67

A estatística de Bera-Jarque fica:

$$BJ = 20\left[\frac{(0,85)^2}{6} + \frac{(-0,67)^2}{24}\right]$$

$$BJ = 20[0,12 + 0,02] = 20.0,14 = 2,8 < 6,0; \text{distribuição normal.}$$

Conclusão

A variável log. X tem distribuição normal.

2º) Variável Log Y

Efetuando os cálculos, temos:

M_{As}	0.99
M_K	-0.48

A estatística de Bera-Jarque fica:

$$BJ = 20\left[\frac{(0,99)^2}{6} + \frac{(-0,48)^2}{24}\right]$$

$$BJ = 20[0,16 + 0,01] = 20.0,17 = 3,4 < 6,0; \text{distribuição normal.}$$

Conclusão

A variável log. Y tem distribuição normal.

3º) Cálculo do Coeficiente de Correlação

Calcule os coeficientes e correlação de *Pearson* entre as variáveis

Log X (Salário)	Log Y (Emprego)
0.00	0.0
0.00	0.0
0.00	0.0
0.00	0.0
0.00	0.0
0.00	0.0

0.00	0.0
0.00	0.0
0.00	0.0
0.00	0.0
0.00	0.0
0.30	0.0
0.30	0.3
0.30	0.3
0.30	0.3
0.30	0.3
0.48	0.5
0.60	0.6
0.60	0.6
0.70	0.70

r	0.96

Conclusão

Forte correlação entre as variáveis.

Correlação de Variáveis Ordinais

Os pesquisadores em administração frequentemente descobrem que as respostas para as suas perguntas só podem ser mensuradas com escalas ordinais ou nominais. Por exemplo, se quisermos verificar se o gênero está relacionado com o consumo de refrigerantes, temos um problema, pois gênero é uma variável nominal. Se usássemos o coeficiente de correlação de *Pearson* para examinar o consumo de refrigerantes por homens e mulheres e supuséssemos que a medida tem propriedades de variáveis quantitativas contínuas ou de classificação, nossos resultados seriam enganosos. Por exemplo, o uso de uma escala de dois pontos (qualitativa) reduz substancialmente a quantidade de informações disponíveis e pode resultar em uma atenuação do verdadeiro coeficiente na população.

Quando as escalas para coletar dados são nominais ou ordinais, o que o analista pode fazer? Uma opção é utilizar o coeficiente de correlação de ordem de ranqueamento de *Spearman* em vez do coeficiente de correlação de *Pearson*. O coeficiente de correlação de *Spearman* tipicamente resulta em um coeficiente mais baixo, mas é considerada uma estatística mais conservadora.

Exemplo

A pesquisa sobre os clientes dos restaurantes coletou dados sobre quatro fatores de escolha de restaurantes. Pediu-se aos clientes que classificassem os quatro fatores seguintes em termos de sua importância na seleção de um restaurante: qualidade da comida, ambiente, preços, funcionários. As variáveis da amostra iam de X_{13} a X_{16} e eram mensuradas ordinalmente. O administrador gostaria de saber se as classificações para a "qualidade da comida" estão relacionadas com as classificações para "ambiente". Uma resposta para esta questão ajudará o administrador a saber se deve enfatizar a qualidade da comida ou o ambiente em seus comerciais. Esses dados são ordinais (ranqueamento) e, portanto, a correlação de *Pearson* não pode ser usada. A correlação de *Spearman* é a adequada para o cálculo. A hipótese nula é a de que não existe diferença nos ranqueamentos dos dois fatores de seleção de restaurantes.

Coeficiente de *Spearman*:

Se cada uma das variáveis X e Y são classificadas em variáveis ordinais, como sendo especificamente classificações, a correlação entre elas não pode ser medida pelo Coeficiente de Correlação de *Pearson* (r), e sim pelo Coeficiente de *Spearman.*

Ao contrário do coeficiente de correlação de *Pearson*, o coeficiente de *Spearman* não requer a suposição que a relação entre as variáveis é linear, nem requer que as variáveis sejam medidas quantitativas. Pode ser usado, então, para as variáveis medidas no nível ordinal.

Este coeficiente é o mais antigo e também o mais conhecido para calcular o coeficiente de correlação entre variáveis mensuradas em nível ordinal, chamado também de coeficiente de correlação por postos de Spearman, designado "r_s".

É importante enfatizar que as correlações ordinais não podem ser interpretadas da mesma maneira que para variáveis medidas em nível quantitativo. Inicialmente, não mostram necessariamente tendência linear, mas podem ser consideradas como índices de *monotonicidade*, ou seja, para aumentos positivos da correlação, aumentos no valor de X correspondem a aumentos no valor de Y, e para coeficientes negativos ocorre o oposto.
Seu estimador foi derivado a partir do estimador do coeficiente de correlação linear de *Pearson.*

Coeficiente de Correlação de *Spearman* (r_s):

O coeficiente de correlação de *Spearman* (r_s) leva em consideração não os valores das variáveis envolvidas, mas os dados dispostos em ordem de tamanho, importância ou classificações.

Os valores das variáveis dão lugar, neste caso, aos números 1º, 2º, 3º, 4º,..., os quais indicam posição, ordem, classificações, postos ocupados por cada um dos elementos da amostra em relação aos demais.

Dois ordenamentos assim obtidos de uma amostra de pares ordenados levaram ao desenvolvimento da fórmula:

$$r_s = 1 - \frac{6.\Sigma D^2}{n\left(n^2-1\right)}$$

Onde:

D = a diferença entre cada posto de valor correspondentes de X e Y, e
n = o número dos pares dos valores.

Da mesma forma que o coeficiente de correlação r, r_s varia no intervalo de [-1;1], isto é:

$$-1 \leq r_s \leq +1$$

Exemplo 1

A pesquisa sobre os clientes dos restaurantes coletou dados sobre quatro fatores de escolha de restaurantes. Pediu-se aos clientes que classificassem os quatro fatores seguintes em termos de sua importância na seleção de um restaurante: qualidade da comida, ambiente, preços, funcionários. As variáveis da amostra iam de X_{13} a X_{16} e eram mensuradas ordinalmente. O administrador gostaria de saber se as classificações para a "qualidade da comida" estão relacionadas com as classificações para "ambiente". Uma resposta para esta questão ajudará o administrador a saber se deve enfatizar a qualidade da comida ou o ambiente em seus comerciais. Esses dados são ordinais (ranqueamento) e, portanto, a correlação de *Pearson* não pode ser usada. A correlação de *Spearman* é a adequada para o cálculo. A hipótese nula é a de que não existe diferença nos ranqueamentos dos dois fatores de seleção de restaurantes. A tabela a seguir apresenta a base de dados gerada através da coleta. Calcule r_s e interprete os resultados.

X_{13}-Qualidade da Comida	X_{14}-Ambiente	X_{15}-Preço	X_{16}-Funcionários
1	3	2	4
1	3	2	4
2	4	1	3
1	3	2	4
1	3	2	4
2	1	3	4
1	3	2	4
1	3	2	4
2	4	1	3
1	2	3	4

Quadro de Cálculo de r_S

Clientes do Restaurante	Classificação X_{13}-Qualidade da Comida	Classificação X_{14}-Ambiente	D	D^2
A	1	3	-2	4
B	1	3	-2	4
C	2	4	-2	4
D	1	3	-2	4
E	1	3	-2	4
F	2	1	1	1
G	1	3	-2	4
H	1	3	-2	4
I	2	4	-2	4
J	1	2	-1	1
Total	——	——	——	34

$$r_s = 1 - \frac{6.34}{10\left(10^2 - 1\right)}$$

$$r_s = 1 - \frac{204}{10(99)} = 0,79.$$

Forte correlação entre as duas classificações.

O coeficiente de correlação de *Spearman* informa uma forte correlação das variáveis, contudo percebe-se que a qualidade da comida é o fator mais importante para escolha do restaurante pelos clientes. Portanto, os clientes que colocam uma grande importância na qualidade da comida como fator de seleção classificarão o ambiente como fator significativamente menos importante. Os clientes do restaurante classificam a qualidade da comida como algo muito importante com muito mais frequência do que consideram o ambiente, e este deve ser o foco dos comerciais dos restaurantes.

Exemplo 2

Cinco vestibulandos de um mesmo cursinho pré-vestibular foram observados quanto às suas classificações em um "simuladão" e no vestibular propriamente dito. Qual o grau de associação entre a classificação no "simuladão" e no vestibular?

Vestibulandos	Classificação no Simuladão	Classificação no Vestibular	D	D^2
A	2º	3º	-1	1
B	4º	4º	0	0
C	5º	5º	0	0
D	1º	1º	0	0
E	3º	2º	1	1
Total	——	——	——	**2**

$$r_s = 1 - \frac{6.2}{5\left(5^2 - 1\right)}$$

$$r_s = 1 - \frac{12}{5(24)}$$

$$r_s = 1 - \frac{12}{120}$$

$$r_s = 1 - 0,1 = 0,90.$$

Fortíssima correlação entre as duas classificações: a do simuladão e a do vestibular.

Exemplo 3

Uma empresa de propaganda testou o grau de memorização proporcionado por 10 anúncios de televisão através de dois grupos, um de homens e o outro de mulheres. Os resultados em termos de classificação quanto ao grau de memorização encontram-se na tabela a seguir. Qual grau de correlação entre a memorização dos homens e mulheres?

Anúncios	Classificação dos Homens	Classificação das Mulheres	D	D^2
A	8	9	-1	1
B	3	5	-2	4
C	9	10	-1	1
D	2	1	1	1
E	7	8	-1	1
F	10	7	3	9
G	4	3	1	1
H	6	4	2	4
I	1	2	-1	1
J	5	6	-1	1
Total	——	——	——	**24**

$$r_s = 1 - \frac{6.24}{10\left(10^2 - 1\right)}$$

$$r_s = 1 - \frac{144}{10(99)} = 0,85$$

Forte correlação entre as duas classificações.

Teste de Significância de r_s

Quando a seleção dos elementos que compõem a amostra é feita de forma aleatória, a partir de uma população, é possível determinar se as variáveis em estudo são associadas na população. Ou seja, é possível testar a hipótese de que as duas variáveis estão associadas na população. Para amostras superiores a 10, a significância de um valor obtido de r_s pode ser verificada através de t calculado pelo estimador apresentado a seguir:

$$t = r_s \sqrt{\frac{n-2}{1-r_s^2}}$$

A expressão acima tem distribuição t-*Student* com Φ = n-2 graus de liberdade. A relação entre uma escala contínua e ordinal é de *monotonicidade*, e a transformação monotônica em uma variável causa pouco efeito sobre os coeficientes de correlação, razões t e F. Assim, uma variável medida em nível ordinal pode ser tratada como intervalar.

O valor–p é obtido de maneira análoga ao obtido no teste de significância de r. As hipóteses testadas são as mesmas para o coeficiente de correlação de *Pearson*.

Vamos testar a significância dos r_s calculados nos dois exemplos anteriores.

Do Exemplo 1

$$t = 0,79\sqrt{\frac{10-2}{1-(0,79)^2}}$$
$$t = 3,64$$
$$\Phi = 10-2 = 8 \rightarrow \text{Valor}-\text{p} \rightarrow 0,05$$
$$\text{Valor}-\text{p} \approx 0,05 \text{ ou } 5\%$$

Decisão

O valor-p = 5% rejeita-se H_0. O coeficiente de correlação de Spearman é diferente de zero. Existe correlação de X e Y. $\mathbf{r_s = 0,79}$ é significante ao nível de 5%. Existe dependência significante entre as variáveis.

Do Exemplo 2

$$t = r_s\sqrt{\frac{n-2}{1-r_s^2}}$$

$$t = 0,90\sqrt{\frac{5-2}{1-(0,90)^2}}$$
$$t = 3,58$$
$$\Phi = 5-2 = 3 \rightarrow \text{Valor}-\text{p} \rightarrow 0,05$$
$$\text{Valor}-\text{p} \approx 0,05 \text{ ou } 5\%$$

Decisão

O valor-p é igual ao nível de significância de 5%, rejeita-se H_0. O coeficiente de correlação de Spearman é diferente de zero. Existe correlação de X e Y. $r_s = 0,90$ é significante ao nível de 5%. Existe dependência significante entre as variáveis.

Do Exemplo 3

$$t = 0,85\sqrt{\frac{10-2}{1-(0,85)^2}}$$
$$t = 4,56$$
$$\Phi = 10-2 = 8 \rightarrow \text{Valor}-\text{p} \rightarrow 0,01$$
$$\text{Valor}-\text{p} \approx 0,01 \text{ ou } 1\%.$$

Decisão

O valor-p < 5% rejeita-se H_0. O coeficiente de correlação de Spearman é diferente de zero. Existe correlação de X e Y. $r_s = 0,85$ é significante ao nível de 5%. Existe dependência significante entre as variáveis.

Correlação de Variáveis Nominais

Em algumas situações, as variáveis são medidas em nível nominal ou por categorias discretas e expressas em forma de frequências. Nesses casos, não é possível a utilização de nenhum dos métodos vistos anteriormente.

O estimador do coeficiente de correlação entre variáveis nominais, o coeficiente de contingência C, também foi obtido a partir do estimador do coeficiente linear de *Pearson.*

Tabela de Contingência

X	Y		Total
	1	**0**	
1	a	b	**a+b**
0	c	d	c+d
Total	a+c	b+d	n=a+b+c+d

Onde a, b, c e d são as frequências da tabela de contingência e n é a soma destas frequências.

Coeficiente de Contingência

Mede o grau de associação entre duas variáveis nominais. O coeficiente de contingência C pode ser obtido pela expressão abaixo:

$$C = \frac{(ad - bc)}{\sqrt{(a+b)(a+c)(b+d)(c+d)}}$$

Da mesma forma que o coeficiente de correlação r, C varia no intervalo de [-1; 1], isto é:

$$-1 \leq C \leq +1$$

Exemplo 1

Em uma pesquisa de satisfação feita com clientes de um shopping, foram cruzadas duas variáveis da pesquisa: satisfação (Y) e sexo (X). Os resultados estão na tabela de contingência a seguir. Qual o grau de relação entre as variáveis? A satisfação depende do sexo?

Tabela de Contingência

Y	X		Total
	Satisfeito(1)	Insatisfeito(0)	
Masculino(1)	1	12	**13**
Feminino(0)	10	2	**12**
Total	**11**	14	25

$$C=\frac{(ad-bc)}{\sqrt{(a+b)(a+c)(b+d)(c+d)}}$$

$$C=\frac{2-120}{\sqrt{(13)(11)(14)(12)}}$$

$$C=\frac{-118}{155}=-0{,}76.$$

Forte correlação inversa.

Exemplo 2

Em uma pesquisa sobre lembrança/imagem do último comercial da marca de carro WY veiculado na TV aberta, foram cruzadas duas perguntas do questionário: O modelo de carro WY é umas de suas marcas preferidas de carro? Você se lembra do último comercial veiculado na TV da marca WY? Os resultados são apresentados na tabela de contingência abaixo. Qual o grau de associação entre as questões?

Tabela de Contingência

Marca Preferida?	Lembra?		Total
	Sim	Não	
Sim	23	2	**25**
Não	2	73	**75**
Total	**25**	**75**	**100**

$$C=\frac{(ad-bc)}{\sqrt{(a+b)(a+c)(b+d)(c+d)}}$$

$$C=\frac{(1679-4)}{\sqrt{(25)(25)(75)(75)}}$$

$$C=\frac{1675}{1875}=0{,}89$$

Forte correlação positiva.

Teste de Significância de C

O coeficiente de contingência C está relacionado com a distribuição do qui-quadrado (χ^2) para tabela 2x2, dada pela expressão a seguir:

$$C = \sqrt{\frac{\chi^2}{n}}$$

ou

$$\chi^2 = (n)C^2$$

Esta última expressão é utilizada para o teste de significância de C com $\Phi = 1$ grau de liberdade. Par obter o valor-p, basta ir à linha 1 do grau de liberdade e procurar o escore mais próximo do valor de χ^2. No cabeçalho da probabilidade α, o valor-p será duas vezes (a qui-quadrado não é uma distribuição simétrica) a probabilidade associada ao escore mais próximo do valor do χ^2. As hipótese testadas são as mesmas para o coeficiente de correlação de Pearson.

Vamos testar a significância dos coeficientes de continência dos exemplos anteriores:

Exemplo 1

$\chi^2 = (25)(-0{,}76)^2 = 14{,}44 \rightarrow \Phi = 1 \rightarrow$ Valor-p = 2x 0,005 = **0,01** ou **1%.**

Decisão

1% < 5%, rejeita-se H_0. O coeficiente de contingência é diferente de zero. Existe correlação de X e Y. C= -0,76 é significante ao nível de 5%. Existe dependência significante entre as variáveis.

Exemplo 2

$\chi^2 = (100)(0{,}89)^2 = 79{,}21 \rightarrow \Phi = 1 \rightarrow$ Valor-p = 2x 0,005 ≈ **0,01** ou **1%.**

Decisão

1% < 5%, rejeita-se H_0. O coeficiente de contingência é diferente de zero. Existe correlação de X e Y. C=0,89 é significante ao nível de 5%. Existe dependência significante entre as variáveis.

Correlação entre Variável Nominal e Ordinal

Estamos diante da situação de análise quando uma das variáveis (X) é **nominal dicotômica** e a outra **ordinal classificação (Y)**. O estimador da correlação entre essas variáveis também foi obtido a partir do coeficiente de correlação linear de *Pearson.*

Coeficiente de Correlação Nominal/Ordinal (r_{NO})

O coeficiente de correlação para variáveis nominal e ordinal obtido a partir do coeficiente de correlação de *Pearson* toma a seguinte expressão:

$$r_{NO} = \frac{2.\sum_{i=1}^{n1} Y_i - n_1(n+1)}{\sqrt{\left[n_1 n_0 \left(n^2-1\right)\right]/3}}$$

Onde

r_{NO} = coeficiente de correlação nominal/ordinal.

$\sum_{i=1}^{n1} Y_i$ = soma da variável ordinal Y.

n = número total de observações.
n_0 = número de observações cuja variável X assume o valor zero.
n_1 = número de observações cuja variável X assume o valor 1

Esta expressão é específica para a variável Y em forma de classificação. Para medir a correlação de variáveis nominal e ordinal em que Y toma a forma de qualquer variável ordinal, deve-se usar a fórmula do coeficiente de correlação de Pearson:

$$r_{NO} = \frac{(n\Sigma XY) - (\Sigma X \Sigma Y)}{\sqrt{\left[n\Sigma X^2 - (\Sigma X)^2\right] \cdot \left[n\Sigma Y^2 - (\Sigma Y)^2\right]}}$$

Exemplo 1

Em uma seleção de motoristas para uma empresa que presta serviços logísticos, anotaram-se os resultados da classificação dos candidatos ao cargo (Y) segundo sexo (X). Os resultados estão apresentados na tabela a seguir. Existe relação entre X e Y? Qual o grau de associação entre as variáveis?

X(Sexo)	**Y(Classificação)**
1	1º
1	2
1	3
1	4
1	5
1	6
1	7
1	8
1	9
1	10
1	11
1	12
1	13
1	14

0	15
0	16
0	17
0	18
0	19
0	20
0	21
0	22
0	23
0	24
0	25
0	26
0	27
0	28
0	29
0	30

Nota: 1=Homem e 0=Mulher.

$$r_{NO} = \frac{2.\sum_{i=1}^{n1} Y_i - n_1(n+1)}{\sqrt{\left[n_1 n_0\left(n^2-1\right)\right]/3}}$$

$$r_{NO} = \frac{2.105 - 14.(30+1)}{\sqrt{\left[14.16\left(30^2-1\right)\right]/3}}$$

$$r_{NO} = \frac{210-434}{\sqrt{[14.16.899]/3}}$$

$$r_{NO} = \frac{-224}{\sqrt{[20376]/3}}$$

$$r_{NO} = \frac{-224}{\sqrt{67125}}$$

$$r_{NO} = \frac{-224}{259} = -0,86$$

Forte Correlação Inversa.

Exemplo 2

Em uma empresa 30 funcionários foram submetidos a um teste de qualidade na execução de uma tarefa específica. Os resultados da prova possibilitaram a classificação dos empregados (Y). A cada colaborador foi registrada também a existência ou não de treinamento prévio (X). Os dados constam da tabela a seguir. Existe associação entre estas variáveis?

X(Treinamento)	Y(Classificação)
1	1º
1	2
1	3
1	4
1	5
1	6
1	7
1	8
1	9
1	10
1	11
1	12
1	13
1	14
1	15
1	16
1	17
1	18
0	19
0	20
0	21
0	22
0	23
0	24
0	25
0	26
0	27
0	28
0	29
0	30

Nota: 1=Sim e 0=Não.

$$r_{NO} = \frac{2.\sum_{i=1}^{n1} Y_i - n_1(n+1)}{\sqrt{\left[n_1 n_0 \left(n^2 - 1\right)\right]/3}}$$

$$r_{NO} = \frac{2.171 - 18.(30+1)}{\sqrt{\left[18.12\left(30^2 - 1\right)\right]/3}}$$

$$r_{NO} = \frac{342 - 558}{\sqrt{[18.12.899]/3}}$$

$$r_{NO} = \frac{-216}{\sqrt{[64728]}}$$

$$r_{NO} = \frac{-216}{254} = -0,85$$

Forte Correlação Inversa.

Exemplo 3

Trinta funcionários de empresas variadas foram consultados em como percebem o clima organizacional das empresas em que trabalham. Duas questões constaram da pesquisa:

1ª) Na sua empresa, existem mecanismos sistemáticos de promoção?

0-( )Não
1-( )Sim

2º) Qual o seu grau de satisfação com seu ambiente de trabalho?

1- ( ) Muito Insatisfeito
2- ( ) Insatisfeito
3- ( ) Neutro
4- ( ) Satisfeito
5- ( ) Muito satisfeito

Os resultados da coleta destas opiniões constam da tabela a seguir. Existe associação entre as variáveis?

X	Y
1	5
1	5
1	4
1	4
1	5
1	3
1	3
1	5
1	3
1	4
1	4
1	5
1	5
1	3
1	4
1	5
1	3
1	4
0	2
0	2
0	1
0	2
0	3
0	2
0	2
0	1
0	2
0	2
0	3
0	2

Quadro de Cálculo

(X)	(Y)	XY	X^2	Y^2
1	5	5	1	25
1	5	5	1	25
1	4	4	1	16
1	4	4	1	16
1	5	5	1	25
1	3	3	1	9
1	3	3	1	9
1	5	5	1	25
1	3	3	1	9
1	4	4	1	16
1	4	4	1	16
1	5	5	1	25
1	5	5	1	25
1	3	3	1	9
1	4	4	1	16
1	5	5	1	25
1	3	3	1	9
1	4	4	1	16
0	2	0	0	4
0	2	0	0	4
0	1	0	0	1
0	2	0	0	4
0	3	0	0	9
0	2	0	0	4
0	2	0	0	4
0	1	0	0	1
0	2	0	0	4
0	2	0	0	4
0	3	0	0	9
0	2	0	0	4
18	98	74	18	368

$$r_{NO} = \frac{(n\Sigma XY) - (\Sigma X \Sigma Y)}{\sqrt{\left[n\Sigma X^2 - (\Sigma X)^2\right] \cdot \left[n\Sigma Y^2 - (\Sigma Y)^2\right]}}$$

$$r_{NO} = \frac{(30.74) - (18.98)}{\sqrt{\left[30.18 - (18)^2\right] \cdot \left[30.368 - (98)^2\right]}} = 0,82.$$

Teste de Significância de r_{NO}

A significância do coeficiente estimado para amostras com **n ≥ 30** poderá ser obtida através da estatística Z, como segue:

$$z = r_{NO}\sqrt{n-1}$$

O valor-p é obtido junto à tabela da normal padrão e seu cálculo é dado pela expressão:

Valor-p = 2. P[Z ≥ ou ≤ z]

Quando **n<30**, deve-se realizar o teste t de significância como ilustrado para o coeficiente de correlação linear de *Pearson* e usaremos para obter o valor-p na linha bicaudal da t-Student a estatística **$t = r_{NO}\sqrt{n-1}$.**

Vamos agora testar a significância dos exemplos anteriores:

Do Exemplo 1

$$z = -0,86.\sqrt{n-1} = -0,86.\sqrt{29} = -4,63$$

$$\text{Valor} - p = 2.P(Z \leq -4,63) = 2.(0,5 - 0,5) = 0,000.$$

Decisão

A credibilidade da hipótese nula é nula, rejeita-se H_0. O coeficiente de correlação entre as variáveis nominal e ordinal é diferente de zero. Existe correlação de X e Y. r_{N0}= -0,86 é significante ao nível de 5%. Existe dependência significante entre as variáveis.

Do Exemplo 2:

$$z = -0,85.\sqrt{n-1} = -0,85.\sqrt{29} = -4,58$$

$$\text{Valor} - p = P(Z \leq -4,58) = 2.(0,5 - 0,5) = 0,000.$$

Decisão:

A credibilidade da hipótese nula é nula, rejeita-se H_0. O coeficiente de correlação entre as variáveis nominal e ordinal é diferente de zero. Existe correlação de X e Y. r_{N0}= -0,85 é significante ao nível de 5%. Existe dependência significante entre as variáveis.

Do Exemplo 3

$$z = 0{,}82.\sqrt{n-1} = 0{,}82.\sqrt{29} = 4{,}41$$

$$\text{Valor} - p = 2.P(Z \geq -4{,}41) = 2.(0{,}5 - 0{,}5) = 0{,}000.$$

Decisão

A credibilidade da hipótese nula é nula, rejeita-se H_0. O coeficiente de correlação entre as variáveis nominal e ordinal é diferente de zero. Existe correlação de X e Y. r_{N0}= 0,82 é significante ao nível de 5%. Existe dependência significante entre as variáveis.

Correlação entre Variável Ordinal e Contínua

Quando se tem uma variável (X) ordinal e outra (Y) contínua, é possível estimar o coeficiente de correlação entre uma variável ordinal e contínua a partir do estimador do coeficiente de correlação linear populacional de *Pearson.*

Coeficiente de Correlação Ordinal/Contínua (r_{OC})

O coeficiente de correlação para variáveis ordinal e contínua obtido a partir do coeficiente de correlação de *Pearson* toma a seguinte expressão:

$$roc = \frac{\dfrac{\sum_{i=1}^{n} X_i Y_i}{n} - \dfrac{(n+1)\cdot \overline{Y}}{2}}{\sqrt{\left[\left(n^2-1\right)\right]/12} \cdot S_Y}$$

Onde:

r_{OC} é o coeficiente de correlação entre a variável ordinal e contínua.
S_Y é o desvio padrão da variável Y.
n é o número de observações da amostra.

Esta expressão também é específica para a variável X em forma de classificação. Para medir a correlação de variáveis ordinal e contínua em que X toma a forma de qualquer variável ordinal, deve-se usar a fórmula do coeficiente de correlação de *Pearson*:

$$roc = \frac{(n\Sigma XY) - (\Sigma X \Sigma Y)}{\sqrt{\left[n\Sigma X^2 - (\Sigma X)^2\right] \cdot \left[n\Sigma Y^2 - (\Sigma Y)^2\right]}}$$

Exemplo 1

A classificação dos trinta candidatos ao mestrado de matemática no exame de seleção (X) e o coeficiente de rendimento Y (CR) ao final da titulação constam da tabela a seguir. Existe relação entre as variáveis?

X	Y(CR)
1	9.0
2	8.0
3	8.0
4	7.5
5	7.0
6	9.5
7	9.0
8	8.5
9	7.0
10	7.0
11	6.0
12	8.5
13	8.0
14	7.5
15	7.0
16	7.5
17	6.0
18	5.5
19	5.0
20	5.0
21	5.0
22	6.5
23	6.0
24	5.5
25	5.0
26	5.0
27	5.0
28	5.0
29	5.0
30	5.0

Temos que:

$\sum XY = 2776$

$\overline{Y} = 6{,}7$

$S_Y = 1{,}5$

Logo,

$$roc = \frac{\frac{\sum_{i=1}^{n} X_i Y_i}{n} - \frac{(n+1).\overline{Y}}{2}}{\sqrt{\left[\left(n^2-1\right)\right]/12} \cdot S_Y}$$

$$roc = \frac{\frac{2776}{30} - \frac{(30+1)\cdot 6,7}{2}}{\sqrt{\left[\left(30^2-1\right)\right]/12} \cdot 1,5}$$

$$roc = \frac{92,5-103,7}{13,0}$$

$$roc = \frac{-11,2}{13,0} = -0,86$$

Forte Correlação Inversa.

Teste de Significância de r_{OC}:

A significância do coeficiente estimado poderá ser obtida através de:

$$t = r_{oc}\sqrt{\frac{n-2}{1-r_{oc}^2}}$$

A referida estatística de teste é uma t-Student com Φ = n-2 graus de liberdade. O valor-p é obtido de maneira análoga à do teste de significância do coeficiente de correlação linear de *Pearson.*

Vamos testar a significância do coeficiente de correlação do exemplo anterior:

Do Exemplo anterior

$$t = -0,86\sqrt{\frac{30-2}{1-(-0,86)^2}} = -8,92$$

$$\Phi = 30-2 = 28 \rightarrow \text{Valor}-p \rightarrow 0,01$$
$$\text{Valor}-p \approx 0,01 \text{ ou } 1\%$$

Decisão

O valor-p < 5% rejeita-se H_0. O coeficiente de correlação é diferente de zero. Existe correlação de X e Y. r_{oc}= -0,86 é significante ao nível de 5%. Existe dependência significante entre as variáveis.

Todos os valores-p calculados junto às distribuições t-Student e qui-quadrado pelo método desenvolvido aqui neste capítulo são valores aproximados, uma vez que estão associados a valores próximos e não exatos de escores das respectivas distribuições.

Os testes de significância quando dão positivos são indicadores de existência de correlação entre as variáveis na população. Portanto, podem ser usados como testes de independência de variáveis.

Conclui-se que é possível utilizar o coeficiente linear de *Pearson* para variáveis medidas em nível contínuo, ordinal e dicotômico, tendo as devidas precauções na interpretação, ou seja, o quadrado do coeficiente de correlação não pode ser interpretado como a proporção da variância comum às duas variáveis, quando envolvem variáveis ordinais e dicotômicas. Dentre os fatores que afetam o coeficiente linear de *Pearson*, pode-se citar o tamanho da amostra, principalmente quando é pequeno. Assim, apesar da possibilidade da utilização do coeficiente linear de *Pearson*, para as variáveis que não são medidas em nível quantitativo, há que se atentar para a questão do tamanho da amostra, das variáveis envolvidas na análise.

Exercícios Propostos

1. A tabela a seguir informa a quantidade de empréstimos averbados no contracheque de uma amostra de servidores públicos federais (X) em função da quantidade de refinanciamentos dos mesmos (Y). Construa o diagrama de dispersão, calcule o coeficiente de correlação de Pearson e teste a sua significância. Interprete os resultados.

X	Y
1	2
2	4
3	6
4	7
5	12
6	12
7	13
8	16
9	17
10	18
11	22
12	23
13	25
14	26
15	28

16	30
17	30
18	31
19	37
20	38

2. A pesquisa sobre os clientes dos restaurantes coletou dados sobre quatro fatores de escolha de restaurantes. Pediu-se aos clientes que classificassem os quatro fatores seguintes em termos de sua importância na seleção de um restaurante: qualidade da comida, ambiente, preços, funcionários. As variáveis da amostra iam de X_{13} a X_{16} e eram mensuradas ordinalmente. O administrador gostaria de saber se as classificações para a "qualidade da comida" estão relacionadas com as classificações para "ambiente". Uma resposta para esta questão ajudará o administrador a saber se deve enfatizar a qualidade da comida ou o ambiente em seus comerciais. Esses dados são ordinais (ranqueamento) e, portanto, a correlação de *Pearson* não pode ser usada. A correlação de *Spearman* é a adequada para o cálculo. A hipótese nula é a de que não existe diferença nos ranqueamentos dos dois fatores de seleção de restaurantes. A tabela a seguir apresenta a base de dados gerada através da coleta. Calcule o coeficiente de correlação de *Spearman* e teste a significância entre as variáveis X_{13}/ X_{15}. Interprete os resultados.

X_{13}-Qualidade da Comida	X_{14}Ambiente	X_{15}-Preço	X_{16}-Funcionários
1	3	2	4
1	3	2	4
2	4	1	3
1	3	2	4
1	3	2	4
2	1	3	4
1	3	2	4
1	3	2	4
2	4	1	3
1	2	3	4

3. Um administrador de um restaurante tem a hipótese de que o sexo descrimina os clientes quanto às suas classificações do ambiente como fator importante na seleção de um restaurante. O analista obteve uma amostra de clientes do restaurante, e a tabela a seguir apresenta os resultados da coleta. Teste a dependência entre as variáveis.

Tabela de Contingência

X	Y		Total
	Importante(1)	Não Importante(0)	
Feminino(1)	20	10	**30**
Masculino(0)	10	30	**40**
Total	**30**	**40**	70

4. Um administrador levantou o nível de satisfação dos seus clientes (Não-satisfeito=0 e Satisfeito=1) e a classificação dos mesmos em função da frequência ao estabelecimento. Os dados estão registrados na tabela a seguir. Calcule o coeficiente de correlação pertinente e teste a sua significância.

X	Y	X	Y
1	1	1	25
1	2	1	26
1	3	1	27
1	4	1	28
1	5	1	29
1	6	1	30
1	7	0	31
1	8	0	32
1	9	0	33
1	10	0	34
1	11	0	35
1	12	0	36
1	13	0	37
1	14	0	38
1	15	0	39
1	16	0	40
1	17	0	41
1	18	0	42
1	19	0	43
1	20	0	44
1	21	0	45
1	22	0	46
1	23	0	47
1	24	0	48

5. Uma pesquisa de um restaurante a peso do tipo "*Fast Food*" registrou a classificação dos clientes pela frequência ao estabelecimento em função do peso médio da refeição consumidas pelos mesmos. O administrador gostaria de saber se a classificação dos clientes pela frequência está relacionada com o peso médio da refeição consumida por eles. Existe associação entre estas variáveis? Teste a independência das variáveis.

X(Classificação)	Y(Gramas)
1	1000
2	990
3	980
4	960

5	955
6	950
7	920
8	910
9	900
10	890
11	885
12	880
13	860
14	850
15	830
16	825
17	820
18	815
19	810
20	800
21	795
22	790
23	740
24	735
25	700
26	690
27	650
28	600
29	580
30	500

OBS: O primeiro colocado em frequência ao restaurante consume em média 1000 g de refeições por dia no estabelecimento.

6. Verifique se as variáveis a seguir atendem aos pressupostos para cálculo de correlação linear de ***Pearson***.

Acidentes que Matam

Ano	X(Número Total de Mortes por Acidentes de Transporte Terrestre no Brasil)	Y(Número Total de Mortes por Acidentes com Motocicletas no Brasil)
2002	32753	3744
2003	33139	4271
2004	35105	5042
2005	35994	5974
2006	36367	7162
2007	37407	8078

2008	38273	8898
2009	37594	9268
2010	40610	10134

7. Verifique se as variáveis abaixo são estacionárias e caso contrário indique a diferença que deve ser aplicável para torná-la estacionárias.

Índices de Custo de Vida de Duas Séries Temporais

Tempo	X(t)	Y(t)
1	95.90	71.60
2	96.70	72.50
3	97.80	73.50
4	99.10	74.50
5	100.00	75.20
6	102.20	76.30
7	103.70	76.90
8	104.70	78.10
9	106.00	80.00
10	106.70	80.90
11	107.90	81.70
12	110.40	82.90
13	112.30	84.70
14	114.10	86.30
15	116.10	88.80
16	117.10	90.90
17	117.50	91.50
18	118.90	93.40
29	120.20	94.60

8. Verifique se as variáveis notas de satisfação com a versão antiga e versão nova do site de relacionamento *Orkut* dada por 40 usuários são normalmente distribuídas e, caso contrário, realize a transformação logaritmo e conclua sobre a normalidade das variáveis transformadas.

Notas de Satisfação com a Versão Antiga e Versão Nova do Site de Relacionamento *Orkut* dada por 40 Usuários

X	X	Y	Y
1.00	3.00	1.00	0.48
1.00	3.00	1.00	0.48
1.00	3.00	1.00	0.48
1.00	3.00	1.00	0.48

1.00	3.00	1.00	0.48
1.00	3.00	1.00	0.48
1.00	3.00	1.00	0.48
1.00	3.00	1.00	0.60
1.00	3.00	1.00	0.60
1.00	3.00	1.00	0.60
2.00	5.00	1.00	0.70
2.00	5.00	2.00	0.70
2.00	10.00	2.00	0.90
3.00	10.00	2.00	0.95
3.00	10.00	2.00	0.95
3.00	10.00	2.00	1.00
3.00	10.00	3.00	1.00
3.00	10.00	3.00	1.00
3.00	10.00	3.00	1.00
3.00	10.00	3.00	1.00

9. Verifique por ***Bera-Jarque*** (BJ) se as duas variáveis a seguir, preço do aluguel e preço do condomínio de 20 residências, atendem ao pressuposto da normalidade:

X (Preço do Aluguel)	Y (Preço do Condomínio)
252.20	58.18
262.00	56.89
356.40	55.78
408.10	56.98
598.30	58.31
616.30	62.42
569.20	62.52
582.30	61.01
653.00	60.40
692.00	63.32
568.20	70.85
468.40	70.74
436.20	72.73
517.70	87.77
594.70	93.85
666.40	101.59
681.50	103.71
656.30	99.31
735.50	108.54
865.20	123.45

10. Dadas as séries:

X (ICM da Cidade A)	Y (ICM da Cidade B)
71.60	50.00
72.50	55.00
73.50	52.00
74.50	55.00
75.20	54.00
76.30	56.00
76.90	100.00
78.10	102.00
80.00	101.00
80.90	105.00
81.70	100.00
82.90	102.00

a) As séries são estacionárias?

b) As séries $\Delta X(t)$, $\Delta Y(t)$, $\Delta^2 X(t)$, $\Delta^2 Y(t)$ são estacionárias?

Capítulo 9

Regressão Linear Simples

Conceito de Regressão Linear

É o estabelecimento de uma relação, traduzida por uma equação, que permite estimar e explicar o valor de uma variável em função de outras variáveis.

A análise de regressão linear é, então, um conjunto de métodos e técnicas para o estabelecimento de uma reta empírica que interprete a relação funcional entre variáveis como boa aproximação.

Conceito de Regressão Linear Simples

É o estabelecimento de uma relação, traduzida por uma equação linear, que permite estimar e explicar o valor de uma variável em função de uma única outra variável. A análise da regressão linear simples tem como resultado uma equação matemática que descreve o relacionamento entre duas variáveis. É chamada de regressão linear simples, portanto, porque só envolve uma única variável explicativa em um modelo linear.

Finalidades da Análise de Regressão Linear Simples

- *Estimar o valor de uma variável com base no valor conhecido de outra.*
- *Explicar o valor de uma variável em termos de outra.*
- *Predizer o valor futuro de uma variável.*

Variável Independente (X)

É a variável explicativa do modelo. É com ela que se procura explicar ou predizer a outra variável. Também é chamada de variável preditora, explicativa ou exógena.

Variável Dependente (Y)

É a variável explicada do modelo. É com essa variável que se procura explicação através da variável explicativa. A regressão linear tenta reproduzir numa equação matemática o modo como o comportamento da variável dependente é explicado pela variável independente. Também é chamada de variável desfecho, resposta, explicada ou endógena.

Exemplos

- *{Altura(X): Peso(Y)}.*
- *{Número de dependentes(X); Gastos da família(Y)}.*
- *{Propaganda(X), Vendas do produto(Y)}.*
- *{Quilômetros rodados(X), Consumo de gasolina (Y)}.*
- *{Peso da refeição no Fast Food(X); Preço da refeição do Fast Food(Y)}.*
- *{Nota em Cálculo(X); Nota em Estatística(Y)}.*
- *{IDH(X); Esperança de vida(Y}.*

Equação de Regressão Linear Simples

É impraticável conhecer e utilizar todas as variáveis que influenciam Y: pelo desconhecimento da natureza e/ou valores de algumas ou pela dificuldade de observá-las ou medi-las. Portanto, é operacionalmente viável utilizarmos um número menor de variáveis para explicar Y e chamar de e_i todas as variáveis que não conseguimos colocar no modelo, isto é, que não conseguimos controlar. Esta variável é chamada de erro e sua estimativa é denominada de resíduo, tal como na análise da variância.

Na análise de regressão linear simples, a explicação da variável resposta pode se escrita na forma de um modelo:

Resposta = valor médio de Y + erro

O modelo indica que a resposta de uma variável explicada é dada pelo valor médio de Y acrescida de uma quantidade, que os estatísticos chamam de erro.

A análise de regressão linear simples de um conjunto de dados exige, assim como a análise da variância, que sejam feitas algumas pressuposições sobres os erros, sem as quais os resultados das análises não são válidos. As pressuposições são:

- *Ausência de pontos discrepantes;*
- *Erros independentes;*
- *Variância constante;*
- *Distribuição dos erros normalmente distribuídos.*

Vamos falar dos pressupostos básicos da análise da regressão com mais detalhes na sessão "**Pressupostos Básicos**".

O modelo linear simples é o que contém uma única variável independente. Logo, podemos escrever o modelo de regressão linear simples da seguinte maneira:

Resposta = valor médio de Y + erro

Resposta = reta de regressão + erro

$$Y = \alpha + \beta X + \text{erro}$$

$$\mathbf{Y = \alpha + \beta X + e}$$

Os coeficientes do modelo são α e β, isto é, os parâmetros a serem estimados. O valor de β, coeficiente angular da reta, é chamado de coeficiente de regressão e indica em termos absolutos a importância ou o peso que a variável explicativa X tem como preditora de Y: cada incremento de uma unidade em X provoca um aumento ou diminuição igual ao coeficiente de regressão em Y.

Exemplo

Vamos supor que uma estimativa de um modelo que explique Y seja:

$$\hat{Y} = 2 + 2X$$

$X=1 \rightarrow \hat{Y} = 4$

$X=2 \rightarrow \hat{Y} = 6$

$X=3 \rightarrow \hat{Y} = 8$

$X=4 \rightarrow \hat{Y} = 10$

E assim por diante...

Fases da Regressão Linear Simples

1. *Sempre iniciar com um gráfico de dispersão para observar a possível relação entre X e Y, calcular o coeficiente de correlação de Pearson para confirmar a inspeção gráfica e realizar o seu teste de significância.*
2. *Estimar os valores dos coeficientes da linha de regressão, se a correlação linear for aceitável.*
3. *Calcular o coeficiente de explicação do modelo.*
4. *Realizar os testes de existência de regressão linear, inclusive o do* ***coeficiente*** *de regressão.*
5. *Verificar a violação dos pressupostos básicos e caso haja algum tomar as providências cabíveis.*
6. *Se a avaliação feita nos itens acima não indicar violação nos pressupostos, então podem-se considerar os aspectos de inferência da análise de regressão e explicar a variável dependente pela variável independente e fazer previsões.*

Estimação dos Parâmetros do Modelo de Regressão Linear Simples

A estimação consiste em estimar os valores dos parâmetros α e β através do método dos mínimos quadrados.

Exemplo:

O modelo linear é da forma:

$$\mathbf{Y = \alpha + \beta X + e}$$

Para estimar α, utilizaremos o estimador **a** e para estimar β, o estimador **b**. Será necessário estimar as estatísticas a e b a partir de n pares de observações (X; Y). Dessa forma, utilizaremos como estimativa da linha de regressão:

$$\hat{Y} = a + bX$$

Onde Y (lê-se Y chapéu) será o estimador de Y.

Visualização do Erro no Diagrama de Dispersão:

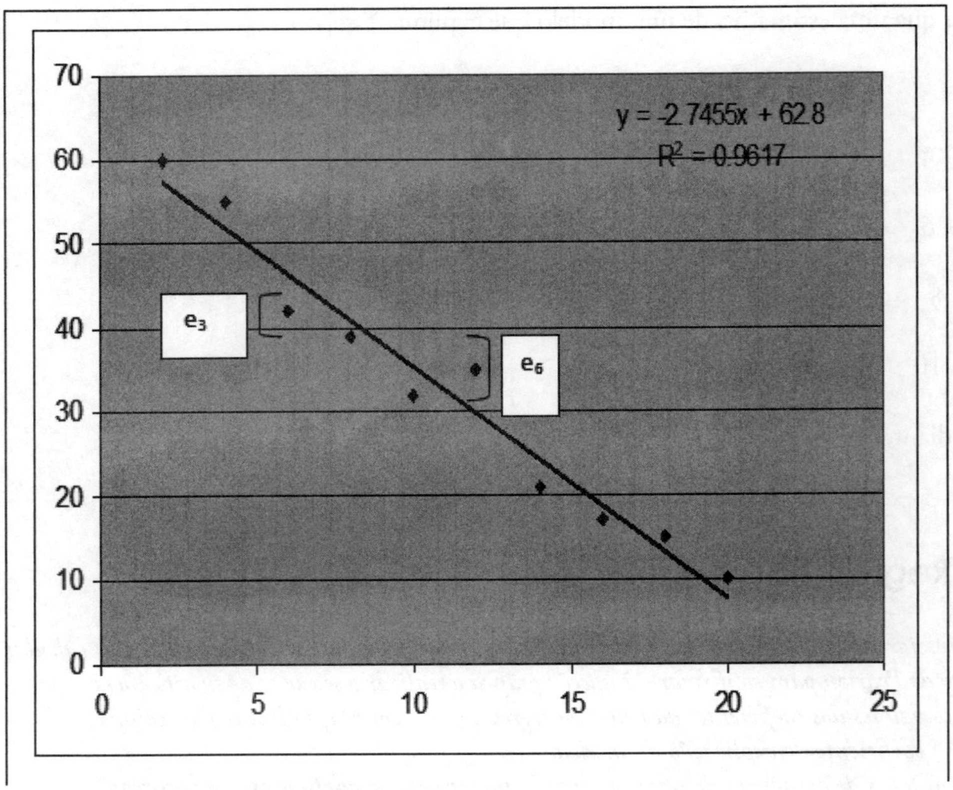

Para determinação dos estimadores do modelo de regressão, existem vários métodos, dos quais se sobressai o ***Método dos Mínimos Quadrados***. Ele tem por objetivo obter a e b de modo que a soma da diferença ao quadrado entre o valor real de Y e o estimado, $\hat{Y}$, seja mínimo:

$$\text{Min}\Sigma\left(Y-\hat{Y}\right)^2=\text{Min}\Sigma(e)^2$$

Substituindo $Y = a + bX$ na expressão acima e chamando-a de S:

$$S=\text{Min}\Sigma(Y-a-bX)^2$$

Como o método dos mínimos quadrados consiste em determinar valores de a e b de modo que a soma dos quadrados dos erros seja mínima, deveremos ter as derivadas parciais de S em relação aos estimadores a e b iguais a zero:

$$\frac{\varphi S}{\varphi a}=-2\Sigma(Y-a-bX)=0$$

$$\frac{\varphi S}{\varphi b}=-2\Sigma X(Y-a-bX)=0$$

Dessa forma, obtemos o sistema de equações seguintes:

$$\begin{cases} \Sigma Y = na + b\Sigma X \\ \Sigma XY = a\Sigma X + b\Sigma X^2 \end{cases}$$

Resolvendo o sistema de equações acima, encontramos as expressões dos estimadores a e b:

$$b = \frac{\Sigma XY - \frac{\Sigma X \Sigma Y}{n}}{\Sigma X^2 - \frac{(\Sigma X)^2}{n}}$$

$$a = \overline{Y} - b \cdot \overline{X}$$

Onde:

$$\overline{X} = (\Sigma X) / n$$
$$\overline{Y} = (\Sigma Y) / n$$

Observações

- *A previsão da variável dependente resultará sempre em um valor médio. Em analogia à média aritmética, a linha de regressão é uma "Média" dos valores de Y para cada valor de X. A relação entre X e Y é média.*
- *Quando fazemos previsão,* não obtemos para um dado valor de Y, necessariamente, um valor exato, *e sim um valor médio quando a variável independente assume um dado valor X.*
- *Para fazermos previsão acerca da variável dependente Y, não devemos utilizar valores da variável independente X que extrapolem o intervalo de valores utilizados no modelo de regressão, porque a linha de regressão só vale para o domínio de X utilizado.*

Exemplo 1

Um jornal quer verificar a eficácia de seus anúncios na venda de carros usados. A tabela a seguir mostra o número de anúncios e o correspondente número de carros vendidos por 6 companhias que usaram apenas este jornal como veículo de propaganda. Obtenha a equação de regressão linear simples. Qual a previsão do número de carros vendidos para um volume de 70 anúncios?

Companhia	Anúncios(X)	Carros Vendidos(Y)
A	74	139
B	45	108
C	48	98
D	36	76
E	27	62
F	16	57
Total	**246**	**540**

Quadro de Cálculo

Companhia	Anúncios(X)	Carros Vendidos(Y)	XY	X^2	Y^2
A	74	139	10286	5476	19321
B	45	108	4860	2025	11664
C	48	98	4704	2304	9604
D	36	76	2736	1296	5776
E	27	62	1674	729	3844
F	16	57	912	256	3249
Total	**246**	**540**	**25172**	**12086**	**53458**

$$b = \frac{\Sigma XY - \frac{\Sigma X \Sigma}{n}}{\Sigma X^2 - \frac{(\Sigma X)^2}{n}}$$

$$b = \frac{25172 - \frac{246.540}{6}}{12086 - \frac{(246)^2}{6}} = 1{,}5$$

$$\overline{Y} = (540)/6 = 90 \text{ e } \overline{X} = (246)/6 = 41$$

$$a = \overline{Y} - b \cdot \overline{X} = 90 - 1{,}5.41 = 28{,}5$$

Logo, a linha de regressão é:

$$\hat{Y} = 28{,}5 + 1{,}5X$$

Previsão : $\hat{Y}$ = 28,5 + 1,5 . 70 = **134. Em média, 134 carros vendidos.**

Exemplo 2

A indústria MIMI vende um remédio para combater resfriado. Após dois anos de operação, ela coletou as seguintes informações trimestrais. Obtenha a equação de regressão linear simples.

Trimestres	Despesas(X)	Vendas(Y)	XY	X^2	Y^2
1	11	25	275	121	625
2	5	13	65	25	169
3	3	8	24	9	64
4	9	20	180	81	400
5	12	25	300	144	625
6	6	12	72	36	144
7	5	10	50	25	100
8	9	15	135	81	225
Total	**60**	**128**	**1101**	**522**	**2352**

$$b = \frac{\Sigma XY - \frac{\Sigma X \Sigma Y}{n}}{\Sigma X^2 - \frac{(\Sigma X)^2}{n}}$$

$$b = \frac{1101 - \frac{60.128}{8}}{522 - \frac{(60)^2}{8}} = 2{,}0$$

$$\overline{Y} = (128)/8 = 16 \text{ e } \overline{X} = (60)/8 = 7{,}5$$

$$a = \overline{Y} - b \cdot \overline{X} = 16 - 2{,}0.7{,}5 = 1{,}0$$

Logo, a linha de regressão é:

$$\hat{Y} = 1{,}0 + 2{,}0\,X$$

Exemplo 3

O faturamento de uma loja durante o período de janeiro a agosto de 2010 é dado a seguir em milhares de reais. Obtenha a equação de regressão linear simples. Qual a previsão do faturamento para setembro deste ano?

Meses	(X)	Faturamento(Y)
JAN	1	20
FEV	2	22
MR	3	23
ABR	4	26
MAI	5	28
JUN	6	29
JUL	7	32
AGO	8	36
Total	**36**	**216**

Solução

Quadro de Cálculo

Meses	(X)	Faturamento(Y)	XY	X^2	Y^2
JAN	1	20	20	1	400
FEV	2	22	44	4	484
MR	3	23	69	9	529
ABR	4	26	104	16	676
MAI	5	28	140	25	784
JUN	6	29	174	36	841
JUL	7	32	224	49	1024
AGO	8	36	288	64	1296
Total	**36**	**216**	**1063**	**204**	**6034**

$$b = \frac{\Sigma XY - \dfrac{\Sigma X \Sigma Y}{n}}{\Sigma X^2 - \dfrac{(\Sigma X)^2}{n}}$$

$$b = \frac{11063 - \dfrac{36.216}{8}}{204 - \dfrac{(36)^2}{8}} = 2,17$$

$$\overline{Y} = (216)/8 = 27 \text{ e } \overline{X} = (36)/8 = 4,5$$

$$a = \overline{Y} - b \cdot \overline{X} = 27 - 2,17.4,5 = 17,24$$

Logo, a linha de regressão é:

$$\hat{Y} = 17,24 + 2,17\,X$$

Previsão: $\hat{Y} = 17,24 + 2,17.9 =$ **36,77 mil reais em média.**

Exemplo 4

Em um presídio de uma cidade foram coletados dados sobre dias de férias de servidores em função de licenças solicitadas por ***stress***. Obtenha a equação de regressão linear simples

Funcionário	Dias de Férias(X)	Licenças por Stress(Y)
A	20	10
B	18	15
C	16	17
D	14	21
E	12	35
F	10	32
G	8	39
H	6	42
I	4	55
J	2	60
Total	**110**	**326**

Solução

Quadro de Cálculo

Funcionário	Dias de Férias(X)	Licenças por Stress(Y)	XY	X^2	Y^2
A	20	10	200	400	100
B	18	15	270	324	225
C	16	17	272	256	289
D	14	21	294	196	441
E	12	35	420	144	1225
F	10	32	320	100	1024
G	8	39	312	64	1521
H	6	42	252	36	1764
I	4	55	220	16	3025
J	2	60	120	4	3600
Total	**110**	**326**	**2680**	**1540**	**13214**

$$b = \frac{\Sigma XY - \frac{\Sigma X \Sigma Y}{n}}{\Sigma X^2 - \frac{(\Sigma X)^2}{n}}$$

$$b = \frac{2680 - \frac{110.326}{10}}{1540 - \frac{(110)^2}{10}} = -2,7$$

$$\overline{Y} = (326)/10 = 32,6 \text{ e } \overline{X} = (110)/10 = 11,0$$

$$a = \overline{Y} - b \cdot \overline{X} = 32,6 - 2,7.11 = 62,3$$

Logo, a linha de regressão é:

$$\hat{Y} = 62{,}3 - 2{,}7\,X$$

Observação: as estimativas dos parâmetros de regressão se apresentam nos exemplos acima como valores aproximados, tendo em vista os arredondamentos realizados.

Coeficiente de Explicação ou de Determinação (R^2)

É uma medida estatística que tem o objetivo de informar, em termos percentuais, o quanto a variável independente X, incluída no modelo, contribui para o comportamento da variável dependente Y. Se a variável independente X tem uma taxa de explicação satisfatória, isso significa que o modelo que se criou para explicar X é adequado. Portanto, o coeficiente de determinação é um indicador utilizado para verificar se o modelo adotado para explicar Y é bom.

Tal coeficiente é definido por:

$$R^2 = \frac{\text{Variação Explicada}}{\text{Variação Total}} = \frac{VE}{VT} =$$

$$R^2 = \frac{b \cdot SXY}{SYX},100$$

Onde:

$$S_{XY} = \Sigma XY - \frac{\Sigma X \Sigma Y}{n}$$

$$S_{YY} = \Sigma Y^2 - \frac{(\Sigma Y)^2}{n}$$

O intervalo de variação do R^2 é:

$$0 \leq R^2 \leq 1$$

Observe que:

a) Se $R^2 = 0 \rightarrow$ o modelo adotado não explica nada a realidade.

b) Se $R^2 = 1 \rightarrow$ o modelo adotado explica a realidade com perfeição.

Portanto, quanto mais VE se aproxima de VT, mais nos aproximamos da realidade. Assim, quanto maior o coeficiente de explicação, melhor o modelo adotado.

Observação

Pode-se provar que o valor da raiz quadrada do coeficiente de explicação é o Coeficiente de Correlação de *Pearson.* Logo, o coeficiente de explicação é o quadrado do Coeficiente de Correlação de *Pearson.*

Interpretação

O coeficiente de explicação indica em porcentagem o quanto X explica Y, isto é, a porcentagem do poder de explicação das variações de Y pelo modelo adotado.

Exemplo 1

Um jornal quer verificar a eficácia de seus anúncios na venda de carros usados. A tabela a seguir mostra o número de anúncios e o correspondente número de carros vendidos por 6 companhias que usaram apenas este jornal como veículo de propaganda. Existe relação linear entre as variáveis? Calcule o coeficiente de explicação do modelo e interprete o resultado.

Companhia	Anúncios(X)	Carros Vendidos(Y)
A	74	139
B	45	108
C	48	98
D	36	76
E	27	62
F	16	57
Total	**246**	**540**

Solução

Quadro de Cálculo

Companhia	Anúncios(X)	Carros Vendidos(Y)	XY	X^2	Y^2
A	74	139	10286	5476	19321
B	45	108	4860	2025	11664
C	48	98	4704	2304	9604
D	36	76	2736	1296	5776
E	27	62	1674	729	3844
F	16	57	912	256	3249
Total	246	540	25172	12086	53458

$$r = \frac{(n\Sigma XY) - (\Sigma X)(\Sigma Y)}{\sqrt{\left[n\Sigma X^2 - (\Sigma X)^2\right] \cdot \left[n\Sigma Y^2 - (\Sigma Y)^2\right]}}$$

$$r = \frac{(6.25172) - (246).(540)}{\sqrt{\left[6.12086 - (246)^2\right] \cdot \left[6.53458 - (540)^2\right]}}$$

$$r = (18192)/(18702) = 0{,}97 \rightarrow R^2 = 0{,}94 \text{ ou } 94\%$$

Interpretação

O número de carros vendidos é explicado em 94% pela variável anúncio.

Exemplo 2

A indústria MIMI vende um remédio para combater resfriado. Após dois anos de operação, ela coletou as seguintes informações trimestrais. Qual o grau da relação entre as vendas do remédio e as despesas com propaganda? Calcule o coeficiente de explicação do modelo e interprete o resultado.

Trimestres	Despesas(X)	Vendas(Y)
1	11	25
2	5	13
3	3	8
4	9	20
5	12	25
6	6	12
7	5	10
8	9	15
Total	60	128

Solução

Quadro de Cálculo

Trimestres	Despesas(X)	Vendas(Y)	XY	X^2	Y^2
1	11	25	275	121	625
2	5	13	65	25	169
3	3	8	24	9	64
4	9	20	180	81	400
5	12	25	300	144	625
6	6	12	72	36	144
7	5	10	50	25	100
8	9	15	135	81	225
Total	**60**	**128**	**1101**	522	2352

$$r = \frac{(n\Sigma XY) - (\Sigma X)(\Sigma Y)}{\sqrt{\left[n\Sigma X^2 - (\Sigma X)^2\right] \cdot \left[n\Sigma Y^2 - (\Sigma Y)^2\right]}}$$

$$r = \frac{(8.1101) - (60).(128)}{\sqrt{\left[8.522 - (60)^2\right] \cdot \left[8.2352 - (128)^2\right]}}$$

$$r = (1120)/(1184) = 0{,}95 \rightarrow R^2 = 0{,}90 \text{ ou } 90\%$$

Interpretação

As vendas são explicadas em **90%** pelas despesas.

Exemplo 3

O faturamento de uma loja durante o período de janeiro a agosto de 2010 é dado a seguir em milhares de reais. Calcule o coeficiente de explicação do modelo e interprete o resultado.

Meses	(X)	Faturamento(Y)
JAN	1	20
FEV	2	22
MR	3	23
ABR	4	26
MAI	5	28
JUN	6	29
JUL	7	32
AGO	8	36
Total	**36**	**216**

Solução

Quadro de Cálculo

Meses	(X)	Faturamento(Y)	XY	X^2	Y^2
JAN	1	20	20	1	400
FEV	2	22	44	4	484
MR	3	23	69	9	529
ABR	4	26	104	16	676
MAI	5	28	140	25	784
JUN	6	29	174	36	841
JUL	7	32	224	49	1024
AGO	8	36	288	64	1296
Total	**36**	**216**	**1063**	**204**	**6034**

$$r = \frac{(n\Sigma XY) - (\Sigma X)(\Sigma Y)}{\sqrt{\left[n\Sigma X^2 - (\Sigma X)^2\right] \cdot \left[n\Sigma Y^2 - (\Sigma Y)^2\right]}}$$

$$r = \frac{(8.1063) - (36).(216)}{\sqrt{\left[8.204 - (36)^2\right] \cdot \left[8.6034 - (216)^2\right]}}$$

r = 0,99 , **logo: R^2 = 0,98 ou 98%.**

Interpretação

O modelo linear em função do tempo explica 98% da tendência mensal do faturamento da loja.

Exemplo 4

Em um presídio de uma cidade, foram coletados dados sobre dias de férias de servidores em função de licenças solicitadas por ***stress***. Qual o sentido da associação entre as variáveis? Calcule o coeficiente de explicação do modelo e interprete o resultado.

Funcionário	Dias de Férias(X)	Licenças por Stress(Y)
A	20	10
B	18	15
C	16	17
D	14	21
E	12	35
F	10	32
G	8	39
H	6	42
I	4	55
J	2	60
Total	**110**	**326**

Solução

Quadro de Cálculo

Funcionário	Dias de Férias(X)	Licenças por Stress(Y)	XY	X^2	Y^2
A	20	10	200	400	100
B	18	15	270	324	225
C	16	17	272	256	289
D	14	21	294	196	441
E	12	35	420	144	1225
F	10	32	320	100	1024

G	8	39	312	64	1521
H	6	42	252	36	1764
I	4	55	220	16	3025
J	2	60	120	4	3600
Total	**110**	**326**	**2680**	**1540**	**13214**

$$r = \frac{(n\Sigma XY) - (\Sigma X)(\Sigma Y)}{\sqrt{\left[n\Sigma X^2 - (\Sigma X)^2\right] \cdot \left[n\Sigma Y^2 - (\Sigma Y)^2\right]}}$$

$$r = \frac{(10.2680) - (110).(326)}{\sqrt{\left[10.1540 - (110)^2\right] \cdot \left[10.13214 - (326)^2\right]}}$$

$$r = -0{,}98 \rightarrow R^2 = (-0{,}98)^2 = 0{,}96 \text{ ou } 96\%$$

Interpretação

As licenças por stress são explicadas em 96% pelos dias de férias tirados pelos servidores.
Testes de Significância da Reta de Regressão Linear Simples ou Teste da Significância do Coeficiente de Explicação (R^2)

Ajustar uma reta a valores observados de duas variáveis é sempre possível, por pior que seja a dependência linear entre essas variáveis. Entretanto, a priori, não podemos garantir que existe de fato regressão linear entre as variáveis na população. Estamos com uma amostra de pares de valores e a dependência revelada na amostra pode ser fruto de erro amostral.

Para testar a existência de regressão linear na população das variáveis X e Y através da amostra dos pares (X ; Y), podemos utilizar o Teste F através da Análise da Variância, adaptada ao caso de análise de regressão linear.

O modelo de regressão linear é dado por:

$$\mathbf{Y = \alpha + \beta X + e}$$

Pode-se decompor o modelo de regressão linear em duas partes:

1ª Parte: $\alpha + \beta X$ *→ variação explicada (VE).*
2ª Parte: e → variação residual (VR).

A variação total de Y é dada pelo próprio modelo $Y = \alpha + \beta X + e$ ou pela soma das duas componentes:

$$VT = VE + VR$$

Se VE foi significativamente maior do que VR, existe regressão linear entre as variáveis X e Y. Caso contrário, não existe regressão linear entre as variáveis.

Para se verificar se VE é significativamente maior do que VR, a ANOVA utiliza da relação:

$$F = \frac{VE}{VR}$$

Para testar a significância da regressão linear, é necessário testar a significância da estimativa **b,** e para isso testamos as seguintes hipóteses:

$$H_0 : \beta = 0$$

$$H_1 ; \beta \neq 0$$

Portanto, se a relação entre as variáveis do modelo de regressão é significativa, é possível predizer os valores da variável dependente, com base nos valores da variável independente.

O quadro da ANOVA adaptada ao teste de significância da linha de regressão fica:

Fonte de Variação	Soma dos Quadrados	Graus de Liberdade	Quadrado Médio	Teste F
Explicada	**SQE** = b . SXY	1	QME = b.SXY	**F=QME/QMR**
Residual	**SQR** =SYY-bSXY	n-2	QMR = (SQR)/(n-2)	
Total	**SQT** = SYY	n-1	______	

Decisão da ANOVA

Calcular o Valor-p com base na Tabela 6-Valor-p por valores de F, que está anexa.

Decisão: **se o valor-p≤ α, rejeitar H_0.**

Exemplo 1

Um jornal quer verificar a eficácia de seus anúncios na venda de carros usados. A tabela a seguir mostra o número de anúncios e o correspondente número de carros vendidos por 6 companhias que usaram apenas este jornal como veículo de propaganda. Teste a existência da regressão pela ANOVA.

Companhia	Anúncios(X)	Carros Vendidos(Y)
A	74	139
B	45	108
C	48	98
D	36	76
E	27	62
F	16	57
Total	**246**	**540**

Solução

Quadro de Cálculo

Companhia	Anúncios(X)	Carros Vendidos(Y)	XY	X^2	Y^2
A	74	139	10286	5476	19321
B	45	108	4860	2025	11664
C	48	98	4704	2304	9604
D	36	76	2736	1296	5776
E	27	62	1674	729	3844
F	16	57	912	256	3249
Total	246	540	25172	12086	53458

$$b = 1{,}5$$

$$S_{XY} = 25172 - \frac{246.540}{6} = 3032$$

$$S_{YY} = 53458 - \frac{(540)^2}{6} = 4858$$

Quadro da ANOVA

Fonte de Variação	Soma dos Quadrados	Graus de Liberdade	Quadrado Médio	Teste F
Explicada	SQE= 1,5 . 3032 =4548	1	QME = 4548	
Residual	SQR =4858-4548 = 310	6-2 = 4	QMR = 310/4 = 77,5	F=4548/77,5= **58,68**
Total	SQT = 4858	6-1= 5	————	

Consultando a Tabela 6 para $\Phi_1=1$ e $\Phi_2=4 \rightarrow$ valor-p ≈ **0,001.**

Decisão

O valor-p< 0,05, rejeita-se H_0. $\beta \neq 0$. b=1,5 é significante. A regressão existe entre X e Y.

Exemplo 2

A indústria MIMI vende um remédio para combater resfriado. Após dois anos de operação, ela coletou as seguintes informações trimestrais. Qual o grau da relação entre as vendas do remédio e as despesas com propaganda? Teste a existência da regressão pela ANOVA.

Trimestres	Despesas(X)	Vendas(Y)
1	11	25
2	5	13
3	3	8
4	9	20
5	12	25
6	6	12
7	5	10
8	9	15
Total	**60**	**128**

Solução

Quadro de Cálculo

Trimestres	Despesas(X)	Vendas(Y)	XY	X^2	Y^2
1	11	25	275	121	625
2	5	13	65	25	169
3	3	8	24	9	64
4	9	20	180	81	400
5	12	25	300	144	625
6	6	12	72	36	144
7	5	10	50	25	100
8	9	15	135	81	225
Total	60	128	1101	522	2352

b = 2,0

$$S_{XY} = 1101 - \frac{60.128}{8} = 141$$

$$S_{YY} = 2352 - \frac{(128)^2}{8} = 304$$

Quadro da ANOVA

Fonte de Variação	Soma dos Quadrados	Graus de Liberdade	Quadrado Médio	Teste F
Explicada	SQE = 2,0 . 141 = 282	1	QME = 282	
Residual	SQR =304-282 = 22	8-2 = 6	QMR = 22/6 = **3,7**	F=282/3,7= **76,2**
Total	SQT = 304	8-1= 7	————	

Consultando a Tabela 6 para Φ_1=1 e Φ_2=6 → valor-p ≈ **0,001.**

Decisão:

O valor-p< 0,05, rejeita-se H_0. $\beta \neq 0$. b= 2,0 é significante. A regressão existe entre X e Y.

Exemplo 3

O faturamento de uma loja durante o período de janeiro a agosto de 2010 é dado a seguir em milhares de reais. Teste a existência da regressão pela ANOVA.

Meses	(X)	**Faturamento(Y)**
JAN	1	20
FEV	2	22
MR	3	23
ABR	4	26
MAI	5	28
JUN	6	29
JUL	7	32
AGO	8	36
Total	**36**	**216**

Solução

Quadro de Cálculo

Meses	(X)	Faturamento(Y)	XY	X^2	Y^2
JAN	1	20	20	1	400
FEV	2	22	44	4	484
MR	3	23	69	9	529
ABR	4	26	104	16	676
MAI	5	28	140	25	784
JUN	6	29	174	36	841
JUL	7	32	224	49	1024
AGO	8	36	288	64	1296
Total	**36**	**216**	**1063**	**204**	**6034**

$$b = 2,17$$

$$S_{XY} = 1063 - \frac{36.216}{8} = 91$$

$$S_{YY} = 6034 - \frac{(216)^2}{8} = 202$$

Quadro da ANOVA

Fonte de Variação	Soma dos Quadrados	Graus de Liberdade	Quadrado Médio	Teste F
Explicada	SQE = 2,17 . 91 = 197,47	1	QME = 197,47	
Residual	SQR =202-197,47 = 4,53	8-2 = 6	QMR = 4,53/6 = 0,76	F=197,47/0,76= **259,83**
Total	SQT = 202	8-1= 7	———	

Consultando a Tabela 6 para $\Phi_1=1$ e $\Phi_2=6 \rightarrow$ valor-p ≈ **0,001.**

Decisão

O valor-p< 0,05, rejeita-se H_0. $\beta \neq 0$. b= 2,17 é significante. A regressão existe entre X e Y.

Exemplo 4

Em um presídio de uma cidade foram coletados dados sobre dias de férias de servidores em função de licenças solicitadas por ***stress***. Teste a existência da regressão pela ANOVA.

Funcionário	Dias de Férias(X)	Licenças por Stress(Y)
A	20	10
B	18	15
C	16	17
D	14	21
E	12	35
F	10	32
G	8	39
H	6	42
I	4	55
J	2	60
Total	**110**	**326**

Solução

Quadro de Cálculo

Funcionário	Dias de Férias(X)	Licenças por Stress(Y)	XY	X^2	Y^2
A	20	10	200	400	100
B	18	15	270	324	225
C	16	17	272	256	289
D	14	21	294	196	441
E	12	35	420	144	1225
F	10	32	320	100	1024
G	8	39	312	64	1521
H	6	42	252	36	1764
I	4	55	220	16	3025
J	2	60	120	4	3600
Total	**110**	**326**	**2680**	**1540**	**13214**

$$b = -2,7$$

$$S_{XY} = 2680 - \frac{110.326}{10} = 906$$

$$S_{YY} = 13214 - \frac{(326)^2}{10} = 2586,4$$

Quadro da ANOVA

Fonte de Variação	Soma dos Quadrados	Graus de Liberdade	Quadrado Médio	Teste F
Explicada	SQE = -2,7 -906 = 2446,2	1	QME = 2446,2	
Residual	SQR =2586,4-2446,2 = 140,2	10-2 = 8	QMR = 140,2/8 = 17,5	F=2446,2/17,5= **139,8**
Total	SQT = 2586,4	8-1= 7	————	

Consultando a Tabela 6 para $\Phi_1=1$ e $\Phi_2=8$ → valor-p ≈ **0,001.**

Decisão:

O valor-p< 0,05, rejeita-se H_0. $\beta \neq 0$. b= -2,7 é significante. A regressão existe entre X e Y.

Teste da Significância do Coeficiente de Regressão (b) - Teste de Wald

Após a estimação do coeficiente de regressão, deve-se proceder à investigação da significância estatística do mesmo. O *teste de Wald* é utilizado para avaliar se o coeficiente de regressão é estatisticamente significante. A estatística teste utilizada é obtida através da razão do coeficiente pelo seu respectivo erro padrão. Esta estatística teste tem distribuição t-*Student*, com Φ = n-2 graus de liberdade, sendo seu valor comparado com valores tabulados de acordo com o nível de significância definido. A estatística teste, para avaliar se o parâmetro b é igual a zero, é assim especificada:

Estatística de *Wald*

$$W = \frac{b}{EP(b)}$$

Onde:

$$EP(b) = \frac{\sqrt{QMR}}{\sqrt{S_{XX}}}$$

$$QMR = \sqrt{\frac{S_{YY} - b \cdot S_{XY}}{n-2}}$$

$$S_{XX} = \Sigma X^2 - \frac{(\Sigma X)^2}{n}$$

O valor-p é obtido junto à tabela T-*Student* com Φ =n-2, como procedemos comumente em capítulos anteriores. O critério de decisão é análogo aos testes de significância que já estudamos.

Um coeficiente de regressão "não significante" é um indicador forte de que a variável independente inserida no modelo de regressão não explica o comportamento da variável dependente. A ideia é que ela seja substituída por outra variável explicativa.

O teste de Wald, todavia, frequentemente, aceita a hipótese de que o coeficiente é não significante, quando é significante (Erro do Tipo II). Sendo assim, aconselha-se que os coeficientes, identificados pelo *Teste de Wald* como sendo estatisticamente não significantes, sejam testados novamente pelo teste da razão de verossimilhança, que não é visto neste livro, mas que pode ser consultado na bibliografia sobre o assunto.

Exemplo 1

Um jornal quer verificar a eficácia de seus anúncios na venda de carros usados. A tabela a seguir mostra o número de anúncios e o correspondente número de carros vendidos por 6 companhias que usaram apenas este jornal como veículo de propaganda. Teste a significância do coeficiente de regressão.

Companhia	Anúncios(X)
A	74
B	45
C	48
D	36
E	27
F	16
Total	**246**

Quadro de Cálculo

Companhia	Anúncios(X)	Carros Vendidos(Y)	XY	X^2	Y^2
A	74	139	10286	5476	19321
B	45	108	4860	2025	11664
C	48	98	4704	2304	9604
D	36	76	2736	1296	5776
E	27	62	1674	729	3844
F	16	57	912	256	3249
Total	**246**	540	25172	12086	53458

$$b = 1{,}5$$

$$QMR = 77{,}5$$

$$\sqrt{QMR} = \sqrt{77{,}5 = 8{,}80}$$

$$S_{XX} = \Sigma X^2 - \frac{(\Sigma X)^2}{n}$$

$$S_{XX} = 12086 - \frac{(246)^2}{6} = 2000$$

$$EP(b) = \frac{\sqrt{QMR}}{\sqrt{S_{XX}}}$$

$$EP(b) = \frac{8{,}80}{\sqrt{2000}} = 0{,}20$$

$$W = \frac{b}{EP(b)}$$

$$W = \frac{1{,}5}{0{,}20} = 7{,}5$$

Consultando a Tabela 2 com $\Phi = 6\text{-}2 = 4 \rightarrow$ valor=p ≈ **0,01.**

Decisão

O valor –p < 0,05, rejeita-se H_o. O coeficiente de regressão b=1,5 é significante. A variável independente explica a variável dependente.

Exemplo 2

A indústria MIMI vende um remédio para combater resfriado. Após dois anos de operação, ela coletou as seguintes informações trimestrais. Qual o grau da relação entre as vendas do remédio e as despesas com propaganda? Teste a significância do coeficiente de regressão.

Trimestres	Despesas(X)	Vendas(Y)
1	11	25
2	5	13
3	3	8
4	9	20
5	12	25
6	6	12
7	5	10
8	9	15
Total	**60**	**128**

Solução

Quadro de Cálculo

Trimestres	Despesas(X)	Vendas(Y)	XY	X^2	Y^2
1	11	25	275	121	625
2	5	13	65	25	169
3	3	8	24	9	64
4	9	20	180	81	400
5	12	25	300	144	625
6	6	12	72	36	144
7	5	10	50	25	100
8	9	15	135	81	225
Total	**60**	**128**	**1101**	**522**	**2352**

$$QMR = 3{,}7$$

$$\sqrt{QMR} = \sqrt{3{,}7} = 1{,}92$$

$$S_{XX} = \Sigma X^2 - \frac{(\Sigma X)^2}{n}$$

$$S_{XX} = 522 - \frac{(60)^2}{8} = 72$$

$$EP(b) = \frac{1{,}92}{\sqrt{72}} = 0{,}23$$

$$W = \frac{b}{EP(b)}$$

$$W = \frac{2{,}0}{0{,}23} = 8{,}7$$

Consultando a Tabela 2 com Φ = 8-2 = 6 → valor=p ≈ **0,01.**

Decisão

O valor –p < 0,05, rejeita-se H_o. O coeficiente de regressão b=2,0 é significante. A variável independente explica a variável dependente.

Exemplo 3

O faturamento de uma loja durante o período de janeiro a agosto de 2010 é dado a seguir em milhares de reais. Teste a significância do coeficiente de regressão.

Meses	(X)	Faturamento(Y)
JAN	1	20
FEV	2	22
MR	3	23
ABR	4	26
MAI	5	28
JUN	6	29
JUL	7	32
AGO	8	36
Total	**36**	**216**

Solução

Quadro de Cálculo

Meses	(X)	Faturamento(Y)	XY	X^2	Y^2
JAN	1	20	20	1	400
FEV	2	22	44	4	484
MR	3	23	69	9	529
ABR	4	26	104	16	676
MAI	5	28	140	25	784
JUN	6	29	174	36	841
JUL	7	32	224	49	1024
AGO	8	36	288	64	1296
Total	**36**	216	1063	204	6034

b = 2,17

$$QMR = 0,76$$

$$\sqrt{QMR} = \sqrt{0,76} = 0,87$$

$$S_{XX} = \Sigma X^2 - \frac{(\Sigma X)^2}{n}$$

$$S_{XX} = 204 - \frac{(36)^2}{8} = 42$$

$$EP(b) = \frac{\sqrt{QMR}}{\sqrt{S_{XX}}} = 0,23$$

$$EP(b) = \frac{0,87}{\sqrt{42}} = 0,13$$

$$W = \frac{b}{EP(b)}$$

$$W = \frac{2,17}{0,13} = 16,69$$

Consultando a Tabela 2 com Φ = 8-2 = 6 → valor=p ≈ **0,01.**

Decisão

O valor –p < 0,05, rejeita-se H_0. O coeficiente de regressão b=2,17 é significante. A variável independente explica a variável dependente.

Exemplo 4

Em um presídio de uma cidade foram coletados dados sobre dias de férias de servidores em função de licenças solicitadas por ***stress***. Teste a significância do coeficiente de regressão.

Funcionário	Dias de Férias(X)	Licenças por Stress(Y)
A	20	10
B	18	15
C	16	17
D	14	21
E	12	35
F	10	32
G	8	39
H	6	42
I	4	55
J	2	60
Total	**110**	**326**

Funcionário	Dias de Férias(X)	Licenças por Stress(Y)	XY	X^2	Y^2
A	20	10	200	400	100
B	18	15	270	324	225
C	16	17	272	256	289
D	14	21	294	196	441
E	12	35	420	144	1225
F	10	32	320	100	1024
G	8	39	312	64	1521
H	6	42	252	36	1764
I	4	55	220	16	3025
J	2	60	120	4	3600
Total	**110**	**326**	**2680**	**1540**	**13214**

b = -2,7

$$QMR = 17,5$$

$$\sqrt{QMR} = \sqrt{17,5} = 4,18$$

$$S_{XX} = \Sigma X^2 - \frac{(\Sigma X)^2}{n}$$

$$S_{XX} = 1540 - \frac{(110)^2}{10} = 330$$

$$EP(b) = \frac{\sqrt{QMR}}{\sqrt{S_{XX}}}$$

$$EP(b) = \frac{4,18}{\sqrt{330}} = 0,23$$

$$W = \frac{b}{EP(b)}$$

$$W = \frac{-2,70}{0,23} = -11,74$$

Consultando a Tabela 2 com Φ = 10-2 = 8 → valor=p ≈ **0,01.**

Decisão

O valor –p < 0,05, rejeita-se H_o. O coeficiente de regressão b=-2,70 é significante. A variável independente explica a variável dependente.

Validação das Pressuposições Básicas

A análise da regressão linear simples exige que algumas pressuposições sobre os erros sejam satisfeitas, sem as quais os resultados dos testes de significância não são confiáveis.

Os pressupostos básicos da análise da regressão são:

- *Ausência de pontos discrepantes;*
- *Erros independentes;*
- *Variância constante;*
- *Distribuição dos erros normalmente distribuídos.*

Análise dos Resíduos e Verificação dos Pressupostos Básicos da Regressão

O ajuste de modelos a um conjunto de dados é muito útil para analisar, interpretar e fazer previsões sobre questões de interesse de pesquisadores.

O desenvolvimento desses modelos exige uma série de pressupostos para o fenômeno, e uma boa modelagem não estaria completa sem uma adequada investigação da veracidade das mesmas. Já sabemos que para que todos os testes estatísticos vistos anteriormente tenham plena validade é preciso que o modelo de regressão sob análise siga os pressupostos básicos referentes à regressão.

A existência e consequente detectação da transgressão de algumas das suposições permite evitar o emprego de modelo pobres, de pouca utilidade e que acarretam baixa confiabilidade nos seus resultados.

Uma das maneiras de investigar o problema é estudando o comportamento do modelo no conjunto de dados observados, principalmente as discrepâncias entre os valores observados e os valores ajustados, ou seja, pela «***Análise dos Resíduos***".

Tecnicamente, para cada observação, temos associado o resíduo **e**, a diferença entre o valor observado Y e o estimado de $\hat{Y}$, isto é:

$$e = Y - \hat{Y}$$

A ideia é estudar o comportamento conjunto e individual dos resíduos, cotejando-os com as suposições feitas sobre os erros.

As estimativas dos erros recebem o nome de ***resíduos***. É o estudo dessas estimativas, ou seja, é a análise dos resíduos que ajuda verificar se a análise da regressão linear simples feita é aceitável.

Uma das maneiras mais usadas para análise dos resíduos é a representação gráficas bidimensional dos mesmos, usando a variável auxiliar X como uma das componentes do par. A análise de resíduos investiga a nuvem de dispersão gerada pelo conjunto de pontos: $(X : e)$ e investiga a violação dos prespostos básicos.

Nos parágrafos seguintes, apresentaremos como verificar se os pressupostos básicos da análise de regressão estão sendo atendidos. Esta verificação pode passar pela análise gráfica e/ou testes de estatísticos.

Ausência de Dados Discrepantes (*Outlier*)

Dados discrepante (*outlier*) é um valor muito maior ou muito menor do que o valor esperado. Pode-se verificar *outliers* no próprio gráfico de resíduos.

O valor discrepante fica mais visível se for desenhado um gráfico com resíduos padronizados em lugar dos resíduos propriamente ditos.

Para obter os resíduos padronizados ($\mathbf{ep_i}$), basta dividir os resíduos pela raiz quadrada do quadrado médio dos resíduo (QMR) da análise da variância para a regressão.

A expressão dos resíduos padronizados fica então:

$$ep_i = e_i / \sqrt{QMR}$$

Exemplo

Um analista pesquisou uma amostra de 30 pessoas que haviam comprado relógios de pulso de particulares e revendido a outras pessoas. O preço de compra é X e o preço de revenda, Y. Os dados estão apresentados a seguir. Faça a análise de *outlier* dos dados.

X(R$)	Y(R$)
10	12
20	21
30	26
40	32
50	35
60	40
70	45
80	54
90	55
100	60
110	70
120	71
130	81
140	82
150	85
160	93
170	95
180	98
190	100
200	110
210	115
220	120
230	125
240	133
250	135
260	145
270	150
280	152
290	155
300	160

Quadro da ANOVA

Fonte de Variação	SQ	Φ	QM	F	Valor-p
Tratamentos	56789,1	1	56789,1	9555,96	**0,000**
Resíduo	166,40	28	5,94		
Total	56955,5	29			

Com a reta de regressão $\hat{Y} = 10{,}59 + 0{,}50X$, fazendo $e = Y - \hat{Y}$ e, então, aplicando $ep_i = e_i/\sqrt{5{,}94}$, temos a tabela a seguir:

X	Y	$\hat{Y}$	e_i	ep_i
10	12	15.6	-3.6	-1.51
20	21	20.6	0.4	0.15
30	26	25.7	0.3	0.14
40	32	30.7	1.3	0.55
50	35	35.7	-0.7	-0.30
60	40	40.7	-0.7	-0.31
70	45	45.8	-0.8	-0.32
80	54	50.8	3.2	1.34
90	55	55.8	-0.8	-0.35
100	60	60.9	-0.9	-0.36
110	70	65.9	4.1	1.72
120	71	70.9	0.1	0.04
130	81	75.9	5.1	2.12
140	82	81.0	1.0	0.43
150	85	86.0	-1.0	-0.41
160	93	91.0	2.0	0.83
170	95	96.0	-1.0	-0.43
180	98	101.1	-3.1	-1.28
190	100	106.1	-6.1	-2.54
200	110	111.1	-1.1	-0.47
210	115	116.1	-1.1	-0.48
220	120	121.2	-1.2	-0.49
230	125	126.2	-1.2	-0.50
240	133	131.2	1.8	0.74
250	135	136.3	-1.3	-0.52
260	145	141.3	3.7	1.55
270	150	146.3	3.7	1.54
280	152	151.3	0.7	0.28
290	155	156.4	-1.4	-0.57
300	160	161.4	-1.4	-0.58

O gráfico dos resíduos padronizados é o seguinte:

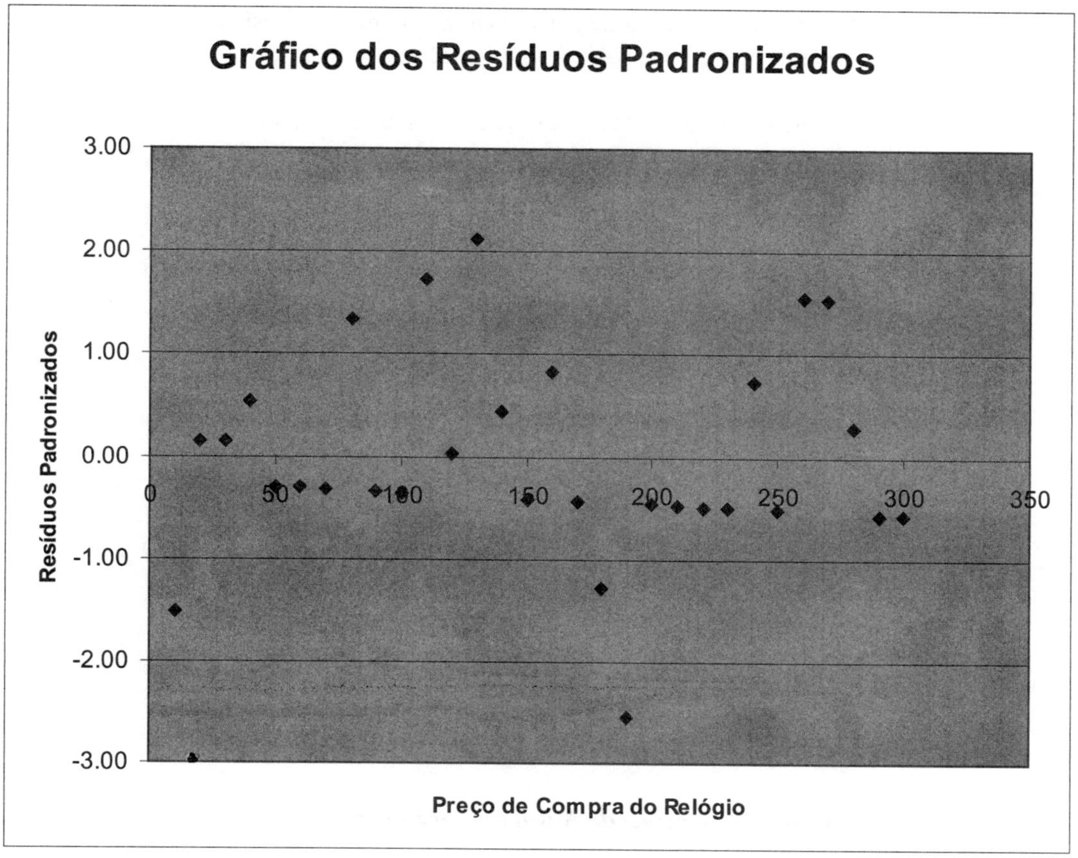

Valores fora do intervalo de -3 a +3 devem ser considerados suspeitos. Como todos os valores estão dentro do intervalo de -3 e +3, logo não existe outlier neste estudo.

Caso houvesse a presença de *outlier*, a medida tomada seria a identificação das causas plausíveis para o evento e caso não seja por erro de digitação ou mensuração deverá(ao) ser iliminado(s). Se for por erro de digitação ou mensuração, o(s) dado(s) deverá(ao) ser corrigido(s).

A manutenção de *outlier* na análise causa sérios desajustes à linha de regressão, distorcendo completamente a modelagem e comprometendo os testes de significância.

Independência ou Ausência de Autocorrelação Residual

Para fazer uma análise de regressão, é preciso pressupor que os erros são variáveis aleatórias independentes: os resíduos devem ser distribuídos aleatoriamente em torno da reta de regressão. Os resíduos não devem ter correlação entre si.

Gráficos de Séries com e sem Autocorrelação, respectivamente:

Gráfico 1- Ausência de Autocorrelação entre os Resíduos

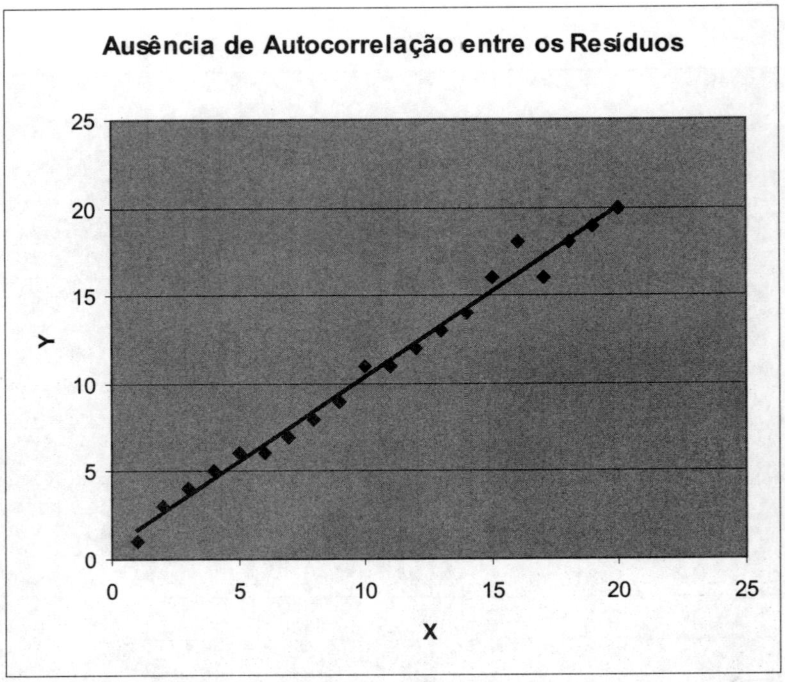

Gráfico 2- Presença de Autocorrelação entre os Resíduos

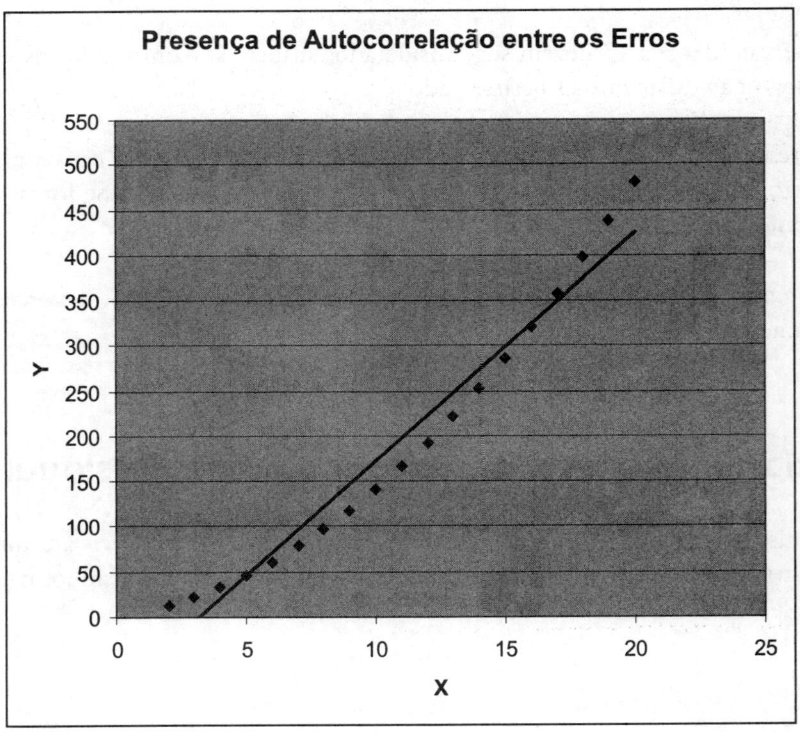

A autocorrelação dos resíduos é um problema importante na análise de dados, principalmente na econometria. Mas existem testes para o diagnóstico deste problema. Também existem correções para ele.

A presença de autocorrelação residual faz com que ocorra uma piora na eficiência das estimativas dos parâmetros. Ou seja, estas estimativas não apresentam o atributo desejável da variância mínima. Não se pode garantir que a reta estimada seja de fato a reta de mínimos quadrados. Além disso, estimativas ficam com os seus desvios padrão enviesados. Isto faz com que os Testes t , F e os cálculos de intervalos de confiança sejam prejudicados.

Tipos de Autocorrelação

A autocorrelação residual positiva ocorre quando os resíduos são diretamente relacionados entre si. A autocorrelação negativa ocorre quando, à medida que a variável X aumenta, os erros decrescem. Autocorrelação residual positiva é um problema mais sério do que a autocorrelação residual negativa.

Consequência das Autocorrelações

- ***Autocorrelação positiva*** *=> os desvios padrão ficam subestimados => valores das estatísticas F ficam subestimados. Quando se faz o Teste F, na presença de autocorrelação residual positiva, há o risco de aceitar a hipótese nula de ausência de regressão (quando o correto seria rejeitá-la).*

- ***Autocorrelação negativa*** *=> os desvios padrão ficam superestimados => valores das estatísticas F ficam superestimados. Quando se faz o Teste F, na presença de autocorrelação residual negativa, há o risco de rejeitar-se a hipótese nula de ausência de regressão (quando o correto seria aceitá-la).*

Fatores de Autocorrelação

- *Erro na forma matemática da especificação do modelo.*

- *Omissão de variável independente (explicativa) causada por erros na especificação do modelo. Por exemplo, há uma tendência de as variáveis econômicas serem autocorrelacionadas. Assim, a omissão de uma ou mais variáveis explicativas causará impactos no termo residual. Portanto, os valores dos resíduos podem ficar correlacionados entre si.*

Observação

Pode ocorrer que, mesmo se muitas variáveis explicativas forem omitidas, os resíduos apresentem ausência de autocorrelação. Isto ocorrerá desde que o padrão da autocorrelação das variáveis explicativas, inseridas efetivamente no modelo, apresente uma configuração que compense a autocorrelação do termo residual.

Testes para detectar a autocorrelação residual

- Teste de Durbin-Watson;
- Teste de Godfrey.

Neste livro, apresentaremos somente o *Teste de Durbin-Watson.*

Métodos de Correção da Autocorrelação Residual:

- *Método interativo de Cochrane-Orcutt;*
- *Método de dois estágios de Durbin;*
- *Método das primeiras diferenças.*

A verificação da independência dos erros pela inspeção do gráfico dos resíduos é extremamente útil, mas é gráfica. Isto significa que não se pode realizar um teste de significância. Mas a pressuposição de independência pode ser transformada em hipótese e essa hipótese pode ser colocada em teste. Quando existe forte suspeita de não-independência, pode-se aplicar o ***Teste de Durbin-Watson***, que veremos a seguir.

Teste de Durbin-Watson

Usando um gráfico residual, as violações dos pressupostos do modelo não são sempre fáceis de detectar e podem ocorrer apesar de os gráficos parecerem bem comportados. A análise de resíduos, usando gráficos residuais, é um método subjetivo. Nesse sentido, a verificação da independência é usualmente feita através do ***Teste de Durbin-Watson*** à correlação entre resíduos sucessivos, como vimos no capítulo de análise da variância.

Como já aprendemos se houver independência, a magnitude de um resíduo não influencia a magnitude do resíduo seguinte. Neste caso, a correlação entre resíduos sucessivos é nula (***autocorrelação*** = 0). As hipóteses do teste, para aferir se a relação entre dois resíduos consecutivos é estatisticamente significativa, são então:

H_0: autocorrelação = 0 → existe independência
H_1: autocorrelação ≠ 0 → existe dependência

Sabemos que este teste serve para detectar se há presença significativa de autocorrelação entre os resíduos em um modelo de análise de regressão. O coeficiente de ***Durbin-Watson*** mede a correlação entre cada resíduo e o resíduo da observação imediatamente anterior. Recorrendo ao capítulo 7, a equação é a seguinte:

$$D = \frac{\sum_{i=1}^{n}(e_i - e_{i-1})^2}{\sum_{I=1}^{n} e_1^2}$$

onde e_i é o resíduo para o período de tempo i.

Já sabemos que os valores da estatística D são interpretados da seguinte forma:

D ≈0 → resíduos positivamente autocorrelacionados.
D ≈2 → resíduos não são autocorrelacionados.
D ≈4 → resíduos negativamente autocorrelacionados.

Lembrando que com a tabela de *Durbi-Watson* para o nível de significância α, tamanho da amostra n e N_{VI} (números de variáveis independentes do modelo), obtêm-se d_U, que é o limite superior de variação; e d_L, o limite inferior. Os valores de d_U e d_L encontram-se tabelados para os níveis de significância de 1% e 5%, e tamanhos de amostras fixas estão anexas ao livro.

Regra de Decisão para o Teste de Durbin-Watson, já vista, é:

Valor de D	Interpretação
$0 \leq D < d_L$	Evidência de autocorrelação positiva
$d_L \leq D < d_U$	Zona de indecisão
$d_U \leq D < 4 - d_U$	Ausência de autocorrelação
$4 - d_U \leq D < 4 - d_L$	Zona de indecisão
$4 - d_L \leq D \leq 4$	Evidência de autocorrelação negativa

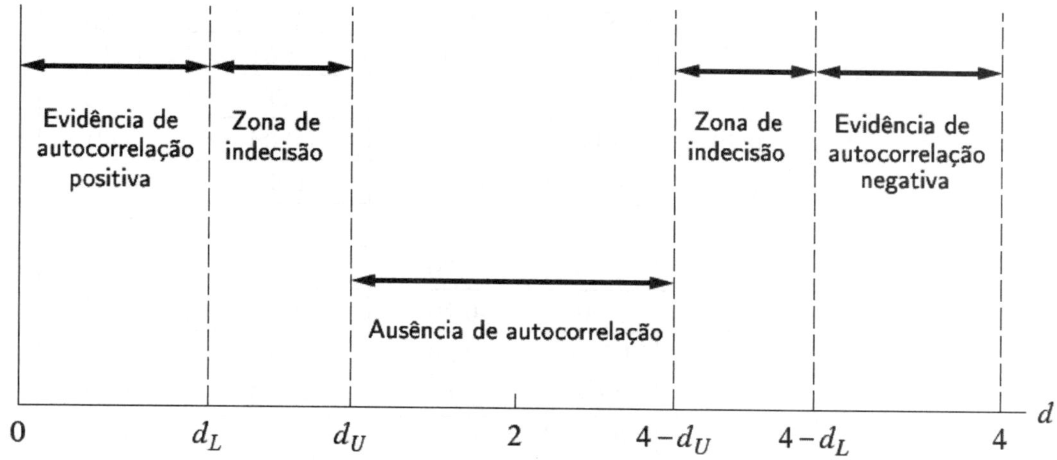

Exemplo

Vamos realizar o teste de autocorrelação do exemplo do analista que pesquisou uma amostra de 30 pessoas que haviam comprado relógios de pulso de particulares e revendido a outras pessoas. O preço de compra é X, e o preço de revenda, Y.

1º) Pela Inspeção Gráfica

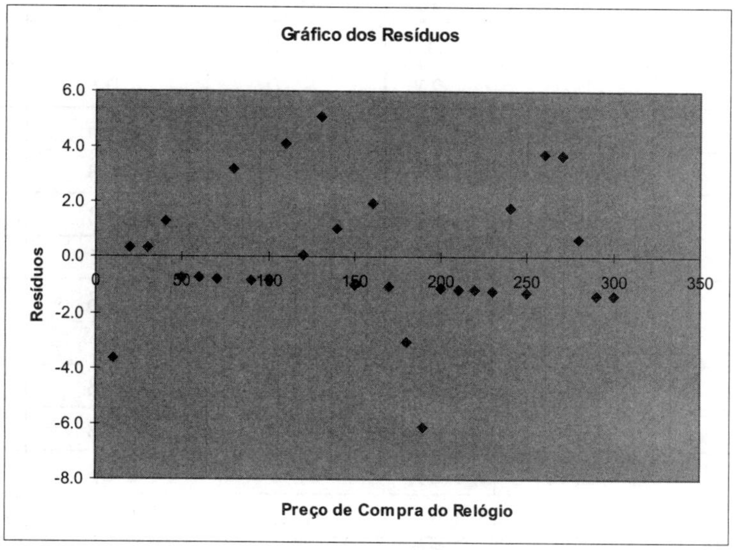

Pela análise do gráfico de resíduos, observamos que parece haver aleatoriedade dos erros no geral, mas existem certos trechos onde existe evidência de tendência, caracterizando uma indefinição no diagnóstico por esse método. É fortemente recomendável, neste caso, a realização do ***Teste de Durbin-Watson***.

2º) Pelo Teste de Durbin-Watson

Os resíduos obtidos segundo a sequência de tempo em que foram coletados e o quadro de cálculo para o teste se encontram na tabela a seguir:

Sequência	e_i	e_i^2	e_{i-1}	$e_i - e_{i-1}$	$(e_i - e_{i-1})^2$
1	-3.60	13.05	0.00	-3.61	13.05
2	0.40	0.13	-3.60	3.97	15.79
3	0.30	0.11	0.40	-0.03	0.00
4	1.30	1.71	0.30	0.97	0.95
5	-0.70	0.52	1.30	-2.03	4.11
6	-0.70	0.56	-0.70	-0.03	0.00
7	-0.80	0.60	-0.70	-0.03	0.00
8	3.20	10.24	-0.80	3.97	15.79
9	-0.80	0.68	3.20	-4.03	16.21
10	-0.90	0.73	-0.80	-0.03	0.00
11	4.10	16.98	-0.90	4.97	24.73
12	0.10	0.01	4.10	-4.03	16.21
13	5.10	25.67	0.10	4.97	24.73
14	1.00	1.08	5.10	-4.03	16.21
15	-1.0	0.97	1.00	-2.03	4.11
16	2.00	3.95	-1.00	2.97	8.84
17	-1.00	1.08	2.0	-3.03	9.16
18	-3.10	9.40	-1.0	-2.03	4.11
19	-6.10	37.13	-3.10	-3.03	9.16
20	-1.10	1.25	-6.10	4.97	24.73
21	-1.10	1.32	-1.10	-0.03	0.00
22	-1.20	1.38	-1.10	-0.03	0.00
23	-1.20	1.44	-1.20	-0.03	0.00
24	1.80	3.14	-1.20	2.97	8.84
25	-1.30	1.57	1.80	-3.03	9.16
26	3.70	13.84	-1.30	4.97	24.73
27	3.70	13.64	3.70	-0.03	0.00
28	0.70	0.44	3.70	-3.03	9.16
29	-1.40	1.85	0.70	-2.03	4.11
30	-1.40	1.92	-1.40	-0.03	0.00
Total	———	**166,40**	———	———	263,91

Calculando, então, o coeficiente:

$$D = \frac{\sum_{i=1}^{n}(e_i - e_{i-1})^2}{\sum_{I=1}^{n} e_1^2}$$

$$D = \frac{263,91}{166,40} \approx 1,59.$$

Interpretação

Consultando a Tabela de Durbin-Watson para 5%, n=30 e N_{VI}= 1 (temos uma variável independente X), temos que d_L = 1,35 e d_U= 1,49. Logo, o valor de D:

$$d_U \leq D < 4\text{-}d_U$$

$$1,49 \leq 1,59 < 2,51$$

O valor de D está, então, no terceiro intervalo da regra de decisão e indica ausência de autocorrelação para os resíduos. Portanto, com o teste, chegamos a uma conclusão sobre a independência dos resíduos.

Variância Constante (Homocedasticidade)

Quando os resíduos se distribuem aleatoriamente em torno da reta de regressão e de forma constante, ou seja, a variância dos resíduos é igual a uma constante para todo X, temos que o pressuposto da homogeneidade está satisfeita.

A violação do pressuposto da homocedasticidade compromete a eficiência das estimativas do modelo de regressão. Para testar a homocedasticidade, podemos recorrer à inspeção gráfica, que pode indicar dúvidas, e o ***Teste de Pesaran-Pesaran,*** que diluirá possíveis indefinições na tomada de decisão.

Teste de Pesaran-Pesaran

O teste de Pesaran-Pesaran consiste em detectar a presença de heterocedasticidade com base no coeficiente de explicação (R^2) na regressão entre a variável dependente (Y) representada pelos valores dos quadrados dos resíduos (e^2) e a variável independente (X) constituída pelos valores estimados (Y^). Em um modelo de regressão não é aceitável que à medida que a estimativa cresça, o erro, que no caso está ao quadrado, que se cometa, cresça também. Isso, além de evidenciar aumento na variação dos resíduos, implica um modelo de previsão pobre. Se houver baixo poder de explicação de X em Y, implicando uma baixa correlação linear entre estimativa e erro ao quadrado, então podemos aceitar a hipótese de ausência de heterocedasticidade.

Portanto,

$$\textit{ANOVA NÃO SIGNIFICANTE}(\hat{Y}\,; e_i^2) = \textit{HOMOCEDASTICIDADE}$$

Se aceitarmos a hipótese nula de que não existe regressão linear, então o teste de homogeneidade deu positivo, isto é, homocedasticidade da variância.

Exemplo

Vamos realizar o teste de homocedasticidade do exemplo do analista que pesquisou uma amostra de 30 pessoas que haviam comprado relógios de pulso de particulares e revendido a outras pessoas. O preço de compra é X e o preço de revenda, Y.

1º) Pela Inspeção Gráfica

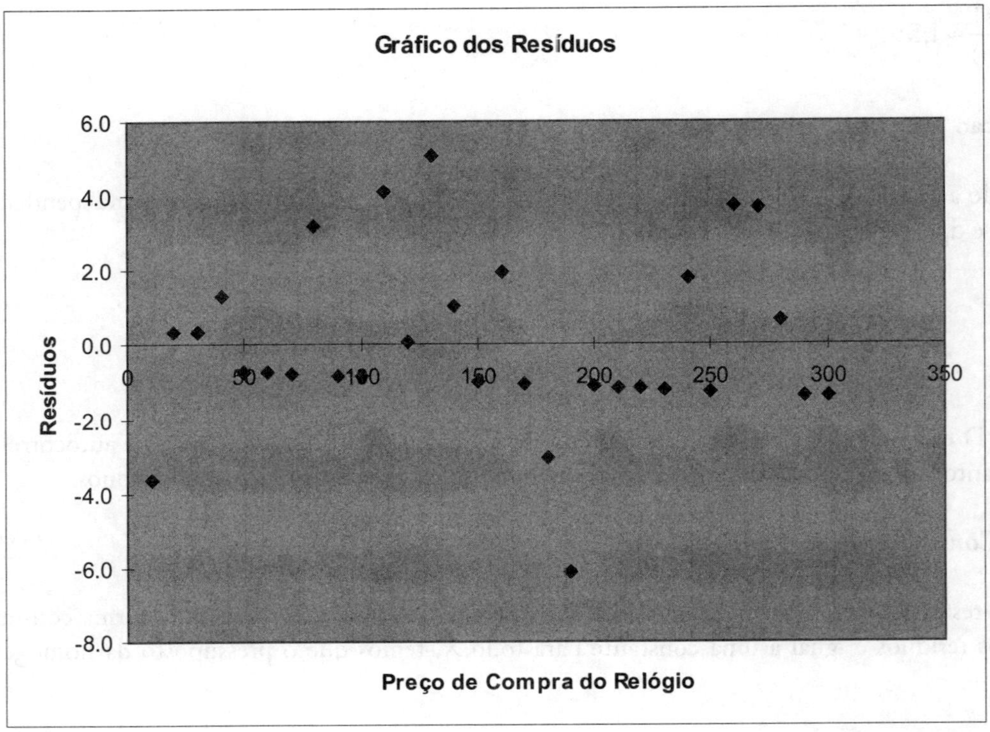

Pela análise do gráfico de resíduos, parece haver homogeneidade na variância dos resíduos à medida que X cresce. Mas talvez pela insuficiência de ponto isso esteja não plenamente claro. Vamos testar através de ***Pesaran-Pesaran.***

2º) Pelo Teste Pesaran-Pesaran

A tabela a seguir informa as variáveis incluídas no cálculo do coeficiente de determinação:

X(y^)	e_i	Y(e_i^2)
15.6	-3.6	13.05
20.6	0.4	0.13
25.7	0.3	0.11
30.7	1.3	1.71
35.7	-0.7	0.52
40.7	-0.7	0.56
45.8	-0.8	0.60
50.8	3.2	10.24

55.8	-0.8	0.68
60.9	-0.9	0.73
65.9	4.1	16.98
70.9	0.1	0.01
75.9	5.1	25.67
81.0	1.0	1.08
86.0	-1.0	0.97
91.0	2.0	3.95
96.0	-1.0	1.08
101.1	-3.1	9.40
106.1	-6.1	37.13
111.1	-1.1	1.25
116.1	-1.1	1.32
121.2	-1.2	1.38
126.2	-1.2	1.44
131.2	1.8	3.14
136.3	-1.3	1.57
141.3	3.7	13.84
146.3	3.7	13.64
151.3	0.7	0.44
156.4	-1.4	1.85
161.4	-1.4	1.92

Utilizando a planilha Excel para o cálculo, temos o coeficiente de explicação R^2 **= 0,38%.** O Teste de F da ANOVA também resultou em não significante. Portanto, podemos aceitar a hipótese nula de independência entre as variáveis e ausência de heterocedascicidade.

Quadro da ANOVA

Fonte de Variação	SQ	Φ	QM	F	Valor-p
Explicada	8.24	1	8.24	0.11	**0.7478**
Residual	2186.52	28	78.09		
Total	2194.76	29			

O valor-p é não significante, o que indica independência entre as estimativas e os erros ao quadrado. O valor de R^2 **= 0,38%** é não significante, o que implica homocedascidade. O teste deu positivo.

Heterocedascidade

A suposição de mesma variância dos erros para todos os níveis da variável independente X é fundamental para validação dos testes de significância da análise de regressão. Entretanto, nem sempre é possível assegurar a validade desta afirmação.

Quando existe a constatação da heterocedascidade, é possível fazer a análise da regressão desde que seja feita uma transformação dos dados, que as torne homogêneas. Tais transformações ***"estabilizadoras da variância"*** também eliminam a falta de normalidade.

Um modo de resolver a questão é procurar remover a heterocedascidade através de transformações da variável resposta Y, ou da explicativa X, ou então em ambas. São as chamadas **"Transformações Estabilizadoras da Variância"**.

A seguir, relacionamos algumas transformações que estabilizam a variância em uma análise de regressão:

Algumas Transformações que Estabilizam a Variância:

Gráfico do Resíduo	**Transformação**	**Observações**
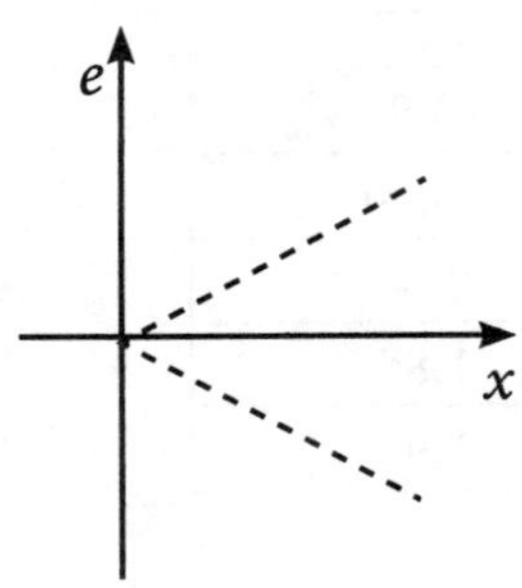	$\sqrt{y}$	Recomendado quando a $Var(e_i)$ cresce proporcionalmente a x_i^2
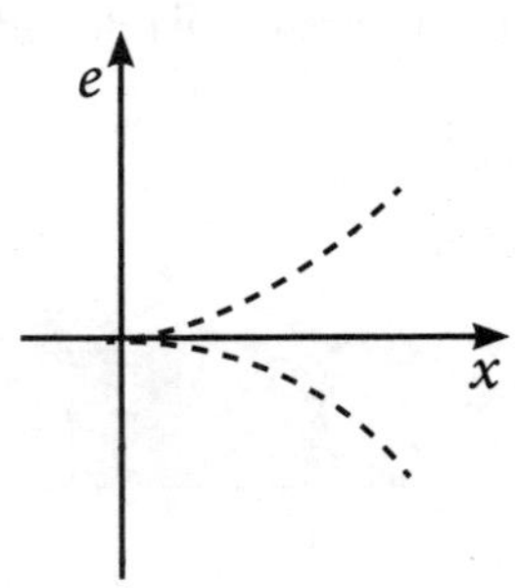	log y	Sugerido o uso quando o crescimento da variância mais acentuado do que o anterior, isto é, a variância cresce proporcional a x
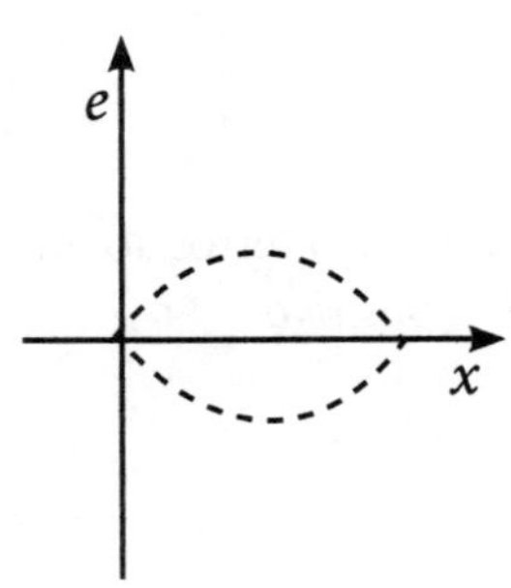	arcsen $\sqrt{y}$	Recomendado quando a variável resposta é do tipo proporção, isto é, $0 \leq y \leq 1$

Exemplo:

Estamos interessados em analisar os acidentes ocorridos durante certo período em uma amostra de 7 companhias de ônibus intermunicipais. Observou-se a porcentagem de viagens realizadas por cada companhia (X) e o número de acidentes graves (Y). Vamos realizar o teste de heterocedasticidade e realizar a transformação necessária se for o caso.

X	Y
6,0	4
8.6	6
10.7	10
14.6	14
15.6	9
21.5	13
23,0	21

Exemplo

Vamos testar a homocedasticidade do nosso exemplo anterior:

1º) Pela Inspeção Gráfica

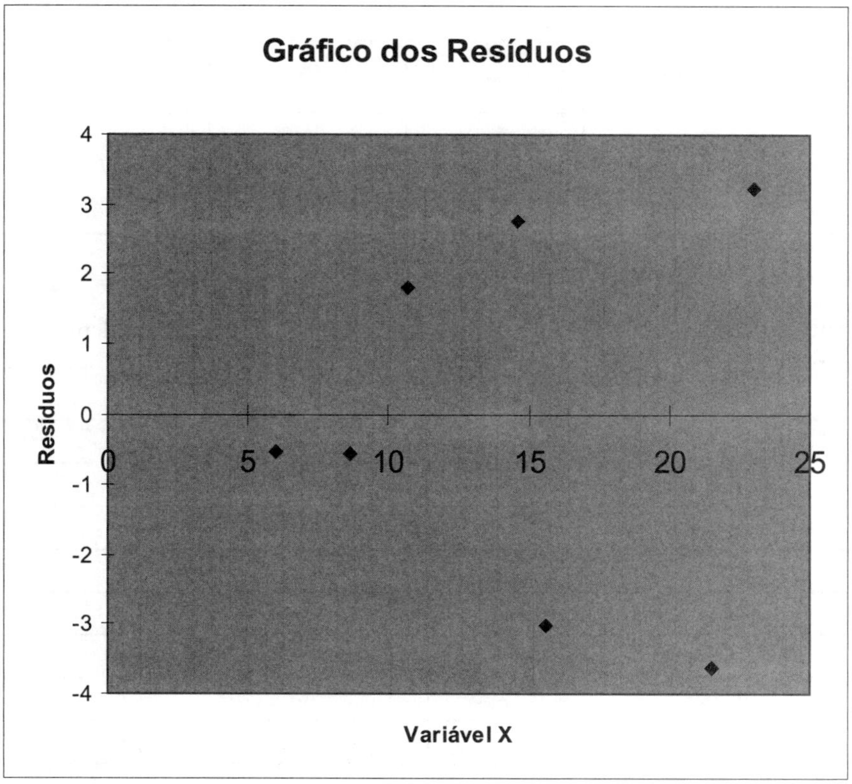

Pela análise do gráfico de resíduos, parece haver heterocedascicidade na variância dos resíduos à medida que X cresce. Mas talvez pela insuficiência de ponto isso não esteja plenamente claro. Vamos testar através de ***Pesaran-Pesaran***.

2º) Pelo Teste Pesaran-Pesaran

A tabela a seguir informa as variáveis incluídas no cálculo do coeficiente de determinação:

$X(\hat{Y})$	e_i	$Y(e_i^2)$
4.5	-0.54	0.29
6.6	-0.57	0.32
8.2	1.79	3.22
11.2	2.76	7.59
12.0	-3.02	9.15
16.6	-3.62	13.12
17.8	3.21	10.29

Utilizando a planilha Excel para o cálculo, temos o coeficiente de explicação **$R^2 \approx 89\%$**, indicando um poder de explicação forte das estimativas em relação aos erros ao quadrado. O Teste de F da ANOVA também resultou em significante. Portanto, podemos concluir a presença de **heterocedascicidade**.

Quadro da ANOVA

Fonte de Variação	SQ	Φ	QM	F	Valor-p
Explicada	137	1	137	42	**0,001**
Residual	16	5	3		
Total	154	6			

Vamos proceder, então, a uma transformação nos dados originais: a variável dependente Y será transformada em uma outra variável dependente através da raiz quadrada:

X	Y
6,0	2.0
8.6	2.4
10.7	3.2
14.6	3.7
15.6	3.0
21.5	3.6
23,0	4.6

Vamos testar a homocedasticidade dos dados transformados:

1º) Pela Inspeção Gráfica

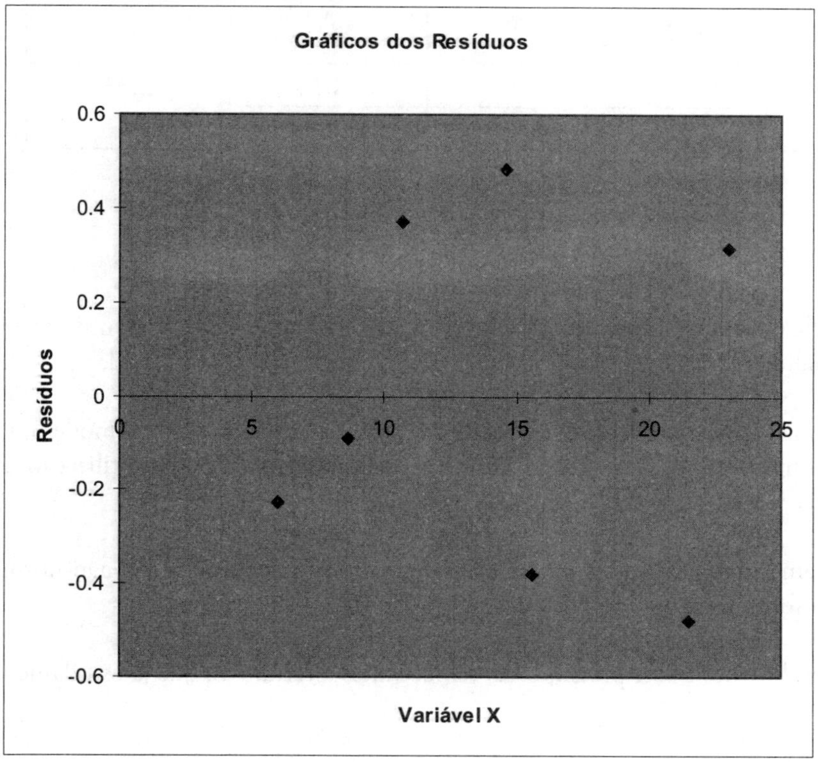

Pela análise do gráfico de resíduos, parece que o grau de heterocedascidade reduziu. Mas, talvez pela insuficiência de ponto, isso não esteja plenamente claro. Vamos testar através de ***Pesaran-Pesaran***.

2º) Pelo Teste Pesaran-Pesaran

A tabela a seguir informa as variáveis incluídas no cálculo do coeficiente de determinação:

$X(\hat{Y})$	e_i	$Y(e_i^2)$
2.23	-0.23	0.05
2.54	-0.09	0.01
2.79	0.37	0.14
3.26	0.48	0.23
3.38	-0.38	0.14
4.09	-0.48	0.23
4.27	0.32	0.10

O coeficiente de explicação **R^2=32%** e o **Teste F** resultaram em não significância para a regressão, isto é, as estimativas são independentes dos erros ao quadrado. Existe, agora, a presença da **homocedasticidade** dos erros. O Teste deu positivo.

Quadro da ANOVA

Fonte de Variação	SQ	Φ	QM	F	Valor-p
Explicada	0.014	1	0.014	2,35	**0,186**
Residual	0.029	5	0.006		
Total	0.043	6			

Normalidade

Os testes de significância e os intervalos de confiança das estimativas do modelo de regressão são baseados no pressuposto da normalidade, isto é, que os resíduos apresentem distribuição normal.

A violação da normalidade pode estar ligada a alguns aspectos relacionados ao modelo, tais como: omissão de variáveis explicativas importantes, inclusão de variáveis irrelevantes no modelo, utilização de relação matemática incorreta para análise entre as variáveis da regressão.

Contudo, porém, em linhas gerais, o pesquisador não precisa se preocupar com a não-normalidade, a não ser que os dados transgridam fortemente a forma gaussiana.

Para verificar o atendimento a este pressuposto, temos várias alternativas que já estudamos:

- *Histograma;*
- *Coeficientes de assimetria;*
- *Inspeção no Gráfico dos Resíduos;*
- *Teste de Bera-Jarque.*

Neste momento, vamos estudar uma alternativa que não utilizamos ainda:

- ***Teste de Kolmogorov-Smirnov.***

Exemplo

Vamos testar a normalidade dos resíduos do exemplo do analista que pesquisou uma amostra de 30 pessoas que haviam comprado relógios de pulso de particulares e revendido a outras pessoas. O preço de compra é X e o preço de revenda, Y. Os dados estão apresentados a seguir.

X(R$)	Y(R$)
10	12
20	21
30	26
40	32
50	35
60	40

70	45
80	54
90	55
100	60
110	70
120	71
130	81
140	82
150	85
160	93
170	95
180	98
190	100
200	110
210	115
220	120
230	125
240	133
250	135
260	145
270	150
280	152
290	155
300	160

1º) Pela Inspeção Gráfica

Para que uma série de valores siga o modelo da Curva Normal, é necessário que 99% de seus valores devam estar entre -3 a +3, se os dados foram padronizados.

Exemplo

O Gráfico dos resíduos do exemplo do analista que pesquisou uma amostra de 30 pessoas que haviam comprado relógios de pulso de particulares e revendido a outras pessoas é apresentado a seguir:

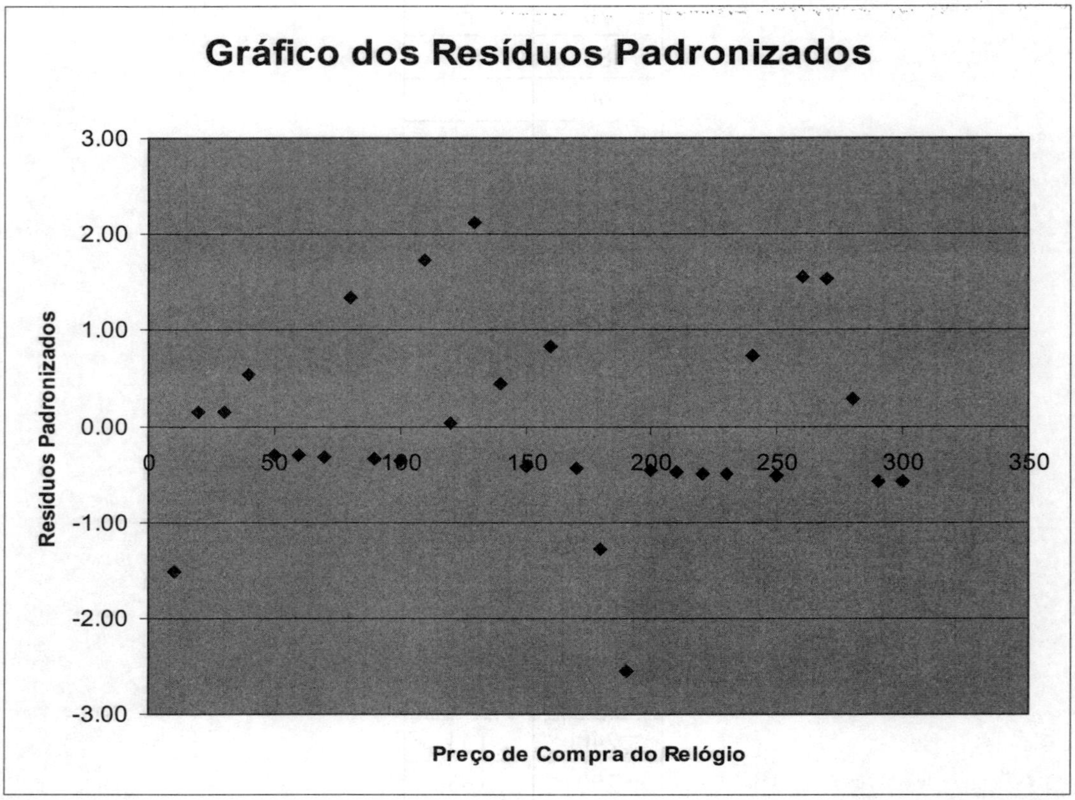

Pela observação do gráfico acima, 100% dos valores da série de resíduos estão dentro do intervalo -3 a +3, respeitando a probabilidade da Curva Normal, mas para a confirmação da inspeção gráfica vamos realizar o ***Teste de Kolmogorov-Smirnov.***

2º) Pelo Teste de Kolmogorov-Smirnov

A estatística de teste de Kolmogorov-Smirnov é:

$$KS = Max \mid [(i/n) - P(Z \leq ep_i)] \mid$$

Onde:

- KS= estatística de teste de Kolmogorov-Smirnov;
- Max = máximo;
- i= 1, ... , n;
- n = tamanho da amostra;
- *Z= valor crítico obtido junto* à *normal padrão;*
- ep_i= resíduo padronizado($e_i / \sqrt{EMQ}$);
- *$P(Z \leq ep_i)$=probabilidade obtida junto à normal padrão,* ***considerando os resíduos padronizados ordenados de forma crescente.***

Para a realização do teste, procedemos da seguinte maneira:

Se:

- $KS \leq KS_{crítico}$, aceitamos a hipótese de que os resíduos se distribuem normalmente.
- $KS > KS_{crítico}$, rejeitamos a hipótese de que os resíduos se distribuem normalmente.

O $KS_{crítico}$ é obtido junto à Tabela 8-Tabela de Kolmogorov-Smirnov, em anexo.

A tabela a seguir apresenta o quadro de cálculo:

i	Resíduos Ordenados de Forma Crescente	Resíduos Padronizados(ep_i)	$P(Z \leq ep_i)$	i/n	$[(i/n)-P(Z \leq ep_i)]$	$\vert [(i/n)-P(Z<=ep_i)] \vert$
1	-6.093	-2.500	0.006	0.033	0.027	0.027
2	-3.613	-1.482	0.069	0.067	-0.002	0.002
3	-3.067	-1.258	0.104	0.100	-0.004	0.004
4	-1.387	-0.569	0.285	0.133	-0.151	0.151
5	-1.360	-0.558	0.288	0.167	-0.122	0.122
6	-1.254	-0.514	0.304	0.200	-0.104	0.104
7	-1.200	-0.492	0.311	0.233	-0.078	0.078
8	-1.174	-0.481	0.315	0.267	-0.048	0.048
9	-1.147	-0.470	0.319	0.300	-0.019	0.019
10	-1.120	-0.459	0.323	0.333	0.010	0.010
11	-1.040	-0.427	0.335	0.367	0.032	0.032
12	-0.987	-0.405	0.343	0.400	0.057	0.057
13	-0.853	-0.350	0.363	0.433	0.070	0.070
14	-0.826	-0.339	0.367	0.133	-0.234	**0.234**
15	-0.773	-0.317	0.376	0.500	0.124	0.124
16	-0.746	-0.306	0.380	0.533	0.154	0.154
17	-0.720	-0.295	0.384	0.567	0.183	0.183
18	0.093	0.038	0.515	0.600	0.085	0.085
19	0.334	0.137	0.554	0.633	0.079	0.079
20	0.360	0.148	0.559	0.667	0.108	0.108
21	0.666	0.273	0.608	0.700	0.092	0.092
22	1.040	0.427	0.665	0.733	0.068	0.068
23	1.307	0.536	0.704	0.767	0.063	0.063
24	1.773	0.727	0.766	0.800	0.034	0.034
25	1.987	0.815	0.792	0.833	0.041	0.041
26	3.200	1.313	0.905	0.867	-0.039	0.039
27	3.693	1.515	0.935	0.900	-0.035	0.035
28	3.720	1.526	0.936	0.933	-0.003	0.003
29	4.120	1.690	0.954	0.967	0.012	0.012
30	5.067	2.078	0.981	1.000	0.019	0.019

Verificamos que o valor máximo da última coluna da tabela acima é **KS=0,234** e para **n=30** e α **=0,05** o $KS_{crítico}$**=0,240**, o que indica normalidade dos resíduos($KS<KS_{crítico}$), como a inspeção gráfica já havia indicado.

Importância da Análise dos Resíduos

Os **gráficos de resíduos** são de importância vital para uma análise de regressão completa. As informações que eles fornecem são tão básicas para uma análise digna de crédito que esses gráficos deveriam ser sempre incluídos como parte de uma análise de regressão. Portanto, uma estratégia que poderia ser empregada para evitar a adoção de modelos de regressão inadequados envolveria o seguinte método:

1. Sempre iniciar com um gráfico de dispersão para observar a possível relação entre X e Y, calcular o coeficiente de correlação de Pearson para confirmar a inspeção gráfica e realizar o seu teste de significância.
2. Estimar os valores dos coeficiente da linha de regressão, se a correlação linear for aceitável.
3. Calcular o coeficiente de explicação do modelo.
4. Realizar os testes de existência de regressão linear, inclusive o do coeficiente de regressão;
5. Verificar a violação dos pressupostos básicos e caso haja algum tomar as providências cabíveis.
6. Se a avaliação feita nos item acima não indicar violação nos pressupostos, então podem-se considerar os aspectos de inferência da análise de regressão e explicar a variável dependente pela variável independente e fazer previsões.

Exercícios Propostos

1. Os dados a seguir correspondem às variáveis: renda familiar e gasto com alimentação numa amostra de 10 famílias, representadas em S.M. Salários Mínimos. Faça um gráfico de dispersão para observar a possível relação entre X e Y, calcular o coeficnete de correlação de Pearson para confirmar a inspeção gráfica.

Renda Familiar	Gasto com Alimentação
3	1,5
5	2,0
10	6,0
20	10,0
30	15,0
50	20,0
70	25,0
100	40,0
150	60,0
200	80,0

2. Um jornal quer verificar a eficácia de seus anúncios na venda de carros usados. A tabela a seguir mostra o número de anúncios na venda de carros e o correspondente número de carros vendidos por 6 companhias que usaram apenas este jornal como veículo de propaganda. Obtenha a Reta de Regressão Linear.

Anúncios	Carros Vendidos
74	139
45	108
48	98
36	76
27	62
16	57

3. A indústria farmacêutica MIMI vende um remédio para combater resfriado. Após 2 anos de operação, ela coletou as seguintes informações trimestrais. Teste a significância do coeficiente de regressão pelo ***Teste de Wald***.

Temperatura(X)	Vendas(Y)
2	25
13	13
16	8
7	20
4	25
10	12
13	10
4	15

4. Realize Teste ***Pesaran-Pesaran*** com os dados a seguir:

X(anos de estudos)	Y(tempo de serviço)
15	98
8	98
12	97
19	96
16	93
16	93
12	90
15	90
12	88
12	88

18	88
12	86
20	85
8	85
8	85
12	85
12	85
12	85
8	83
16	81
12	81
19	80
12	79
16	78
15	75
16	74
12	74
16	71
12	69
18	66

5. Faça uma análise de regressão completa com os dados a seguir:

X	Y
10	12
20	21
30	26
40	32
50	35
60	40
70	45
80	54
90	55
100	60
110	70
120	71
130	81
140	82
150	85
160	93

170	95
180	98
190	100
200	110
210	115
220	120
230	125
240	133
250	135
260	145
270	150
280	152
290	155
300	160

6. Teste a normalidade dos resíduos abaixo pela análise do histograma e confirmado pelo **Teste de Kolmogorov-Smirnov**, ao nível de 5% de significância.

i	Resíduos	Resíduos Padronizados
1	0	-1.73
2	2	-0.87
3	2	-0.87
4	4	0.00
5	4	0.00
6	4	0.00
7	4	0.00
8	6	0.87
9	6	0.87
10	8	1.73

7. Realize o **Teste de Durbin-Watson** para verificar se os resíduos constantes da tabela a seguir são independentes, ao nível de 5% de significância.

i	Resíduos
1	-0.45
2	-0.10
3	0.52
4	-0.68
5	0.00
6	0.62

7	0.48
8	0.57
9	-0.95
10	0.00

8. Realize o **Teste Pesaran-Pesaran** para verificar se os resíduos presentes na tabela a seguir são homocedásticos, ao nível de 1% de significância.

i	Y previsto	Resíduos
1	18	-3
2	24	3
3	30	0
4	36	3
5	42	-3
6	46	0
7	50	0
8	54	0
9	58	0
10	62	0

9. Uma análise de regressão linear simples forneceu as estatísticas a seguir. Teste a significância do coeficiente de Regressão pelo Teste de Wald, ao nível de 5% de significância.

$$\hat{Y} = 22,5 - 0,62X$$

Quadro da ANOVA

Fonte de Variação	SQ	Φ	QM	F	Valor-p
Explicada	82.32	1	82.32	90.41	**0.000**
Residual	7.28	8	0.91		
Total	89.60	9			

$S_{xx} = 21,36$

10. Teste utilizando a inspeção gráfica e o **Teste de Pesaran-Pesaran** se os resíduos da análise da regressão da amostra a seguir são homocedásticos, ao nível de 5% d significância.

Relação entre Escolaridade e Salário em SM

X(Escala de Escolaridade)	Y(Salário em SM)
5	15.4
5	11.0
6	15.8
6	17.8
7	23.3
7	15.6
8	14.0
8	24.1
9	23.0
9	20.3

Resultado da Análise de Regressão

i	Y previsto	Resíduos
1	14.5	0.9
2	14.5	-3.5
3	16.19	-0.39
4	16.19	1.61
5	17.88	5.42
6	17.88	-2.28
7	19.57	-5.57
8	19.57	4.53
9	21.26	1.74
10	21.26	-0.96

ANEXO

Tabelas

Tabela 1

Distribuição Normal Reduzida (0< Z < z)

z	0	1	2	3	4	5	6	7	8	9
0,0	0,0000	0,0040	0,0080	0,0120	0,0160	0,0199	0,0239	0,0279	0,0319	0,0359
0,1	0,0398	0,0438	0,0478	0,0517	0,0557	0,0596	0,0636	0,0675	0,0714	0,0753
0,2	0,0793	0,0832	0,0871	0,0910	0,0948	0,0987	0,1026	0,1064	0,1103	0,1141
0,3	0,1179	0,1217	0,1255	0,1293	0,1331	0,1368	0,1406	0,1443	0,1480	0,1517
0,4	0,1554	0,1591	0,1628	0,1664	0,1700	0,1736	0,1772	0,1808	0,1844	0,1879
0,5	0,1915	0,1950	0,1985	0,2019	0,2054	0,2088	0,2123	0,2157	0,2190	0,2224
0,6	0,2257	0,2291	0,2324	0,2357	0,2389	0,2422	0,2454	0,2486	0,2517	0,2549
0,7	0,2580	0,2611	0,2642	0,2673	0,2704	0,2734	0,2764	0,2794	0,2823	0,2852
0,8	0,2881	0,2910	0,2939	0,2967	0,2995	0,3023	0,3051	0,3078	0,3106	0,3133
0,9	0,3159	0,3186	0,3212	0,3238	0,3264	0,3289	0,3315	0,3340	0,3365	0,3389
1,0	0,3413	0,3438	0,3461	0,3485	0,3508	0,3531	0,3554	0,3577	0,3599	0,3621
1,1	0,3643	0,3665	0,3686	0,3708	0,3729	0,3749	0,3770	0,3790	0,3810	0,3830
1,2	0,3849	0,3869	0,3888	0,3907	0,3925	0,3944	0,3962	0,3980	0,3997	0,4015
1,3	0,4032	0,4049	0,4066	0,4082	0,4099	0,4115	0,4131	0,4147	0,4162	0,4177
1,4	0,4192	0,4207	0,4222	0,4236	0,4251	0,4265	0,4279	0,4292	0,4306	0,4319
1,5	0,4332	0,4345	0,4357	0,4370	0,4382	0,4394	0,4406	0,4418	0,4429	0,4441
1,6	0,4452	0,4463	0,4474	0,4484	0,4495	0,4505	0,4515	0,4525	0,4535	0,4545
1,7	0,4554	0,4564	0,4573	0,4582	0,4591	0,4599	0,4608	0,4616	0,4625	0,4633
1,8	0,4641	0,4649	0,4656	0,4664	0,4671	0,4678	0,4686	0,4693	0,4699	0,4706
1,9	0,4713	0,4719	0,4726	0,4732	0,4738	0,4744	0,4750	0,4756	0,4761	0,4767
2,0	0,4772	0,4778	0,4783	0,4788	0,4793	0,4798	0,4803	0,4808	0,4812	0,4817
2,1	0,4821	0,4826	0,4830	0,4834	0,4838	0,4842	0,4846	0,4850	0,4854	0,4857
2,2	0,4861	0,4864	0,4868	0,4871	0,4875	0,4878	0,4881	0,4884	0,4887	0,4890
2,3	0,4893	0,4896	0,4898	0,4901	0,4904	0,4906	0,4909	0,4911	0,4913	0,4916
2,4	0,4918	0,4920	0,4922	0,4925	0,4927	0,4929	0,4931	0,4932	0,4934	0,4936
2,5	0,4938	0,4940	0,4941	0,4943	0,4945	0,4946	0,4948	0,4949	0,4951	0,4952
2,6	0,4953	0,4955	0,4956	0,4957	0,4959	0,4960	0,4961	0,4962	0,4963	0,4964
2,7	0,4965	0,4966	0,4967	0,4968	0,4969	0,4970	0,4971	0,4972	0,4973	0,4974
2,8	0,4974	0,4975	0,4976	0,4977	0,4977	0,4978	0,4979	0,4979	0,4980	0,4981
2,9	0,4981	0,4982	0,4982	0,4983	0,4984	0,4984	0,4985	0,4985	0,4986	0,4986
3,0	0,4987	0,4987	0,4987	0,4988	0,4988	0,4989	0,4989	0,4989	0,4990	0,4990
3,1	0,4990	0,4991	0,4991	0,4991	0,4992	0,4992	0,4992	0,4992	0,4993	0,4993
3,2	0,4993	0,4993	0,4994	0,4994	0,4994	0,4994	0,4994	0,4995	0,4995	0,4995
3,3	0,4995	0,4995	0,4995	0,4996	0,4996	0,4996	0,4996	0,4996	0,4996	0,4997
3,4	0,4997	0,4997	0,4997	0,4997	0,4997	0,4997	0,4997	0,4997	0,4997	0,4998
3,5	0,4998	0,4998	0,4998	0,4998	0,4998	0,4998	0,4998	0,4998	0,4998	0,4998
3,6	0,4998	0,4998	0,4999	0,4999	0,4999	0,4999	0,4999	0,4999	0,4999	0,4999
3,7	0,4999	0,4999	0,4999	0,4999	0,4999	0,4999	0,4999	0,4999	0,4999	0,4999
3,8	0,4999	0,4999	0,4999	0,4999	0,4999	0,4999	0,4999	0,4999	0,4999	0,4999
3,9	0,5000	0,5000	0,5000	0,5000	0,5000	0,5000	0,5000	0,5000	0,5000	0,5000

Tabela 2
Distribuição T-Student

Valores de t, segundo os graus de liberdade (Φ), e o valor de α

Monocaudal, α	0,25	0,10	0,05	0,025	0,01	0,005
Bicaudal, α	0,50	0,20	0,10	0,05	0,02	0,01
Φ						
1	1,000	3,078	6,314	12,706	31,821	63,657
2	0,816	1,886	2,920	4,303	6,965	9,925
3	0,765	1,638	2,353	3,182	4,541	5,841
4	0,741	1,533	2,132	2,776	3,747	4,604
5	0,727	1,476	2,015	2,571	3,365	4,032
6	0,718	1,440	1,943	2,447	3,143	3,707
7	0,711	1,415	1,895	2,365	2,998	3,499
8	0,706	1,397	1,860	2,306	2,896	3,355
9	0,703	1,383	1,833	2,262	2,821	3,250
10	0,700	1,372	1,812	2,228	2,764	3,169
11	0,697	1,363	1,796	2,201	2,718	3,106
12	0,695	1,356	1,782	2,179	2,681	3,055
13	0,694	1,350	1,771	2,160	2,650	3,012
14	0,692	1,345	1,761	2,145	2,624	2,977
15	0,691	1,341	1,753	2,131	2,602	2,947
16	0,690	1,337	1,746	2,120	2,583	2,921
17	0,689	1,333	1,740	2,110	2,567	2,898
18	0,688	1,330	1,734	2,101	2,552	2,878
19	0,688	1,328	1,729	2,093	2,539	2,861
20	0,687	1,325	1,725	2,086	2,528	2,845
21	0,686	1,323	1,721	2,080	2,518	2,831
22	0,686	1,321	1,717	2,074	2,508	2,819
23	0,685	1,319	1,714	2,069	2,500	2,807
24	0,685	1,318	1,711	2,064	2,492	2,797
25	0,684	1,316	1,708	2,060	2,485	2,787
26	0,684	1,315	1,706	2,056	2,479	2,779
27	0,684	1,314	1,703	2,052	2,473	2,771
28	0,683	1,313	1,701	2,048	2,467	2,763
29	0,683	1,311	1,699	2,045	2,462	2,756
∞	0,674	1,282	1,645	1,960	2,326	2,576

Tabela 3
Distribuição Qui-quadrado (χ^2)
Valores de χ^2, segundo os graus de liberdade (Φ), e o valor de α

Φ	α									
	0,995	**0,99**	**0,975**	**0,95**	**0,90**	**0,10**	**0,05**	**0,025**	**0,01**	**0,005**
1	0,000	0,000	0,001	0,004	0,016	2,706	3,841	5,024	6,635	7,879
2	0,010	0,020	0,051	0,103	0,211	4,605	5,991	7,378	9,210	10,597
3	0,072	0,115	0,216	0,352	0,584	6,251	7,815	9,348	11,345	12,838
4	0,207	0,297	0,484	0,711	1,064	7,779	9,488	11,143	13,277	14,860
5	0,412	0,554	0,831	1,145	1,610	9,236	11,070	12,833	15,086	16,750
6	0,676	0,872	1,237	1,635	2,204	10,645	12,592	14,449	16,812	18,548
7	0,989	1,239	1,690	2,167	2,833	12,017	14,067	16,013	18,475	20,278
8	1,344	1,646	2,180	2,733	3,490	13,362	15,507	17,535	20,090	21,955
9	1,735	2,088	2,700	3,325	4,168	14,684	16,919	19,023	21,666	23,589
10	2,156	2,558	3,247	3,940	4,865	15,987	18,307	20,483	23,209	25,188
11	2,603	3,053	3,816	4,575	5,578	17,275	19,675	21,920	24,725	26,757
12	3,074	3,571	4,404	5,226	6,304	18,549	21,026	23,337	26,217	28,300
13	3,565	4,107	5,009	5,892	7,042	19,812	22,362	24,736	27,688	29,819
14	4,075	4,660	5,629	6,571	7,790	21,064	23,685	26,119	29,141	31,319
15	4,601	5,229	6,262	7,261	8,547	22,307	24,996	27,488	30,578	32,801
16	5,142	5,812	6,908	7,962	9,312	23,542	26,296	28,845	32,000	34,267
17	5,697	6,408	7,564	8,672	10,085	24,769	27,587	30,191	33,409	35,718
18	6,265	7,015	8,231	9,390	10,865	25,989	28,869	31,526	34,805	37,156
19	6,844	7,633	8,907	10,117	11,651	27,204	30,144	32,852	36,191	38,582
20	7,434	8,260	9,591	10,851	12,443	28,412	31,410	34,170	37,566	39,997
21	8,034	8,897	10,283	11,591	13,240	29,615	32,671	35,479	38,932	41,401
22	8,643	9,542	10,982	12,338	14,041	30,813	33,924	36,781	40,289	42,796
23	9,260	10,196	11,689	13,091	14,848	32,007	35,172	38,076	41,638	44,181
24	9,886	10,856	12,401	13,848	15,659	33,196	36,415	39,364	42,980	45,559
25	10,520	11,524	13,120	14,611	16,473	34,382	37,652	40,646	44,314	46,928
26	11,160	12,198	13,844	15,379	17,292	35,563	38,885	41,923	45,642	48,290
27	11,808	12,879	14,573	16,151	18,114	36,741	40,113	43,195	46,963	49,645
28	12,461	13,565	15,308	16,928	18,939	37,916	41,337	44,461	48,278	50,993
29	13,121	14,256	16,047	17,708	19,768	39,087	42,557	45,722	49,588	52,336
30	13,787	14,953	16,791	18,493	20,599	40,256	43,773	46,979	50,892	53,672
40	20,707	22,164	24,433	26,509	29,051	51,805	55,758	59,342	63,691	66,766
50	27,991	29,707	32,357	34,764	37,689	63,167	67,505	71,420	76,154	79,490
60	35,534	37,485	40,482	43,188	46,459	74,397	79,082	83,298	88,379	91,952
70	43,275	45,442	48,758	51,739	55,329	85,527	90,531	95,023	100,425	104,215
80	51,172	53,540	57,153	60,391	64,278	96,578	101,879	106,629	112,329	116,321
90	59,196	61,754	65,647	69,126	73,291	107,565	113,145	118,136	124,116	128,299
100	67,328	70,065	74,222	77,929	82,358	118,498	124,342	129,561	135,807	140,169

Tabela 4
Tabela F – 0,001

Valores de F para $\alpha = 0{,}1\%$, segundo o número de graus de liberdade do numerador (Φ_1) e do denominador(Φ_2)

Φ_2 \ Φ_1	1	2	3	4	5	6	7	8	9	10
1	405284,07	499999,50	540379,20	562499,58	576404,56	585937,11	592873,29	598144,16	602283,99	605620,97
2	998,50	999,00	999,17	999,25	999,30	999,33	999,36	999,37	999,39	999,40
3	167,03	148,50	141,11	137,10	134,58	132,85	131,58	130,62	129,86	129,25
4	74,14	61,25	56,18	53,44	51,71	50,53	49,66	49,00	48,47	48,05
5	47,18	37,12	33,20	31,09	29,75	28,83	28,16	27,65	27,24	26,92
6	35,51	27,00	23,70	21,92	20,80	20,03	19,46	19,03	18,69	18,41
7	29,25	21,69	18,77	17,20	16,21	15,52	15,02	14,63	14,33	14,08
8	25,41	18,49	15,83	14,39	13,48	12,86	12,40	12,05	11,77	11,54
9	22,86	16,39	13,90	12,56	11,71	11,13	10,70	10,37	10,11	9,89
10	21,04	14,91	12,55	11,28	10,48	9,93	9,52	9,20	8,96	8,75
11	19,69	13,81	11,56	10,35	9,58	9,05	8,66	8,35	8,12	7,92
12	18,64	12,97	10,80	9,63	8,89	8,38	8,00	7,71	7,48	7,29
13	17,82	12,31	10,21	9,07	8,35	7,86	7,49	7,21	6,98	6,80
14	17,14	11,78	9,73	8,62	7,92	7,44	7,08	6,80	6,58	6,40
15	16,59	11,34	9,34	8,25	7,57	7,09	6,74	6,47	6,26	6,08
16	16,12	10,97	9,01	7,94	7,27	6,80	6,46	6,19	5,98	5,81
17	15,72	10,66	8,73	7,68	7,02	6,56	6,22	5,96	5,75	5,58
18	15,38	10,39	8,49	7,46	6,81	6,35	6,02	5,76	5,56	5,39
19	15,08	10,16	8,28	7,27	6,62	6,18	5,85	5,59	5,39	5,22
20	14,82	9,95	8,10	7,10	6,46	6,02	5,69	5,44	5,24	5,08
21	14,59	9,77	7,94	6,95	6,32	5,88	5,56	5,31	5,11	4,95
22	14,38	9,61	7,80	6,81	6,19	5,76	5,44	5,19	4,99	4,83
23	14,20	9,47	7,67	6,70	6,08	5,65	5,33	5,09	4,89	4,73
24	14,03	9,34	7,55	6,59	5,98	5,55	5,23	4,99	4,80	4,64
25	13,88	9,22	7,45	6,49	5,89	5,46	5,15	4,91	4,71	4,56
26	13,74	9,12	7,36	6,41	5,80	5,38	5,07	4,83	4,64	4,48
27	13,61	9,02	7,27	6,33	5,73	5,31	5,00	4,76	4,57	4,41
28	13,50	8,93	7,19	6,25	5,66	5,24	4,93	4,69	4,50	4,35
29	13,39	8,85	7,12	6,19	5,59	5,18	4,87	4,64	4,45	4,29
30	13,29	8,77	7,05	6,12	5,53	5,12	4,82	4,58	4,39	4,24
40	12,61	8,25	6,59	5,70	5,13	4,73	4,44	4,21	4,02	3,87
60	11,97	7,77	6,17	5,31	4,76	4,37	4,09	3,86	3,69	3,54
120	11,38	7,32	5,78	4,95	4,42	4,04	3,77	3,55	3,38	3,24
∞	10,83	6,91	5,42	4,62	4,10	3,74	3,47	3,27	3,10	2,96

Tabela F – 0,001- Continuação

Φ_2 \ Φ_1	11	12	13	14	15	16	17	18	19	20
1	608367,68	610667,82	612622,01	614302,75	615763,66	617045,18	618178,43	619187,70	620092,29	620907,67
2	999,41	999,42	999,42	999,43	999,43	999,44	999,44	999,44	999,45	999,45
3	128,74	128,32	127,96	127,64	127,37	127,14	126,93	126,74	126,57	126,42
4	47,70	47,41	47,16	46,95	46,76	46,60	46,45	46,32	46,21	46,10
5	26,65	26,42	26,22	26,06	25,91	25,78	25,67	25,57	25,48	25,39
6	18,18	17,99	17,82	17,68	17,56	17,45	17,35	17,27	17,19	17,12
7	13,88	13,71	13,56	13,43	13,32	13,23	13,14	13,06	12,99	12,93
8	11,35	11,19	11,06	10,94	10,84	10,75	10,67	10,60	10,54	10,48
9	9,72	9,57	9,44	9,33	9,24	9,15	9,08	9,01	8,95	8,90
10	8,59	8,45	8,32	8,22	8,13	8,05	7,98	7,91	7,86	7,80
11	7,76	7,63	7,51	7,41	7,32	7,24	7,17	7,11	7,06	7,01
12	7,14	7,00	6,89	6,79	6,71	6,63	6,57	6,51	6,45	6,40
13	6,65	6,52	6,41	6,31	6,23	6,16	6,09	6,03	5,98	5,93
14	6,26	6,13	6,02	5,93	5,85	5,78	5,71	5,66	5,60	5,56
15	5,94	5,81	5,71	5,62	5,54	5,46	5,40	5,35	5,29	5,25
16	5,67	5,55	5,44	5,35	5,27	5,20	5,14	5,09	5,04	4,99
17	5,44	5,32	5,22	5,13	5,05	4,99	4,92	4,87	4,82	4,78
18	5,25	5,13	5,03	4,94	4,87	4,80	4,74	4,68	4,63	4,59
19	5,08	4,97	4,87	4,78	4,70	4,64	4,58	4,52	4,47	4,43
20	4,94	4,82	4,72	4,64	4,56	4,49	4,44	4,38	4,33	4,29
21	4,81	4,70	4,60	4,51	4,44	4,37	4,31	4,26	4,21	4,17
22	4,70	4,58	4,49	4,40	4,33	4,26	4,20	4,15	4,10	4,06
23	4,60	4,48	4,39	4,30	4,23	4,16	4,10	4,05	4,00	3,96
24	4,51	4,39	4,30	4,21	4,14	4,07	4,02	3,96	3,92	3,87
25	4,42	4,31	4,22	4,13	4,06	3,99	3,94	3,88	3,84	3,79
26	4,35	4,24	4,14	4,06	3,99	3,92	3,86	3,81	3,77	3,72
27	4,28	4,17	4,08	3,99	3,92	3,86	3,80	3,75	3,70	3,66
28	4,22	4,11	4,01	3,93	3,86	3,80	3,74	3,69	3,64	3,60
29	4,16	4,05	3,96	3,88	3,80	3,74	3,68	3,63	3,59	3,54
30	4,11	4,00	3,91	3,82	3,75	3,69	3,63	3,58	3,53	3,49
40	3,75	3,64	3,55	3,47	3,40	3,34	3,28	3,23	3,19	3,14
60	3,42	3,32	3,23	3,15	3,08	3,02	2,96	2,91	2,87	2,83
120	3,12	3,02	2,93	2,85	2,78	2,72	2,67	2,62	2,58	2,53
∞	2,84	2,74	2,66	2,58	2,51	2,45	2,40	2,35	2,31	2,27

Tabela F – 0,001- Continuação

Φ_1 / Φ_2	21	22	23	24	25	26	27	28	29	30
1	621646,41	622318,83	622933,47	623497,46	624016,83	624496,66	624941,30	625354,49	625739,44	626098,96
2	999,45	999,45	999,46	999,46	999,46	999,46	999,46	999,46	999,47	999,47
3	126,28	126,15	126,04	125,93	125,84	125,75	125,67	125,59	125,52	125,45
4	46,00	45,92	45,84	45,77	45,70	45,64	45,58	45,53	45,48	45,43
5	25,32	25,25	25,19	25,13	25,08	25,03	24,99	24,94	24,91	24,87
6	17,06	17,00	16,95	16,90	16,85	16,81	16,77	16,74	16,70	16,67
7	12,87	12,82	12,78	12,73	12,69	12,65	12,62	12,59	12,56	12,53
8	10,43	10,38	10,34	10,30	10,26	10,22	10,19	10,16	10,13	10,11
9	8,85	8,80	8,76	8,72	8,69	8,66	8,63	8,60	8,57	8,55
10	7,76	7,71	7,67	7,64	7,60	7,57	7,54	7,52	7,49	7,47
11	6,96	6,92	6,88	6,85	6,81	6,78	6,76	6,73	6,71	6,68
12	6,36	6,32	6,28	6,25	6,22	6,19	6,16	6,14	6,11	6,09
13	5,89	5,85	5,81	5,78	5,75	5,72	5,70	5,67	5,65	5,63
14	5,51	5,48	5,44	5,41	5,38	5,35	5,32	5,30	5,28	5,25
15	5,21	5,17	5,13	5,10	5,07	5,04	5,02	4,99	4,97	4,95
16	4,95	4,91	4,88	4,85	4,82	4,79	4,76	4,74	4,72	4,70
17	4,73	4,70	4,66	4,63	4,60	4,57	4,55	4,53	4,50	4,48
18	4,55	4,51	4,48	4,45	4,42	4,39	4,37	4,34	4,32	4,30
19	4,39	4,35	4,32	4,29	4,26	4,23	4,21	4,18	4,16	4,14
20	4,25	4,21	4,18	4,15	4,12	4,09	4,07	4,05	4,03	4,00
21	4,13	4,09	4,06	4,03	4,00	3,97	3,95	3,93	3,90	3,88
22	4,02	3,98	3,95	3,92	3,89	3,86	3,84	3,82	3,80	3,78
23	3,92	3,89	3,85	3,82	3,79	3,77	3,74	3,72	3,70	3,68
24	3,83	3,80	3,77	3,74	3,71	3,68	3,66	3,63	3,61	3,59
25	3,76	3,72	3,69	3,66	3,63	3,60	3,58	3,56	3,54	3,52
26	3,68	3,65	3,62	3,59	3,56	3,53	3,51	3,49	3,46	3,44
27	3,62	3,58	3,55	3,52	3,49	3,47	3,44	3,42	3,40	3,38
28	3,56	3,52	3,49	3,46	3,43	3,41	3,38	3,36	3,34	3,32
29	3,50	3,47	3,44	3,41	3,38	3,35	3,33	3,31	3,29	3,27
30	3,45	3,42	3,39	3,36	3,33	3,30	3,28	3,26	3,24	3,22
40	3,11	3,07	3,04	3,01	2,98	2,96	2,93	2,91	2,89	2,87
60	2,79	2,75	2,72	2,69	2,67	2,64	2,62	2,60	2,57	2,55
120	2,50	2,46	2,43	2,40	2,37	2,35	2,33	2,30	2,28	2,26
∞	2,23	2,19	2,16	2,13	2,10	2,08	2,05	2,03	2,01	1,99

Tabela F – 0,001- Continuação

Φ_1 / Φ_2	40	60	80	∞
1	628712,03	631336,56	633972,40	636619,12
2	999,47	999,48	999,49	999,50
3	124,96	124,47	123,97	123,47
4	45,09	44,75	44,40	44,05
5	24,60	24,33	24,06	23,79
6	16,44	16,21	15,98	15,75
7	12,33	12,12	11,91	11,70
8	9,92	9,73	9,53	9,33
9	8,37	8,19	8,00	7,81
10	7,30	7,12	6,94	6,76
11	6,52	6,35	6,18	6,00
12	5,93	5,76	5,59	5,42
13	5,47	5,30	5,14	4,97
14	5,10	4,94	4,77	4,60
15	4,80	4,64	4,47	4,31
16	4,54	4,39	4,23	4,06
17	4,33	4,18	4,02	3,85
18	4,15	4,00	3,84	3,67
19	3,99	3,84	3,68	3,51
20	3,86	3,70	3,54	3,38
21	3,74	3,58	3,42	3,26
22	3,63	3,48	3,32	3,15
23	3,53	3,38	3,22	3,05
24	3,45	3,29	3,14	2,97
25	3,37	3,22	3,06	2,89
26	3,30	3,15	2,99	2,82
27	3,23	3,08	2,92	2,75
28	3,18	3,02	2,86	2,69
29	3,12	2,97	2,81	2,64
30	3,07	2,92	2,76	2,59
40	2,73	2,57	2,41	2,23
60	2,41	2,25	2,08	1,89
120	2,11	1,95	1,77	1,54
∞	1,84	1,66	1,45	1,01

Tabela 4

Tabela F – 0,01

Valores de F para α = 1%, segundo o número de graus de liberdade do numerador (Φ_1) e do denominador (Φ_2)

Φ_2 \ Φ_1	1	2	3	4	5	6	7	8	9	10
1	4052,18	4999,50	5403,35	5624,58	5763,65	5858,99	5928,36	5981,07	6022,47	6055,85
2	98,50	99,00	99,17	99,25	99,30	99,33	99,36	99,37	99,39	99,40
3	34,12	30,82	29,46	28,71	28,24	27,91	27,67	27,49	27,35	27,23
4	21,20	18,00	16,69	15,98	15,52	15,21	14,98	14,80	14,66	14,55
5	16,26	13,27	12,06	11,39	10,97	10,67	10,46	10,29	10,16	10,05
6	13,75	10,92	9,78	9,15	8,75	8,47	8,26	8,10	7,98	7,87
7	12,25	9,55	8,45	7,85	7,46	7,19	6,99	6,84	6,72	6,62
8	11,26	8,65	7,59	7,01	6,63	6,37	6,18	6,03	5,91	5,81
9	10,56	8,02	6,99	6,42	6,06	5,80	5,61	5,47	5,35	5,26
10	10,04	7,56	6,55	5,99	5,64	5,39	5,20	5,06	4,94	4,85
11	9,65	7,21	6,22	5,67	5,32	5,07	4,89	4,74	4,63	4,54
12	9,33	6,93	5,95	5,41	5,06	4,82	4,64	4,50	4,39	4,30
13	9,07	6,70	5,74	5,21	4,86	4,62	4,44	4,30	4,19	4,10
14	8,86	6,51	5,56	5,04	4,69	4,46	4,28	4,14	4,03	3,94
15	8,68	6,36	5,42	4,89	4,56	4,32	4,14	4,00	3,89	3,80
16	8,53	6,23	5,29	4,77	4,44	4,20	4,03	3,89	3,78	3,69
17	8,40	6,11	5,18	4,67	4,34	4,10	3,93	3,79	3,68	3,59
18	8,29	6,01	5,09	4,58	4,25	4,01	3,84	3,71	3,60	3,51
19	8,18	5,93	5,01	4,50	4,17	3,94	3,77	3,63	3,52	3,43
20	8,10	5,85	4,94	4,43	4,10	3,87	3,70	3,56	3,46	3,37
21	8,02	5,78	4,87	4,37	4,04	3,81	3,64	3,51	3,40	3,31
22	7,95	5,72	4,82	4,31	3,99	3,76	3,59	3,45	3,35	3,26
23	7,88	5,66	4,76	4,26	3,94	3,71	3,54	3,41	3,30	3,21
24	7,82	5,61	4,72	4,22	3,90	3,67	3,50	3,36	3,26	3,17
25	7,77	5,57	4,68	4,18	3,85	3,63	3,46	3,32	3,22	3,13
26	7,72	5,53	4,64	4,14	3,82	3,59	3,42	3,29	3,18	3,09
27	7,68	5,49	4,60	4,11	3,78	3,56	3,39	3,26	3,15	3,06
28	7,64	5,45	4,57	4,07	3,75	3,53	3,36	3,23	3,12	3,03
29	7,60	5,42	4,54	4,04	3,73	3,50	3,33	3,20	3,09	3,00
30	7,56	5,39	4,51	4,02	3,70	3,47	3,30	3,17	3,07	2,98
40	7,31	5,18	4,31	3,83	3,51	3,29	3,12	2,99	2,89	2,80
60	7,08	4,98	4,13	3,65	3,34	3,12	2,95	2,82	2,72	2,63
120	6,85	4,79	3,95	3,48	3,17	2,96	2,79	2,66	2,56	2,47
∞	6,63	4,61	3,78	3,32	3,02	2,80	2,64	2,51	2,41	2,32

Tabela F – 0,01- Continuação

Φ_1 / Φ_2	11	12	13	14	15	16	17	18	19	20
1	6083,32	6106,32	6125,86	6142,67	6157,28	6170,10	6181,43	6191,53	6200,58	6208,73
2	99,41	99,42	99,42	99,43	99,43	99,44	99,44	99,44	99,45	99,45
3	27,13	27,05	26,98	26,92	26,87	26,83	26,79	26,75	26,72	26,69
4	14,45	14,37	14,31	14,25	14,20	14,15	14,11	14,08	14,05	14,02
5	9,96	9,89	9,82	9,77	9,72	9,68	9,64	9,61	9,58	9,55
6	7,79	7,72	7,66	7,60	7,56	7,52	7,48	7,45	7,42	7,40
7	6,54	6,47	6,41	6,36	6,31	6,28	6,24	6,21	6,18	6,16
8	5,73	5,67	5,61	5,56	5,52	5,48	5,44	5,41	5,38	5,36
9	5,18	5,11	5,05	5,01	4,96	4,92	4,89	4,86	4,83	4,81
10	4,77	4,71	4,65	4,60	4,56	4,52	4,49	4,46	4,43	4,41
11	4,46	4,40	4,34	4,29	4,25	4,21	4,18	4,15	4,12	4,10
12	4,22	4,16	4,10	4,05	4,01	3,97	3,94	3,91	3,88	3,86
13	4,02	3,96	3,91	3,86	3,82	3,78	3,75	3,72	3,69	3,66
14	3,86	3,80	3,75	3,70	3,66	3,62	3,59	3,56	3,53	3,51
15	3,73	3,67	3,61	3,56	3,52	3,49	3,45	3,42	3,40	3,37
16	3,62	3,55	3,50	3,45	3,41	3,37	3,34	3,31	3,28	3,26
17	3,52	3,46	3,40	3,35	3,31	3,27	3,24	3,21	3,19	3,16
18	3,43	3,37	3,32	3,27	3,23	3,19	3,16	3,13	3,10	3,08
19	3,36	3,30	3,24	3,19	3,15	3,12	3,08	3,05	3,03	3,00
20	3,29	3,23	3,18	3,13	3,09	3,05	3,02	2,99	2,96	2,94
21	3,24	3,17	3,12	3,07	3,03	2,99	2,96	2,93	2,90	2,88
22	3,18	3,12	3,07	3,02	2,98	2,94	2,91	2,88	2,85	2,83
23	3,14	3,07	3,02	2,97	2,93	2,89	2,86	2,83	2,80	2,78
24	3,09	3,03	2,98	2,93	2,89	2,85	2,82	2,79	2,76	2,74
25	3,06	2,99	2,94	2,89	2,85	2,81	2,78	2,75	2,72	2,70
26	3,02	2,96	2,90	2,86	2,81	2,78	2,75	2,72	2,69	2,66
27	2,99	2,93	2,87	2,82	2,78	2,75	2,71	2,68	2,66	2,63
28	2,96	2,90	2,84	2,79	2,75	2,72	2,68	2,65	2,63	2,60
29	2,93	2,87	2,81	2,77	2,73	2,69	2,66	2,63	2,60	2,57
30	2,91	2,84	2,79	2,74	2,70	2,66	2,63	2,60	2,57	2,55
40	2,73	2,66	2,61	2,56	2,52	2,48	2,45	2,42	2,39	2,37
60	2,56	2,50	2,44	2,39	2,35	2,31	2,28	2,25	2,22	2,20
120	2,40	2,34	2,28	2,23	2,19	2,15	2,12	2,09	2,06	2,03
∞	2,25	2,18	2,13	2,08	2,04	2,00	1,97	1,93	1,90	1,88

Tabela F – 0,01- Continuação

Φ_1 / Φ_2	21	22	23	24	25	26	27	28	29	30
1	6216,12	6222,84	6228,99	6234,63	6239,83	6244,62	6249,07	6253,20	6257,05	6260,65
2	99,45	99,45	99,46	99,46	99,46	99,46	99,46	99,46	99,46	99,47
3	26,66	26,64	26,62	26,60	26,58	26,56	26,55	26,53	26,52	26,50
4	13,99	13,97	13,95	13,93	13,91	13,89	13,88	13,86	13,85	13,84
5	9,53	9,51	9,49	9,47	9,45	9,43	9,42	9,40	9,39	9,38
6	7,37	7,35	7,33	7,31	7,30	7,28	7,27	7,25	7,24	7,23
7	6,13	6,11	6,09	6,07	6,06	6,04	6,03	6,02	6,00	5,99
8	5,34	5,32	5,30	5,28	5,26	5,25	5,23	5,22	5,21	5,20
9	4,79	4,77	4,75	4,73	4,71	4,70	4,68	4,67	4,66	4,65
10	4,38	4,36	4,34	4,33	4,31	4,30	4,28	4,27	4,26	4,25
11	4,08	4,06	4,04	4,02	4,01	3,99	3,98	3,96	3,95	3,94
12	3,84	3,82	3,80	3,78	3,76	3,75	3,74	3,72	3,71	3,70
13	3,64	3,62	3,60	3,59	3,57	3,56	3,54	3,53	3,52	3,51
14	3,48	3,46	3,44	3,43	3,41	3,40	3,38	3,37	3,36	3,35
15	3,35	3,33	3,31	3,29	3,28	3,26	3,25	3,24	3,23	3,21
16	3,24	3,22	3,20	3,18	3,16	3,15	3,14	3,12	3,11	3,10
17	3,14	3,12	3,10	3,08	3,07	3,05	3,04	3,03	3,01	3,00
18	3,05	3,03	3,02	3,00	2,98	2,97	2,95	2,94	2,93	2,92
19	2,98	2,96	2,94	2,92	2,91	2,89	2,88	2,87	2,86	2,84
20	2,92	2,90	2,88	2,86	2,84	2,83	2,81	2,80	2,79	2,78
21	2,86	2,84	2,82	2,80	2,79	2,77	2,76	2,74	2,73	2,72
22	2,81	2,78	2,77	2,75	2,73	2,72	2,70	2,69	2,68	2,67
23	2,76	2,74	2,72	2,70	2,69	2,67	2,66	2,64	2,63	2,62
24	2,72	2,70	2,68	2,66	2,64	2,63	2,61	2,60	2,59	2,58
25	2,68	2,66	2,64	2,62	2,60	2,59	2,58	2,56	2,55	2,54
26	2,64	2,62	2,60	2,58	2,57	2,55	2,54	2,53	2,51	2,50
27	2,61	2,59	2,57	2,55	2,54	2,52	2,51	2,49	2,48	2,47
28	2,58	2,56	2,54	2,52	2,51	2,49	2,48	2,46	2,45	2,44
29	2,55	2,53	2,51	2,49	2,48	2,46	2,45	2,44	2,42	2,41
30	2,53	2,51	2,49	2,47	2,45	2,44	2,42	2,41	2,40	2,39
40	2,35	2,33	2,31	2,29	2,27	2,26	2,24	2,23	2,22	2,20
60	2,17	2,15	2,13	2,12	2,10	2,08	2,07	2,05	2,04	2,03
120	2,01	1,99	1,97	1,95	1,93	1,92	1,90	1,89	1,87	1,86
∞	1,85	1,83	1,81	1,79	1,77	1,76	1,74	1,72	1,71	1,70

Tabela F – 0,01- Continuação

Φ_2 \ Φ_1	40	60	80	∞
1	6286,78	6313,03	6339,39	6365,86
2	99,47	99,48	99,49	99,50
3	26,41	26,32	26,22	26,13
4	13,75	13,65	13,56	13,46
5	9,29	9,20	9,11	9,02
6	7,14	7,06	6,97	6,88
7	5,91	5,82	5,74	5,65
8	5,12	5,03	4,95	4,86
9	4,57	4,48	4,40	4,31
10	4,17	4,08	4,00	3,91
11	3,86	3,78	3,69	3,60
12	3,62	3,54	3,45	3,36
13	3,43	3,34	3,25	3,17
14	3,27	3,18	3,09	3,00
15	3,13	3,05	2,96	2,87
16	3,02	2,93	2,84	2,75
17	2,92	2,83	2,75	2,65
18	2,84	2,75	2,66	2,57
19	2,76	2,67	2,58	2,49
20	2,69	2,61	2,52	2,42
21	2,64	2,55	2,46	2,36
22	2,58	2,50	2,40	2,31
23	2,54	2,45	2,35	2,26
24	2,49	2,40	2,31	2,21
25	2,45	2,36	2,27	2,17
26	2,42	2,33	2,23	2,13
27	2,38	2,29	2,20	2,10
28	2,35	2,26	2,17	2,06
29	2,33	2,23	2,14	2,03
30	2,30	2,21	2,11	2,01
40	2,11	2,02	1,92	1,80
60	1,94	1,84	1,73	1,60
120	1,76	1,66	1,53	1,38
∞	1,59	1,47	1,32	1,00

Tabela 4
Tabela F – 0,05

Valores de F para α = 5%, segundo o número de graus de liberdade do numerador (Φ_1) e do denominador (Φ_2)

Φ_2 \ Φ_1	1	2	3	4	5	6	7	8	9	10
1	161,45	199,50	215,71	224,58	230,16	233,99	236,77	238,88	240,54	241,88
2	18,51	19,00	19,16	19,25	19,30	19,33	19,35	19,37	19,38	19,40
3	10,13	9,55	9,28	9,12	9,01	8,94	8,89	8,85	8,81	8,79
4	7,71	6,94	6,59	6,39	6,26	6,16	6,09	6,04	6,00	5,96
5	6,61	5,79	5,41	5,19	5,05	4,95	4,88	4,82	4,77	4,74
6	5,99	5,14	4,76	4,53	4,39	4,28	4,21	4,15	4,10	4,06
7	5,59	4,74	4,35	4,12	3,97	3,87	3,79	3,73	3,68	3,64
8	5,32	4,46	4,07	3,84	3,69	3,58	3,50	3,44	3,39	3,35
9	5,12	4,26	3,86	3,63	3,48	3,37	3,29	3,23	3,18	3,14
10	4,96	4,10	3,71	3,48	3,33	3,22	3,14	3,07	3,02	2,98
11	4,84	3,98	3,59	3,36	3,20	3,09	3,01	2,95	2,90	2,85
12	4,75	3,89	3,49	3,26	3,11	3,00	2,91	2,85	2,80	2,75
13	4,67	3,81	3,41	3,18	3,03	2,92	2,83	2,77	2,71	2,67
14	4,60	3,74	3,34	3,11	2,96	2,85	2,76	2,70	2,65	2,60
15	4,54	3,68	3,29	3,06	2,90	2,79	2,71	2,64	2,59	2,54
16	4,49	3,63	3,24	3,01	2,85	2,74	2,66	2,59	2,54	2,49
17	4,45	3,59	3,20	2,96	2,81	2,70	2,61	2,55	2,49	2,45
18	4,41	3,55	3,16	2,93	2,77	2,66	2,58	2,51	2,46	2,41
19	4,38	3,52	3,13	2,90	2,74	2,63	2,54	2,48	2,42	2,38
20	4,35	3,49	3,10	2,87	2,71	2,60	2,51	2,45	2,39	2,35
21	4,32	3,47	3,07	2,84	2,68	2,57	2,49	2,42	2,37	2,32
22	4,30	3,44	3,05	2,82	2,66	2,55	2,46	2,40	2,34	2,30
23	4,28	3,42	3,03	2,80	2,64	2,53	2,44	2,37	2,32	2,27
24	4,26	3,40	3,01	2,78	2,62	2,51	2,42	2,36	2,30	2,25
25	4,24	3,39	2,99	2,76	2,60	2,49	2,40	2,34	2,28	2,24
26	4,23	3,37	2,98	2,74	2,59	2,47	2,39	2,32	2,27	2,22
27	4,21	3,35	2,96	2,73	2,57	2,46	2,37	2,31	2,25	2,20
28	4,20	3,34	2,95	2,71	2,56	2,45	2,36	2,29	2,24	2,19
29	4,18	3,33	2,93	2,70	2,55	2,43	2,35	2,28	2,22	2,18
30	4,17	3,32	2,92	2,69	2,53	2,42	2,33	2,27	2,21	2,16
40	4,08	3,23	2,84	2,61	2,45	2,34	2,25	2,18	2,12	2,08
60	4,00	3,15	2,76	2,53	2,37	2,25	2,17	2,10	2,04	1,99
120	3,92	3,07	2,68	2,45	2,29	2,18	2,09	2,02	1,96	1,91
∞	161,45	199,50	215,71	224,58	230,16	233,99	236,77	238,88	240,54	241,88

Tabela F – 0,05- Continuação

Φ_1 / Φ_2	11	12	13	14	15	16	17	18	19	20
1	242,98	243,91	244,69	245,36	245,95	246,46	246,92	247,32	247,69	248,01
2	19,40	19,41	19,42	19,42	19,43	19,43	19,44	19,44	19,44	19,45
3	8,76	8,74	8,73	8,71	8,70	8,69	8,68	8,67	8,67	8,66
4	5,94	5,91	5,89	5,87	5,86	5,84	5,83	5,82	5,81	5,80
5	4,70	4,68	4,66	4,64	4,62	4,60	4,59	4,58	4,57	4,56
6	4,03	4,00	3,98	3,96	3,94	3,92	3,91	3,90	3,88	3,87
7	3,60	3,57	3,55	3,53	3,51	3,49	3,48	3,47	3,46	3,44
8	3,31	3,28	3,26	3,24	3,22	3,20	3,19	3,17	3,16	3,15
9	3,10	3,07	3,05	3,03	3,01	2,99	2,97	2,96	2,95	2,94
10	2,94	2,91	2,89	2,86	2,85	2,83	2,81	2,80	2,79	2,77
11	2,82	2,79	2,76	2,74	2,72	2,70	2,69	2,67	2,66	2,65
12	2,72	2,69	2,66	2,64	2,62	2,60	2,58	2,57	2,56	2,54
13	2,63	2,60	2,58	2,55	2,53	2,51	2,50	2,48	2,47	2,46
14	2,57	2,53	2,51	2,48	2,46	2,44	2,43	2,41	2,40	2,39
15	2,51	2,48	2,45	2,42	2,40	2,38	2,37	2,35	2,34	2,33
16	2,46	2,42	2,40	2,37	2,35	2,33	2,32	2,30	2,29	2,28
17	2,41	2,38	2,35	2,33	2,31	2,29	2,27	2,26	2,24	2,23
18	2,37	2,34	2,31	2,29	2,27	2,25	2,23	2,22	2,20	2,19
19	2,34	2,31	2,28	2,26	2,23	2,21	2,20	2,18	2,17	2,16
20	2,31	2,28	2,25	2,22	2,20	2,18	2,17	2,15	2,14	2,12
21	2,28	2,25	2,22	2,20	2,18	2,16	2,14	2,12	2,11	2,10
22	2,26	2,23	2,20	2,17	2,15	2,13	2,11	2,10	2,08	2,07
23	2,24	2,20	2,18	2,15	2,13	2,11	2,09	2,08	2,06	2,05
24	2,22	2,18	2,15	2,13	2,11	2,09	2,07	2,05	2,04	2,03
25	2,20	2,16	2,14	2,11	2,09	2,07	2,05	2,04	2,02	2,01
26	2,18	2,15	2,12	2,09	2,07	2,05	2,03	2,02	2,00	1,99
27	2,17	2,13	2,10	2,08	2,06	2,04	2,02	2,00	1,99	1,97
28	2,15	2,12	2,09	2,06	2,04	2,02	2,00	1,99	1,97	1,96
29	2,14	2,10	2,08	2,05	2,03	2,01	1,99	1,97	1,96	1,94
30	2,13	2,09	2,06	2,04	2,01	1,99	1,98	1,96	1,95	1,93
40	2,04	2,00	1,97	1,95	1,92	1,90	1,89	1,87	1,85	1,84
60	1,95	1,92	1,89	1,86	1,84	1,82	1,80	1,78	1,76	1,75
120	1,87	1,83	1,80	1,78	1,75	1,73	1,71	1,69	1,67	1,66
∞	1,79	1,75	1,72	1,69	1,67	1,64	1,62	1,60	1,59	1,57

Tabela F – 0,05- Continuação

Φ_2 \ Φ_1	21	22	23	24	25	26	27	28	29	30
1	248,31	248,58	248,83	249,05	249,26	249,45	249,63	249,80	249,95	250,10
2	19,45	19,45	19,45	19,45	19,46	19,46	19,46	19,46	19,46	19,46
3	8,65	8,65	8,64	8,64	8,63	8,63	8,63	8,62	8,62	8,62
4	5,79	5,79	5,78	5,77	5,77	5,76	5,76	5,75	5,75	5,75
5	4,55	4,54	4,53	4,53	4,52	4,52	4,51	4,50	4,50	4,50
6	3,86	3,86	3,85	3,84	3,83	3,83	3,82	3,82	3,81	3,81
7	3,43	3,43	3,42	3,41	3,40	3,40	3,39	3,39	3,38	3,38
8	3,14	3,13	3,12	3,12	3,11	3,10	3,10	3,09	3,08	3,08
9	2,93	2,92	2,91	2,90	2,89	2,89	2,88	2,87	2,87	2,86
10	2,76	2,75	2,75	2,74	2,73	2,72	2,72	2,71	2,70	2,70
11	2,64	2,63	2,62	2,61	2,60	2,59	2,59	2,58	2,58	2,57
12	2,53	2,52	2,51	2,51	2,50	2,49	2,48	2,48	2,47	2,47
13	2,45	2,44	2,43	2,42	2,41	2,41	2,40	2,39	2,39	2,38
14	2,38	2,37	2,36	2,35	2,34	2,33	2,33	2,32	2,31	2,31
15	2,32	2,31	2,30	2,29	2,28	2,27	2,27	2,26	2,25	2,25
16	2,26	2,25	2,24	2,24	2,23	2,22	2,21	2,21	2,20	2,19
17	2,22	2,21	2,20	2,19	2,18	2,17	2,17	2,16	2,15	2,15
18	2,18	2,17	2,16	2,15	2,14	2,13	2,13	2,12	2,11	2,11
19	2,14	2,13	2,12	2,11	2,11	2,10	2,09	2,08	2,08	2,07
20	2,11	2,10	2,09	2,08	2,07	2,07	2,06	2,05	2,05	2,04
21	2,08	2,07	2,06	2,05	2,05	2,04	2,03	2,02	2,02	2,01
22	2,06	2,05	2,04	2,03	2,02	2,01	2,00	2,00	1,99	1,98
23	2,04	2,02	2,01	2,01	2,00	1,99	1,98	1,97	1,97	1,96
24	2,01	2,00	1,99	1,98	1,97	1,97	1,96	1,95	1,95	1,94
25	2,00	1,98	1,97	1,96	1,96	1,95	1,94	1,93	1,93	1,92
26	1,98	1,97	1,96	1,95	1,94	1,93	1,92	1,91	1,91	1,90
27	1,96	1,95	1,94	1,93	1,92	1,91	1,90	1,90	1,89	1,88
28	1,95	1,93	1,92	1,91	1,91	1,90	1,89	1,88	1,88	1,87
29	1,93	1,92	1,91	1,90	1,89	1,88	1,88	1,87	1,86	1,85
30	1,92	1,91	1,90	1,89	1,88	1,87	1,86	1,85	1,85	1,84
40	1,83	1,81	1,80	1,79	1,78	1,77	1,77	1,76	1,75	1,74
60	1,73	1,72	1,71	1,70	1,69	1,68	1,67	1,66	1,66	1,65
120	1,64	1,63	1,62	1,61	1,60	1,59	1,58	1,57	1,56	1,55
∞	1,56	1,54	1,53	1,52	1,51	1,50	1,49	1,48	1,47	1,46

Tabela F – 0,05- Continuação

Φ_1 / Φ_2	40	60	80	∞
1	251,14	252,20	253,25	254,31
2	19,47	19,48	19,49	19,50
3	8,59	8,57	8,55	8,53
4	5,72	5,69	5,66	5,63
5	4,46	4,43	4,40	4,37
6	3,77	3,74	3,70	3,67
7	3,34	3,30	3,27	3,23
8	3,04	3,01	2,97	2,93
9	2,83	2,79	2,75	2,71
10	2,66	2,62	2,58	2,54
11	2,53	2,49	2,45	2,40
12	2,43	2,38	2,34	2,30
13	2,34	2,30	2,25	2,21
14	2,27	2,22	2,18	2,13
15	2,20	2,16	2,11	2,07
16	2,15	2,11	2,06	2,01
17	2,10	2,06	2,01	1,96
18	2,06	2,02	1,97	1,92
19	2,03	1,98	1,93	1,88
20	1,99	1,95	1,90	1,84
21	1,96	1,92	1,87	1,81
22	1,94	1,89	1,84	1,78
23	1,91	1,86	1,81	1,76
24	1,89	1,84	1,79	1,73
25	1,87	1,82	1,77	1,71
26	1,85	1,80	1,75	1,69
27	1,84	1,79	1,73	1,67
28	1,82	1,77	1,71	1,65
29	1,81	1,75	1,70	1,64
30	1,79	1,74	1,68	1,62
40	1,69	1,64	1,58	1,51
60	1,59	1,53	1,47	1,39
120	1,50	1,43	1,35	1,25
∞	1,39	1,32	1,22	1,01

Tabela F – 0,10

Valores de F para $\alpha = 10\%$, segundo o número de graus de liberdade do numerador (Φ_1) e do denominador (Φ_2)

Φ_2 \ Φ_1	1	2	3	4	5	6	7	8	9	10
1	39,86	49,50	53,59	55,83	57,24	58,20	58,91	59,44	59,86	60,19
2	8,53	9,00	9,16	9,24	9,29	9,33	9,35	9,37	9,38	9,39
3	5,54	5,46	5,39	5,34	5,31	5,28	5,27	5,25	5,24	5,23
4	4,54	4,32	4,19	4,11	4,05	4,01	3,98	3,95	3,94	3,92
5	4,06	3,78	3,62	3,52	3,45	3,40	3,37	3,34	3,32	3,30
6	3,78	3,46	3,29	3,18	3,11	3,05	3,01	2,98	2,96	2,94
7	3,59	3,26	3,07	2,96	2,88	2,83	2,78	2,75	2,72	2,70
8	3,46	3,11	2,92	2,81	2,73	2,67	2,62	2,59	2,56	2,54
9	3,36	3,01	2,81	2,69	2,61	2,55	2,51	2,47	2,44	2,42
10	3,29	2,92	2,73	2,61	2,52	2,46	2,41	2,38	2,35	2,32
11	3,23	2,86	2,66	2,54	2,45	2,39	2,34	2,30	2,27	2,25
12	3,18	2,81	2,61	2,48	2,39	2,33	2,28	2,24	2,21	2,19
13	3,14	2,76	2,56	2,43	2,35	2,28	2,23	2,20	2,16	2,14
14	3,10	2,73	2,52	2,39	2,31	2,24	2,19	2,15	2,12	2,10
15	3,07	2,70	2,49	2,36	2,27	2,21	2,16	2,12	2,09	2,06
16	3,05	2,67	2,46	2,33	2,24	2,18	2,13	2,09	2,06	2,03
17	3,03	2,64	2,44	2,31	2,22	2,15	2,10	2,06	2,03	2,00
18	3,01	2,62	2,42	2,29	2,20	2,13	2,08	2,04	2,00	1,98
19	2,99	2,61	2,40	2,27	2,18	2,11	2,06	2,02	1,98	1,96
20	2,97	2,59	2,38	2,25	2,16	2,09	2,04	2,00	1,96	1,94
21	2,96	2,57	2,36	2,23	2,14	2,08	2,02	1,98	1,95	1,92
22	2,95	2,56	2,35	2,22	2,13	2,06	2,01	1,97	1,93	1,90
23	2,94	2,55	2,34	2,21	2,11	2,05	1,99	1,95	1,92	1,89
24	2,93	2,54	2,33	2,19	2,10	2,04	1,98	1,94	1,91	1,88
25	2,92	2,53	2,32	2,18	2,09	2,02	1,97	1,93	1,89	1,87
26	2,91	2,52	2,31	2,17	2,08	2,01	1,96	1,92	1,88	1,86
27	2,90	2,51	2,30	2,17	2,07	2,00	1,95	1,91	1,87	1,85
28	2,89	2,50	2,29	2,16	2,06	2,00	1,94	1,90	1,87	1,84
29	2,89	2,50	2,28	2,15	2,06	1,99	1,93	1,89	1,86	1,83
30	2,88	2,49	2,28	2,14	2,05	1,98	1,93	1,88	1,85	1,82
40	2,84	2,44	2,23	2,09	2,00	1,93	1,87	1,83	1,79	1,76
60	2,79	2,39	2,18	2,04	1,95	1,87	1,82	1,77	1,74	1,71
120	2,75	2,35	2,13	1,99	1,90	1,82	1,77	1,72	1,68	1,65
∞	2,71	2,30	2,08	1,94	1,85	1,77	1,72	1,67	1,63	1,60

Tabela F – 0,10- Continuação

Φ_2 \ Φ_1	11	12	13	14	15	16	17	18	19	20
1	60,47	60,71	60,90	61,07	61,22	61,35	61,46	61,57	61,66	61,74
2	9,40	9,41	9,41	9,42	9,42	9,43	9,43	9,44	9,44	9,44
3	5,22	5,22	5,21	5,20	5,20	5,20	5,19	5,19	5,19	5,18
4	3,91	3,90	3,89	3,88	3,87	3,86	3,86	3,85	3,85	3,84
5	3,28	3,27	3,26	3,25	3,24	3,23	3,22	3,22	3,21	3,21
6	2,92	2,90	2,89	2,88	2,87	2,86	2,85	2,85	2,84	2,84
7	2,68	2,67	2,65	2,64	2,63	2,62	2,61	2,61	2,60	2,59
8	2,52	2,50	2,49	2,48	2,46	2,45	2,45	2,44	2,43	2,42
9	2,40	2,38	2,36	2,35	2,34	2,33	2,32	2,31	2,30	2,30
10	2,30	2,28	2,27	2,26	2,24	2,23	2,22	2,22	2,21	2,20
11	2,23	2,21	2,19	2,18	2,17	2,16	2,15	2,14	2,13	2,12
12	2,17	2,15	2,13	2,12	2,10	2,09	2,08	2,08	2,07	2,06
13	2,12	2,10	2,08	2,07	2,05	2,04	2,03	2,02	2,01	2,01
14	2,07	2,05	2,04	2,02	2,01	2,00	1,99	1,98	1,97	1,96
15	2,04	2,02	2,00	1,99	1,97	1,96	1,95	1,94	1,93	1,92
16	2,01	1,99	1,97	1,95	1,94	1,93	1,92	1,91	1,90	1,89
17	1,98	1,96	1,94	1,93	1,91	1,90	1,89	1,88	1,87	1,86
18	1,95	1,93	1,92	1,90	1,89	1,87	1,86	1,85	1,84	1,84
19	1,93	1,91	1,89	1,88	1,86	1,85	1,84	1,83	1,82	1,81
20	1,91	1,89	1,87	1,86	1,84	1,83	1,82	1,81	1,80	1,79
21	1,90	1,87	1,86	1,84	1,83	1,81	1,80	1,79	1,78	1,78
22	1,88	1,86	1,84	1,83	1,81	1,80	1,79	1,78	1,77	1,76
23	1,87	1,84	1,83	1,81	1,80	1,78	1,77	1,76	1,75	1,74
24	1,85	1,83	1,81	1,80	1,78	1,77	1,76	1,75	1,74	1,73
25	1,84	1,82	1,80	1,79	1,77	1,76	1,75	1,74	1,73	1,72
26	1,83	1,81	1,79	1,77	1,76	1,75	1,73	1,72	1,71	1,71
27	1,82	1,80	1,78	1,76	1,75	1,74	1,72	1,71	1,70	1,70
28	1,81	1,79	1,77	1,75	1,74	1,73	1,71	1,70	1,69	1,69
29	1,80	1,78	1,76	1,75	1,73	1,72	1,71	1,69	1,68	1,68
30	1,79	1,77	1,75	1,74	1,72	1,71	1,70	1,69	1,68	1,67
40	1,74	1,71	1,70	1,68	1,66	1,65	1,64	1,62	1,61	1,61
60	1,68	1,66	1,64	1,62	1,60	1,59	1,58	1,56	1,55	1,54
120	1,63	1,60	1,58	1,56	1,55	1,53	1,52	1,50	1,49	1,48
∞	1,57	1,55	1,52	1,50	1,49	1,47	1,46	1,44	1,43	1,42

Tabela F – 0,10- Continuação

Φ_1 / Φ_2	21	22	23	24	25	26	27	28	29	30
1	61,81	61,88	61,95	62,00	62,05	62,10	62,15	62,19	62,23	62,26
2	9,44	9,45	9,45	9,45	9,45	9,45	9,45	9,46	9,46	9,46
3	5,18	5,18	5,18	5,18	5,17	5,17	5,17	5,17	5,17	5,17
4	3,84	3,84	3,83	3,83	3,83	3,83	3,82	3,82	3,82	3,82
5	3,20	3,20	3,19	3,19	3,19	3,18	3,18	3,18	3,18	3,17
6	2,83	2,83	2,82	2,82	2,81	2,81	2,81	2,81	2,80	2,80
7	2,59	2,58	2,58	2,58	2,57	2,57	2,56	2,56	2,56	2,56
8	2,42	2,41	2,41	2,40	2,40	2,40	2,39	2,39	2,39	2,38
9	2,29	2,29	2,28	2,28	2,27	2,27	2,26	2,26	2,26	2,25
10	2,19	2,19	2,18	2,18	2,17	2,17	2,17	2,16	2,16	2,16
11	2,12	2,11	2,11	2,10	2,10	2,09	2,09	2,08	2,08	2,08
12	2,05	2,05	2,04	2,04	2,03	2,03	2,02	2,02	2,01	2,01
13	2,00	1,99	1,99	1,98	1,98	1,97	1,97	1,96	1,96	1,96
14	1,96	1,95	1,94	1,94	1,93	1,93	1,92	1,92	1,92	1,91
15	1,92	1,91	1,90	1,90	1,89	1,89	1,88	1,88	1,88	1,87
16	1,88	1,88	1,87	1,87	1,86	1,86	1,85	1,85	1,84	1,84
17	1,86	1,85	1,84	1,84	1,83	1,83	1,82	1,82	1,81	1,81
18	1,83	1,82	1,82	1,81	1,80	1,80	1,80	1,79	1,79	1,78
19	1,81	1,80	1,79	1,79	1,78	1,78	1,77	1,77	1,76	1,76
20	1,79	1,78	1,77	1,77	1,76	1,76	1,75	1,75	1,74	1,74
21	1,77	1,76	1,75	1,75	1,74	1,74	1,73	1,73	1,72	1,72
22	1,75	1,74	1,74	1,73	1,73	1,72	1,72	1,71	1,71	1,70
23	1,74	1,73	1,72	1,72	1,71	1,70	1,70	1,69	1,69	1,69
24	1,72	1,71	1,71	1,70	1,70	1,69	1,69	1,68	1,68	1,67
25	1,71	1,70	1,70	1,69	1,68	1,68	1,67	1,67	1,66	1,66
26	1,70	1,69	1,68	1,68	1,67	1,67	1,66	1,66	1,65	1,65
27	1,69	1,68	1,67	1,67	1,66	1,65	1,65	1,64	1,64	1,64
28	1,68	1,67	1,66	1,66	1,65	1,64	1,64	1,63	1,63	1,63
29	1,67	1,66	1,65	1,65	1,64	1,63	1,63	1,62	1,62	1,62
30	1,66	1,65	1,64	1,64	1,63	1,63	1,62	1,62	1,61	1,61
40	1,60	1,59	1,58	1,57	1,57	1,56	1,56	1,55	1,55	1,54
60	1,53	1,53	1,52	1,51	1,50	1,50	1,49	1,49	1,48	1,48
120	1,47	1,46	1,46	1,45	1,44	1,43	1,43	1,42	1,41	1,41
∞	1,41	1,40	1,39	1,38	1,38	1,37	1,36	1,35	1,35	1,34

Tabela F – 0,10- Continuação

Φ_1 \ Φ_2	40	60	80	∞
1	62,53	62,79	63,06	63,33
2	9,47	9,47	9,48	9,49
3	5,16	5,15	5,14	5,13
4	3,80	3,79	3,78	3,76
5	3,16	3,14	3,12	3,11
6	2,78	2,76	2,74	2,72
7	2,54	2,51	2,49	2,47
8	2,36	2,34	2,32	2,29
9	2,23	2,21	2,18	2,16
10	2,13	2,11	2,08	2,06
11	2,05	2,03	2,00	1,97
12	1,99	1,96	1,93	1,90
13	1,93	1,90	1,88	1,85
14	1,89	1,86	1,83	1,80
15	1,85	1,82	1,79	1,76
16	1,81	1,78	1,75	1,72
17	1,78	1,75	1,72	1,69
18	1,75	1,72	1,69	1,66
19	1,73	1,70	1,67	1,63
20	1,71	1,68	1,64	1,61
21	1,69	1,66	1,62	1,59
22	1,67	1,64	1,60	1,57
23	1,66	1,62	1,59	1,55
24	1,64	1,61	1,57	1,53
25	1,63	1,59	1,56	1,52
26	1,61	1,58	1,54	1,50
27	1,60	1,57	1,53	1,49
28	1,59	1,56	1,52	1,48
29	1,58	1,55	1,51	1,47
30	1,57	1,54	1,50	1,46
40	1,51	1,47	1,42	1,38
60	1,44	1,40	1,35	1,29
120	1,37	1,32	1,26	1,19
∞	1,30	1,24	1,17	1,01

Tabela 5
Tabela de Tukey 0,01

Φ_R	Nº de Colunas da ANOVA(K)									
	2	**3**	**4**	**5**	**6**	**7**	**8**	**9**	**10**	**11**
1	90,00	135,00	164,00	186,00	202,00	216,00	227,00	237,00	246,00	253,00
2	14,00	19,00	22,30	24,70	26,60	28,20	29,50	30,70	31,70	32,60
3	8,26	10,60	12,20	13,30	14,20	15,00	15,60	16,20	16,70	17,10
4	6,51	8,12	9,17	9,96	10,60	11,10	11,50	11,90	12,30	12,60
5	5,70	6,97	7,80	8,42	8,91	9,32	9,67	9,97	10,20	10,50
6	5,24	6,33	7,03	7,56	7,97	8,32	8,61	8,87	9,10	9,30
7	4,95	5,92	6,54	7,01	7,37	7,68	7,94	8,17	8,37	8,55
8	4,74	5,63	6,20	6,63	6,96	7,24	7,47	7,68	7,87	8,03
9	4,60	5,43	5,96	6,35	6,66	6,91	7,13	7,32	7,49	7,65
10	4,48	5,27	6,77	6,14	6,43	6,67	6,87	7,05	7,21	7,36
11	4,39	5,14	5,62	5,97	6,25	6,48	6,67	6,84	6,99	7,13
12	4,32	5,04	5,50	5,84	6,10	6,32	6,51	6,67	6,81	6,94
13	4,26	4,96	5,40	5,73	5,98	6,19	6,37	6,53	6,67	6,79
14	4,21	4,89	5,32	5,63	5,88	6,08	6,26	6,41	6,54	6,66
15	4,17	4,83	5,25	5,56	5,80	5,99	6,16	6,31	6,44	6,55
16	4,13	4,78	5,19	5,49	5,72	5,92	6,08	6,22	6,35	6,46
17	4,10	4,74	5,14	5,43	5,66	5,85	6,01	6,15	6,27	6,38
18	4,07	4,70	5,09	5,38	5,60	5,79	5,94	6,08	6,20	6,31
19	4,05	4,67	5,05	5,33	5,55	5,73	5,89	6,02	6,14	6,25
20	4,02	4,64	5,02	5,29	5,51	5,69	5,84	5,97	6,09	6,19
24	3,96	4,54	4,91	5,17	5,37	5,54	5,69	5,81	5,92	6,02
30	3,89	4,45	4,80	5,05	5,24	5,40	5,54	5,65	5,76	5,85
40	3,82	4,37	4,70	4,93	5,11	5,27	5,39	5,50	5,60	5,69
60	3,76	4,28	4,60	4,82	4,99	5,13	5,25	5,36	5,45	5,53
120	3,70	4,20	4,50	4,71	4,87	5,01	5,12	5,21	5,30	5,38
∞	3,64	4,12	4,40	4,60	4,76	4,88	4,99	5,08	5,16	5,23

Tabela 5
Tabela de Tukey 0,05

Φ_R	Nº de Colunas da ANOVA(K)									
	2	3	4	5	6	7	8	9	10	11
1	18,00	27,00	32,80	37,10	40,40	43,10	45,40	47,40	49,10	50,60
2	6,08	8,33	9,80	10,90	11,70	12,40	13,00	13,50	14,00	14,40
3	4,50	5,91	6,82	7,50	8,04	8,48	8,85	9,18	9,46	9,72
4	3,93	5,04	5,76	6,29	6,71	7,05	7,35	7,60	7,83	8,03
5	3,64	4,60	5,22	5,67	6,03	6,33	6,58	6,80	6,99	7,17
6	3,46	4,34	4,90	5,30	5,63	5,90	6,12	6,32	6,49	6,65
7	3,34	4,16	4,68	5,06	5,36	5,61	5,82	6,00	6,16	6,30
8	3,26	4,04	4,53	4,89	5,17	5,40	5,60	5,77	5,92	6,05
9	3,20	4,95	4,41	4,76	5,02	5,24	5,43	5,59	5,74	5,87
10	3,15	3,88	4,33	4,65	4,91	5,12	5,30	5,46	5,60	5,72
11	3,11	3,82	4,26	4,57	4,82	5,03	5,20	5,35	5,49	5,61
12	3,08	3,77	4,20	4,51	4,75	4,95	5,12	5,27	5,39	5,51
13	3,06	3,73	4,15	4,45	4,69	4,88	5,05	5,19	5,32	5,43
14	3,03	3,70	4,11	4,41	4,64	4,83	4,99	5,13	5,25	5,36
15	3,01	3,67	4,08	4,37	4,59	4,78	4,94	5,08	5,20	5,31
16	3,00	3,65	4,05	4,33	4,56	4,74	4,90	5,03	5,15	5,26
17	2,98	3,63	4,02	4,30	4,52	4,70	4,86	4,99	5,11	5,21
18	2,97	3,61	4,00	4,28	4,49	4,67	4,82	4,96	5,07	5,17
19	2,96	3,59	3,98	4,25	4,47	4,65	4,79	4,92	5,04	5,14
20	2,95	3,58	3,96	4,23	4,45	4,62	4,77	4,90	5,01	5,11
24	2,92	3,53	3,90	4,17	4,37	4,54	4,68	4,81	4,92	5,01
30	2,89	3,49	3,85	4,10	4,30	4,46	4,60	4,72	4,82	4,92
40	2,86	3,44	3,79	4,04	4,23	4,39	4,52	4,63	4,73	4,82
60	2,83	3,40	3,74	3,98	4,16	4,31	4,44	4,55	4,65	4,73
120	2,80	3,36	3,68	3,92	4,10	4,24	4,36	4,47	4,56	4,64
∞	2,77	3,31	3,63	3,86	4,03	4,17	4,29	4,39	4,47	4,55

Tabela 5
Tabela de Tukey 0,10

Φ_R	Nº de Colunas da ANOVA(K)									
	2	3	4	5	6	7	8	9	10	11
1	8,93	13,40	16,40	18,50	20,20	21,50	22,60	23,60	24,50	25,20
2	4,13	5,73	6,77	7,54	8,14	8,63	9,05	9,41	9,72	10,00
3	3,33	4,47	5,20	5,74	6,16	6,51	6,81	7,26	7,29	7,49
4	3,01	3,98	4,59	5,03	5,39	5,68	5,93	6,14	6,33	6,49
5	2,85	3,72	4,26	4,66	4,98	5,24	5,46	5,65	5,82	5,97
6	2,75	3,56	4,07	4,44	4,73	4,97	5,17	5,34	5,50	5,64
7	2,68	3,45	3,93	4,28	4,55	4,78	4,97	5,14	5,28	5,41
8	2,63	3,37	3,83	4,17	4,43	4,65	4,83	4,99	5,13	5,25
9	2,59	3,32	3,76	4,08	4,34	4,54	4,72	4,87	5,01	5,13
10	2,56	3,27	3,70	4,02	4,26	4,47	4,64	4,78	4,91	5,03
11	2,54	3,23	3,66	3,96	4,20	4,40	4,57	4,71	4,84	4,95
12	2,52	3,20	3,62	3,92	4,16	4,35	4,51	4,65	4,78	4,89
13	2,50	3,18	3,59	3,88	4,12	4,30	4,46	4,60	4,72	4,83
14	2,49	3,16	3,56	3,85	4,08	4,27	4,42	4,56	4,68	4,79
15	2,48	3,14	3,54	3,83	4,05	4,23	4,39	4,52	4,64	4,75
16	2,47	3,12	3,52	3,80	4,03	4,21	4,36	4,49	4,61	4,71
17	2,46	3,11	3,50	3,78	4,00	4,18	4,33	4,46	4,58	4,68
18	2,45	3,10	3,49	3,77	3,98	4,16	4,31	4,44	4,55	4,65
19	2,45	3,09	3,47	3,75	3,97	4,14	4,29	4,42	4,53	4,63
20	2,44	3,08	3,46	3,74	3,95	4,12	4,27	4,40	4,51	4,61
24	2,42	3,05	3,42	3,69	3,90	4,07	4,21	4,34	4,44	4,54
30	2,40	3,02	3,39	3,65	3,85	4,02	4,16	4,28	4,38	4,47
40	2,38	2,99	3,35	3,60	3,80	3,96	4,10	4,21	4,32	4,41
60	2,36	2,96	3,31	3,56	3,75	3,91	4,04	4,16	4,25	4,34
120	2,34	2,93	3,28	3,52	3,71	3,86	3,99	4,10	4,19	4,28
∞	2,33	2,90	3,24	3,48	3,66	3,81	3,93	4,04	4,13	4,21

Tabela 6
Valor-p por Valores de F

Φ_2	Valor-p	Φ_1										
		1	**2**	**3**	**4**	**5**	**6**	**8**	**10**	**20**	**40**	**∞**
1	*0,250*	5,83	7,50	8,20	8,58	8,82	8,98	9,19	9,32	9,58	9,71	9,85
	0,100	39,90	49,50	53,60	55,80	57,20	58,20	59,40	60,20	61,70	62,50	63,30
	0,050	161,00	200,00	216,00	225,00	230,00	234,00	239,00	242,00	248,00	251,00	254,00
2	*0,250*	2,57	3,00	3,15	3,23	3,28	3,31	3,35	3,38	3,43	3,45	3,48
	0,100	8,53	9,00	9,16	9,24	9,29	9,33	9,37	9,39	9,44	9,47	9,49
	0,050	18,50	19,00	19,20	19,20	19,30	19,30	19,40	19,40	19,40	19,50	19,50
	0,010	98,50	99,00	99,20	99,20	99,30	99,30	99,40	99,40	99,40	99,50	99,50
	0,001	998,00	999,00	999,00	999,00	999,00	999,00	999,00	999,00	999,00	999,00	999,00
3	*0,250*	2,02	2,28	2,36	2,39	2,41	2,42	2,44	2,44	2,46	2,47	2,47
	0,100	5,54	5,46	5,39	5,34	5,31	5,28	5,25	5,23	5,18	5,16	5,13
	0,050	10,10	9,55	9,28	9,12	9,10	8,94	8,85	8,79	8,66	8,59	8,53
	0,010	34,10	30,80	29,50	28,70	28,20	27,90	27,50	27,20	26,70	26,40	26,10
	0,001	167,00	149,00	141,00	137,00	135,00	133,00	131,00	129,00	126,00	125,00	124,00
4	*0,250*	1,81	2,00	2,05	2,06	2,07	2,08	2,08	2,08	2,08	2,08	2,08
	0,100	4,54	4,32	4,19	4,11	4,05	4,01	3,95	3,92	3,84	3,80	3,76
	0,050	7,71	6,94	6,59	6,39	6,26	6,16	6,04	5,96	5,80	5,72	5,63
	0,010	21,10	18,00	16,70	16,00	15,50	15,20	14,80	14,50	14,00	13,70	13,50
	0,001	74,10	61,30	56,20	53,40	51,70	50,50	49,00	48,10	46,10	45,10	44,10
5	*0,250*	1,69	1,85	1,88	1,89	1,89	1,89	1,89	1,89	1,88	1,88	1,87
	0,100	4,06	3,78	3,62	3,52	3,45	3,40	3,34	3,30	3,21	3,16	3,10
	0,050	6,61	5,79	5,41	5,19	5,05	4,95	4,82	4,74	4,56	4,46	4,36
	0,010	16,30	13,30	12,10	11,40	11,00	10,70	10,30	10,10	9,55	9,29	9,02
	0,001	47,20	37,10	33,20	31,10	29,80	28,80	27,60	26,90	25,40	24,60	23,80
6	*0,250*	1,62	1,76	1,78	1,79	1,79	1,78	1,77	1,77	1,76	1,75	1,74
	0,100	3,78	3,46	3,29	3,18	3,11	3,05	2,98	2,94	2,84	2,78	2,72
	0,050	5,99	5,14	4,76	4,53	4,39	4,28	4,15	4,06	3,87	3,77	3,67
	0,010	13,70	10,90	9,78	9,15	8,75	8,47	8,10	7,87	7,40	7,14	6,88
	0,001	35,50	27,00	23,70	21,90	20,80	20,00	19,00	18,40	17,10	16,40	15,80
7	*0,250*	1,57	1,70	1,72	1,72	1,71	1,71	1,70	1,69	1,67	1,66	1,65

	0,100	3,59	3,26	3,07	2,96	2,88	2,83	2,75	2,70	2,59	2,54	2,47
	0,050	5,59	4,74	4,35	4,12	3,97	3,87	3,73	3,64	3,44	3,34	3,23
	0,010	12,20	9,55	8,45	7,85	7,46	7,19	6,84	6,62	6,16	5,91	5,65
	0,001	29,30	21,70	18,80	17,20	16,20	15,50	14,60	14,10	12,90	12,30	11,70
8	*0,250*	1,54	1,66	1,67	1,66	1,66	1,65	1,64	1,63	1,61	1,59	1,58
	0,100	3,46	3,11	2,92	2,81	2,73	2,67	2,59	2,54	2,42	2,36	2,29
	0,050	5,32	4,46	4,07	3,84	3,69	3,58	3,44	3,35	3,15	3,04	2,93
	0,010	11,30	8,65	7,59	7,01	6,63	6,37	6,03	5,81	5,36	5,12	4,86
	0,001	25,40	18,50	15,80	14,40	13,50	12,90	12,00	11,50	10,50	9,92	9,33

Tabela 6-Valor-p por Valores de F-(Continuação)

Φ_2	Valor-p	Φ_1										
		1	2	3	4	5	6	8	10	20	40	∞
9	*0,250*	1,51	1,62	1,63	1,63	1,62	1,61	1,60	1,59	1,56	1,55	1,53
	0,100	3,36	3,01	2,81	2,69	2,61	2,55	2,47	2,42	2,30	2,23	2,16
	0,050	5,12	4,26	3,86	3,63	3,48	3,37	3,23	3,14	2,94	2,83	2,71
	0,010	10,6	8,02	6,99	6,42	6,06	5,80	5,47	5,26	4,81	4,57	4,31
	0,001	22,9	16,4	13,90	12,60	11,70	11,10	10,40	9,89	8,90	8,37	7,81
10	*0,250*	1,49	1,60	1,60	1,59	1,59	1,58	1,56	1,55	1,52	1,51	1,48
	0,100	3,28	2,92	2,73	2,61	2,52	2,46	2,38	2,32	2,20	2,13	2,06
	0,050	4,96	4,10	3,71	3,48	3,33	3,22	3,07	2,98	2,77	2,66	2,54
	0,010	10,00	7,56	6,55	5,99	5,64	5,39	5,06	4,85	4,41	4,17	3,91
	0,001	21,00	14,90	12,60	11,30	10,50	9,92	9,20	8,75	7,80	7,30	6,76
12	*0,250*	1,56	1,56	1,56	1,55	1,54	1,53	1,51	1,50	1,47	1,45	1,42
	0,100	3,18	2,81	2,61	2,48	2,39	2,33	2,24	2,19	2,06	1,99	1,90
	0,050	4,75	3,89	3,49	3,26	3,11	3,00	2,85	2,75	2,54	2,43	2,30
	0,010	9,33	6,93	5,95	5,41	5,06	4,82	4,50	4,30	3,86	3,62	3,36
	0,001	18,6	13,00	10,80	9,63	8,89	8,38	7,71	7,29	6,40	5,93	5,42
14	*0,250*	1,44	1,53	1,53	1,52	1,51	1,50	1,48	1,46	1,43	1,41	1,38
	0,100	3,10	2,73	2,52	2,39	2,31	2,24	2,15	2,10	1,96	1,89	1,80
	0,050	4,60	3,74	3,34	3,11	2,96	2,85	2,70	2,60	2,39	2,27	2,13
	0,010	8,86	5,51	5,56	5,04	4,69	4,46	4,14	3,94	3,51	3,27	3,00
	0,001	17,10	11,80	9,73	8,62	7,92	7,43	6,80	6,40	5,56	5,10	4,60
16	*0,250*	1,42	1,51	1,51	1,50	1,48	1,48	1,46	1,45	1,40	1,37	1,34
	0,100	3,05	2,67	2,46	2,33	2,24	2,18	2,09	2,03	1,89	1,81	1,72
	0,050	4,49	3,63	3,24	3,01	2,85	2,74	2,59	2,49	2,28	2,15	2,01
	0,010	8,53	6,23	5,29	4,77	4,44	4,20	3,89	3,69	3,26	3,02	2,75
	0,001	16,10	11,00	9,00	7,94	7,27	6,81	6,19	5,81	4,99	4,54	4,06
18	*0,250*	1,41	1,50	1,49	1,48	1,46	1,45	1,43	1,42	1,38	1,35	1,32
	0,100	3,01	2,62	2,42	2,29	2,20	2,13	2,04	1,98	1,84	1,75	1,66
	0,050	4,41	3,55	3,16	2,93	2,77	2,66	2,51	2,41	2,19	2,06	1,92
	0,010	8,29	6,01	5,09	4,58	4,25	4,01	3,71	3,51	3,08	2,84	2,57
	0,001	15,40	10,40	8,49	7,46	6,81	6,35	5,76	5,39	4,59	4,15	3,67

20	*0,250*	1,40	1,49	1,48	1,46	1,45	1,44	1,42	1,40	1,36	1,33	1,29
	0,100	2,97	2,59	2,38	2,25	2,16	2,09	2,00	1,94	1,79	1,71	1,61
	0,050	4,35	3,49	3,10	2,87	2,71	2,60	2,45	2,35	2,12	1,99	1,84
	0,010	8,10	5,85	4,94	4,43	4,10	3,87	3,56	3,37	2,94	2,69	2,42
	0,001	14,80	9,95	8,10	7,10	6,46	6,02	5,44	5,08	4,29	3,86	3,38
30	*0,250*	1,38	1,45	1,44	1,42	1,41	1,39	1,37	1,35	1,30	1,27	1,23
	0,100	2,88	2,49	2,28	2,14	2,05	1,98	1,88	1,82	1,67	1,57	1,46
	0,050	4,17	3,32	2,92	2,69	2,53	2,42	2,27	2,16	1,93	1,79	1,62
	0,010	7,56	5,39	4,51	4,02	3,70	3,47	3,17	2,98	2,55	2,30	2,01
	0,001	13,30	8,77	7,05	6,12	5,53	5,12	4,58	4,24	3,49	3,07	2,59

Tabela 6-Valor-p por Valores de F-(Continuação)

Φ_2	Valor-p	Φ_1										
		1	**2**	**3**	**4**	**5**	**6**	**8**	**10**	**20**	**40**	∞
40	*0,250*	1,36	1,44	1,42	1,40	1,39	1,37	1,35	1,33	1,28	1,24	1,19
	0,100	2,84	2,44	2,23	2,09	2,00	1,93	1,83	1,76	1,61	1,51	1,38
	0,050	4,08	3,23	2,84	2,61	2,45	2,34	2,18	2,08	1,84	1,69	1,51
	0,010	7,31	5,18	4,31	3,83	3,51	3,29	2,99	2,80	2,37	2,11	1,80
	0,001	12,60	8,25	6,60	5,70	5,13	4,73	4,21	3,87	3,15	2.73	2,23
60	*0,250*	1,35	1,42	1,41	1,38	1,37	1,35	1,32	1,30	1,25	1,21	1,15
	0,100	2,79	2,39	2,18	2,04	1,95	1,87	1,77	1,71	1,54	1,44	1,29
	0,050	4,00	3,15	2,76	2,53	2,37	2,25	2,10	1,99	1,75	1,59	1,39
	0,010	7,08	4,98	4,13	3,65	3,34	3,12	2,82	2,63	2,20	1,94	1,60
	0,001	12,00	7,76	6,17	5,31	4,76	4,37	3,87	3,54	2,83	2,41	1,89
120	*0,250*	1,34	1,40	1,39	1,37	1,35	1,33	1,30	1,28	1,22	1,18	1,10
	0,100	2,75	2,35	2,13	1,99	1,90	1,82	1,72	1,65	1,48	1,37	1,19
	0,050	3,92	3,07	2,68	2,45	2,29	2,17	2,02	1,91	1,66	1,50	1,25
	0,010	6,85	4,79	3,95	3,48	3,17	2,96	2,66	2,47	2,03	1,76	1,38
	0,001	11,40	7,32	5,79	4,95	4,42	4,04	3,55	3,24	2,53	2,11	1,54
∞	*0,250*	1,32	1,39	1,37	1,35	1,33	1,31	1,28	1,25	1,19	1,14	1,00
	0,100	2,71	2,30	2,08	1,94	1,85	1,77	1,67	1,60	1,42	1,30	1,00
	0,050	3,84	3,00	2,60	2,37	2,21	2,10	1,94	1,83	1,57	1,39	1,00
	0,010	6,63	4,61	3,78	3,32	3,02	2,80	2,51	2,32	1,88	1,59	1,00
	0,001	10,80	6,91	5,42	4,62	4,10	3,74	3,27	2,96	2,27	1,84	1,00

Tabela 7
Durbin-Watson 1%

n	$N_{VI}=1$		$N_{VI}=2$		$N_{VI}=3$		$N_{VI}=4$		$N_{VI}=5$	
	d_L	d_U	d_L	d_U	d_L	d_U	d_L	d_U	d_L	d_U
15	0,81	1,07	0,70	1,25	0,59	1,46	0,49	1,70	0,39	1,96
16	0,84	1,09	0,74	1,25	0,63	1,44	0,53	1,66	0,44	1,90
17	0,87	1,10	0,77	1,25	0,67	1,43	0,57	1,63	0,48	1,85
18	0,90	1,12	0,80	1,26	0,71	1,42	0,61	1,60	0,52	1,80
19	0,93	1,13	0,83	1,26	0,74	1,41	0,65	1,58	0,56	1,77
20	0,95	1,15	0,86	1,27	0,77	1,41	0,68	1,57	0,60	1,74
21	0,97	1,16	0,89	1,27	0,80	1,41	0,72	1,55	0,63	1,71
22	1,00	1,17	0,91	1,28	0,83	1,40	0,75	1,54	0,66	1,69
23	1,02	1,19	0,94	1,29	0,86	1,40	0,77	1,53	0,70	1,67
24	1,04	1,20	0,96	1,30	0,88	1,41	0,80	1,53	0,72	1,66
25	1,05	1,21	0,98	1,30	0,90	1,41	0,83	1,52	0,75	1,65
26	1,07	1,22	1,00	1,31	0,93	1,41	0,85	1,52	0,78	1,64
27	1,09	1,23	1,02	1,32	0,95	1,41	0,88	1,51	0,81	1,63
28	1,10	1,24	1,04	1,32	0,97	1,41	0,90	1,51	0,83	1,62
29	1,12	1,25	1,05	1,33	0,99	1,42	0,92	1,51	0,85	1,61
30	1,13	1,26	1,07	1,34	1,01	1,42	0,94	1,51	0,88	1,61
31	1,15	1,27	1,08	1,34	1,02	1,42	0,96	1,51	0,90	1,60
32	1,16	1,28	1,10	1,35	1,04	1,43	0,98	1,51	0,92	1,59
33	1,17	1,29	1,11	1,36	1,05	1,43	1,00	1,51	0,94	1,59
34	1,18	1,30	1,13	1,36	1,07	1,43	1,01	1,51	0,95	1,59
35	1,19	1,31	1,14	1,37	1,08	1,44	1,03	1,51	0,97	1,59
36	1,21	1,32	1,15	1,38	1,10	1,44	1,04	1,51	0,99	1,59
37	1,22	1,32	1,16	1,38	1,11	1,45	1,06	1,51	1,00	1,58
38	1,23	1,33	1,18	1,39	1,12	1,45	1,07	1,52	1,02	1,58
39	1,24	1,34	1,19	1,39	1,14	1,45	1,09	1,52	1,03	1,58
40	1,25	1,34	1,20	1,40	1,15	1,46	1,10	1,51	1,05	1,58
45	1,29	1,38	1,24	1,42	1,20	1,48	1,16	1,51	1,11	1,59
50	1,32	1,40	1,28	1,45	1,24	1,49	1,20	1,51	1,16	1,59
55	1,36	1,43	1,32	1,47	1,28	1,51	1,25	1,52	1,21	1,60
60	1,38	1,45	1,35	1,48	1,32	1,52	1,28	1,52	1,25	1,61
65	1,41	1,47	1,38	1,50	1,35	1,53	1,31	1,57	1,28	1,61
70	1,43	1,49	1,40	1,52	1,37	1,55	1,34	1,58	1,31	1,61
75	1,45	1,50	1,42	1,53	1,39	1,56	1,37	1,59	1,34	1,62
80	1,47	1,52	1,44	1,54	1,42	1,57	1,39	1,60	1,36	1,62
85	1,48	1,53	1,46	1,55	1,43	1,58	1,41	1,60	1,39	1,63
90	1,50	1,54	1,47	1,56	1,45	1,59	1,43	1,61	1,41	1,64
95	1,51	1,55	1,49	1,57	1,47	1,60	1,45	1,62	1,42	1,64
100	1,52	1,56	1,50	1,58	1,48	1,60	1,46	1,63	1,44	1,64

Tabela 7
***Durbin-Watson* 5%**

n	$N_{VI}=1$		$N_{VI}=2$		$N_{VI}=3$		$N_{VI}=4$		$N_{VI}=5$	
	d_L	d_U	d_L	d_U	d_L	d_U	d_L	d_U	d_L	d_U
15	1,08	1,36	0,95	1,54	0,82	1,75	0,69	1,97	0,56	2,21
16	1,10	1,37	0,98	1,54	0,86	1,73	0,74	1,93	0,62	2,15
17	1,13	1,38	1,02	1,54	0,90	1,71	0,78	1,90	0,67	2,10
18	1,16	1,39	1,05	1,53	0,93	1,69	0,82	1,87	0,71	2,06
19	1,18	1,40	1,08	1,53	0,97	1,68	0,86	1,85	0,75	2,02
20	1,20	1,41	1,10	1,54	1,00	1,68	0,90	1,83	0,79	1,99
21	1,22	1,42	1,13	1,54	1,03	1,67	0,93	1,81	0,83	1,96
22	1,24	1,43	1,15	1,54	1,05	1,66	0,96	1,80	0,86	1,94
23	1,26	1,44	1,17	1,54	1,08	1,66	0,99	1,79	0,90	1,92
24	1,27	1,45	1,19	1,55	1,10	1,66	1,01	1,78	0,93	1,90
25	1,29	1,45	1,21	1,55	1,12	1,66	1,04	1,77	0,95	1,89
26	1,30	1,46	1,22	1,55	1,14	1,65	1,06	1,76	0,98	1,88
27	1,32	1,47	1,24	1,56	1,16	1,65	1,08	1,76	1,01	1,86
28	1,33	1,48	1,26	1,56	1,18	1,65	1,10	1,75	1,03	1,85
29	1,34	1,48	1,27	1,56	1,20	1,65	1,12	1,74	1,05	1,84
30	1,35	1,49	1,28	1,57	1,21	1,65	1,14	1,74	1,07	1,83
31	1,36	1,50	1,30	1,57	1,23	1,65	1,16	1,74	1,09	1,83
32	1,37	1,50	1,31	1,57	1,24	1,65	1,18	1,73	1,11	1,82
33	1,38	1,51	1,32	1,57	1,26	1,65	1,19	1,73	1,13	1,81
34	1,39	1,51	1,33	1,58	1,27	1,65	1,21	1,73	1,15	1,81
35	1,40	1,52	1,34	1,58	1,28	1,65	1,22	1,73	1,16	1,80
36	1,41	1,52	1,35	1,59	1,29	1,65	1,24	1,73	1,18	1,80
37	1,42	1,53	1,36	1,59	1,31	1,66	1,25	1,72	1,19	1,80
38	1,43	1,54	1,37	1,59	1,32	1,66	1,26	1,72	1,21	1,79
39	1,43	1,54	1,38	1,60	1,33	1,66	1,27	1,72	1,22	1,79
40	1,44	1,54	1,39	1,60	1,34	1,66	1,29	1,72	1,23	1,79
45	1,48	1,57	1,43	1,62	1,38	1,67	1,34	1,72	1,29	1,79
50	1,50	1,59	1,46	1,63	1,42	1,67	1,38	1,72	1,34	1,77
55	1,53	1,60	1,49	1,64	1,45	1,68	1,41	1,72	1,38	1,77
60	1,55	1,62	1,51	1,65	1,48	1,69	1,44	1,73	1,41	1,77
65	1,57	1,63	1,54	1,66	1,50	1,70	1,47	1,73	1,44	1,77
70	1,58	1,64	1,55	1,67	1,52	1,70	1,49	1,74	1,46	1,77
75	1,60	1,65	1,57	1,68	1,54	1,71	1,51	1,74	1,49	1,77
80	1,61	1,66	1,59	1,69	1,56	1,72	1,53	1,74	1,51	1,77
85	1,62	1,67	1,60	1,70	1,57	1,72	1,55	1,75	1,52	1,77
90	1,63	1,68	1,61	1,70	1,59	1,73	1,57	1,75	1,54	1,78
95	1,64	1,69	1,62	1,71	1,60	1,73	1,58	1,75	1,56	1,78
100	1,65	1,69	1,63	1,72	1,61	1,74	1,59	1,76	1,57	1,78

Tabela 8
Kolmogorov-Smirnov

Tamanho da Amostra(n)	Nível de Significância(α)				
	0,20	0,15	0,10	0,05	0,01
1	0,900	0,925	0,950	0,975	0,995
2	0,684	0,726	0,776	0,842	0,929
3	0,565	0,597	0,642	0,708	0,828
4	0,494	0,525	0,564	0,624	0,733
5	0,446	0,474	0,510	0,565	0,669
6	0,410	0,436	0,470	0,521	0,618
7	0,381	0,405	0,438	0,486	0,577
8	0,358	0,381	0,411	0,457	0,543
9	0,339	0,360	0,388	0,432	0,514
10	0,322	0,342	0,368	0,410	0,490
11	0,307	0,326	0,352	0,391	0,468
12	0,295	0,313	0,338	0,375	0,450
13	0,284	0,302	0,325	0,361	0,433
14	0,274	0,292	0,314	0,349	0,418
15	0,266	0,283	0,304	0,338	0,404
16	0,258	0,274	0,295	0,328	0,392
17	0,250	0,266	0,286	0,318	0,381
18	0,244	0,259	0,278	0,309	0,371
19	0,237	0,252	0,272	0,301	0,363
20	0,231	0,246	0,264	0,294	0,356
25	0,210	0,220	0,240	0,270	0,320
30	0,190	0,200	0,220	0,240	0,290
35	0,180	0,190	0,210	0,230	0,270
Mais de 35	$1{,}07/\sqrt{n}$	$1{,}14/\sqrt{n}$	$1{,}22/\sqrt{n}$	$1{,}36/\sqrt{n}$	$0{,}63/\sqrt{n}$

Bibliografia

1. **BARBETTA**, Pedro Alberto; **REIS**, Marcelo Menezes; **BORNIA**, Antonio Cezar. *Estatística para Cursos de Engenharia e Informática*. São Paulo: Atlas, 2004.

2. **BARNETT**, V. *Sample Survey: Principies and Methods*. 3nd edition. London: Arnold, 1974.

3. **BOLFARINE**, H ; **BUSSAB**, W. O. *Elementos de Amostragem*. São Paulo: ABE-Projeto Fisher, 2005.

4. **BOLFARINE,** HELENO; **SANDOVAL,** MÔNICA CARNEIRO. *Introdução à Inferência Estatística*. Rio de Janeiro: Coleção Matemática Aplicada, 2000.

5. **BUSSAB**. W. O. ; **MORETTIN**, P. A. *Estatística Básica. 5 e*d. São Paulo: Saraiva, 2003.

6. **CONOVER**, W J. *Practical Nonparametric Statistics*. 3. ed. New York: John Wiley, 1998.

7. **COSTA**, Giovani G . O.; **GIANNOTTI**, Juliana D. G. *Estatística Aplicada ao Turismo*. Volumes 1 e 2. 3 ed. Rio de Janeiro: Fundação CECIERJ, 2010.

8. **COSTA**, Giovani G. O. *Curso de Estatística Básica: Teoria e Prática*. São Paulo. Editora Atlas, 2011.

9. **COSTA**, Giovani G . O. *Curso de Estatística Básica: Teoria e Prática*. São Paulo. 2ª Edição. Editora Atlas, 2015.

10. **COSTA**, Giovani G . O. *Curso de Estatística Inferencial e Probabilidades: Teoria e Prática*. 1ª Edição. São Paulo. Editora Atlas, 2012.

11. **COSTA**, Giovani G. O. *Estatística Aplicada à Informática e às suas Novas Tecnologias*. Volume 1. Rio de Janeiro. Ciência Moderna, 2014.

12. **COSTA**, Giovani G. O. *Estatística Aplicada à Informática e às suas Novas Tecnologias*. Volume 2. Rio de Janeiro. Ciência Moderna, 2015.

13. **COSTA**, Giovani G. O. *Estatística Aplicada à Educação com Abordagem Além da Análise Descritiva*. Volume 1. Rio de Janeiro. Ciência Moderna, 2015.

14. **COSTA**, Giovani G . O. *Estatística Aplicada à Educação com Abordagem Além da Análise Descritiva*. Volume 2. Rio de Janeiro. Editora Ciência Moderna, 2015.

15. **COSTA**, Giovani G . O. *Análise Multivariada Light Sem Matemática*. Volume 1. Rio de Janeiro. Editora Ciência Moderna, 2017.

16. **COSTA**, Giovani G . O. *Análise Multivariada Light Sem Matemática*. Volume 2. Rio de Janeiro. Editora Ciência Moderna, 2017.

17. **COSTA**, Giovani G . O. *Testes Não-Paramétricos no SPSS: Uma Abordagem Prática e Interpretativa*. Rio de Janeiro. Editora Ciência Moderna, 2018

18. **COSTA** NETO, PEDRO LUIZ DE OLIVEIRA. *Estatística*. Editora Edgard Blücher Ltda. São Paulo, 2002

19. **CRESPO,** ANTÔNIO ARNOT. *Estatística Fácil*. São Paulo: Saraiva, 2000.

20. **DE GROOT**, M.H.; **SCHERVISH**, MJ. *Probability and Staiistics*. 3ed., NewYork: Addison-//weley, 2002.

21. **DURBIN**, J. and **WATSON**, G. S. *"Testing for Serial Correlation in Least Squares Regression, I. "Biometrika* 37, 409–428,1950.

22. **DURBIN**, J. and **WATSON**, G. S. *"Testing for Serial Correlation in Least Squares Regression, II."*

Biometrika 38, 159–179,1951.

23. **FREUND**, JOHN E.; **SIMON**, GARY A. *Estatística Aplicada: economia, administração e contabilidade.*Tradução: Alfredo Alves de farias. 9ed. Porto Alegre: Bookman, 2000.

24. **GAUSS**, CARL FRIEDRICH. *Theoria Motus Corporum Coelestium in Sectionibus Conicis Solem Ambientium*. Estados Unidos. Paperback, 2011.

25. **HAIR**, JOSEPH F.; **ANDERSON**, ROLPH E.; **TATHAM**, RONALD L.; **BLACK**, WILLIAN C. *Análise Multivariada de Dados*. 5ed. Tradução: AdonaiSchlup SabtáAnna e Anselmo Chaves Neto. Porto Alegre: Bookman., 2005.

26. ***HOFFMANN**, Rodolfo. Análise de Regressão.* 4. ed. São Paulo: Hucitec, 2006.

27. **JARQUE,** CARLOS M.; **BERA**, ANIL K. *"Efficient tests for normality, homoscedasticity and serial independence of regression residuals". Economics Letters* **6** (3): 255–259. doi:10.1016/0165-1765(80)90024-5,1980.

28. **JARQUE,** CARLOS M.; **BERA**, ANIL K. *"Efficient tests for normality, homoscedasticity and serial independence of regression residuals: Monte Carlo evidence". Economics Letters* **7** (4): 313–318. doi:10.1016/0165-1765(81)90035-5, 1981 .

29. **JARQUE,** CARLOS M.; **BERA**, ANIL K. *"A test for normality of observations and regression residuals". International Statistical Review* **55** (2): 163–172. JSTOR 1403192, 1987.

30. **JUDGE**; et al. *Introduction and the theory and practice of econometrics* (3rd ed.). pp. 890–892, 1982.

31. **JOHNSON**, Richard; WICHERN, Dean. *Applied Multivariate Statistical Analysis*. 6. ed. New Jersey: Prentice Hall, 2007.

32. **JÚNIO,** Joseph F. Hair; **BALIM**, Barry; **MONEY** Artur H.; SAMOUEL, Phillip. *Fundamentos de Métodos de Pesquisa em Administração.* São Paulo: Bookman, 2010.

33. **KOLMOGOROV**, A. *"Sulla determinazione empirica di una legge di distribuzione" G. Inst. Ital. Attuari*, 4, 83,1933.

34. **KUTNER**, MICHAEL; **NETER**, JOHN; **NACHTSHEIM**, CHRISTOPHER J.; LI, WILLIAN. *Applied Linear Statistical Models*. 5. ed. New York: McGraw-Hill/Irwin, 2004.

35. **LARSON,** RON.; **FARBER**, BETSY. *Estatística Aplicada*. São Paulo: Pearson Prentice Halll, 2004.

36. **LEVINE,** DAVID M.**; BERENSON,** MARK L. *Estatística: Teoria e Aplicações Usando Microsoft Excel em Português.* Rio de Janeiro: Livros Técnicos e Científicos S.A, 2000.

37. **MAGALHÃES**, M.N ; **LIMA,** A.C.P DE- *Noções de Probabilidade e Estatística.* 5ed.. São Paulo: Edusp, 2005.

38. **MOORE**, DAVID S. *A Estatística Básica e Sua Prática.* Tradução: Cristiana Filizola Carneiro Pessoa.3ed. Rio de Janeiro: LTC, 2005.

39. **MORETTIN**, LUIZ GONZAGA. *Estatística Básica*. Volumes 1 e 2. São Paulo: Pearson Makron Books, 2000.

40. **MORETTIN,** PEDRO A; **TOLOI**, CLÉLIA M. *Séries Temporais*. 2. ed., São Paulo: Atual, 1987.

41. **NETER**, J., **KUTNER**, M.H., **NACHTSHEM**, C.J., **WASSERMAN**, W. – *Applied Linear Regression Models.* 3 ed., Irwin, 1996.

42. **OLIVEIRA,** FRANCISCO ESTEVAM MARTINS. *Estatística e Probabilidades*. São Paulo: Atlas, 1999.

43. **PESARAN**, H. M; B. **PESARAN**. *Working with Microfit 4.0: Interactive Economteric Analysis*. London: Oxford University Press,1997.

44. **PESARAN**, H; **SHIN**, Y; **SMITH**, R. *Bound testing approaches to the analysis of level relationships. Journal of Applied E conometrics*.16, 289-326, 2001.

45. **PESARAN**, H; **SHIN**, Y; **SMITH**, R. *Bound testing approaches to the analysis of level relationships.* University of Cambridge, Revised-DAE Working,2000.

46. **ROSS**, Sheldon. *A First Course in Probability*. 7. ed. New Jersey: Prentice Hall, 2005.

47. **ROSS**, Sheldon. *Introduction to Probability Models*. 9. ed. New York: Academic Press, 2006.

48. **SIEGEL**, SIDNEY. *Nonparametric Statistic for the Behavioral Sciences*. USA: McGraw-Hill, 1956.

49. **SILVA**, Nilza Nunes. *Amostragem Probabilística*. 1. ed. São Paulo: Edusp, 1997.

50. **SMAILES**, JOANNE; **McGrane**, ANGELA. *Estatística Aplicada à Administração com Excel*. São Paulo: Atlas, 2002.

51. **VIEIRA**, Sônia. *Análise da Variância (ANOVA)*. São Paulo: Atlas, 2006.

52. **VIEIRA**, Sônia. *Bioestatística-Tópicos Avançados*. 2. ed. Rio de Janeiro: Campus Elsevier, 2004.

53. **VIEIRA**, Sônia. *Estatística para a qualidade*. Rio de Janeiro: Campus Elsevier, 1999.

54. **SMIRNOV**, N.V. *"Tables for estimating the goodness of fit of empirical distributions"*, *Annals of Mathematical Statistic*, 19, 279, 1948.

Anotações

Anotações

Impressão e acabamento
Gráfica da Editora Ciência Moderna Ltda.
Tel: (21) 2201 - 6662